雷达网空情处理技术及 Matlab 实践

李鹏飞 等编著

国防工业出版社

·北京·

内 容 简 介

本书是一部介绍雷达网空情处理关键技术的专著，全书共8章，分别介绍雷达网空情处理任务、概念及流程；雷达数据处理的航迹起始、数据关联和跟踪滤波；雷达网的特点、分类及空情处理；雷达网时空配准；雷达网空情处理航迹关联；以及从数据合成角度介绍航迹融合技术。

本书可作为高等院校指挥信息系统工程专业、雷达工程专业本科生和研究生的参考教材，也可作为从事相关专业领域工程技术人员的工具书。

图书在版编目（CIP）数据

雷达网空情处理技术及 Matlab 实践/李鹏飞等编著
.—北京：国防工业出版社，2023.4
ISBN 978-7-118-12928-1

Ⅰ.①雷… Ⅱ.①李… Ⅲ.①Matlab 软件—应用—雷达网—信息处理 Ⅳ.①TN959.4

中国国家版本馆 CIP 数据核字（2023）第 054900 号

※

国防工业出版社出版发行
（北京市海淀区紫竹院南路23号 邮政编码100048）
天津嘉恒印务有限公司印刷
新华书店经售

*

开本 710×1000 1/16 **插页** 7 **印张** 18¾ **字数** 332 千字
2023 年 4 月第 1 版第 1 次印刷 **印数** 1—1500 册 **定价** 96.00 元

国防书店：（010）88540777 书店传真：（010）88540776
发行业务：（010）88540717 发行传真：（010）88540762

编委会名单

前　　言

雷达网空情处理技术是雷达数据处理在组网系统中的具体运用，对雷达网整体探测能力的提升和改进具有重要意义，一直以来受到相关领域学者的广泛关注。本书是编写团队在多年来对雷达空情处理关键技术研究的基础上总结和汇编而成的，主要完成对雷达数据处理领域经典技术的梳理归纳以及对自身研究成果的总结。同时，针对空情处理技术理论性较强、理解上有一定难度、初学者不易入手等问题，本书对所介绍的相关技术、算法等均进行了仿真验证，并附 Matlab 仿真实践代码，便于初学者在工程应用的基础上加深理解和掌握。

全书共 8 章。第 1 章介绍雷达网空情处理任务、概念及流程，使读者对雷达网空情处理有一个基本的了解，由李鹏飞执笔。第 2 章介绍雷达数据处理相关的基础知识，包括数据处理流程和几个基本概念，为读者学习后续内容奠定基础，由李鹏飞、范恩、孟圣波执笔。第 3 章介绍雷达目标跟踪技术中常用的几种典型滤波器，分析其优缺点及应用场合，由李鹏飞、王顺利执笔。第 4 章概括雷达网的特点、分类及空情处理所用技术等，由李鹏飞、黎慧执笔。第 5、6 章主要介绍雷达组网时空配准技术，这是雷达网数据处理的基础和前提，其中第 5 章主要介绍雷达网时空配准中的时间和空间统一技术，由李鹏飞执笔；第 6 章着重介绍雷达网空情处理中的误差配准技术，由李鹏飞、范恩执笔。第 7 章介绍雷达网空情处理航迹关联技术，对几种常用的关联技术进行了对比分析，由杨军佳、范恩执笔。第 8 章从数据合成角度介绍航迹融合技术，由李鹏飞、范恩执笔。高强和张海瑞老师负责全书的统编和校核工作。最后，时银水、杨作宾、吴长飞三位老师对本书进行了审核把关。

郝强教授对本书提出了一些宝贵建议，硕士研究生鲁军绘制了书中部分图形，刘倩老师对本书出版给予了业务指导。在此衷心感谢他们的辛勤付出！

为了能够全面、清晰地阐述雷达网空情处理相关技术，本书在撰写过程中参考了一批国内外学术专著，在此向所有作者表示衷心感谢。

本书得到了装备综合研究项目（LJ20212A011039）和浙江省技术应用研究项目（LGG22F010004）的支持。

尽管作者们高度重视书稿内容,并付出了艰辛努力,但因水平有限,书中难免存在疏漏之处,恳请广大读者批评指正。

作　者

2023 年 1 月于郑州

目　录

第1章　雷达空情处理概述

未来战争是高技术条件下的信息化战争，信息技术、电子技术等高技术的飞速发展引起信息化战争时空特性的极大变化。信息优势成为传统的陆、海、空、天优势以外新的争夺领域，有效且迅速地建立与维持对敌的信息优势成为作战的首要任务。信息化条件下的防空作战中，通过对空侦察手段搜集的敌方来袭空中目标的情况，以及对其进行处理与分析而形成的空情态势信息，是指挥员和指挥机构在防空作战中拥有决策优势的首要前提，其作用发挥直接影响作战的成败。但随着对空侦察装备的发展，空中情报信息获取手段越来越丰富，空情信息呈现出海量、多元、复杂、动态、异构等特点，对空情处理技术提出了越来越高的要求。本章主要从雷达信息二次处理、三次处理基本任务入手，通过介绍雷达网空情处理的基本概念以及空情处理流程，让读者对雷达网空情处理有一个基本的认识。

1.1　雷达信息二次处理的基本任务

防空作战中的空情信息主要来自雷达，雷达操纵员依靠录取雷达显示器上的目标回波来确定目标的位置，目标回波亮点在雷达平面显示器上画出短的弧线，酷似眉毛，属于模拟信号，必须经过数据采集器变换成数字信号才能进入计算机系统，这个过程称为雷达信号录取。

在雷达数据处理技术诞生之前，雷达目标录取主要依靠操纵员通过雷达录取显示器识别目标，并通过专用键盘和光学跟踪球等设备手动录取目标。雷达模拟信号通过手动录取设备显示出来，操纵员使用操纵杆将光标压在目标回波（眉毛）上，踩脚踏开关等按键确认，方位、距离、时刻（录取设备的时钟）数据就进入了计算机；批号、机型、架数等其他情报要素用码盘输入。当目标（即批数）较多时，操纵员不能及时地将各目标数据录入计算机，因此会产生时间延迟，且延迟量随机。由于采用操纵杆手动定位目标回波，所以目标位置误差较大。一个训练有素的雷达操纵员，在雷达一个扫描周期中，通常录取不会超过10批目标。而在现代战争中，空中目标可能有几百批甚至上千批，加上大量的杂波和干扰，利用传统的方法已经不能适应现代战争的需要，这就要求必须利用现代数据处理手段，实时对雷达目标测量数据进行处理，因此，雷达数据处理技术得到快速发展。

现代雷达系统概括来讲，一般都包含信号处理机和数据处理机这两大重要组成部分，如图 1.1 所示。信号处理器是用来检测目标的，即利用一定的方法来抑制由地（海）面杂波、气象、射频干扰、噪声源和人为干扰所产生的不希望有的信号，经过信号处理、恒虚警检测融合等一系列处理后的视频输出信号若超过某个设定的检测门限，便判断为发现目标，然后还要把发现的目标信号输送到数据录取器录取目标的空间位置幅度值、径向速度以及其他一些目标特性参数，数据录取器一般是由计算机来实现的。由数据录取器输出的点迹（量测）还要在数据处理器中完成各种相关处理，即对获得的目标位置（如径向距离、方位、俯仰角）、运动参数等测量数据进行互联、跟踪、滤波平滑、预测等运算，以达到有效抑制测量过程中引入的随机误差，对控制区域内目标的运动轨迹和相关运动参数（如速度和加速度等）进行估计，预测目标下一时刻的位置，并形成稳定的目标航迹，以达到对目标的高精度实时跟踪的目的。

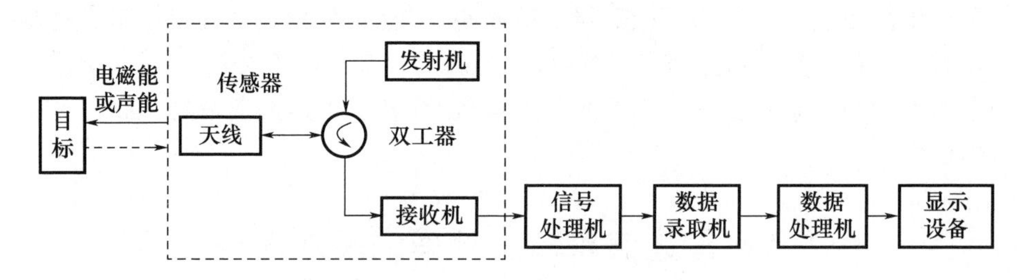

图 1.1　雷达系统简化框图

雷达信息一次处理：从对雷达回波信号进行处理的层次来讲，雷达信号处理通常被看作对雷达探测信息的一次处理，它是在每个雷达站进行的，通常利用同一部雷达、同一扫描周期、同距离单元的信息，目的是在杂波、噪声，以及各种有源、无源干扰背景中提取有用的目标信息。

雷达信息二次处理：雷达数据处理通常被看作对雷达信息的二次处理，是信号处理的后处理过程，雷达数据处理过程中的输入为经雷达一次处理形成的目标点迹（包括目标的距离、方位和俯仰角），输出为通过对多个扫描周期获得的量测集进行关联而获得的目标航迹。经过雷达数据处理后，能够修正雷达对目标位置、速度的测量误差，精确地估计出目标真实信息，并预测目标未来时刻的位置，从而实现对目标的实时跟踪。根据定义可以将雷达信息二次处理的任务归纳为以下三条：

（1）按照数据录取提供的点迹，对运动目标建立航迹，计算并存储运动参数。

（2）对已建立的航迹状态进行更新，判断每次扫描的回波信号是否是同一目标。

(3)预测并判断运动目标的未来状况。

雷达数据处理技术的发展使得单部雷达的目标监视和跟踪能力,以及输出航迹质量得到了极大提升。

1.2 雷达信息三次处理的基本任务

由于单部雷达的探测空域范围受到局限,为了构建一个国家或一个地区严密的对空监视屏障,人们自然会想到用多部雷达,分布在不同地域,使它们的探测范围紧密衔接,形成一个预警探测网络,这就是雷达网(radar net)。

雷达网是雷达情报网的简称,是指在一定区域内配置多部雷达,并使各雷达的探测范围在规定高度上能够相互衔接的布局。雷达网是个系统的概念,不仅含有情报信息获取(探测)要素,还具有信息传递、信息处理、决策指挥、优化控制等要素,同时还是一个集雷达技术、网络通信技术、计算机技术、信息处理技术、军事系统工程技术于一体的复杂系统。

雷达信息三次处理是指将分布在不同地点的多部雷达站上报的信息进行统一处理的过程,也称为雷达网空情处理或多雷达数据融合,它通常是在信息处理中心完成的,即信息处理中心所接收的是多部雷达一次处理后的点迹或二次处理后的航迹(通常称为局部航迹),融合后形成的航迹称为全局航迹或系统航迹,雷达信息二次处理的功能是在一次处理的基础上,实现多目标的滤波、跟踪,对目标的运动参数和特征参数进行估计;二次处理是在一次处理后进行的,有一个严格的时间顺序;而三次处理和二次处理之间没有严格的时间界限,三次处理是二次信息处理的扩展和自然延伸,主要表现在空间和维度上。这种处理称为雷达网信息融合(综合),是指对来自多个雷达站的数据(信息)进行处理,其任务是:

(1)将目标的坐标和运动参数统一于一个坐标系和计时系统。

这是因为雷达站处理都是按各自的坐标系统进行的,网内各雷达的工作在时间上也是不同步的(开机时间及采样周期不统一、数据传播延迟等)。因此,将这些雷达站的数据汇集起来以后,首先要统一坐标和时间的标准。

(2)将各雷达站的点迹数据(包括目标的坐标、运动参数以及其他各种特征参数)加以识别,归入相同的目标航迹数据中去。

这是因为有的目标同时被几部雷达所探测,它们各自将数据集中到雷达网信息处理中心,各雷达站的测量精度不同,数据计算和传递过程中所引入的误差也不同。因此,由不同雷达所送来的目标数据在坐标系统和计时系统被统一后,还要解决目标归并问题。在多目标情况下,需要制定一种准则,以区分哪些数据是属于同一目标的,哪些数据是属于其他目标的。辨认出同一目标的各种数据之后,还要规定一种标准,将这个目标的不同数据归并为一个点迹。

(3)在以上两步处理的基础上,计算目标的运动参数,建立统一的航迹,实施统一的跟踪态势。

(4)利用目标的综合航迹信息完成目标识别、态势评估和威胁估计等任务。

目标识别的任务是对发现的空中目标的敌我属性和机型等进行判别;态势评估主要任务是判断空中战场形势、推断目标意图、预测目标位置;威胁估计的主要任务是查明或预测敌性目标可能攻击的目标、到达的时间,以及各批敌性目标威胁程度的高低,为合理地分配兵力兵器提供基本的依据。

(5)对原始情报或综合处理以后的信息按需分发给各情报用户。

对地面防空来说,如何充分利用这些分布部署的对空侦察雷达获取的空情,并对此进行综合处理,以获得对空中态势更加准确的感知,是掌握防空作战主动、掌握制信息权的关键。

1.3 雷达网空情处理的基本概念

空情:又称为对空侦察情报,是指防空作战搜集的敌方来袭空中目标的情况,以及对其进行处理与分析而形成的空情态势信息。

空情处理:将各雷达掌握的和从其他方面搜集来的空中情况进行综合处理、分析查证、对比选择、统一编批和确定报知的过程,是情报处理的一种形式。空情处理主要依靠指挥信息系统,它的主要功能是空中情报信息的获取、处理、分发,以及提供作战决策与指挥。它利用各种对空侦察装备组成网络,获取大量的原始信息,并对其进行传递、处理、分发,以最优的形式为各级指挥员提供目标对象的状态和身份信息,辅助指挥员科学决策。

防空兵的空情信息主要包括各种对空侦察雷达、光电侦察设备以及声学侦察设备获取的空中目标信息,其中雷达获取的信息是其中的主要来源,所以空情处理技术主要研究对象是雷达网空情处理技术。

雷达空情:是指雷达所探测目标的坐标、数量、属性等方面的情报,通常分为目标坐标情报、目标性质情报和干扰情报等。目标坐标情报是反映空中目标位置的情报,由目标的批次、方位、距离、高度、时间等组成;目标性质情报是反映空中目标的属性、型别、数量或目标动态的情报;干扰情报是反映雷达遭受干扰情况的情报,通常包括干扰雷达的方式、干扰的种类、干扰的范围和强度等。本书所说的雷达空情处理主要是指雷达目标坐标情报的处理过程。

雷达空情可分为雷达原始空情和雷达综合空情,雷达原始空情是雷达站报出的雷达航迹(点迹)信息,雷达综合空情是指雷达情报处理中心将各雷达站上报的雷达航迹(点迹)进行综合(融合)处理后形成的综合航迹空情态势。

量测:又称为"点迹",是指与目标状态有关的受噪声污染的观测值,有时也称为测量或观测。量测通常并不是雷达的原始信号数据,而是经过信号处理后的数据录取器输出的点迹,主要包括目标的距离、方位、俯仰角(高度)、速度等信息。点迹按是否与已建立的目标航迹发生互联可分为自由点迹和相关点迹,其中,与已知目标航迹相关的点迹称为相关点迹,与已建立的目标航迹不互联的点迹称为自由点迹。初始时刻测到的点迹均为自由点迹。

受现代战场复杂环境的影响,加之雷达检测设备本身的误差,量测有可能是来自目标的正确量测,也可能是来自杂波、虚假目标、干扰目标的错误量测,所以说量测(点迹)通常具有不确定性。

航迹:由来自同一个目标的量测集合所估计的目标状态形成的轨迹称为航迹,即跟踪轨迹,是目标航行的轨迹,航迹是数据处理的最终结果。与航迹有关的概念还包括:

航迹号:又称为"目标批号",雷达在对多目标进行数据处理时要对每个跟踪轨迹规定一个编号,即航迹号,与一个给定航迹相联系的所有参数都以其航迹号作为参考,这样做的目的是:一方面在航迹管理中标记航迹,用作航迹间的相关处理;另一方面可事后统计分析航迹处理的效果。对于单个雷达站来说,航迹号在同一时刻具有唯一性。

航迹质量:航迹可靠性程度的度量可用航迹质量来描述,通过航迹质量管理,可以及时、准确地起始航迹以建立新目标档案,也可以及时、准确地撤销航迹以消除多余目标档案。

可能航迹:由单个测量点组成的航迹。

暂时航迹:由两个或多个测量点组成的并且航迹质量数较低的航迹统称为暂时航迹,它可能是目标航迹,也可能是虚假航迹。暂时航迹完成初始相关后可能会成为确认航迹,也可能成为撤销航迹。

确认航迹:具有稳定输出或航迹质量数超过某一定值的航迹,称为可靠航迹或稳定航迹,它是数据处理器建立的正式航迹,通常被认为是真实航迹。

1.4　雷达网空情处理流程

雷达网空情处理的基本任务是将网内各雷达上报的航迹(点迹)信息加以整理,以获得空中目标唯一的、较为完整的空情信息,然后再向各级用户单位分发。

雷达网空情处理依托指挥信息系统来完成,系统是以计算机为核心、信息为媒介、通信网络为神经,具有特有的空情获取、传递、处理和对抗等能力的一种分布式信息处理系统。

雷达网空情处理过程中的功能模块包括信号检测和数据录取、单雷达数据处理、雷达网信息预处理、数据关联、目标状态估计、目标身份识别、态势评估和威胁估计等,雷达网空情处理流程如图 1.2 所示。

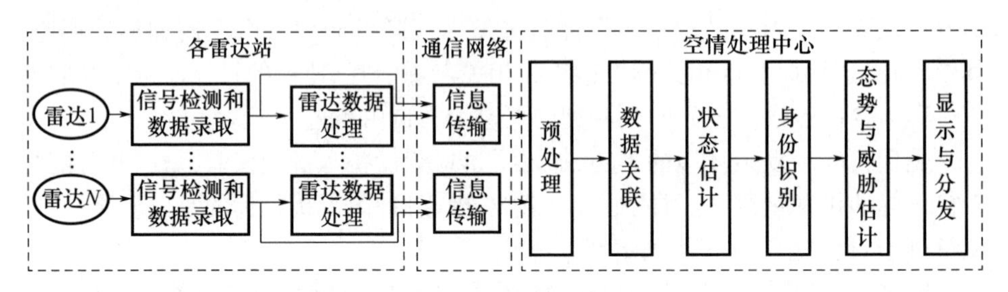

图 1.2　雷达网空情处理流程

信号检测和数据录取模块包括信号检测与数据录取两部分,信号检测利用一定的方法将目标信号从各种干扰信号中检测并提取出来,然后把发现的目标信号输送到数据录取器,由其录取目标的空间位置幅度值、径向速度以及其他一些目标特性参数。

雷达数据处理模块对由数据录取器输出的点迹(量测)进行各种相关处理,即对获得的目标位置(如径向距离、方位、俯仰角)、运动参数等测量数据进行互联、跟踪、滤波平滑、预测等运算,形成稳定的目标航迹。

通信网络模块是利用各种有线或无线通信手段将各雷达站上报的航迹(点迹)数据传输到空情处理中心。

空情处理中心接收到各雷达站上报的空情信息后不能直接使用,需要通过预处理模块进行再次加工处理,主要是进行时空配准等预处理,消除各雷达在自己的时间和空间系统内测量目标产生的各种误差(如雷达测量系统误差、方位标定误差、通信传输时延)。

数据关联模块主要用来判断经过预处理后的雷达的点迹(包括杂波和虚警)与现有多雷达系统航迹(即已确认的目标航迹)是否关联,即是否为现有目标的新点。

状态估计模块是利用关联上的最新测量点迹对系统航迹进行更新,以获得较为准确的目标点迹和航迹,使点迹和航迹更加接近目标的真实情况,以便保持对目标现时状态的估计。

身份识别模块需要对已形成系统航迹的空中目标敌我属性和机型等信息进行判断,将判断的目标信息附加到目标航迹信息报文中。

态势与威胁评估模块根据前面流程中已形成的目标航迹态势图判断空中战场形势、推断目标意图并预测目标可能出现的位置,从而预测敌可能攻击的目标、到达时间,并依据规则对来袭敌机进行威胁等级排序,为合理分配防空兵力兵器提供基本依据。

最后通过空情显示与分发模块实现态势显示以及为情报用户进行空情信息按需分发。

参考文献

[1] 何友,修建娟,关欣,等. 雷达数据处理及应用[M]. 3版. 北京:电子工业出版社,2013.
[2] 吴顺君,梅晓春,等. 雷达信号处理和数据处理技术[M]. 北京:电子工业出版社,2008.
[3] 马建朝,周焰,等. 雷达网数据处理[M]. 武汉:空军预警学院,2012.
[4] 赵宗贵,熊朝华,王珂,等. 信息融合概念、方法与应用[M]. 北京:国防工业出版社,2012.
[5] 康耀红. 数据融合理论与应用[M]. 西安:西安电子科技大学出版社,1997.
[6] 徐毅,金德琨,敬忠良. 数据融合研究的回顾与展望[J]. 信息与控制,2002,31(3):250-255.
[7] 贺正洪,吕辉,王睿,等. 防空指挥自动化信息处理[M]. 西安:西北工业大学出版社,2006.
[8] 华中和,吴国良. 雷达网信息处理[M]. 武汉:空军雷达学院,1992.
[9] 丁建江,许红波,周芬. 雷达组网技术[M]. 北京:国防工业出版社,2017.

第2章 雷达数据处理技术基础

雷达数据处理和雷达信号处理都属于现代雷达系统中的重要组成部分。信号处理是用来检测目标的，利用一定的方法获取目标的各种有用信息，如距离、速度和目标的形状等；而数据处理则可以进一步对目标的点迹和航迹进行处理，预测目标未来时刻的位置，形成可靠的目标航迹，从而实现对目标的实时跟踪。雷达数据处理包括点迹凝聚、航迹起始、目标跟踪、多目标关联等几个主要环节，它研究的两个基本问题是不同环境下的点迹与点迹、点迹与航迹的关联问题，前者涉及航迹起始，注重点迹相关范围的控制和相关算法的选取；后者涉及目标跟踪，注重目标运动模型和滤波算法的应用。本章以雷达数据处理的流程为主线，对处理过程中用到的航迹起始、数据关联、跟踪波门等主要技术进行介绍，由于跟踪滤波技术涉及内容较多，本书将在第3章进行单独介绍。

2.1 雷达数据处理流程

在雷达信号检测与数据录取阶段，得到的数据是孤立的、离散的，并且会出现虚警和漏情，不能直接得出目标的航迹和判明目标的意图。为了取得目标的航向、速度和加速度等参数，判明目标的意图，需要把所得到的目标点连成航迹，除去虚警，补上漏情，对每条航迹给出目标的运动参数等，这就是雷达数据处理需要完成的任务。

雷达数据处理是指在雷达取得目标的位置、运动参数后进行的一系列处理运算过程，以有效抑制测量过程中引入的随机误差，精确地估计目标位置和有关运动参数，预测目标下一时刻的位置。雷达探测到目标后，点迹录取器提取目标的位置信息形成点迹数据，经过预处理后，新的点迹与已经存在的航迹进行数据关联，关联上的点迹用来更新航迹信息（跟踪滤波），并形成对下一位置的预测波门，没有关联上的点迹进行新航迹起始。若已有的目标航迹连续多次没有与点迹关联，则航迹终止，以减少不必要的计算。

概括来讲，雷达数据处理过程中的功能模块包括点迹预处理、数据关联、跟踪滤波、航迹起始与终结等内容，而在数据互联和跟踪滤波的过程中又必须建立波门，它们之间的相互关系可用图2.1所示的框图来表示。

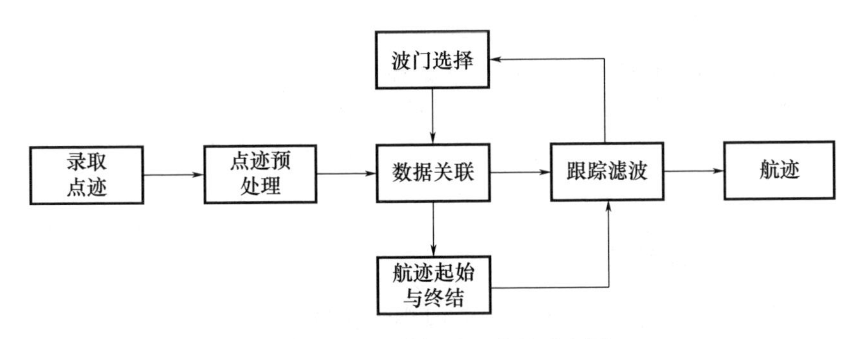

图 2.1　雷达数据处理流程示意图

2.1.1　点迹预处理

尽管现代雷达采用了许多信号处理技术,但总会有一小部分杂波/干扰信号漏过去,为了减轻后续数据处理计算机的负担、防止计算机饱和以及提高系统性能等,还要对数据录取所给出的点迹进行预处理。点迹数据预处理是对雷达数据进行正确处理的前提条件,有效的点迹数据预处理方法可以起到"事半功倍"的作用,即在不降低目标跟踪计算量的同时提高目标的跟踪精度。点迹数据预处理主要包括野值剔除和点迹凝聚处理等。

1. 野值剔除

多年来雷达数据处理工作的实践告诉我们,即使是高精度的雷达设备,由于多种偶然因素的综合影响或作用,采样数据集合中往往包含 1% ~2% ,有时甚至多达 10% ~20% 的数据点严重偏离目标真值。工程数据处理领域称这部分数据为野值。野值对雷达数据处理工作有着十分不利的影响,国际统计界大量的研究结果表明,无论是预测还是滤波等都对采样数据中包含的野值点反应敏感。在实际的工程应用中,也证实了数据合理性检验是雷达数据处理的重要环节。

野值剔除就是把雷达测量数据中明显异常的值剔除。野值的识别不是一件容易的事,而剔除却十分简单,只要确认量测值序列中哪一个是野值,抛弃它就可以了。在实际的雷达情报信息系统中,剔除野值后,为保持情报的连续性,还应作补点处理。

2. 点迹凝聚处理

通过点迹凝聚处理,可以减少关联点迹的数量,得到较高置信度的点迹数据。由于多种因素的影响,同一目标往往会产生多个测量值,有必要首先对测量数据进行凝聚处理,以得到精确的目标点迹估计值。

点迹凝聚处理是通过算法从目标多个测量值中产生最客观反映目标的实际物理位置的质心点。点迹凝聚处理的步骤如下:

(1)区别出属于同一个目标的点迹。

(2)进行点迹数据距离上的归并与分类。

(3)进行点迹数据方位上的归并与分类。

(4)在距离上、方位上分别求出质心点,然后直接或通过线性内插获得凝聚点。

2.1.2 数据关联

数据关联又称数据互联,即建立某时刻雷达量测数据和其他时刻量测数据(或航迹)的关系,以确定这些量测数据是否来自同一个目标的处理过程(或确定正确的点迹和航迹配对的处理过程)。数据关联是通过相关波门来实现的,即通过波门排除其他目标形成的真点迹和噪声、干扰形成的假点迹。

在单目标无杂波环境下,目标的相关波门内只有一个点迹,此时只涉及跟踪滤波问题。在多目标情况下,有可能出现单个点迹落入多个波门的相交区域内,或者出现多个点迹落入单个目标的相关波门内,此时就会涉及数据互联问题。例如,假设雷达在第 n 次扫描之前已建立了两条目标航迹,并且在第 n 次扫描前检测到两个回波,那么这两个回波是两个新目标,还是已建立航迹的两个目标在该时刻的回波呢? 如果是已建立航迹的两个目标在该时刻的回波,那么这两次扫描的回波和两条航迹之间怎样实现正确配对呢? 这就是数据关联问题。

数据关联问题是雷达数据处理的关键问题之一,如果互联不正确,那么错误的数据关联就会给目标配上一个错误的速度,对于空中交通管制雷达来说,错误的目标速度可能会导致飞机碰撞;对于军用雷达来说,可能会导致错过目标拦截。按照关联的对象,数据关联问题可分为以下三类:

(1)点迹与点迹关联:又称点迹与点迹相关,用于航迹起始。

(2)点迹与航迹关联:又称点航迹关联,用于航迹保持或航迹更新。

(3)航迹与航迹互联:又称航迹相关,用于多雷达航迹融合。

2.1.3 关联波门

在对目标进行航迹起始和跟踪的过程中通常要利用波门解决数据互联问题,那么什么是波门呢? 它又分为哪几种呢?

初始波门是以自由点迹为中心,用来确定该目标的观测值可能出现范围的一块区域。

相关波门(或相关域、跟踪波门)是指以被跟踪目标的预测位置为中心,用来确定该目标的当前观测值可能出现范围的一块区域,它是以预测点为中心的一个矩形(或圆形或扇形)的“门框式”区域,故称“相关波门”。

设置相关波门是为了确保航迹的正确延续。当新点迹(当前观测值)落入波门以内时，说明新点迹在预测点附近，判定为相关，将该新点迹纳入本批目标航迹之中，实现点迹与航迹的正确配对；当新点迹落在波门之外时，说明它与预测点相距较远，判定为“不相关”，该新点迹被排除在本批目标航迹之外，它可能是其他目标的点迹或虚假目标，如图 2.2 所示。

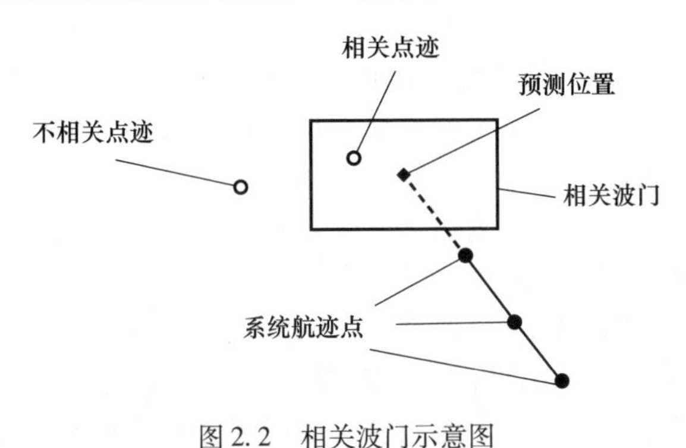

图 2.2　相关波门示意图

2.1.4　航迹起始与终结

1. 航迹起始

航迹起始也称点迹与点迹相关或航迹建立，航迹起始是通过对来自不同采样周期的点迹处理给定的准则实现对航迹的相关检测，在点迹与航迹相关过程中，那些没有与已存在航迹相关的点迹，其中有的就是新发现目标的新点迹。与对应目标的延续点迹相关之后，实现对一个新航迹的起始。

航迹起始是指从目标进入雷达威力区（并被检测到）到建立该目标航迹的过程。航迹起始是雷达航迹数据处理中的重要问题，若航迹起始不正确，则根本无法实现对目标的跟踪，为了防止假点迹形成假航迹，必须花费一定的时间确认航迹，即保证航迹的可靠性。航迹起始可由人工或数据处理器按航迹逻辑自动实现，一般包括航迹形成、航迹初始化和航迹确定三个方面。

航迹起始的过程为：雷达录取到的点迹首先与固定杂波点关联，相关成功的点迹作为新的杂波点更新杂波图；未相关成功的点迹再与已有航迹相关，此时相关成功的点迹则用来更新已有航迹，而剩余的点迹既不与固定航迹关联，也不与可靠航迹关联，因而用来形成临时航迹，并做初始化处理。形成的临时航迹可由进入观察视野内的新目标产生，或者由噪声、杂波和干扰引起的虚假检测产生，因此，将它们登记为可靠航迹之前，必须设法确认，确认过程是先在预期目标的预测位置周围的相关区域中进行检查，一个简单的准则是：若相继三次雷达扫描中在相关区域发现目标两次，就把它作为可靠航迹予以登记。

2. 航迹终结

在对目标进行跟踪的过程中,出现以下情形时航迹都应终结:一是当数据关联错误形成错误航迹;二是无回波信号,目标消失,如目标飞离雷达威力范围、目标降落机场,或目标被击落;三是有回波信号,但超出波门,如目标强烈机动飞出跟踪波门而丢失目标。在这三种情形下,跟踪器就必须作出相应的决策以消除多余的航迹档案,进行航迹终结。航迹终结可分为三种情况:

(1)可能航迹(只有航迹头的情况),只要其后的第一个扫描周期中没有点迹出现,就将其终结。

(2)暂时航迹(如对一条刚建立的航迹来说),只要其后连续三个扫描周期中没有点迹出现,就将该航迹从数据档案中消去。

(3)可靠航迹,对其终止要慎重,可设定若连续 4 ~6 个扫描周期内没有点迹落入相关波门内,才考虑终止该航迹,需要注意的是,这期间必须多次利用盲推的方法,扩大波门去对丢失目标进行再捕获,当然也可以利用航迹质量管理对航迹进行终结。

2.1.5 跟踪滤波

目标跟踪滤波问题和数据互联问题是雷达数据处理中的两大基本问题。目标跟踪滤波是指对来自目标的量测值进行处理,以获得较准确的目标点迹和航迹,使点迹和航迹更加接近目标的真实情况,以便保持对目标现时状态的估计,其作用是维持正确的航迹。跟踪滤波包括两项内容:一是预测(外推),二是滤波。

预测也称为外推,是根据已得到的历史航迹数据来推算出在雷达下一个扫描周期新点迹出现的位置,如图 2.3 所示。

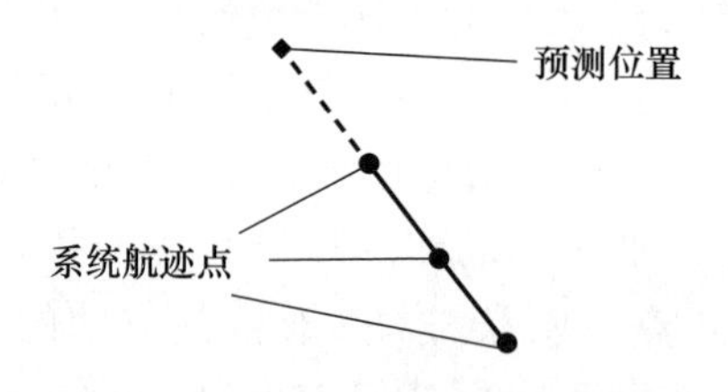

图 2.3 目标航迹预测示意图

如果已知雷达的扫描周期(或天线转速),就可知道历史航迹中两相邻点迹的时间间隔,再算出目标的速度和航向,即可推算出预测点出现的位置。这个预测点有两个作用:一个是帮助建立正确的航迹,因为预测了新点迹可能出现的位置,这也就提供了一个比对的参考点。如果下一次实际量测的数据与预测点相符,或在预测点的附近,就确认是该批目标的新点迹;而离预测点较远的点迹，就可能是其他目标的点迹，被排除在该批目标航迹之外。也就是说它为关联提供了一个基准参考点，确保了航迹延续的正确性。另一个是作为滤波的参照值。

滤波的作用是使航迹更加接近目标的真实轨迹。由于一次量测值的不精确性，若直接用该量测作为点迹数据，将会使航迹产生较大误差。解决的办法是将预测值与当前的观测值通过适当的方法进行融合计算(如加权平均)，用其所得结果来表示目标的真实位置。由于考虑了历史航迹的因素，因而可以减少当前的观测误差。

图 2.4 中，"—△—"线为目标真实运动航迹，"—*—"为滤波前的雷达测量点迹，"—●—"为滤波后的目标航迹。可以看出，经过滤波后航线更加平滑，而未经滤波的航迹是"锯齿"形的，这与航空器(如飞机)的飞行状态是不相符的。

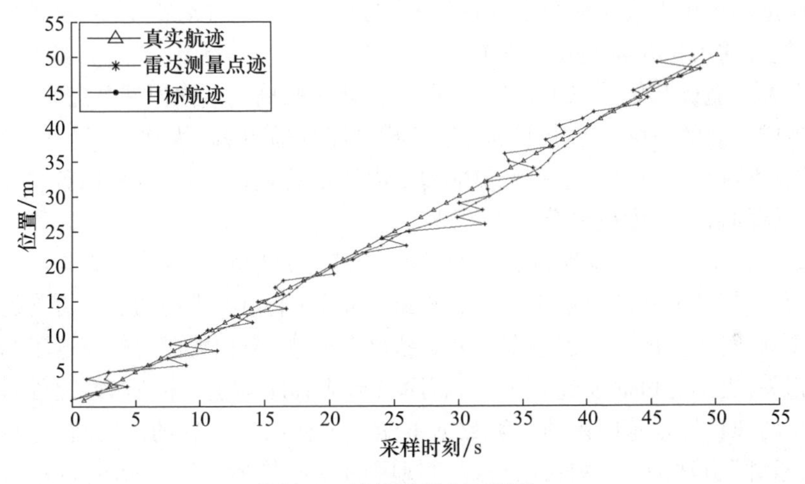

图 2.4　滤波效果(见彩插)

目标跟踪滤波方法包括卡尔曼滤波方法、常增益滤波等，这些滤波方法针对的是匀速和匀加速目标，这时采用卡尔曼滤波技术或常增益滤波可获得最佳估计，而且随着滤波时间的增长，滤波值和目标真实值之间的差值会越来越小，但雷达数据处理过程中存在两种不确定性：一是模型参数具有不确定性(目标运动可能存在不可预测的机动)，二是用于滤波的观测值具有不确定性(由于存在多目标和虚警，雷达环境会产生很多点迹)。因此，一旦目标的真实运动与滤波所采用的目标运动模型不一致(目标出现了机动)，或者出现了错误的数据关联，就很可能会导致滤波值和目标真实值之间的差值随着时间的增加而无限增长。一旦出现发散现象，滤波就失去了意义。跟踪滤波涉及内容较多，需要参数估计的相关理论作为支撑，因此，本书将在第 3 章详细介绍雷达目标跟踪滤波技术。

2.2 航迹起始

航迹起始是雷达数据处理的首要环节,目的是从包含杂波、噪声的量测数据中发现目标,若航迹起始不正确,则根本无法实现对目标的跟踪,造成目标的丢失。为了做出有目标的判决和确定目标的航迹参数,必须分析几个扫描周期内获得的信息。根据三个或三个以上相邻扫描周期的目标点迹,所得到的正确发现概率更大;同时,根据多个点迹的位置可以确定目标飞行方向,根据点迹之间的距离及扫描周期可算出飞行速度,这些工作的最终目的都是确定目标航迹。

2.2.1 航迹起始的原理

航迹起始可由人工或数据处理器按航迹起始逻辑自动实现,一般包括航迹形成、航迹初始化和航迹确定三个方面。

在人工航迹起始状态下,当显示屏上在某个扫描周期内出现亮点时,操纵员把它当成可能的目标点进行记录,并起始可能的航迹,因为缺少目标的运动参数,所以不可能预测它在下一个扫描周期内所处的位置,但可以利用有关目标类型和可能的目标速度范围等先验信息。

如图 2.5 所示,自动航迹起始的过程为:雷达录取到的点迹首先与固定航迹相关,此时相关成功的点迹作为杂点更新杂波图;未相关成功的点迹再与已有航迹相关,此时相关成功的点迹则用来更新已有航迹;未相关成功的点迹不与固定航迹相关,也不与可靠航迹相关,因而用来形成临时航迹,并做初始化处理。但通常在已知目标跟踪门内的观测数据不能用来初始化为新的假定航迹,尽管使用“最近邻”方法时,某些满足跟踪门规则的点迹最后不与已知的目标航迹配对。形成的临时航迹可以由进入观测视野内的新目标产生,后者由噪声、杂波和干扰引起的虚假检测产生,因此,把它们登记为可靠航迹之前,必须设法确认。确认过程是在预期目标位置周围的相关区域中进行检查,一个简单的准则是:若相继三次雷达扫描中在相关区域发现目标两次,就把它作为可靠航迹予以登记。

例如,在现代空气动力学中,最小目标速度 $v_{\min}$ 和最大目标速度 $v_{\max}$ 所对应的马赫数分别为 $0.1c$ 和 $2.5c$($c=340\text{m/s}$),这样,在屏幕上出现下一个目标点的可能区域,是以第一当前点为中心的环,见图 2.5,环的内、外边界圆周半径分别为 $R_{\min}$ 和 $R_{\max}$,它们由目标速度范围确定,若雷达扫描周期为 T,则

$$R_{\max}=v_{\max}*T, R_{\min}=v_{\min}*T \tag{2-1}$$

由此方法获得的区域称为零外推区域(E_0)或第一截获波门或起始波门。当下一次扫描出现当前点 P_2 和 P_2',并进入目标可能出现区域 E_0 时,操纵员(或自动化设备)就可确定目标速度 v 和航向 θ,即

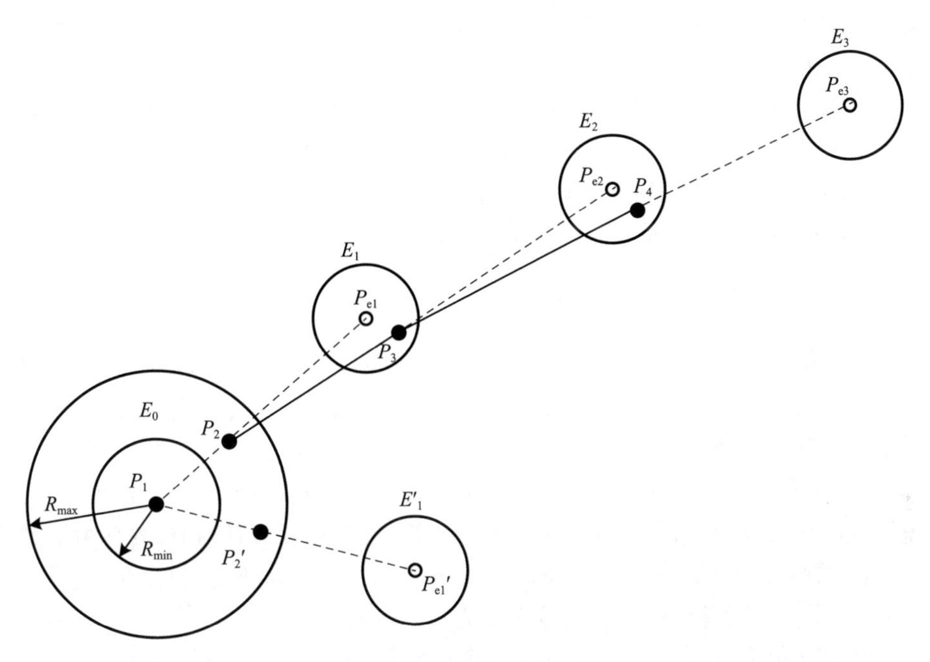

图 2.5　航迹起始原理示意图

$$\begin{cases} v = \dfrac{1}{T}\sqrt{\Delta x^2 + \Delta y^2} \\ \theta = \arctan\dfrac{\Delta y}{\Delta x} \end{cases} \tag{2-2}$$

式中：Δx 和 Δy 为 P_1 与 P_2（或 P_2'）之间在 x 轴与 y 轴上的距离。

航迹起始的第一项工作是确定目标的运动参数。通过计算目标运动参数，不难估计目标在下一扫描周期所处位置的坐标。计算目标在下一扫描周期的坐标称为外推（预测），而算出的坐标所对应的点称为外推点 P_{e1}（P_{e1}'）。

很明显，下一个当前点 P_3 与外推点 P_{e1} 是不重合的，因为外推点的计算是有误差的，这些误差是由目标运动参数的计算误差和目标可能的机动所引起的。因此，为了选择目标，可在外推点 P_{e1}（P_{e1}'）周围画出一个足够小的区域 E_1（E_1'），这个区域就称为外推波门。画出该区域的过程称为目标波门选通。当然，外推波门 E_1 的尺寸可以取得比 E_0 小，因为产生 E_1 时，利用了前两个扫描周期获得的关于目标运动参数的后验信息。随着关于目标运动参数的信息增加和可靠性的提高，每个新的扫描周期的外推波门都有可能减小。但是最小的波门尺寸受外推误差、测量误差和目标机动可能性的限制。

很明显，几个周期之后暂时航迹因在相应扫描周期内缺少目标点而不再继续（图 2.5 的 E_1' 内），因此，利用几个周期的回波点可以提高目标正确发现概率，降低虚警概率，此外，还可以确定目标运动参数（如速度、加速度等），通过航迹平滑可更精确地测定目标坐标。

现有的航迹起始算法主要分为两类：一类是适用于低虚警率、弱杂波环境的序贯处理方法，如逻辑法和启发式规则法，这类算法在密集杂波环境中性能较差，仅适用于目标点迹连续的航迹起始；另一类是适用于强杂波环境的批处理方法，如 Hough 变换方法及其改进方法。

2.2.2 直观法航迹起始

直观法（heuristic method）是假设以 $r_i(i=1,2,\cdots,N)$ 为 N 次连续扫描获得位置观测值，如果这些扫描中有 M 个观测值满足以下条件，那么启发式规则法就认定应起始一条航迹：

（1）测得的或估计的速度大于某最小值 $v_{\min}$ 小于某最大值 $v_{\max}$。这种速度约束形成的相关波门，特别适合于第一次扫描得到的量测和后续扫描的自由量测。

（2）测得的或估计的加速度的绝对值小于最大加速度 $a_{\max}$，若存在不止一个回波，则用加速度最小的那个回波来形成新的航迹。

从数学角度讲，若设 r_{i-1}、r_i、r_{i+1} 三个位置值的获取时刻分别为 t_{i-1}、t_i、t_{i+1}，则以上两个判决可表示为

$$v_{\min} \leqslant \left| \frac{r_i - r_{i-1}}{t_i - t_{i-1}} \right| \leqslant v_{\max} \tag{2-3}$$

$$\left| \frac{r_{i+1} - r_i}{t_{i+1} - t_i} - \frac{r_i - r_{i-1}}{t_i - t_{i-1}} \right| \leqslant a_{\max}(t_{i+1} - t_i) \tag{2-4}$$

为了减小形成虚假航迹的可能性，直观法航迹起始器还可追加选用一种角度限制规则，如图 2.6 所示。

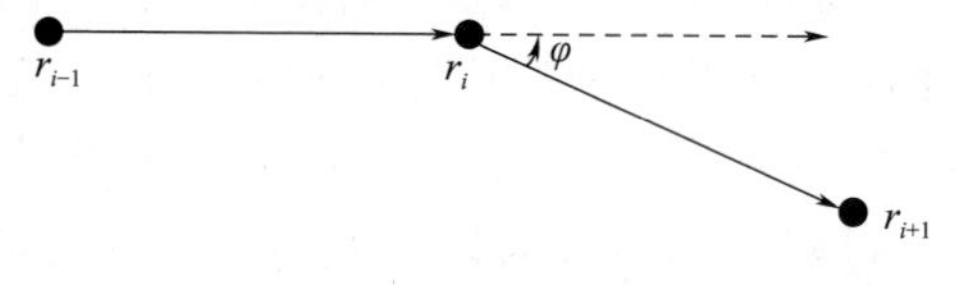

图 2.6　向量夹角

令 φ 为向量 $\boldsymbol{r}_{i+1} - \boldsymbol{r}_i$ 和 $\boldsymbol{r}_i - \boldsymbol{r}_{i-1}$ 之间的夹角，即

$$\varphi = \arccos\left[\frac{(\boldsymbol{r}_{i+1} - \boldsymbol{r}_i)(\boldsymbol{r}_i - \boldsymbol{r}_{i-1})}{|\boldsymbol{r}_{i+1} - \boldsymbol{r}_i||\boldsymbol{r}_i - \boldsymbol{r}_{i-1}|} \right] \tag{2-5}$$

则角度限制规则可简单地表达成 $|\varphi| \leqslant \varphi_0$，式中 $0 < \varphi_0 < \pi$。当 $\varphi_0 = \pi$ 时就是角度 π 不受限制的情况，量测噪声以及目标的运动特性直接影响 φ_0 的选取，在实际应用中为了保证以很高的概率起始目标航迹，φ_0 一般选取较大的值。

直观法是一种确定性较为粗糙的方法。在没有真假目标先验信息的情况

下,其仍是一种可以使用或参与部分使用的方法。

2.2.3 逻辑法航迹起始方法及 Matlab 实践

逻辑法对整个航迹处理过程均适用,当然也适用于航迹起始。逻辑法和直观法涉及雷达连续扫描期间接收到的顺序观测值的处理,观测值序列代表含有 N 次雷达扫描的时间窗的输入,当时间窗里的检测数达到指定门限时就生成一条成功的航迹,否则就把时间窗向增加时间的方向移动一次扫描时间。不同之处在于,直观法用速度和加速度两个简单的规则来减少可能起始的航迹,而逻辑法则以多重假设的方式通过预测和相关波门来识别可能存在的航迹。

观测值序列用 $\{Z_1,Z_2,\cdots,Z_N\}$ 表示,代表含有 N 次雷达扫描的时间窗的输入。设 $Z_i^l(k)$ 是 k 时刻量测的第 l 个分量,这里 $l=1,\cdots,p,i=1,\cdots,m_k$。则可将观测值 $\boldsymbol{Z}_i(k)$ 与 $\boldsymbol{Z}_j(k+1)$ 间的距离向量 $\boldsymbol{d}_{ij}(k)$ 的第 l 个分量定义为

$$d_{ij}^l(t)=\max[0,z_j^l(k+1)-z_i^l(k)-v_{\max}^l t]+\max[0,-z_j^l(k+1)+z_i^l(k)+v_{\min}^l t] \tag{2-6}$$

式中:t 为两次量测间的时间间隔;$v_{\max}^l$ 和 $v_{\min}^l$ 为目标可能的最大和最小速度的第 l 个分量;若假设观测误差是独立、零均值、高斯(Gauss)分布的,协方差为 $\boldsymbol{R}_i(k)$,则归一化距离平方为

$$D_{ij}(k)=\boldsymbol{d}_{ij}'[R_i(k)+R_j(k+1)]^{-1}\boldsymbol{d}_{ij} \tag{2-7}$$

式中:$D_{ij}(k)$ 为服从自由度为 p 的 χ^2 分布的随机变量,由给定的门限概率查自由度 p 的 χ^2 表可得门限 γ,若 $D_{ij}(k)\leqslant\gamma$,则可判定 $\boldsymbol{Z}_i(k)$ 与 $\boldsymbol{Z}_j(k+1)$ 两个量测互联。

逻辑法按以下步骤进行:

(1)用第一次量测中得到的点迹为航迹头建立门限,用速度法建立起始波门,对落入起始波门的第二次量测点迹均建立可能航迹。

(2)对每个可能航迹进行外推,以外推点为中心,建立后续相关波门(其大小由航迹外推误差协方差确定);第三次量测点迹落入后续相关波门且离外推点最近者给予互联。

(3)若后续相关波门没有点迹,则终止此可能航迹,或用加速度限制扩大相关波门考察第三次扫描点迹是否落在其中。

(4)继续上述步骤,直至形成可靠航迹,航迹起始方算完成。

(5)在历次量测中,未落入相关波门参与数据互联判别的那些点迹(称为自由点迹)均作为新的航迹头,转步骤(1)。

用逻辑法进行航迹起始,何时才能形成可靠航迹取决于航迹起始复杂性分析和性能的折中。它取决于真假目标性能、密集的程度及分布、搜索传感器分辨率和量测误差等。一般采用的方法是航迹起始滑窗法的 m/n 逻辑原理,如图 2.7 所示。

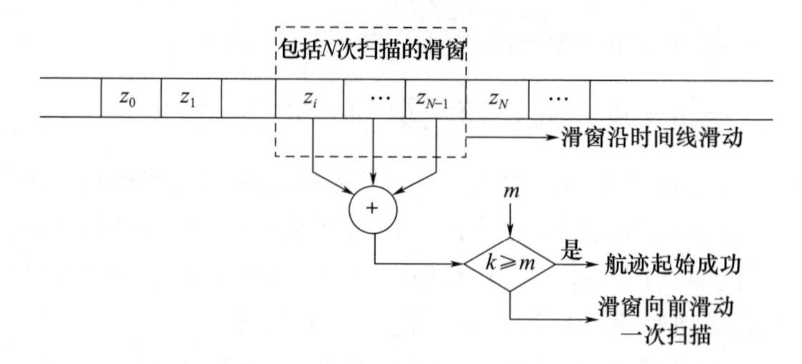

图 2.7 滑窗法的 m/n 逻辑原理

滑窗法是对包含 n 个融合周期的时间窗内的输入($z_1,z_2,\cdots,z_n$)进行统计,若在第 i 次周期时相关波门内含有点迹,则元素 $z_i=1$,反之 $z_i=0$。当时间窗内的检测数达到某一特定值 m 时,航迹起始便告成功。否则,滑窗右移一次扫描,也就是说增大窗口时间,航迹起始的检测数 m 和滑窗中的相继事件数 m,两者共同构成了航迹起始逻辑,称为 m/n 逻辑,在工程上,通常只取两种情况:2/3 比值作为快速航迹起始,3/4 比值作为正常航迹起始。

仿真实例 1:假设 5 个目标做匀速直线运动,使用一个二维雷达对这个目标进行跟踪,5 个目标的初始位置分别为(55000m,55000m)、(45000m,45000m)、(35000m,35000m)、(25000m,25000m)、(15000m,15000m),5 个目标的速度均为 $V_x=500\text{m/s}$,$V_y=0\text{m/s}$,同时假设雷达的采样周期 $T=5\text{s}$,雷达的测向误差和测距误差分别为 0.3°和 40m,雷达经过 4 次扫描后得到的点迹如图 2.8 所示。利用逻辑法进行航迹起始,参数假设取门限为 4,采用 3/4 逻辑法起始航迹,起始结果如图 2.9 所示,图中 8 条连线即为起始航迹。

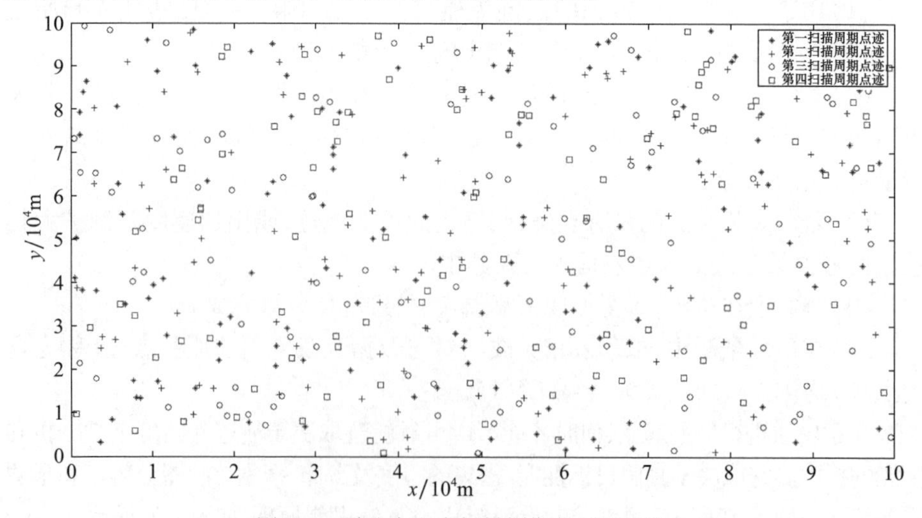

图 2.8 雷达在 4 个扫描周期得到的点迹

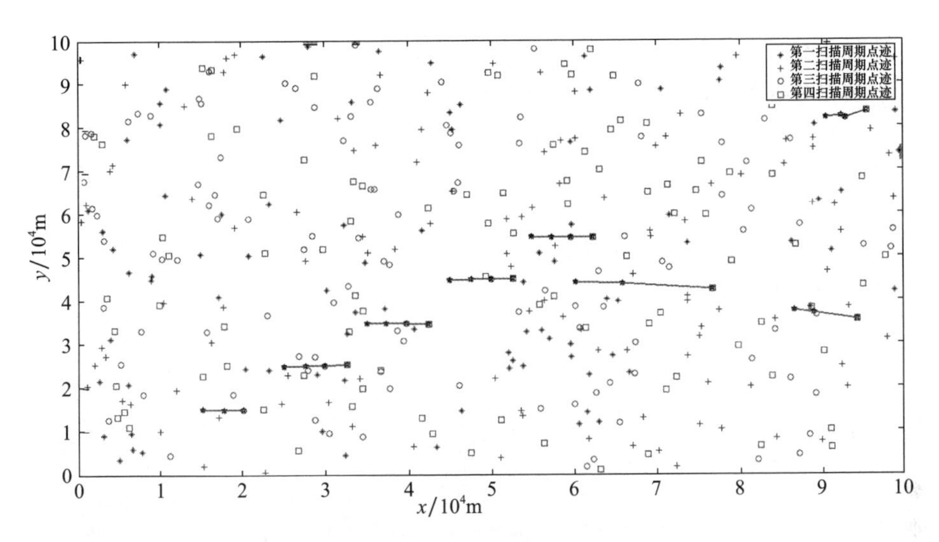

图 2.9　雷达在 4 个扫描周期的起始结果

上述实例的 Matlab 代码如下。

```
function MN_Logic
clear;
close all;
clc;
format long
% 目标的初始位置
Point_1 =[55000,55000];
Point_2 =[45000,45000];
Point_3 =[35000,35000];
Point_4 =[25000,25000];
Point_5 =[15000,15000];
Point =[Point_1;Point_2;Point_3;Point_4;Point_5];
% 5 个目标的速度均为
Speed =[500,0];
% 雷达的采样周期为
Ts =5;
% 雷达进行扫描次数
N =4;
% 确定最大最小速度的限制条件
Vmax =[1000,100];
```

```
Vmin = [0, -100];
% 雷达的测向误差和测距误差分别为 0.3°和 40m
% 极坐标转化为直角坐标系:x = r * sin(a),y = r * cos(a)
err = diag(trans(Point_3));
err_cov = err^2;
% 门限为
threshold = 4;
% 系统的模型为
F = [1 0 Ts 0
  0 1 0 Ts
  0 0 1 0
  0 0 0 1];
H = [1 0 0 0
  0 1 0 0];
Gamma = [Ts * Ts/2;Ts * Ts/2;Ts;Ts];
Q = norm(err);% 过程噪声协方差阵
R = err_cov;% 量测噪声的协方差矩阵
randn('state',sum(100 * clock)); % 设置随机数发生器
for i = 1:N
    % 杂波个数是按照泊松分布的,求杂波的个数 J。初始化参数
    theta = 100;
    r = rand;
    total = 0;
    J = 0;
    for j = 0:10000
        total = total + theta^j /gamma(j + 1);
        if  (total < exp(theta) * r)
            total = total + theta^(j + 1) /gamma(j + 2);
            if (total > = exp(theta) * r)
                J = j + 1;
                break;
            else
                total = total - theta^(j + 1) /gamma(j + 2);
            end
        end
    end
    % 每个周期的 J 个杂波按均匀分布随机地分布在雷达视域范围
    noise = rand(J,2) * 10 * 10^4;
```

```
        % 雷达扫描一次后的信号,包括目标信号和杂波信号
        signal(:,:,i) = {[noise;Point]};
        % 扫描一次后,目标位置的更新
        Point = Point + repmat(Ts * Speed,5,1) + Q * rands(5,2);
    end
    % 对第一次雷达扫描的数据进行关联
    k = 1;
    for m = 1:(length(cell2mat(signal(:,:,1))))
        for n = 1:(length(cell2mat(signal(:,:,2))))
            % 计算距离向量 dij
            mes = cell2mat(signal(:,:,1));% 第一次扫描的数据
            mes_1 = cell2mat(signal(:,:,1 + 1));% 第二次扫描的数据
            d(1) = max(0,mes_1(n,1) - mes(m,1) - Vmax(1) * Ts) + max(0, - mes_
1(n,1) + mes(m,1) + Vmin(1) * Ts);
            d(2) = max(0,mes_1(n,2) - mes(m,2) - Vmax(2) * Ts) + max(0, - mes_
1(n,2) + mes(m,2) + Vmin(2) * Ts);
            % 计算归一化距离平方
            err1 = diag(trans(mes_1(n,:)));
            err2 = diag(trans(mes(m,:)));
            err_cov1 = err1^2;
            err_cov2 = err2^2;
            D(m,n) = d * (err_cov1 + err_cov2)^-1 * d';
            if (D(m,n) < = threshold)
                pair(k,:) = {mes(m,:);mes_1(n,:)};  % 对落入相关门波的第二
次扫描量测建立可能的航迹
                % 计算由前两次量测组成的直线进行外推
                x_init(k,:) = [mes_1(n,:),(mes_1(n,:) - mes(m,:))/Ts];%
利用前两个观测值来对初始条件进行估计
                % 计算协方差的更新
                %% 初始协方差的选取:
                err = diag(trans(mes_1(n,:)));
                err_cov = err^2;
                Px0(:,:,k) = [err_cov(1,1) 0 err_cov(1,1)/Ts 0;
                    0  err_cov(2,2) 0 err_cov(2,2)/Ts;
                    err_cov(1,1)/Ts 0 err_cov(1,1)/Ts^2 0;
                    0 err_cov(2,2)/Ts 0 err_cov(2,2)/Ts^2];
                x_forest(k,:) = F * x_init(k,:)';% 状态的一步预测
                out_forest(k,:) = H * x_forest(k,:)';% 观测的一步预测
```

```
            P(:,:,k) = F * Px0(:,:,k) * F' + Gamma * Q * Gamma';% 预测协方差阵
            S(:,:,k) = H * P(:,:,k) * H' + err_cov;% 计算新息协方差
            Kx(:,:,k) = P(:,:,k) * H' * inv(S(:,:,k));% kalman 滤波增益
            Px0(:,:,k) = Px0(:,:,k) - Kx(:,:,k) * S(:,:,k) * Kx(:,:,k)';%
协方差的更新
            outside(k,:) = out_forest(k,:);% 外推点
            k = k + 1;
        end
    end
end
%%%%%%%%%%%%%%%%%%%% 对关联的数据集根据3/4逻辑算法进行航迹起始的判断
% 对关联数据进行数据的提取
for j = 2:N - 1
    mes_2 = cell2mat(signal(:,:,j + 1));
    for t = 1:k - 1
        for i = 1:(length(mes_2))
            % 计算后续的扫描点与外推点的PDA
            PDA(i) = (mes_2(i,:) - outside(t,:)) * inv(S(:,:,t)) * (mes_
2(i,:) - outside(t,:))';
        end
        [key dex] = min(PDA);
        % 判断是否有回波落入门波之内,若有则取离外推点最近的给予互联
        if (key < = threshold)
            pair(t,:) = {cell2mat(pair(t,:));mes_2(dex,:)};
        end
        % 协方差及外推点的更新
        x_forest(t,:) = F * x_forest(t,:)';
        outside(t,:) = H * x_forest(t,:)';
    end
    PDA = [];
end

% 绘图显示结果
flag = ['*','+','o','s'];
for i = 1:N
    mes = cell2mat(signal(:,:,i));
    plot(mes(:,1),mes(:,2),flag(i));
    pause(0.2);
```

```
        hold on
    end
    for i =1:length(pair)
        goal =cell2mat(pair(i,:));
        if (length(goal) > =6)
            x =goal(1:2:end -1);
            y =goal(2:2:end);
            plot(x,y,'pk');
            plot(x,y,'r','LineWidth',2);
            pause(0.5);
        end
    end
% 误差坐标转换坐标变换,将极坐标下的量测误差转化为直角坐标系下的误差
function mes_err =trans(mes)
% 利用 jacobian 公式进行坐标变化
r =norm(mes);
theta =atan(mes(2)/mes(1));
jacob =[sin(theta),r * cos(theta);cos(theta), -r * sin(theta)];
err_polar =[40,0.3/180 * pi];
mes_err =abs(jacob * err_polar');
```

2.2.4　Hough 变换法航迹起始方法及 Matlab 实践

针对复杂空域中目标航迹起始问题,需要用到基于 Hough 变换(Hough Transformation,HT)的航迹起始算法。Hough 变换最早应用于图像处理中,是检测图像空间中图像特征的一种基本方法,主要适用于检测图像空间中的直线。可将雷达经过多次扫描得到的数据看作一幅图像,因此可以使用 Hough 变换检测目标的轨迹。现在,Hough 变换已被广泛地应用于雷达数据处理中,并已成为多传感器航迹起始和检测低可观测目标的重要方法。1994 年,Carlson 等将 Hough 变换法应用到搜索雷达中检测直线运动或近似直线运动的低可观测目标,这是首次将 Hough 变换法应用于航迹起始中。

Hough 变换的基本原理是:将测量空间中的一点变换到参量空间中的一条曲线或是一个曲面,而具有同一参量特征的点会在变换后的参量空间中相交。通过判断交点处的积累程度来完成对特征曲线的检测,从而判定是否有真实航迹存在。例如 $x-y$ 平面上的一条直线在参量空间内对应一簇曲线,而这些曲线相交于参量空间的某一点上。

在具体实现中，首先通过 Hough 变换将多个扫描周期接收到的所有测量点迹变换为参量空间中的一组曲线（或曲面）。然后将参量空间以一定的间隔划分为图元，通过判断每个图元上测量点的累积程度来检测目标的存在，这里的累积既可以是幅度的累积也可以是数量的累积。当参量空间的图元中累积数大于或等于某个门限 N 时，判断为有目标航迹存在。

Hough 变换的具体算法如下。

在图像空间 $X-Y$ 中，所有共线的点 (x,y) 都可以用直线方程描述为

$$y = mx + c \tag{2-8}$$

式中：m 为直线的斜率；c 为截距。同时，式(2-8)又可以改写为

$$c = -mx + y \tag{2-9}$$

式(2-9)可以看作参数空间 $c-m$ 中的一条直线方程，其中直线的斜率为 x，截距为 y。

比较式(2-8)和式(2-9)，可以看出，图像空间中的一点 (x,y) 对应参数空间中的一条直线，而图像空间中的一条直线又是由参数空间中的一个点 (m,c) 来决定的。Hough 变换的基本思想就是将上述两式看作图像空间中的点和参数空间中的点的共同约束条件，并由此定义一个从图像空间到参数空间的一对映射，图 2.10 体现了这种点-线之间的对偶关系。图 2.11(a)所示为图像空间中位于同一直线的点，图 2.11(b)所示为图像中直线上的点经式(2-8)映射到参数空间中的一簇直线，图像空间中的一条直线上的点经过 Hough 变换后，对应的参数空间中的直线相交于一点，这一点是确定的，确定该点在参数空间中的位置即可知道图像中直线的参数。Hough 变换把在图像空间中的直线检测问题转换为参数空间里对点的检测问题，通过在参数空间里进行简单的累加统计完成检测任务。

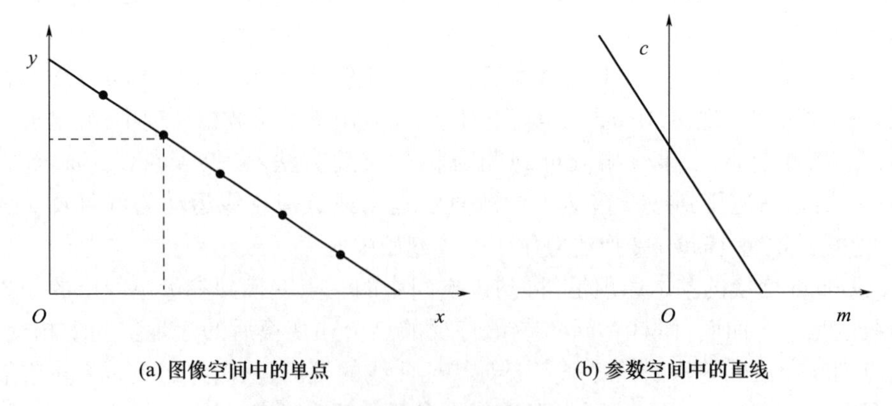

图 2.10　图像空间中的点与参数空间中的直线对偶示意图

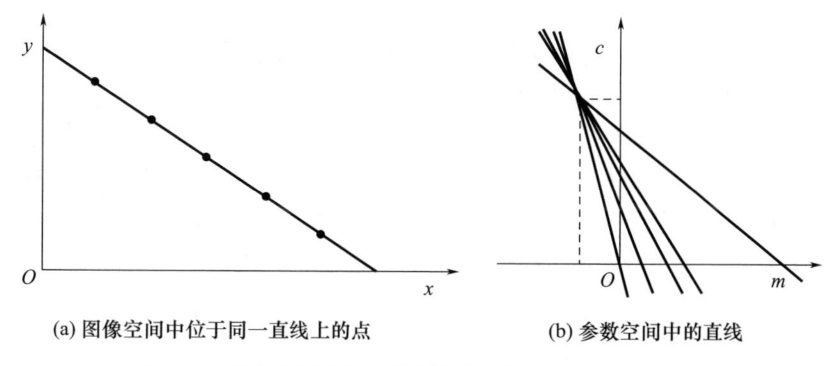

图2.11 图像空间中的直线与参数空间中的点对偶示意图

在具体的计算过程中，需要将参数空间 $m-c$ 离散化为二维的累加数组，设这个数组为(m,c)，如图2.12所示，同时设$[m_{\min},m_{\max}]$和$[c_{\min},c_{\max}]$分别为斜率和截距的取值范围。开始时置数组 A 全为零，然后对每一个图像空间中的给定边缘点，让 m 取遍$[m_{\min},m_{\max}]$内所有可能的值，并根据式(2-9)算出对应的 c。再根据 m 和 c 的值（设都已经取整）对数组元素进行累加，即 $A(m,c)=A(m,c)+I$。累加结束后，通过检测数组 A 中局部峰值点的位置来确定参数 m 和 c 的值。

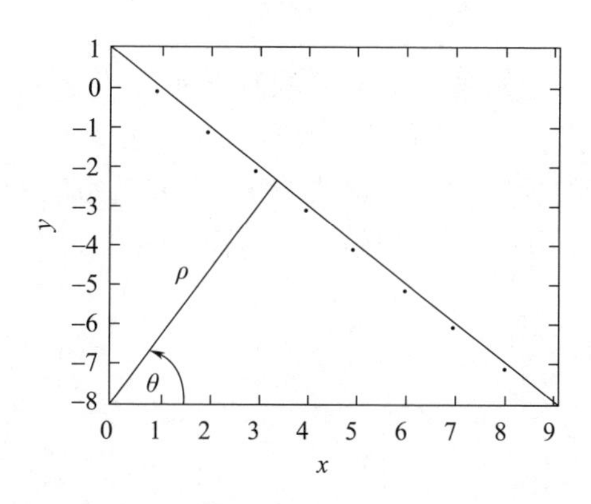

图2.12 笛卡儿坐标系中的一条直线

如果直线的斜率无限大（如 $x=a$ 形式的直线），采用式(2-9)是无法完成检测的，为了能够正确识别和检测任意方向的与任意位置的直线，可以用 Duda 和 Hart 提出的直线极坐标方程（式(2-8)）来替代。通过式(2-8)将笛卡儿坐标系中的观测数据(x,y)变换到参数空间中的坐标(ρ,θ)，即

$$\rho=x\cos\theta+y\sin\theta \tag{2-10}$$

式中：$\theta\in[0°,180°]$。对于一条直线上的点(x_i,y_i)，必有两个唯一的参数 ρ_0 和 θ_0 满足

$$\rho_0 = x_i \cos\theta_0 + y_i \sin\theta_0 \tag{2-11}$$

图 2.12 所示笛卡儿空间中的一条直线可以直接从原点到这条直线的距离 ρ_0 和 ρ_0 与 x 轴的夹角 θ_0 来定义。

将图 2.12 中直线上的几个点通过式(2-10)转换成参数空间的曲线,如图 2.13 所示。从图 2.13 中,可以明显地看出图 2.12 中直线上的几个点转换到参数空间中的曲线交于一个公共点。这也就说明了,在参数空间中交于公共点的曲线所对应的笛卡儿坐标系中的坐标点一定在一条直线上。

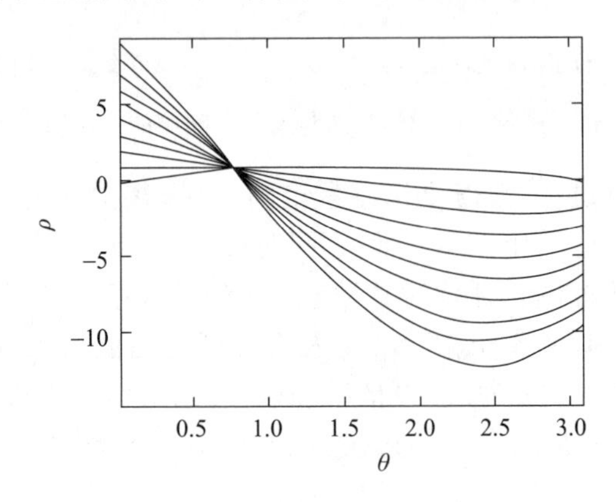

图 2.13　Hough 变换示意图

为了能在接收的雷达数据中将目标检测出来,需将 $\rho-\theta$ 平面离散地分成若干个小方块,通过检测三维直方图中的峰值来判断公共的交点,如图 2.14 所示。图 2.15 所示为给定的参数空间中的直方图,直方图中的峰值暗示着可能的航迹,但有一些峰值不是由目标的航迹产生的,而是由杂波产生的。

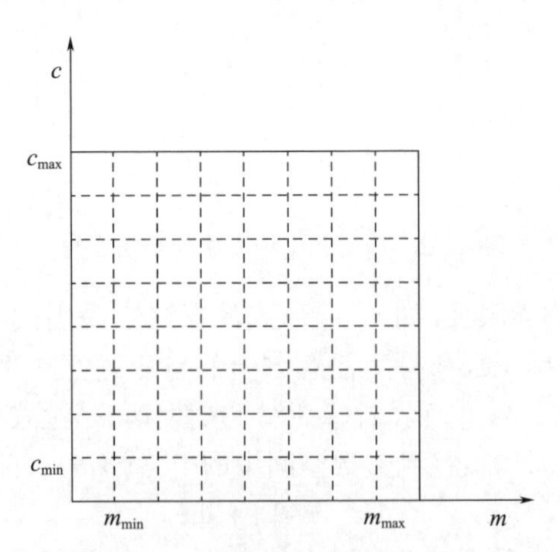

图 2.14　参数空间中的累加数组

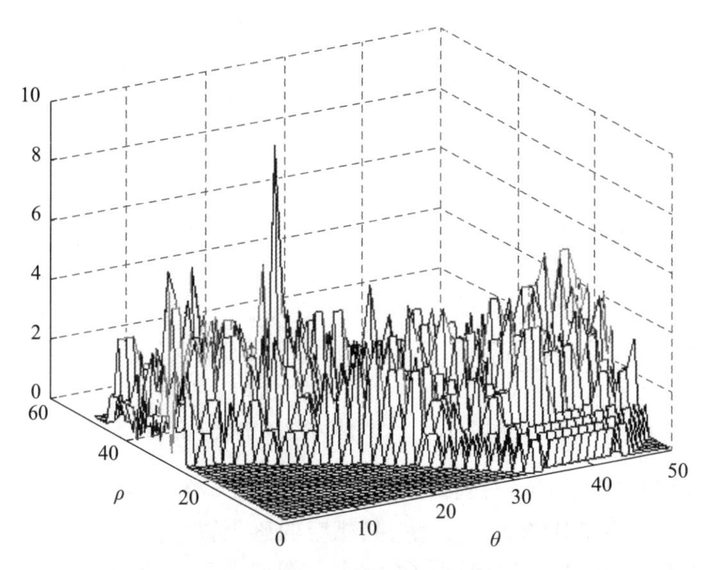

图 2.15　参数空间中的直方图

直方图中每个方格的中心点为

$$\begin{cases}\theta_n=(n-0.5)\Delta\theta, n=1,2,\cdots,N_\theta\\ \rho_n=(n-0.5)\Delta\rho, n=1,2,\cdots,N_\rho\end{cases}\tag{2-12}$$

式中：$\Delta\theta=\pi/N_\theta$，$N_\theta$ 为参数 θ 的分割段数；$\Delta\rho=L/N_\rho$，N_ρ 为参数 ρ 的分割段数，L 为雷达探测距离的两倍。

当平面上存在有可连成直线的若干点时，这些点就会聚集在平面相应的方格内。经过多次扫描之后，对于直线运动的目标，在某一个特定单元中的点数量会得到积累。

Hough 变换法适用于起始杂波环境下直线运动目标的航迹。Hough 变换法的起始航迹的质量取决于航迹起始的时间和参数 $\Delta\theta$ 和 $\Delta\rho$ 两个方面，航迹起始的时间越长，起始航迹的质量越高；参数 $\Delta\theta$ 和 $\Delta\rho$ 选取越小，起始航迹的质量越高，但是容易造成漏警；参数 $\Delta\theta$ 和 $\Delta\rho$ 的选取应根据实际雷达的测量误差而定，若测量误差较大，则参数 $\Delta\theta$ 和 $\Delta\rho$ 选取较大的值，不至于产生漏警，Hough 变换法很难起始机动目标的航迹。

仿真实例 2：假设 5 个目标做匀速直线运动，使用一个二维雷达对这个目标进行跟踪，5 个目标的初始运动状态分别为（8000m，-280.0m/s，8000m，-10.0m/s）、（-6000m，180.0m/s，8000m，-130.0m/s）、（-8000m，150.0m/s，2500m，-150.0m/s）、（8000m，-120.0m/s，4000m，-150.0m/s）、（7900m，-220.0m/s，6000m，-50.0m/s），同时假设雷达的采样周期 $T=3$s，5 个目标的起始航迹如图 2.16 所示。

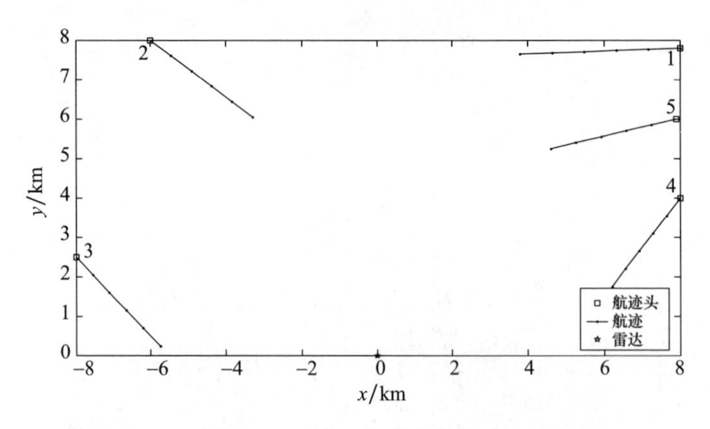

图 2.16　5 个目标的起始航迹

假设 $\Delta\theta = 0.01$，$\Delta\rho = 50$，则雷达对 5 个目标前 6 个扫描周期的量测变换到参数空间的平面结果如图 2.17 所示，其相应的累积直方图如图 2.18 所示，引入速度信息和检测门限后最终得到的检测直方图如图 2.19 所示。

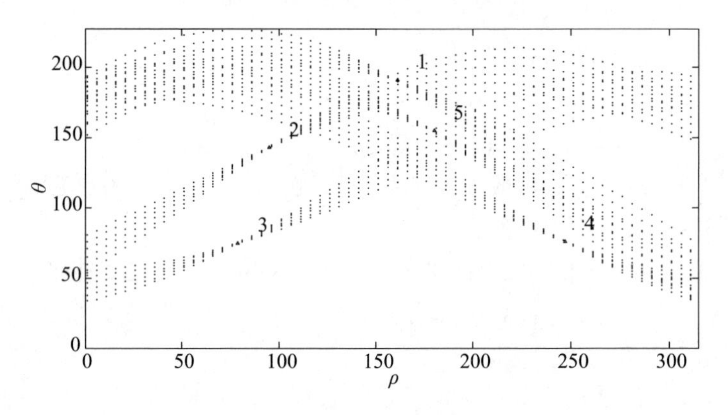

图 2.17　目标航迹变换到参数空间

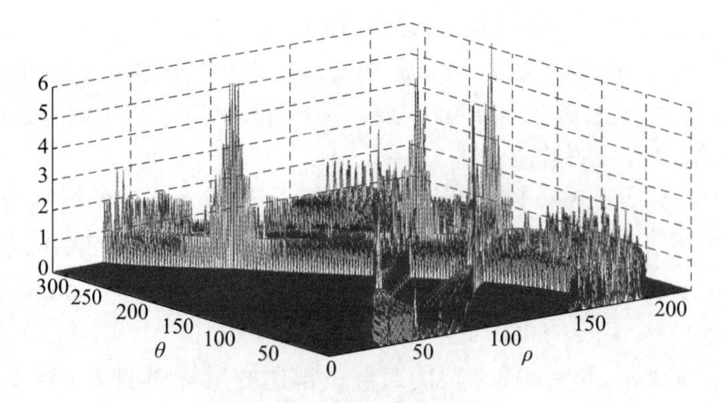

图 2.18　参数空间直方图

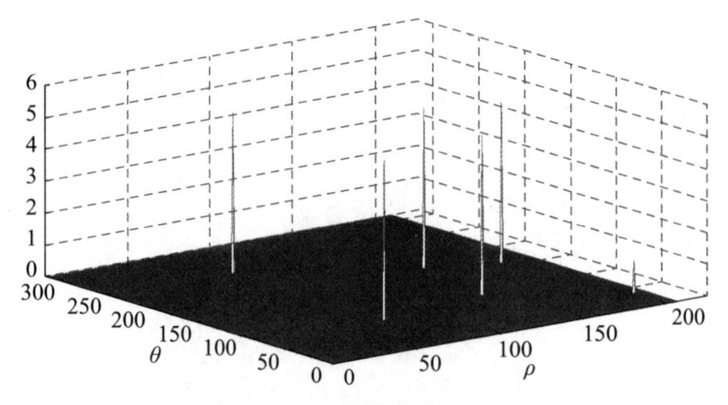

图 2.19　引入门限后直方图结果

上述实例的 Matlab 代码如下。

```
%%%%%%%%%%%%%%%%%%%%%%%%%%%%%%%%%%%%%%%%%%%%%%%%%%
clear all;clc;
% -----------------------------------------------------------------
% 1)产生理想航迹
T=3;  % 采样周期
N=5;  %  航迹批数
K=6;  % 航迹量测数

x0=zeros(5,4);% N条航迹的初始状态
x0(1,:)=[8000,-280.0,8000,-10.0]; % 航迹1的起始状态
x0(2,:)=[-6000,180.0,8000,-130.0];
x0(3,:)=[-8000,150.0,2500,-150.0];
x0(4,:)=[8000,-120.0,4000,-150.0];
x0(5,:)=[7900,-220.0,6000,-50.0];

for n=1:N% 航迹初始化
    track{n}=zeros(K,2);
    track{n}(1,1)=x0(n,1);track{n}(1,2)=x0(n,3);
    vx=x0(n,2);vy=x0(n,4);
    for k=2:K;
        track{n}(k,1)=track{n}(k-1,1)+vx*T;
        track{n}(k,2)=track{n}(k-1,2)+vy*T;
    end
end

figure(11);
```

```
plot(track{1}(1,1)/1000,track{1}(1,2)/1000 - 0.2,'rs','Markersize',
10);hold on;
plot(track{1}(:,1)/1000,track{1}(:,2)/1000 - 0.2,'k. -','Markersize',
10);hold on;
plot(0,0,'rp','Markersize',10);hold on;
for n = 2:N
    plot(track{n}(1,1)/1000,track{n}(1,2)/1000,'rs','Markersize',
10);hold on;
end
for n = 2:N
    plot(track{n}(:,1)/1000,track{n}(:,2)/1000,'k -');hold on;
end
plot(track{1}(2:K,1)/1000,track{1}(2:K,2)/1000 - 0.2,'k.','Marker-
size',10);hold on;
for n = 2:N
    plot(track{n}(2:K,1)/1000,track{n}(2:K,2)/1000,'k.','Markersize',
10);hold on;
end
xlabel('x/km'); ylabel('y/km');
legend('航迹头','航迹','雷达');

text(x0(1,1)/1000 -0.2,x0(1,3)/1000 -0.2,'1');hold on;
text(x0(2,1)/1000 +0.2,x0(2,3)/1000 -0.2,'2');hold on;
text(x0(3,1)/1000 +0.2,x0(3,3)/1000 +0.2,'3');hold on;
text(x0(4,1)/1000 -0.2,x0(4,3)/1000 +0.2,'4');hold on;
text(x0(5,1)/1000 -0.2,x0(5,3)/1000 +0.2,'5');

% -----------------------------------------------------------
% 2)HT 变换:二维显示
dtheta = 0.01;  % beta 的采样间隔
Nb = ceil(pi/dtheta);  % 采样总数
Theta = 1:Nb;

Rho = zeros(N * K,Nb);
for n = 1:N
    for k = 1:K
        for i = 1:Nb
            theta = i * dtheta;
```

```
            x = track{n}(k,1);y = track{n}(k,2);
            rho = x * cos(theta) + y * sin(theta);
            Rho((n - 1) * K + k,i) = rho;
        end
    end
end
drho = 50;  % 采样间隔
rmax = max(max(Rho));
Rho1 = ceil((Rho + rmax)/(2 * drho));
Nr = max(max(Rho1));

figure(21);  % hough 变换:二维图
for nk = 1:N * K;
    plot(Theta(1:5:end),Rho1(nk,1:5:end),'r.','Markersize',1); hold on;
end
axis([0  Nb 0 Nr]);
xlabel('\rho');ylabel('\theta');

Nr = max(max(Rho1));
rho_theta = zeros(N,2);
for n = 1:N
    rho_theta(n,:) = dline(x0(n,:));
end
rho_theta1 = rho_theta;
rho_theta1(:,1) = ceil(rho_theta(:,1)/dtheta);
rho_theta1(:,2) = ceil((rho_theta(:,2) + rmax)/(2 * drho));

figure(21);hold on; % 验证:line2
plot(rho_theta1(:,1),rho_theta1(:,2),'^','Markersize',5); hold on;
text(rho_theta1(1,1) + 10,rho_theta1(1,2) + 10,'1'); hold on;  % 标注
text(rho_theta1(2,1) + 10,rho_theta1(2,2) + 10,'2'); hold on;
text(rho_theta1(3,1) + 10,rho_theta1(3,2) + 10,'3'); hold on;
text(rho_theta1(4,1) + 10,rho_theta1(4,2) + 10,'4'); hold on;
text(rho_theta1(5,1) + 10,rho_theta1(5,2) + 10,'5');
[rho_theta1(:,1),rho_theta1(:,2)];
% -----------------------------------------------
% 3) HT 变换:三维显示
%   Rou1:Nb * Nr;
```

```
A = zeros(Nb,Nr);
for nk = 1:N * K
    for nb = 1:Nb
        A(nb,Rho1(nk,nb)) = A(nb,Rho1(nk,nb)) + 1;
    end
end

figure(31);
mesh(A); axis([0  Nr 0 Nb 0 6]);
xlabel('\rho');ylabel('\theta');

% -------------------------------------------------------------------
% 4 -1) FHT:2D 显示
for k = 1:K - 1
    for n0 = 1:N
        for n1 = 1:N
            z0 = track{n0}(k,:);
            z1 = track{n1}(k + 1,:);
            frho_theta = fline(z0,z1);
            FRho_Theta{k,(n0 - 1) * N + n1} = frho_theta;
        end
    end
end

for k = 1:K - 1
    for n = 1:N * N
        FRho_Theta1{k,n} = zeros(1,2);
    end
end

for k = 1:K - 1
    for n = 1:N * N
        FRho_Theta1{k,n}(1) = ceil(FRho_Theta{k,n}(1) /dtheta);
        FRho_Theta1{k,n}(2) = ceil((FRho_Theta{k,n}(2) + rmax) / (2 * drho));
    end
end

figure(41)
```

```
for k = 1:K - 1
    for n = 1:N * N
        plot(FRho_Theta1{k,n}(1),FRho_Theta1{k,n}(2),'.');hold on;
    end
end

figure(41);hold on; % 验证:line2
plot(rho_theta1(:,1),rho_theta1(:,2),'r^','Markersize',10);
xlabel('\rho');ylabel('\theta');
axis([0  Nb 0 Nr]);
% ---------------------------------
% 4 -2) FHT:2D 显示;引入速度信息,限制参数点
% (1)检测现有航迹的所有速度/理想情况下,再给定速度最大门限
V = zeros(1,5);
for n = 1:N
    V(n) = sqrt(x0(n,2)^2 + x0(n,4)^2);
end
vmax = 2 * 350;

% (2)显示 rho - theta 空间中参数点
for k = 1:K - 1
    for n0 = 1:N
        for n1 = 1:N
            z0 = track{n0}(k,:);
            z1 = track{n1}(k + 1,:);
            d = sqrt((z1(1) - z0(1))^2 + (z1(2) - z0(2))^2);
            if d < vmax * T
                frho_theta = fline(z0,z1);
                FRho_Theta2{k,(n0 - 1) * N + n1} = frho_theta;
            else
                FRho_Theta2{k,(n0 - 1) * N + n1} = zeros(1,2);
            end
        end
    end
end
for k = 1:K - 1
    for n = 1:N * N
        FRho_Theta3{k,n} = zeros(1,2);
```

```
    end
end

for k=1:K-1
    for n=1:N*N
        FRho_Theta3{k,n}(1)=ceil(FRho_Theta2{k,n}(1)/dtheta);
        FRho_Theta3{k,n}(2)=ceil((FRho_Theta2{k,n}(2)+rmax)/(2*drho));
    end
end
figure(42)
for k=1:K-1
    for n=1:N*N
        plot(FRho_Theta3{k,n}(1),FRho_Theta3{k,n}(2),'.');hold on;
    end
end

figure(42);hold on; % 验证:line2
plot(rho_theta1(:,1),rho_theta1(:,2),'r^','Markersize',10);
xlabel('\rho');ylabel('\theta');
% axis([0 Nb 0 Nr]);
% ---------------------------------------------------------------
% 5-1) FHT:三维显示
FNt=0;FNr=0;
for k=1:K-1
    for n=1:N*N
        if FRho_Theta1{k,n}(1)>=FNt;
            FNt=FRho_Theta1{k,n}(1);
        end
        if FRho_Theta1{k,n}(2)>=FNr;
            FNr=FRho_Theta1{k,n}(2);
        end
    end
end

FA=zeros(FNt,FNr);
for k=1:K-1
    for n=1:N*N
        FA(FRho_Theta1{k,n}(1),FRho_Theta1{k,n}(2))=FA(FRho_The-
```

```
ta1{k,n}(1),FRho_Theta1{k,n}(2)) +1;
        end
    end

    % figure(51);
    % mesh(FA); axis([0 Nr 0 Nb 0 6]);
    % xlabel('\rho');ylabel('\theta');
    % ---------------------------------
    % 5 -2) FHT:三维显示,引入速度信息后
    FNt3 =0;FNr3 =0;
    for k =1:K -1
        for n =1:N * N
            if FRho_Theta3{k,n}(1) > =FNt;
                FNt3 =FRho_Theta3{k,n}(1);
            end
            if FRho_Theta3{k,n}(2) > =FNr;
                FNr3 =FRho_Theta3{k,n}(2);
            end
        end
    end

    FA3 =zeros(FNt,FNr);
    fork =1:K -1
        for n =1:N * N
            if FRho_Theta3{k,n}(1) ~ =0 & FRho_Theta3{k,n}(2) ~ =0
                FA3(FRho_Theta3{k,n}(1),FRho_Theta3{k,n}(2)) =FA3(FRho_
Theta3{k,n}(1),FRho_Theta3{k,n}(2)) +1;
            end
        end
    end

    figure(52);
    mesh(FA3); axis([0  Nr 0 Nb 0 6]);
    xlabel('\rho');ylabel('\theta');
    %%%%%%%%%%%%%%%%%%%%%%%%%%%%%%%%%%%%%%%%%%%%
```

2.3　数据关联

数据关联包括点迹 - 点迹关联、点迹 - 航迹关联和航迹 - 航迹关联三种方式，

其中点迹－点迹关联主要用于航迹起始,航迹－航迹关联主要用于雷达组网空情处理。而点迹－航迹关联也称点航相关,主要用于雷达数据处理中,是把某一周期间获得的点迹与此前形成的航迹进行比较并确定正确配对的过程。配对实现之后,用配对成功的点迹对航迹进行更新,以产生精确的位置和目标速度值估计。

2.3.1 点迹－航迹关联的原理

1. 点迹－航迹关联的逻辑

点迹－航迹关联分连续的两个步骤实现:先对每个要更新的航迹,产生一个配对表,表中包括全部可能的点迹－航迹配对(即相关),再选出单个点迹与单条航迹构成唯一的配对(即赋值)。相关过程限制了能够更新航迹的点迹数目。其实现是先只考察紧靠航迹扇区的几个方位扇区中的点迹,然后只取以航迹预测位置为中心的某个相关波门中的点迹。通常只考察点迹的三个方位扇区:一个和航迹所在扇区重合,另外两个位于前一个扇区的侧面(图 2.20(a))。为了避免对相关波门和三个位置可能产生的边界误差,在相关过程中采用多重扇区。为了节省计算时间,要使点迹扇区和航迹扇区交错重叠而不是重合一致,此时,对相关只需考虑两个点迹扇区就足够了,如图 2.20(b)所示。

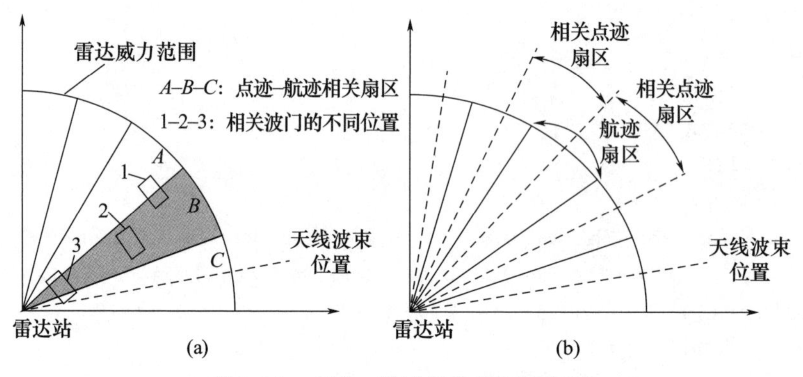

图 2.20　点迹－航迹相关扇区示意图

这种相关方法很简单,当目标加速度很低、检测概率很高且虚警概率很低时,可以获得很好的性能。该相关方法的前提条件是目标航线在空中应相隔较远,一旦满足不了上述条件可能出现模糊相关情况。这样就要选用最靠近预测值的点迹来赋值,为此规定了适当的“点迹－航迹间隔”,整个点迹航迹配对逻辑的流程如图 2.21 所示。

2. 相关和赋值算法

随着方位角的增大,要采用顺序地扫描航迹缓冲存储器的方法进行处理。最简单的点迹－航迹配对算法,就是把相关波门角扫描期间发现的第一个点迹与处理过的航迹关联(图 2.22)。这种算法适合于相隔很远,且在波门内只存在一个点迹的航迹情况。但是,即使在这种情况下,由于噪声的影响使点迹和航迹的方位排列次序发生变化,也还是可能产生错误的关联。

对点迹和航迹密度非常高的工作条件,应当使用更可靠的算法。在这种情况下,可能发生模糊相关:要么是多个航迹“争夺”单个点迹,要么是相关波门中的多个点迹与同一航迹关联,当航迹通过杂波区或几个目标同处于某个邻近区域,如跟踪飞机编队时,就会发生这样的模糊情况。在这种情况下,先把可供关联的点迹 – 航迹构成矩阵,以完成相关和赋值,然后解除模糊,选择出那些最好的点迹 – 航迹配对。

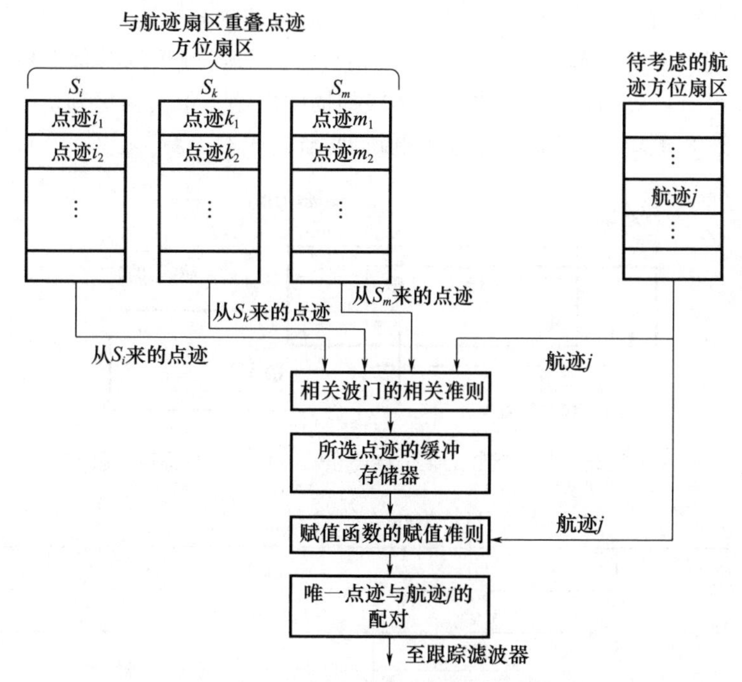

图 2.21　点迹 – 航迹配对逻辑流程

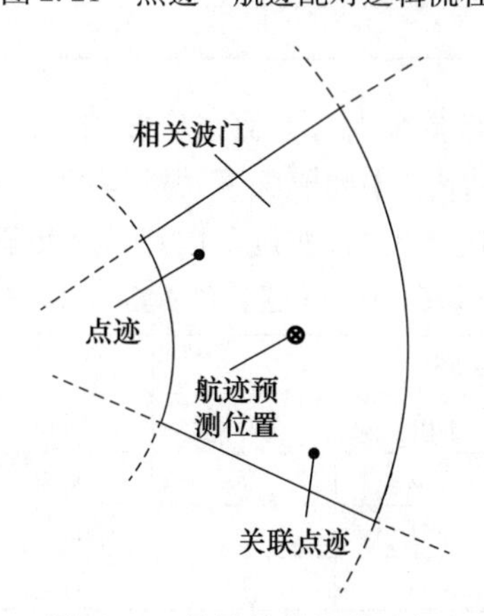

图 2.22　最简单的相关波门

在图2.23的例子中图解说明了多个点迹和航迹的关联问题。图中,航迹1的波门内有两个点迹,航迹2的波门内有三个点迹,航迹3的波门内有一个点迹。现在,构成点迹和航迹间隔矩阵如表2.1所列,不相关的点迹-航迹配对用趋于无穷大的间隔作标记。点迹和航迹间隔可能是欧几里得间隔或某个适当的统计间隔(其数学定义参见下节)。每个航迹暂时与最靠近的点迹关联,然后再检查这些暂时的关联,去掉那些重复使用的点迹。表2.1说明了这个过程,与航迹1和航迹2关联的点迹8同最靠近的航迹(此时为航迹1)配对,然后再检查其余航迹,把所有与点迹8的关联去掉。这样,点迹7与航迹1、2、3关联。把航迹2与点迹7配对就解决了这种矛盾的情况。当与点迹7的其他关联去掉时,航迹3便没有点迹与之关联,故而在本次扫描中航迹3不会被更新。一句话,航迹1被点迹8更新,航迹2被点迹7更新,而航迹3不更新。

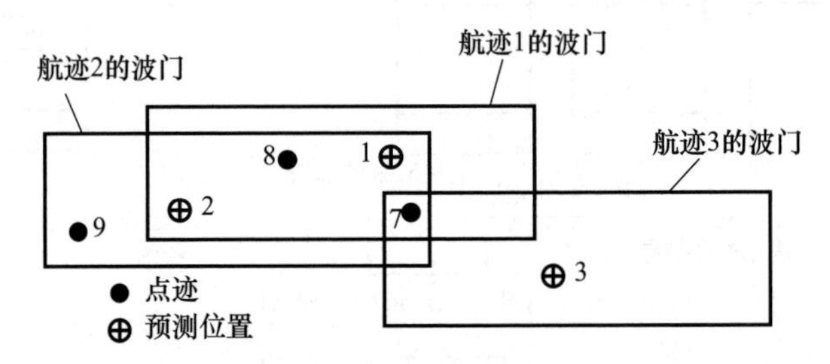

图2.23　互相毗邻的多个点迹和航迹所产生的关联问题

表2.1　点迹-航迹间隔矩阵

点迹	航迹		
	1	2	3
7	4.2	5.4	6.3
8	1.2	3.1	∞
9	∞	7.2	∞

另一个对策是:如果与某个航迹只有一个相关,那么总是用一个点迹与一条航迹配对,如前所述,可以用最小间隔法来消除模糊。这样,在本例中,航迹3由点迹7更新,航迹1由点迹8更新,航迹2由点迹9更新(表2.2)。

表2.2　关联逻辑(对应图2.23)

航迹号	最靠近的关联		第二个关联		第三个关联	
	点迹	间隔	点迹	间隔	点迹	间隔
1	8	1.2	7	4.2	—	—
2	8	3.1	7	5.4	9	7.2
3	7	6.3	7	6.3	—	—

还应当指出：为了处理复杂的模糊相关情况，要运用别的相关算法对航迹进行分类（如分成固定航迹、直线运动航迹、机动航迹），可获得初步的改进，各类航迹在相关过程中具有不同的优先度和相关波门，如果能够算出航迹被错误点迹更新的概率，那么就可以得到进一步的改进，航迹被错误点迹更新这一事件的概率，用来衡量点迹－航迹配对的正确性。另外，还有一种适当的方法，那就是运用点迹和航迹的辅助信息。举例来说，在能获得径向速度观测的情况下，径向速度观测便是改进关联准确性的有效措施。不然，关联就只依靠位置观测精度了。最后要说明一下，使用二次雷达或敌我识别器的信息，能使得点迹－航迹的配对问题大大简化。

3. 统计间隔计算

假定某目标的预测位置为 $\hat{\boldsymbol{Z}}(k|k-1)$，相关波门内存在着 m 个点迹数据，且第 i 个点迹数据为 $\boldsymbol{Z}_i(k)$，$i=1,2,\cdots,m$，则第 i 个点迹与目标预测位置的欧几里得间隔为

$$\boldsymbol{\nu}_i=\boldsymbol{Z}_i(k)-\hat{\boldsymbol{Z}}(k|k-1) \tag{2-13}$$

目标预测位置是按照 $k-1$ 时刻以前的目标观测点迹进行预测得到的，其实际目标点迹可能与预测位置间隔很小，但其他虚假点迹也可能与预测位置间隔更小，此时若简单地按欧几里得最小进行点迹－航迹配对是不妥的，而应按统计间隔最小进行点迹－航迹配对。

统计间隔是针对不同目标位置之间的测量精度提出来的，一般雷达的距离精度高于方位精度，在对离雷达站较远的目标进行跟踪时，需要更多地考虑方位精度的影响。而统计间隔考虑了雷达测量误差、航迹预测误差和目标机动等因素对欧几里得间隔进行的修正，因此更具合理性。

统计距离的定义如下：假设在第 k 次扫描之前，已建立了 N 条航迹，第 k 次扫描时，在第 j 条航迹的波门内，有新观测 m 个，记为 $\boldsymbol{Z}_i(k)$，$i=1,2,\cdots,m$。观测 i 和航迹 j 的差向量定义为测量值和预测值之间的差，也称为滤波新息（滤波残差向量）

$$\boldsymbol{\nu}_i=\boldsymbol{Z}_i(k)-\hat{\boldsymbol{Z}}_j(k|k-1) \tag{2-14}$$

设 $\boldsymbol{R}_{ij}(k)$ 是 $\boldsymbol{\nu}_{ij}$ 的协方差矩阵（新息协方差矩阵），则量测 $\boldsymbol{Z}_i(k)$ 到第 j 条航迹的统计距离的平方（残差向量的范数）为

$$d_j^2[\boldsymbol{Z}_i(k)]=\boldsymbol{\nu}'_{ij}(k)\boldsymbol{R}_{ij}^{-1}(k)\boldsymbol{\nu}_{ij}(k) \tag{2-15}$$

4. 点迹－航迹关联的步骤

根据以上分析，可以得到点迹－航迹关联处理的一般流程，如图 2.24 所示，即首先在每一扫描周期，对存在的航迹 j，预测该航迹在本周期的位置，并据此设置波门；其次根据该航迹预测位置确定相关扇区范围，并按扇区取该周

期的相应点;再次对取得的所有点迹,计算统计间隔;接着是航迹相关处理,判断这些点迹是否落入波门,对落入波门的点迹,若出现点迹模糊或航迹模糊则进入相应的解模糊处理,点迹-航迹关联解模糊处理主要解决目标航迹交叉、多个点迹与一条航迹相关、多条航迹争夺一个点迹等问题,它的处理可解除虚假点迹相关,保证航迹跟踪的连续性和稳定性;最后,选择唯一点迹与航迹配对。

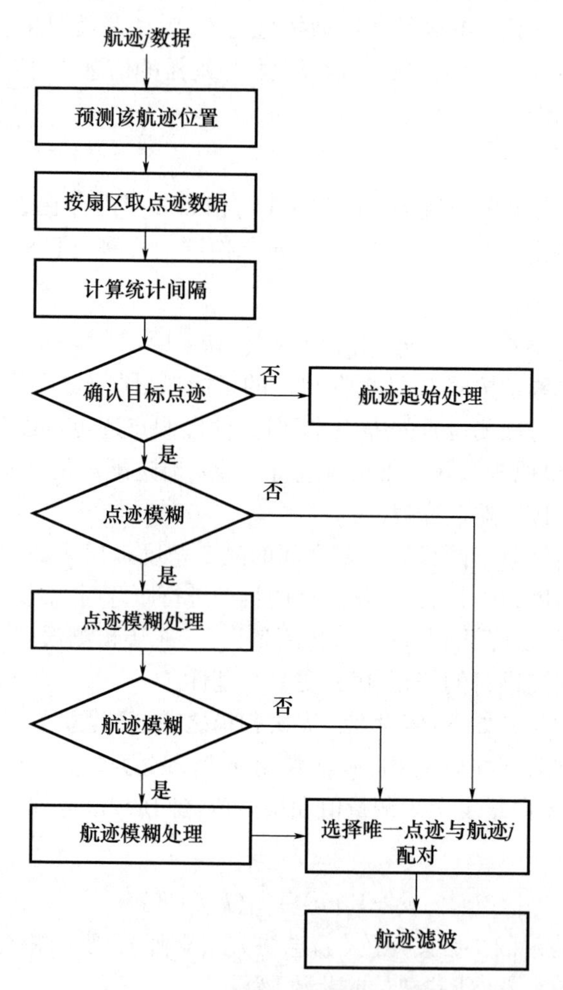

图2.24　点迹-航迹关联处理流程

2.3.2　点迹-航迹关联算法分类

点迹-航迹关联处理应用的算法很多,可分为极大似然类数据关联算法和贝叶斯类数据关联算法两类。

极大似然类数据关联算法是以观测序列的似然比为基础的,主要包括人工标图法、航迹分叉法、联合极大似然算法、0 - 1 整数规划法和广义相关法等。这些方法的基本估计准则都是使似然函数极大化,该似然函数表示以观测值为条件的目标状态向量值的概率。这些方法的基本形式都是批处理的,因而计算量普遍较大,其中,航迹分叉法是利用似然函数进行剪枝,排除不可能是来自目标的量测序列,因而计算量尤为大;联合极大似然算法是计算所有量测序列的不同可行划分的似然函数,似然函数达到极大的可行划分下的量测序列认为是来自不同目标的正确序列;0 - 1 整数规划法是由联合极大似然算法进一步推导而来的,此时由求使似然函数达到极大的可行划分变成了求使检验统计量达到极小的二进制向量,其原理与联合极大似然算法类似,但解决问题的实现方法略有不同;广义相关法是定义了一个得分函数,利用得分函数实现对航迹的起始、确认和撤销。

贝叶斯类数据关联算法是以贝叶斯准则为基础的,相对于极大似然类算法等批处理算法,该类算法在工程中应用更为普遍,目前,基于该类数据关联算法的研究工作也更为深入,贝叶斯类数据关联算法概括来讲又包括两类:第一类是对最新的确认量测集合进行研究,是一种次优的贝叶斯算法,这类贝叶斯算法主要包括最近邻域(Nearest Neighbor,NN)法、概率最近邻域算法、概率数据关联(Probability Data Association,PDA)算法、联合概率数据关联算法等,其中,概率数据关联算法和联合概率数据关联算法是计算当前时刻最新确认量测来自目标的正确概率,并利用这些概率进行加权以获得目标的状态估计。这类算法具有便于工程应用的优点;第二类是对当前时刻以前的所有确认量测集合进行研究,给出每一个量测序列的概率,它是一种最优的贝叶斯算法,主要包括最优贝叶斯算法和多假设方法等,该类算法相对来讲计算量较大,因此实际使用时需根据应用背景进行一定简化,以利于工程应用。

2.3.3　最近邻数据关联方法及 Matlab 实践

到目前为止,已经有许多有效的数据关联算法,其中最近邻域法是提出最早也是最简单的数据关联方法,有时也是最有效的方法之一。它是在 1971 年由 Singer 等提出来的一种具有固定记忆并且能在多回波环境下工作的跟踪方法。

在这种滤波方法中,把落在相关波门内并且与被跟踪目标的预测位置"最近"的观测点迹作为关联点迹,这里的"最近"一般是指观测点迹在统计意义上离被跟踪目标的预测位置最近。相关波门、航迹的最新预测位置、本采样周期的观测点迹及最近观测点迹之间的关系如图 2.25 所示。假定有一航迹 i,波门为一个二维矩形门,其中除了预测位置,还包含 3 个观测点迹 1、2、3,直观上看,点迹 2 应为最近点迹。

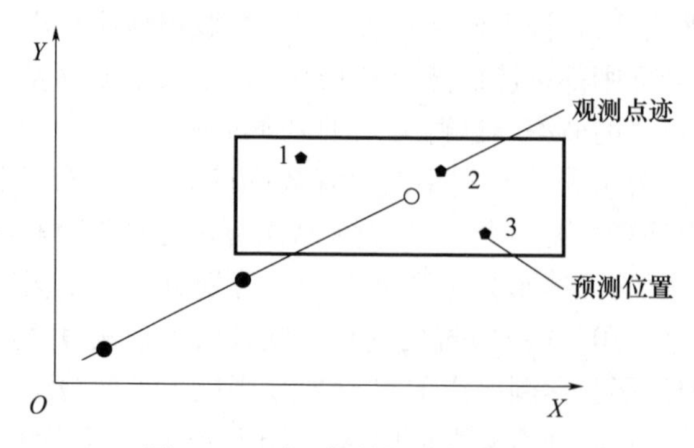

图 2.25　最近邻数据关联示意图

“最近邻”方法的基本含义是：首先设置波门以限制潜在的决策数目，由波门初步筛选所得到的点迹作为候选点迹。若波门内点迹数大于 1，则选择波门内与被跟踪目标预测位置“最近”的点迹作为目标关联对象。“最近”表示统计距离最小或者残差概率密度最大。

可以证明，这种方法在最大似然意义下是最佳的，残差的似然函数的最大等效于残差最小，因此，在实际计算时，只需选择最小的残差 $\boldsymbol{\nu}_{ij}(k)$ 就满足离预测位置最近的条件了。

在多目标跟踪问题中，该方法一般被分解为以下 4 条相关原则：

(1) 若某条目标航迹的相关波门内只有一个点迹，则该航迹选择与此点迹相关，而不考虑其他。

(2) 若某点迹只落入一个航迹相关波门内，则该点迹与此航迹相关，而不考虑其他。

(3) 当某航迹的相关波门内落入多个点迹时，则该航迹与“最近”的点迹相关。

(4) 当某点迹落入多个航迹的相关波门内时，则该点迹与“最近”的航迹相关。

事实上，这 4 条相关原则的解是不唯一的，这主要是因为(3)、(4)两项原则使得相关解依赖于判别的次序。在大量的实际应用中，(1)、(2)两项原则常常导致错误相关。例如，某条航迹某时刻的点迹未被探测器检测到，但由于各种原因使得该航迹波门内仍包含一个点迹，而该点迹实际上是虚警或属于另一航迹，无论该点迹与该航迹的距离是否小于它与另一航迹的距离，按照原则(1)，将判定它们相关。原则(2)同样会触发错误相关。为减少这种错误，在实际应用中可把“最近邻”方法修改为下述三条原则：

(1) 若某航迹的相关波门内只有一个点迹，且该点迹与此航迹的距离不大于它与各航迹最小距离的 λ 倍，则该航迹与点迹相关。其中 λ 由仿真选择，可取 3 左右。

(2)若某点迹只落入一个航迹的相关波门内，且该航迹与该点迹的距离不大于它与各点迹距离的 λ 倍，则该点迹与该航迹相关。

(3)当不再有上述情形时，选择最小距离者相关。

"最近邻"方法实质上是局部最优的"贪心"算法，因为离目标预测状态最近的点迹并不一定就是目标点迹，特别当滤波器工作在密集多目标环境中或发生航迹交叉时更是如此。因此，"最近邻"方法在实际中常常会发生误跟或丢失目标的现象，其相关性能不甚完善。由于"最近邻"方法是一种次优方法，在不太密集的回波环境中，此方法还是应用得较为成功的；但在稠密回波环境中，发生误相关的概率较大，要么多个航迹争夺单个观测回波，要么多个观测与一条航迹相关。

最近邻数据关联主要适用于跟踪区域中存在单目标或目标数较少的情况，或者说只适用于对信噪比高、稀疏目标环境的目标跟踪。其主要优点是运算量小、易于实现；主要缺点是抗干扰能力差，在目标密度较大时，容易跟错目标。但是，当这种方法与"点迹分配与确认""航迹分叉算法""模糊关联算法"等相结合时，在多目标情形下同时考虑多个点迹与多条航迹的关联概率，关联错误就大大降低了。

仿真实例 3：假设目标在二维空间做直线运动，目标初始状态向量为(200m，10m/s，10000m，-15m/s)，雷达采样周期为 $T=1\text{s}$，过程噪声 $v=1$，测量噪声 $r=20$，仿真步数为 100 步。

离散化的系统方程为

$$\boldsymbol{x}(k+1)=\boldsymbol{F}(k)\boldsymbol{x}(k)+\boldsymbol{G}(k)v(k) \tag{2-16}$$

式中：目标状态为

$$\boldsymbol{x}=[x\ \dot{x}\ y\ \dot{y}]^{\mathrm{T}}$$

状态转移矩阵为

$$\boldsymbol{F}=\begin{bmatrix}1 & T & 0 & 0\\ 0 & 1 & 0 & 0\\ 0 & 0 & 1 & T\\ 0 & 0 & 0 & 1\end{bmatrix}$$

过程噪声分布矩阵为

$$\boldsymbol{G}=\begin{bmatrix}T^2/2 & 0\\ T & 0\\ 0 & T^2/2\\ 0 & T\end{bmatrix}$$

过程噪声是零均值高斯白噪声。

量测方程为

$$z(k+1)=\boldsymbol{H}(k)\boldsymbol{x}(k)+\boldsymbol{W}(k) \tag{2-17}$$

式中:量测矩阵为

$$\boldsymbol{H}=\begin{bmatrix}1 & 0 & 0 & 0\\ 0 & 0 & 0 & 1\end{bmatrix}$$

对于二维量测确认区域的面积为 $A_{\mathrm{v}}=\pi\gamma|\boldsymbol{S}(k)|^{1/2}$,式中 $\boldsymbol{S}(k)$ 为新息协方差。设杂波参数 $\gamma=16$,虚假量测是在以正确量测为中心的正方形内均匀产生的,正方形的面积为 $A=n_{\mathrm{c}}/\lambda\approx 10A_{\mathrm{v}}$,其中,$\lambda$ 是单位面积的虚假量测数,并取 $\lambda=0.0004$,n_{c} 为虚假量测总数,$n_{\mathrm{c}}=\mathrm{INT}[10A_{\mathrm{v}}\lambda+1]$(INT 为取整运算),则第 i 个虚假测量的位置为

$$x_i=a+(b-a)\mathrm{RND},y_i=c+(d-c)\mathrm{RND},i=1,2,\cdots,n_{\mathrm{c}}$$

式中:RND 表示均匀分布的随机数,(x_k,y_k) 为正确测量的位置。

$$\begin{cases}a=x_k-q,b=x_k+q\\ c=y_k-q,d=y_k+q\end{cases},q=\sqrt{10A_{\mathrm{v}}}/2$$

基于上述参数可得到真实航迹和测量航迹。首先利用系统方程(2-16)和初始状态向量可获得目标其他时刻的真实状态 $\boldsymbol{x}(i)$,$i=1,2,\cdots,99$,将这些值代入测量方程(2-17),经转换量测后可求得目标位置的测量值 $z(i)$,$i=1,2,\cdots,99$。目标的初始状态和初始协方差为

$$\hat{\boldsymbol{x}}(1|1)=\begin{bmatrix}z_1(1) & \dfrac{z_1(1)-z_1(0)}{T} & z_2(1) & \dfrac{z_2(1)-z_2(0)}{T}\end{bmatrix}^{\mathrm{T}}$$

$$\boldsymbol{P}(1|1)=\begin{bmatrix}R_{11} & R_{11}/T & R_{12} & R_{12}/T\\ R_{11}/T & 2R_{11}/T^2 & R_{12}/T & 2R_{12}/T^2\\ R_{21} & R_{21}/T & R_{22} & R_{22}/T\\ R_{21}/T & 2R_{21}/T^2 & R_{22}/T & 2R_{22}/T^2\end{bmatrix}$$

引入杂波前的滤波方程采用 3.2 节介绍的卡尔曼滤波方程,引入杂波后,要通过建立相关波门来选取候选回波,即判断下式是否成立

$$v_i'(k+1)S^{-1}(k+1)v_i(k+1)\leqslant\gamma \tag{2-18}$$

式中:$v_i(k+1)$ 为与第 i 个量测值相对应的新息,计算公式见式(2-14);$S(k+1)$ 为新息协方差。若量测满足式(2-18),则为候选回波,若落入相关波门内的测量值只有 1 个,则该测量值可被直接用于航迹更新;但若有一个以上的回波落在被跟踪目标的相关波门内,则要取统计距离最小的候选回波作为目标回波,也就是在最近邻域标准滤波器中,使新息加权范数达到极小的量测,被用于在滤波器中对目标状态进行更新。

实验结果如图2.26～图2.28所示，目标航迹如图2.26中实线所示，图中“＊”为实际量测，“○”为组合量测，“—●—”为航滤波值；图2.27所示为位置误差曲线；图2.28所示为速度误差曲线。

在仿真验证过程中发现，最近邻域法由于计算复杂度低，所以具有快速运算的特点，但在杂波密度较大或目标比较密集的情况下，经常出现滤波发散或误跟踪等现象。

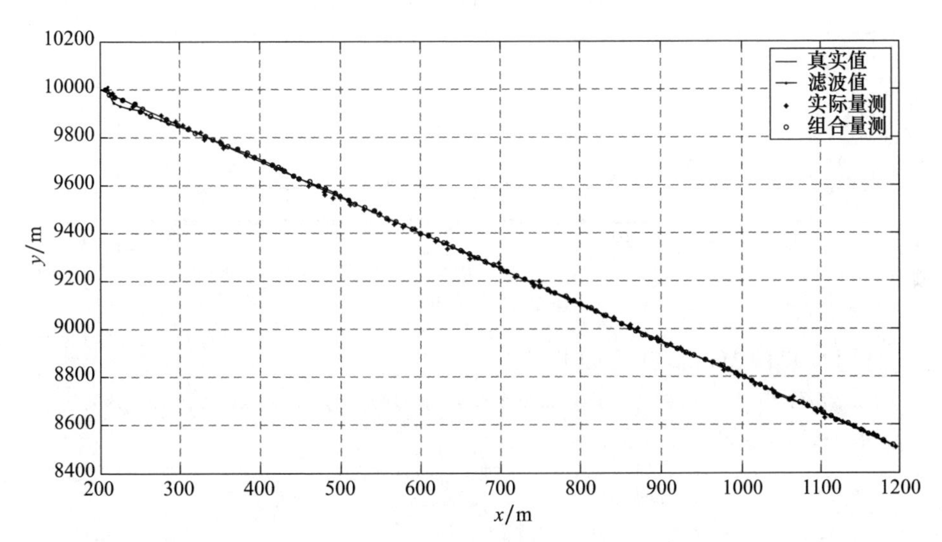

图2.26　目标的真实和滤波航迹（见彩插）

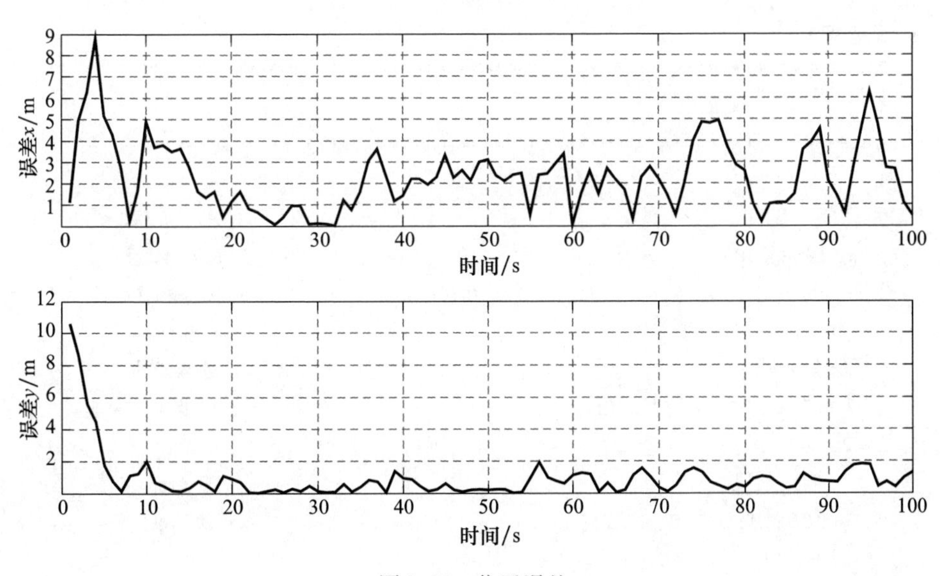

图2.27　位置误差

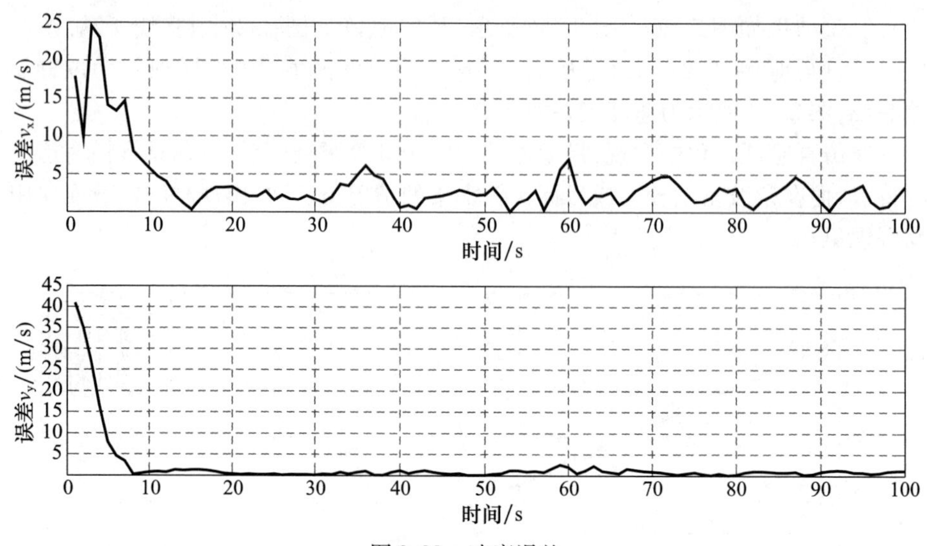

图 2.28　速度误差

上述实例的 Matlab 代码如下。

```
% NNDA 算法实现
%
function main()
clc;
clear;
close all;
% *************************************************************
%          参数设置
% *************************************************************
I = eye(4);
T = 1;                                                  % 采样间隔 1s
simTime =100;                                           % 仿真步数
A _Model =[1 T 0 0;0 1 0 0;0 0 1 T;0 0 0 1];            % 状态转移矩阵
H =[1 0 0 0;0 0 1 0];                                   % 测量矩阵
Q _Model =1;                                            % 过程噪声
G =[T^2 /2 0;T 0;0 T^2 /2;0 T];                         % 噪声分布矩阵
r =20;
R =[r 0;0 r];                                           % 量测噪声
X0 =[200;10;10000; -15];                                % 初始状态
X(:,1) =X0;
Vk =[sqrt(r) * randn;sqrt(r) * randn];
```

```
Zk(:,1) = H * X(:,1) + Vk;
gama = 16;                                      % 杂波设置参数
lamda = 0.0004;                                 % 单位面积的虚假量测数
% ************************************************************
%              量测生成
% ************************************************************
for i = 2:1:simTime
    X(:,i) = A_Model * X(:,i - 1);              % 真实状态
    Vk = [sqrt(r) * randn;sqrt(r) * randn];
    Zk(:,i) = H * X(:,i) + Vk;                  % 生成量测值
end
% ************************************************************
%              NNSF 初始化
% ************************************************************
Xk_NNSF = [210;12;10100; -16];                  % 初始状态,与实际值略有差别
R11 = r;R22 = r;R12 = 0;R21 = 0;
Pkk_NNSF = [R11 R11/T R12 R12/T;
    R11/T 2 * R11/T^2 R12/T 2 * R12/T^2;
    R21 R21/T R22 R22/T;
    R21/T 2 * R21/T^2 R22/T 2 * R22/T^2];       % 初始协方差
Xkk = Xk_NNSF;                                     % X0
Pkk = Pkk_NNSF;
X_Pre = Xk_NNSF;
P_Pre = Pkk_NNSF;
P = R;
for i = 1:1:simTime
% ************************************************************
%              产生杂波
% ************************************************************
    Sk = H * P_Pre * H' + P;                    % 信息协方差
    Av = pi * gama * sqrt(det(Sk));             % 量测确定区域面积
    % 准备生成杂波数目
    nc = floor(10 * Av * lamda + 1);            % 设置杂波数量

    % 虚假量测
    q = sqrt(10 * Av)/2;                         % 中间变量
    q = q/10;                                % 人为减少,虚假量测不能分布太广
    a = X(1,i) - q;
```

```
    b = X(1,i) + q;
    c = X(3,i) - q;
    d = X(3,i) + q;
    % 生成代表杂波的 nc 个虚假量测
    xi = a + (b - a) * rand(1,nc);
    yi = c + (d - c) * rand(1,nc);
    clear Z_Matrix;                                    % 从内存中清除
    clear PZ_Matrix;                                   % 从内存中清除
    for j = 1:nc
       Z_Matrix(:,j) = [xi(j);yi(j)];  % 杂波量测:Z_Matrix 数据的前 nc 列
    end
    Z_Matrix(:,nc + 1) = Zk(:,i);        % 真实量测:Z_Matrix 数据的前 nc 列
  % 杂波量测:% Z_Matrix 数据的前 nc + 1 列
    PZ_Matrix = cat(3);                                % 定义变量
    for j = 1:1:nc
       PZ _Matrix = cat(3,PZ _Matrix,[q,0;0,q]);% PZ _Matrix 维数: 2 * 2 * nc
    end
    PZ _Matrix = cat(3,PZ_Matrix,R);
    % ***************************************************************
    %          NNDA 关联
    % ***************************************************************
    Z_Predict = H * X_Pre;                             % 量测预测
    PZ _Predict = H * P_Pre * H';% 信息协方差
    [Z,P] = NNDA(Z_Matrix,PZ_Matrix,Z_Predict,PZ_Predict);% NNDA,
返回关联量测和对应方差
    Z_NNDA(:,i) = Z;                                   % 关联的量测存储
    % ***************************************************************
    %          卡尔曼滤波
    % ***************************************************************
    [Xk,Pk] = Kalman(Xkk,Pkk,Z,A _Model,G,Q _Model,H,P);
    Xkk = Xk;
    Pkk = Pk;
    % 预测
    X _Pre = A _Model * Xkk;
    P _Pre = A _Model * Pkk * A _Model' + G * Q _Model * G';
    % 测出各个状态值
    Ex _NNSF(i) = Xkk(1);% x
    Evx _NNSF(i) = Xkk(2);% vx
```

```
        Ey _NNSF(i) = Xkk(3);% y
        Evy _NNSF(i) = Xkk(4);% vy
        error1_NNSF(i) = Ex_NNSF(i) - X(1,i);% Pkk(1,1);
        error2_NNSF(i) = Ey_NNSF(i) - X(3,i);% Pkk(2,2);
        error3_NNSF(i) = Evx_NNSF(i) - X(2,i);% Pkk(3,3);
        error4_NNSF(i) = Evy_NNSF(i) - X(4,i);% Pkk(4,4);
    end
    % *************************************************************
    %   最近邻关联(NNDA)函数
    % *************************************************************
    function[Z,P] = NNDA(Z_Matrix,PZ_Matrix,Z_Predict,PZ_Predict)
    % 最近邻数据关联函数
    % 输入
    % Z_Matrix:波门内的有效量测值(包括杂波和真实量测)
    % PZ_Matrix:有效量测值的误差方差阵
    % Z_Predict:量测预测值
    % PZ_Predict:量测预测值的误差方差阵
    % 输出
    % Z:按照统计距离最近原则关联上的量测值
    % P:关联上的量测值对应的协方差
    nm = size(Z_Matrix);
    n = nm(2);% 波门内有效量测的数据,即列数
    for i = 1:1:n
        e(:,i) = Z_Matrix(:,i) - Z_Predict;% 每个量测与预测值的距离
        S(:,:,i) = PZ_Predict + PZ_Matrix(:,:,i);% 对应协方差(X、R、Q 互不相
关条件下)
        D(:,i) = e(:,i)'* inv(S(:,:,i)) * e(:,i);% 统计距离
    end
    Z = Z_Matrix(:,1);
    P = PZ_Matrix(:,:,1);
    d = D(:,1);
    index = 1;
    for i = 2:1:n
        if D(:,i) < d
        d = D(:,i);
        Z = Z_Matrix(:,i);
        P = PZ_Matrix(:,:,i);
        index = i;
```

```
  end
end
end% end NNDA()
% ****************************************************************
%   绘图
% ****************************************************************
i =1:simTime;
figure
plot(X(1,i),X(3,i),'-','LineWidth',2);        % 真实值
gridon;
hold on
plot(Ex_NNSF(1,i),Ey_NNSF(1,i),'r -','LineWidth',2);        % 滤波值
plot(Zk(1,i),Zk(2,i),'*');                      % 实际测量值
plot(Z_NNDA(1,i),Z_NNDA(2,i),'o');              % 组合测量值
legend('真实值','滤波值','实际量测','组合量测');
title('目标运动轨迹');
xlabel('x/m');
ylabel('y/m');
text(X(1,1) +1,X(3,1) +5,'t =1');

% 位置误差
figure
subplot(211)
plot(abs(error1_NNSF(i)),'LineWidth',2);grid on
title('位置误差');xlabel('t/s');ylabel('error - x/m');
subplot(212)
plot(abs(error3_NNSF(i)),'LineWidth',2);grid on
xlabel('t/s');ylabel('error - y/m');
% 速度误差
figure
subplot(211)
plot(abs(error2_NNSF(i)),'LineWidth',2);grid on
title('速度误差');xlabel('t/s');ylabel('error - vx/m/s');
subplot(212)
plot(abs(error4_NNSF(i)),'LineWidth',2);grid on
xlabel('t/s');ylabel('error - vy/m/s');
end
```

2.3.4　概率数据关联方法及 Matlab 实践

雷达数据处理领域的一个研究重点是如何解决杂波干扰目标跟踪问题。在杂波环境下，由于随机因素的影响，在任一时刻，某一给定目标的有效回波往往不止一个。这样就产生了一个无法回避的问题：究竟哪一个有效回波是来自目标的？为解决这个问题，前面介绍的“最近邻”方法，即简单地认为离目标预报测量最近的有效回波源于目标，其余有效回波都源于杂波干扰；另一种方法认为所有有效回波都可能源于目标，只是每个有效回波源于目标的概率有所不同，这就是概率数据关联算法（PDA），该算法在杂波环境下有很好的跟踪性能。概率数据关联方法首先是由 Bar - Shalom 和 Tse 于 1975 年提出的，它适用于杂波环境中单目标的跟踪问题。

PDA 理论基本假设为：认为只要是有效回波，就都有可能源于目标，只是每个回波源于目标的概率有所不同。这种方法考虑了落入相关波门内的所有候选回波，并根据不同的相关情况计算各回波来自目标的概率，并用等效回波来对目标的状态进行更新。概率数据关联方法是一种次优的滤波方法，它只对最新的测量进行更新，主要用于解决杂波环境下的单传感器单目标跟踪问题。在单目标环境下，若落入相关波门内的回波多于一个，这些候选回波中只有一个是来自目标，其余均是由噪声或干扰产生的。

1. 数据关联准则

假定 k 时刻经跟踪波门选定的当前观测值为 $\boldsymbol{Z}(k)=\{z_i(k):i=1,2,\cdots,m_k\}$，以 $\boldsymbol{Z}^k$ 表示直到 k 时刻的全部有效预测值的集合为 $\boldsymbol{Z}^k=\{\boldsymbol{Z}(j):j=1,2,\cdots,k\}$。$\hat{z}_i(k|k-1)$ 表示在 k 时刻点迹群的预测值，观测值与预测值的偏差集合为 $\boldsymbol{v}_i=z_i(k)-\hat{z}_i(k|k-1),i=1,2,\cdots,m_k$。相关波门是一个椭圆球体，其点迹满足 $\boldsymbol{v}_i^{\mathrm{T}}(k)\boldsymbol{S}^{-1}(k)\boldsymbol{v}_i(k)\leqslant\chi^2$，式中 $\boldsymbol{S}(k)$ 为偏差的协方差矩阵，χ 为调整相关范围的参数。

2. 状态更新与协方差更新

$\boldsymbol{Z}(k)=\{z_i(k)_{i=1}^{m_k}\}$ 表示 k 时刻落入相关波门内的候选回波集合，m_k 表示在 k 时刻相关波门内的候选回波个数；$\boldsymbol{Z}^k=\{\boldsymbol{Z}(n)\}_{n=1}^{k}$ 表示直到时刻 k 的确认量测的累积集合。

定义事件：

$\theta_i(k)$ 表示 $z_i(k)$ 是来自目标的正确量测的事件。

$\theta_0(k)$ 表示 k 时刻所确认的量测没有一个是正确的事件（没有源于目标的量测）。

以确认量测的累积集合 $\boldsymbol{Z}^k$ 为条件，第 i 个量测 $z_i(k)$ 源于目标的条件概率为

$$\beta_i(k) \triangleq \Pr(Q_i(k) \mid \boldsymbol{Z}^k) \tag{2-19}$$

由定义可知，$\beta_i(k)$，$i=0,1,\cdots,m_k$ 是事件空间的一个不相交完备分割，从而有

$$\sum_{i=0}^{m_k} \beta_i(k) = 1 \tag{2-20}$$

令

$$\hat{\boldsymbol{x}}_i(k|k) = E[\boldsymbol{x}(k) \mid \theta_i(k), \boldsymbol{Z}^k] \tag{2-21}$$

表示在事件 $\theta_i(k)$ 出现的条件下的更新状态估计，则应用全概率公式，有

$$\begin{aligned}\hat{\boldsymbol{x}}(k \mid k) &= E[\boldsymbol{x}(k) \mid \boldsymbol{Z}^k] = \sum_{i=0}^{m_k} E[\boldsymbol{x}_i(k) \mid \theta_i(k), \boldsymbol{Z}^k] P(\theta_i(k) \mid \boldsymbol{Z}^k) \\ &= \sum_{i=0}^{m_k} \hat{\boldsymbol{x}}_i(k \mid k) \beta_i(k)\end{aligned} \tag{2-22}$$

令 $\hat{\boldsymbol{x}}(k|k-1)$ 表示根据从 1 到 $k-1$ 时刻所有以往量测数据对 k 时刻数据 $\boldsymbol{x}(k)$ 所作的预测，可得目标状态更新方程的表达式为

$$\hat{\boldsymbol{x}}_i(k|k) = \hat{\boldsymbol{x}}(k|k-1) + \boldsymbol{K}(k)\boldsymbol{v}_i(k), i=1,2,\cdots,m_k \tag{2-23}$$

式中：$\boldsymbol{v}_i(k) = \boldsymbol{z}_i(k) - \boldsymbol{z}_i(k|k-1)$ 为与该量测值相对应的新息。在处理预测和滤波问题时经常要用到 $\boldsymbol{v}_i(k)$，它给出了 $z_i(k)$ 中所含有真正全新的信息，故称为量测 i 的新息（Innovation）。对于 $i=0$，即若没有一个量测是正确的，则无法进行状态更新，此时用预测值近似表示状态更新值，即

$$\hat{\boldsymbol{x}}_0(k|k) = \hat{\boldsymbol{x}}(k|k-1) \tag{2-24}$$

将式(2-23)、式(2-24)代入式(2-22)，得概率数据关联滤波器的目标状态更新估计为

$$\hat{\boldsymbol{x}}(k|k) = \hat{\boldsymbol{x}}(k|k-1) + \boldsymbol{K}(k)\boldsymbol{v}(k) \tag{2-25}$$

$$\boldsymbol{v}(k) = \sum_{i=1}^{m_k} \beta_i(k)\boldsymbol{v}_i(k) \tag{2-26}$$

式中：$\boldsymbol{v}(k)$ 称为组合新息。

目标状态更新估计相应的协方差为

$$\boldsymbol{P}(k|k) = \beta_0(k)\boldsymbol{P}(k|k-1) + [I - \beta_0(k)]\boldsymbol{P}^c(k|k) + \tilde{\boldsymbol{P}}(k) \tag{2-27}$$

其中

$$\tilde{\boldsymbol{P}}(k) = \boldsymbol{K}(k)\left[\sum_{i=1}^{m^k} \beta_i(k)\boldsymbol{v}_i(k)\boldsymbol{v}'_i(k) - \boldsymbol{v}(k)\boldsymbol{v}'(k)\right]\boldsymbol{K}'(k) \tag{2-28}$$

$$\boldsymbol{P}^c(k|k) \equiv [\boldsymbol{I} - \boldsymbol{K}(k)\boldsymbol{H}(k)]\boldsymbol{P}(k|k-1) \tag{2-29}$$

3. 互概率计算

式(2-19)互联概率的计算按如下进行，首先把量测集合 Z^k 分为过去累积数据 Z^{k-1} 和最新数据 $Z(k)$，即

$$\beta_i(k)=\Pr\{\theta_i(k)|\mathbf{Z}^k\}=\Pr\{\theta_i(k)|\mathbf{Z}(k),m_k,\mathbf{Z}^{k-1}\} \tag{2-30}$$

利用贝叶斯准则可把式(2－30)写为

$$\beta_i(k)=\Pr\{\theta_i(k)\mid \mathbf{Z}(k),m_k,\mathbf{Z}^{k-1}\}=\frac{p[\mathbf{Z}(k)\mid \theta_i(k),m_k,\mathbf{Z}^{k-1}]\Pr\{\theta_i(k)\mid m_k,\mathbf{Z}^{k-1}\}}{\sum_{j=0}^{m_k}p[\mathbf{Z}(k)\mid \theta_j(k),m_k,\mathbf{Z}^{k-1}]\Pr\{\theta_j(k)\mid m_k,\mathbf{Z}^{k-1}\}} \tag{2-31}$$

若 $z_i(k)$ 是源于目标的量测,则其概率密度函数为

$$\begin{aligned}p[z_i(k)|\theta_i(k),m_k,\mathbf{Z}^k]&=P_G^{-1}N[z_i(k);\hat{z}(k|k-1),\mathbf{S}(k)]\\&=P_G^{-1}N[\mathbf{v}_i(k);0,\mathbf{S}(k)]\end{aligned} \tag{2-32}$$

式中:P_G 为门概率。若不正确量测在确认区域内作为独立均匀分布的随机变量建模,则

$$p[\mathbf{Z}(k)|\theta_i(k),m_k,\mathbf{Z}^{k-1}]=\begin{cases}V_k^{-m_k+1}P_G^{-1}N[\mathbf{v}_i(k);0,\mathbf{S}(k)],i=1,\cdots,m_k\\V_k^{-m_k},i=0\end{cases} \tag{2-33}$$

式中:V_k 为相关波门的体积。事件 q_i 的条件概率为

$$\gamma_i(m_k)=\begin{cases}\dfrac{P_DP_G}{P_DP_Gm_k+(1-P_DP_G)\lambda V_k},i=1,2,\cdots,m_k\\[2ex]\dfrac{(1-P_DP_G)\lambda V_k}{P_DP_Gm_k+(1-P_DP_G)\lambda V_k},i=0\end{cases} \tag{2-34}$$

式中,P_D 是目标检测概率,也就是正确量测完全被检测的概率。把式(2－33)、式(2－34)代入式(2－31),可得

$$\begin{aligned}\beta_i(k)&=\frac{N[\mathbf{v}_i(k);0,\mathbf{S}(k)]}{\dfrac{(1-P_DP_G)\lambda}{P_D}+\sum_{j=1}^{m_k}[\mathbf{v}_j(k);0,\mathbf{S}(k)]}\\&=\frac{\exp\left\{-\dfrac{1}{2}\mathbf{v}'_i(k)\mathbf{S}^{-1}(k)\mathbf{v}_i(k)\right\}}{\dfrac{(1-P_DP_G)\lambda|2\pi\mathbf{S}(k)|^{1/2}}{P_D}+\sum_{j=1}^{m_k}\exp\left\{-\dfrac{1}{2}\mathbf{v}'_j(k)\mathbf{S}^{-1}(k)\mathbf{v}_j(k)\right\}}\end{aligned} \tag{2-35}$$

$$\beta_0(k)=\frac{\dfrac{(1-P_DP_G)\lambda|2\pi\mathbf{S}(k)|^{1/2}}{P_D}}{\dfrac{(1-P_DP_G)\lambda|2\pi\mathbf{S}(k)|^{1/2}}{P_D}+\sum_{j=1}^{m_k}\exp\left\{-\dfrac{1}{2}\mathbf{v}'_j(k)\mathbf{S}^{-1}(k)\mathbf{v}_j(k)\right\}} \tag{2-36}$$

定义

$$e_i \triangleq \exp\left\{-\frac{1}{2}(\boldsymbol{v}_i'(k))\boldsymbol{S}^{-1}(k)\boldsymbol{v}_i(k)\right\} \tag{2-37}$$

$$b \triangleq \frac{(1-P_{\mathrm{D}}P_{\mathrm{G}})\lambda|2\pi\boldsymbol{S}(k)|^{\frac{1}{2}}}{P_{\mathrm{D}}} = \sqrt{2\pi}\gamma^{-\frac{n_z}{2}}\frac{(1-P_{\mathrm{D}}P_{\mathrm{G}})\lambda V_k}{P_{\mathrm{D}}c_{n_z}} \tag{2-38}$$

则

$$\beta_0(k) = \frac{b}{b+\sum_{j=1}^{m_k} e_j} \tag{2-39}$$

$$\beta_i(k) = \frac{e_i}{b+\sum_{j=1}^{m_k} e_j}, i = 1,2,\cdots,m_k \tag{2-40}$$

仿真实例 4：假设目标在二维空间做直线运动，目标初始状态向量为（200m，0m/s，10000m，-15m/s），雷达采样周期为 $T=1\mathrm{s}$，过程噪声 $v=1$，测量噪声 $r=200$，仿真步数为 100 步。离散化的系统方程为式（2-16），量测方程为式（2-17）。

对于二维量测确认区域的面积为 $A_{\mathrm{v}}=\pi\gamma|\boldsymbol{S}(k)|^{1/2}$，式中 $\boldsymbol{S}(k)$ 为新息协方差。设杂波参数 $\gamma=16$，虚假量测是在以正确量测为中心的正方形内均匀产生的，正方形的面积为 $A=n_{\mathrm{c}}/\lambda\approx 10A_{\mathrm{v}}$，其中，$\lambda$ 是单位面积的虚假量测数，并取 $\lambda=0.0004$，n_{c} 为虚假量测总数，$n_{\mathrm{c}}=\mathrm{INT}[10A_{\mathrm{v}}\lambda+1]$（INT 为取整运算），则第 i 个虚假测量的位置为

$$x_i = a+(b-a)\mathrm{RND}, y_i = c+(d-c)\mathrm{RND}, i=1,2,\cdots,n_{\mathrm{c}}$$

式中：RND 表示均匀分布的随机数，(x_k, y_k) 为正确测量的位置。

$$\begin{cases} a = x_k - q, b = x_k + q \\ c = y_k - q, d = y_k + q \end{cases}, q = \sqrt{10A_{\mathrm{v}}}/2$$

基于上述参数可得到真实航迹和测量航迹。首先利用系统方程（2-16）和初始状态向量可获得目标其他时刻的真实状态 $\boldsymbol{x}(i)$，$i=1,2,\cdots,99$，将这些值代入测量方程（2-17），经转换量测后可求得目标位置的测量值 $\boldsymbol{z}(i)$，$i=1,2,\cdots,99$。目标的初始状态和初始协方差为

$$\hat{\boldsymbol{x}}(1|1) = \left[z_1(1) \quad \frac{z_1(1)-z_1(0)}{T} \quad z_2(1) \quad \frac{z_2(1)-z_2(0)}{T}\right]^{\mathrm{T}}$$

$$\boldsymbol{P}(1|1) = \begin{bmatrix} R_{11} & R_{11}/T & R_{12} & R_{12}/T \\ R_{11}/T & 2R_{11}/T^2 & R_{12}/T & 2R_{12}/T^2 \\ R_{21} & R_{21}/T & R_{22} & R_{22}/T \\ R_{21}/T & 2R_{21}/T^2 & R_{22}/T & 2R_{22}/T^2 \end{bmatrix}$$

引入杂波后，利用式（2-18）判断有效回波，若为有效回波，则利用式（2-26）、式（2-39）和式（2-40）求得组合新息和互联概率 $\beta_0(k)$、$\beta_i(k)$，进而可由

式(2 -26)和式(2 -27)求得杂波环境下目标的状态和协方差更新值。杂波环境下利用概率数据关联算法对目标进行滤波跟踪的单次循环流程如图 2.29 所示,利用概率数据关联算法对本仿真实例跟踪的结果如图 2.30 所示。

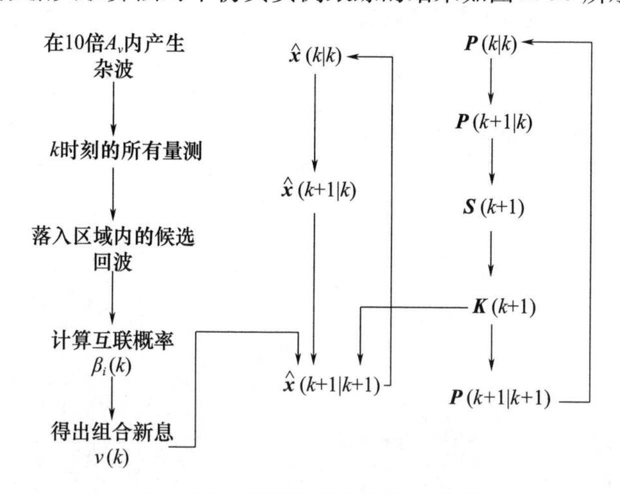

图 2.29　概率数据关联算法流程

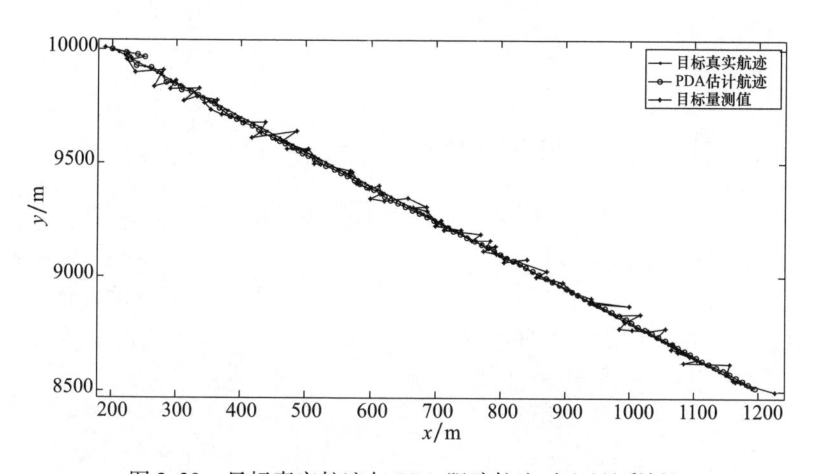

图 2.30　目标真实航迹与 PDA 跟踪航迹对比(见彩插)

对比概率数据关联和 2.3.3 节最近邻关联算法可以看出,最近邻法具有计算量小的优点,但在杂波密度较大或目标比较密集的情况下,算法会出现滤波发散或误跟踪等现象;概率数据关联算法具有很好的杂波跟踪能力,误跟踪次数较少,且跟踪精度较高,但是由于算法计算复杂度高,所以实时性较最近邻法要差。由上述两种算法总体来看,雷达数据处理通常是在杂波环境下进行的,因此概率数据关联算法更具有工程应用价值。

上述实例的 Matlab 代码如下。

```
//////////////////////////////////////////////////////////// 主程序 ////////////////////////////////////////////////////////////
clc;clear; close all;
% *************** PDA 概率数据关联,杂波空间密度为泊松分布随机变量 *************
% Z_PDA:波门内的所有有效量测值
% P_PDA:有效量测值的误差方差阵
% Z_Pre:预测量测值
% P_Pre:预测量测值的误差方差阵

% 设置参数
T =1;                       % 时间间隔
Times =100;                    % 仿真次数
F =[1 T 0 0;
    0 1 0 0;
    0 0 1 T;
    0 0 0 1];     % 状态转移矩阵
H =[1 0 0 0;
    0 0 1 0];               % 量测矩阵
G = [T^2 /2 0;
    T    0;
    0    T^2 /2;
    0    T];            % 输入控制矩阵
Rv =eye(2);
r =200;
W =[sqrt(r) * randn;sqrt(r) * randn];                             % 量测噪声序列
X0 =[200;10;10000; -15];                                          % 初始值
R11 =r; R22 =r; R12 =0; R21 =0;
P0 =[R11 R11 /TR12 R12 /T;
    R11 /T 2 * R11 /T^2 R12 /T 2 * R12 /T^2;
    R21 R21 /T R22 R22 /T;
    R21 /T 2 * R21 /T^2 R22 /T 2 * R22 /T^2];                      % 初始协方差

R =[r 0;
    0 r];

lamda =0.000004;                      % 单位面积虚假量测数
gama =16;
Pd =1;                          % 检测概率,当不取 1 时,后面的 a 计算出来都是 0
Pg =0.9997;                       % 门限概率
```

```
X_PDA = X0;
P_PDA = P0;

X(:,1) = X0;
for i = 1:1:Times - 1
    X(:,i + 1) = F * X(:,i);
end

for i = 1:Times
  W = [sqrt(r) * randn;sqrt(r) * randn];
  Z(:,i) = H * X(:,i) + W;                    % 目标量测
end
X_PDA_update = X0;
for i = 1:1:Times - 1

    X_predict = F * X_PDA;
    P_predict = F * P_PDA * F';
    S = H * P_predict * H' + R;
    K = P_predict * H' * inv(S);

    Av = pi * gama * sqrt(det(S));            % 准备生成杂波数目
    nc = floor(10 * lamda * Av + 1);          % 设置杂波数量
    q = sqrt(Av)/2;                           % 波门周长的一半

    a = X(1,i + 1) - q;
    b = X(1,i + 1) + q;
    c = X(3,i + 1) - q;
    d = X(3,i + 1) + q;                       % 生成代表杂波的 nc 个虚假量测
    xi = a + (b - a) * rand(1,nc);
    yi = c + (d - c) * rand(1,nc);            % 第 i 个虚假量测的位置

    clear Z_PDA;
    for j = 1:1:nc
        Z_PDA(:,j) = [xi(j);yi(j)];
    end
  Z_PDA(:,nc + 1) = Z(:,i + 1);              % 生成波门内的有效量测,nc + 1 个量测

  [X_PDA_update(:,i + 1),P_PDA_update] = PDA(X_predict,P_predict,Z_PDA,R);
```

```
  X_PDA = X_PDA_update(:,i +1);
  P_PDA = P_PDA_update;

end
% ***************************** 跟踪滤波的航迹精度 RMSE ************************
i =1:Times;
figure(1);
plot(X(1,i),X(3,i),'r. -','LineWidth',2);
hold on;
plot(X_PDA_update(1,i),X_PDA_update(3,i),'b - o','LineWidth',2);
hold on;
plot(Z(1,i),Z(2,i),'k * -');
legend('目标真实航迹','PDA 估计航迹','目标量测值');
xlabel('x/m');ylabel('y/m');

/////////////////////////////////////////////////////// PDA 函数 ///////////////////////////////////////////////////////
function [X_PDA_update,P_PDA_update] =PDA(X_predict,P_predict,Z_PDA,R)
gama =16;
lamda =0.000004;     % 单位面积虚假量测数
Pd =1;          % 检测概率
Pg =0.9997;
H =[1 0 0 0;
   0 0 1 0];                        % 量测矩阵

nc =size(Z_PDA,2) -1;0

S =H * P_predict * H' + R;
K =P_predict * H'/S;

j =1;
for i =1:nc +1
    v(:,i) = Z_PDA(:,i) - H * X_predict;
    d_squa(i) =v(:,i)'/S * v(:,i);
    if d_squa(i) < =gama
      gate_meas(:,j) =Z_PDA(:,i);
      j =j +1;
    end
end
```

```
    if j = =1% no measurement falls in the gate
      X_PDA_update = X_predict;%  using the predicted state as the renewed
state
      P_PDA_update = P_predict;
    else
       nc = size(gate_meas,2) -1; %  the number of measurements

       bb = lamda * sqrt(2 * pi * det(S)) * (1 - Pd * Pg)/Pd;
       for j =1:1:nc +1                                    % 关联概率的计算
          vgate(:,j) = gate_meas(:,j) - H * X_predict;
          e(j) = exp( -0.5 * vgate(:,j)'/S * vgate(:,j));
       end

       beta = e./(bb + sum(e));
       beta0 = bb/(bb + sum(e));

         % 更新值
         PP = 0;vv = 0;
         for j =1:nc +1
            vv = vv + beta(j). * vgate(:,j);
            PP = PP + beta(j). * vgate(:,j) * vgate(:,j)';
         end
         X_PDA_update = X_predict + K * vv;

         P_tilt = K * (PP - vv * vv') * K';
         P_PDA_update = beta0 * P_predict + (1 - beta0) * (eye(4) - K * H) *
P_predict + P_tilt;
    end
```

2.3.5 联合概率数据关联方法及 Matlab 实践

联合概率数据互联(Joint Probability Data Association,JPDA)算法是著名学者 Bar - Shalom 和他的学生们在仅适用于单目标跟踪的概率数据互联算法(PDAF)的基础上提出来的,该方法是杂波环境下对多目标进行数据互联的一种良好算法,杂波环境下的多目标数据互联技术是多目标跟踪中最重要又最难处理的问题。如果被跟踪的多个目标的相关波门不相交,或者没有回波落入波门的相交区域内,则此时多目标数据互联问题可简化为多个单目标数据互联问题,利用 2.3.4 节概率数据互联算法即可解决。而若有回波落入各目标相关波门的相交区域内,则此时的数据互联问题要复杂得多,本节就来讲述 JPDA 算法。

JPDA 算法的基本流程如下。

1. 确认矩阵

当有回波落入不同目标相关波门的重叠区域内时,必须综合考虑各个量测的目标来源情况,为了表示有效回波和各目标跟踪门的复杂关系,引入确认矩阵,定义如下:

$$\boldsymbol{\Omega} = [\omega_{jt}] = \overbrace{\begin{bmatrix} \omega_{10} & \cdots & \omega_{1T} \\ \vdots & & \vdots \\ \omega_{m_k0} & \cdots & \omega_{m_kT} \end{bmatrix}}^{T} \Bigg\} j \tag{2-41}$$

式中:ω_{jt}是二进制变量,$\omega_{jt}=1$ 表示量测 $j(j=1,2,\cdots,m_k)$ 落入目标 $t(t=0,1,\cdots,T)$ 的确认门内,而 $\omega_{jt}=0$ 表示量测 j 没有落在目标 t 的确认门内。$t=0$ 表示没有目标,此时 $\boldsymbol{\Omega}$ 对应的列元素 ω_{j0} 全都是 1,这是因为每一个量测都可能源于杂波或者是虚警。

2. 互联矩阵(联合事件)

对于一个给定的多目标跟踪问题,一旦给出反映有效回波与目标或杂波互联态势的确认矩阵(或互联聚矩阵)$\boldsymbol{\Omega}$ 后,可通过对确认矩阵的拆分得到所有表示互联事件的互联矩阵,在对确认矩阵进行拆分时必须依据两个基本假设:

(1)每一个量测都有唯一的源,即任一个量测不源于某一目标,则必源于杂波,即该量测为虚警。换言之,这里不考虑有不可分辨的探测情况。

(2)对于一个给定的目标,最多有一个量测以其为源。如果一个目标有可能与多个量测相匹配,将取一个为真,其他为假。

也就是说,对确认矩阵的拆分必须遵循两个原则:

(1)在确认矩阵的每一行,选出一个且仅选出一个 1,作为互联矩阵在该行唯一非零的元素。这实际上是为使可行矩阵表示的可能联合事件满足第一个假设,即每个量测都有唯一的源。

(2)在可行矩阵中,除第一列外,每列最多只能有一个非零元素。这是使互联矩阵表示的可行事件满足第二个假设,即每个目标最多有一个量测以其为源。

3. 互联概率的计算

联合概率数据互联的目的就是计算每一个量测与其可能的各种源目标互联的概率。在有回波落入不同目标相关波门的重叠区域时,则必须综合考虑各个量测的目标来源情况。设 $\theta_{jt}(k)$ 表示量测 j 源于目标 $t(0\leqslant t\leqslant T)$ 的事件,而事件 $\theta_{j0}(k)$ 表示量测 j 源于杂波或虚警。按照单目标概率数据互联滤波器中条件概率的定义有

$$\beta_{jt}(k)=\Pr\{\theta_{jt}(k)|\boldsymbol{Z}^k\},j=0,1,\cdots,T \tag{2-42}$$

表示第 j 个量测与目标 t 互联的概率,且

$$\sum_{j=0}^{m_k}\beta_{jt}(k)=1 \tag{2-43}$$

则 k 时刻目标 t 的状态估计为

$$\begin{aligned}\hat{\boldsymbol{X}}^t(k|k)&=E[\boldsymbol{X}^t(k)|\boldsymbol{Z}^k]=\sum_{j=0}^{m_k}E[\boldsymbol{X}^t(k)|\theta_{jt}(k),\boldsymbol{Z}^k]\Pr\{\theta_{jt}(k)|\boldsymbol{Z}^k\}\\&=\sum_{j=0}^{m_k}\beta_{jt}(k)\hat{\boldsymbol{X}}_j^t(k|k)\end{aligned} \tag{2-44}$$

其中

$$\hat{\boldsymbol{X}}_j^t(k|k)=E[\boldsymbol{X}^t(k)|\theta_{jt}(k),\boldsymbol{Z}^k],j=0,1,\cdots,m_k \tag{2-45}$$

表示在 k 时刻用第 j 个量测对目标 t 进行卡尔曼滤波所得的状态估计。而 $\hat{\boldsymbol{X}}_0^t(k|k)$ 表示 k 时刻没有量测源于目标的情况,这时需要用预测值 $\hat{\boldsymbol{X}}^t(k|k-1)$ 来代替。

第 j 个量测与目标互联的概率计算公式为

$$\beta_{jt}(k)=\Pr\{\theta_{jt}(k)|\boldsymbol{Z}^k\}=\Pr\{\bigcup_{i=1}^{n_k}\theta_{jt}^i(k)|Z^k\}=\sum_{i=1}^{n_k}\hat{\omega}_{jt}^i(\theta_i(k))\Pr\{\theta_i(k)|\boldsymbol{Z}^k\} \tag{2-46}$$

式中:$\theta_{jt}^i(k)$ 表示量测 j 在第 i 个联合事件中源于目标 $t(0\leqslant t\leqslant T)$ 的事件,$\theta_i(k)$ 表示第 i 个联合事件,n_k 表示联合事件的个数,而

$$\hat{\omega}_{jt}^i(\theta_i(k))=\begin{cases}1, & \theta_{jt}^i(k)\subset\theta_i(k)\\0, & \text{其他}\end{cases} \tag{2-47}$$

表示在第 i 个联合事件中,量测 j 是否源于目标 t,在量测 j 源于目标 t 时为 1,否则为 0。

定义一般情况下的第 i 个联合事件为

$$\theta_i(k)=\bigcap_{j=1}^{m_k}\theta_{jt}^i(k) \tag{2-48}$$

它表示 m_k 个量测与不同目标匹配的一种可能。而与联合事件对应的互联矩阵定义为

$$\hat{\boldsymbol{\Omega}}(\theta_i(k))=[\hat{\omega}_{jt}^i(\theta_i(k))]=\overbrace{\begin{bmatrix}\hat{\omega}_{10}^i & \cdots & \hat{\omega}_{1T}^i\\ \vdots & & \vdots\\ \hat{\omega}_{m_k0}^i & \cdots & \hat{\omega}_{m_kT}^i\end{bmatrix}}^{T}\Bigg\}j \tag{2-49}$$

$$j=1,2,\cdots,m_k;i=1,2,\cdots,n_k;t=0,1,\cdots,T$$

根据上述两个基本假设容易推出互联矩阵满足

$$\sum_{i=0}^{T} \hat{\omega}_{jt}^{i}(\theta_i(k)) = 1, j = 1,2,\cdots,m_k \tag{2-50}$$

$$\sum_{i=0}^{m_k} \hat{\omega}_{jt}^{i}(\theta_i(k)) \leqslant 1, t = 1,2,\cdots,T \tag{2-51}$$

4. 应用举例

设有两个目标航迹,以这两个航迹的量测预测为中心建立波门,并设下一时刻扫描得到三个回波,这三个回波和相关波门的位置关系如图 2.31 所示,如何描述确认矩阵、互联矩阵,并求取量测与不同目标互联的概率 $\beta_{jt}(k)$。

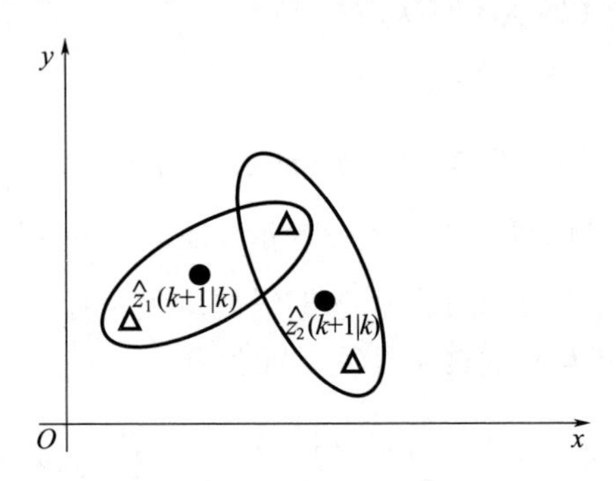

图 2.31　确认矩阵及互联事件形成举例

解:按照式(2-41)可以得到确认矩阵

$$\boldsymbol{\Omega} = [\omega_{jt}] = \overbrace{\begin{bmatrix} 1 & 1 & 0 \\ 1 & 1 & 1 \\ 1 & 0 & 1 \end{bmatrix}}^{T} \Bigg\} j \tag{2-52}$$

由确认矩阵按上述两条原则可穷举搜索得 8 个互联矩阵及相应的联合事件为

$$\hat{\boldsymbol{\Omega}}[\theta_1(k)] = \begin{bmatrix} 1 & 0 & 0 \\ 1 & 0 & 0 \\ 1 & 0 & 0 \end{bmatrix}, \theta_1(k) = \theta_{10}^1(k) \cap \theta_{20}^1(k) \cap \theta_{30}^1(k)$$

$$\hat{\boldsymbol{\Omega}}[\theta_2(k)] = \begin{bmatrix} 0 & 1 & 0 \\ 1 & 0 & 0 \\ 1 & 0 & 0 \end{bmatrix}, \theta_2(k) = \theta_{11}^2(k) \cap \theta_{20}^2(k) \cap \theta_{30}^2(k)$$

$$\hat{\boldsymbol{\Omega}}[\theta_3(k)] = \begin{bmatrix} 0 & 1 & 0 \\ 0 & 0 & 1 \\ 1 & 0 & 0 \end{bmatrix}, \theta_3(k) = \theta_{11}^3(k) \cap \theta_{22}^3(k) \cap \theta_{30}^3(k)$$

$$\hat{\boldsymbol{\Omega}}[\theta_4(k)] = \begin{bmatrix} 0 & 1 & 0 \\ 1 & 0 & 0 \\ 0 & 0 & 1 \end{bmatrix}, \theta_4(k) = \theta_{11}^4(k) \cap \theta_{20}^4(k) \cap \theta_{32}^4(k)$$

$$\hat{\boldsymbol{\Omega}}[\theta_5(k)]=\begin{bmatrix}1&1&0\\0&1&0\\1&0&0\end{bmatrix},\theta_5(k)=\theta_{10}^5(k)\cap\theta_{21}^5(k)\cap\theta_{30}^5(k)$$

$$\hat{\boldsymbol{\Omega}}[\theta_6(k)]=\begin{bmatrix}1&0&0\\0&1&0\\0&0&1\end{bmatrix},\theta_6(k)=\theta_{10}^6(k)\cap\theta_{21}^6(k)\cap\theta_{32}^6(k)$$

$$\hat{\boldsymbol{\Omega}}[\theta_7(k)]=\begin{bmatrix}1&0&0\\0&0&1\\1&0&0\end{bmatrix},\theta_7(k)=\theta_{10}^7(k)\cap\theta_{22}^7(k)\cap\theta_{30}^7(k)$$

$$\hat{\boldsymbol{\Omega}}[\theta_8(k)]=\begin{bmatrix}1&0&0\\1&0&0\\0&0&1\end{bmatrix},\theta_8(k)=\theta_{10}^8(k)\cap\theta_{20}^8(k)\cap\theta_{32}^8(k)$$

上述由确认矩阵得出互联矩阵的过程也可用图2.32所示的框图来表示，即对应于由式(2-52)所得到的确认矩阵，按照确认矩阵的拆分准则可把该矩阵第一行拆分成[1 0 0]和[0 1 0]两种情况，即第一个量测来源于假目标或者目标1；对于第二个量测（确认矩阵的第二行），在第一个量测来源于假目标情况下，其又可分为[1 0 0]、[0 1 0]与[0 0 1]三种情况，即第二个量测来源于假目标、目标1和目标2；而在第一个量测来源于目标1的情况下，第二量测的归属可分为[1 0 0]与[0 0 1]两种情况，即该量测来源于假目标和目标2，这里需要注意的是：在这种情况下第一个量测已经来源于目标1，因此，按照确认矩阵的拆分准则2，第二个量测不能再次属于第一个目标，所以没有[0 1 0]这种情况。同理，在前两个量测来源于不同目标的情况下，对第三个量测（确认矩阵的第三行）的来源问题进行拆分，即可得到图2.32所示的框图。

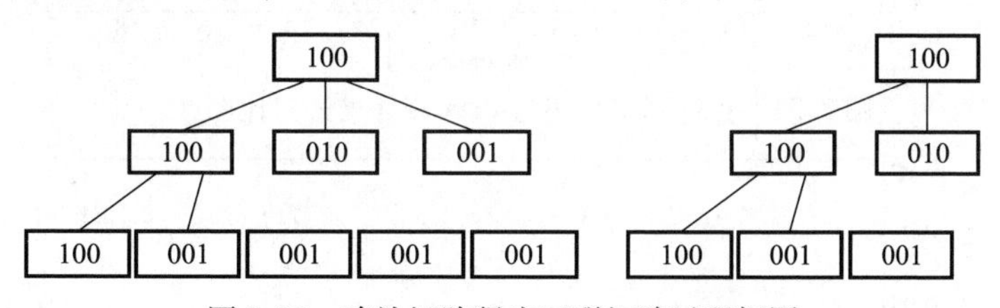

图2.32　确认矩阵得出互联矩阵过程框图

仿真实例5：假设滤波器跟踪两个交叉运动的目标，目标1初始状态向量为(1000m，350m/s，5300m，-100m/s)，目标2初始状态向量为(1000m，350m/s，2300m，150m/s)，过程噪声分量 $Q=4\times10^{-4}$，雷达测距误差 $\sigma_{\mathrm{r}}=0.15\mathrm{m}$，测角误差 $\sigma_\theta=0.15\mathrm{rad}$，探测概率 $P_{\mathrm{d}}=1$，门概率 $P_{\mathrm{G}}=0.99$，$\gamma=16$，$m_k=2$，采样周期为1s，每次仿真步数为20步，蒙特卡罗仿真次数为30次，系统状态方程和测量方程见式(2-16)和式(2-17)。

虚假量测是在以正确的量测为中心的正方形内均匀产生的,正方形的面积为 $A=n_c/\lambda\approx10A_v$,其中,$\lambda$ 是单位面积的虚假量测数,并取 $\lambda=1$,n_c 为虚假量测总数,即 $n_c=\mathrm{INT}[10A_v\lambda+1]$,$A_v=\pi\gamma|\boldsymbol{S}(k)|^{1/2}$。本实例的实验结果如图 2.33 ~ 图 2.35 所示。

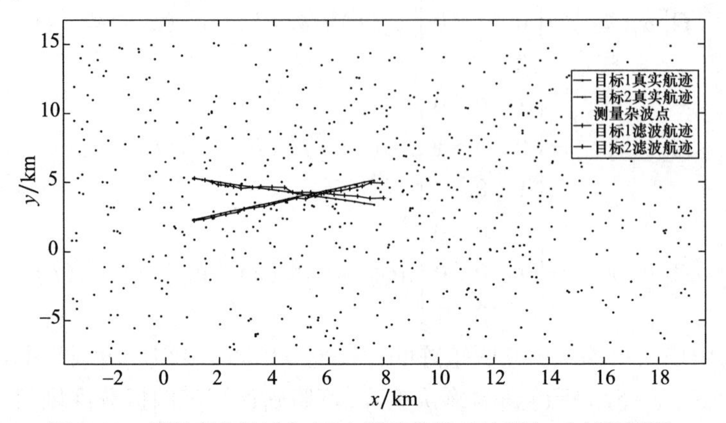

图 2.33　目标真实航迹与 PDA 跟踪航迹对比图(一)(见彩插)

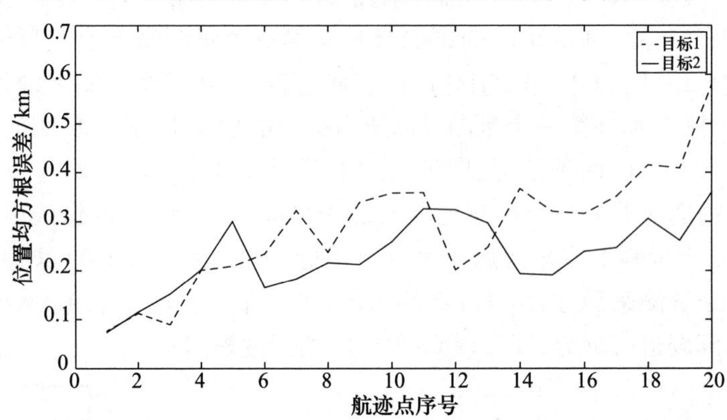

图 2.34　目标真实航迹与 PDA 跟踪航迹对比图(二)

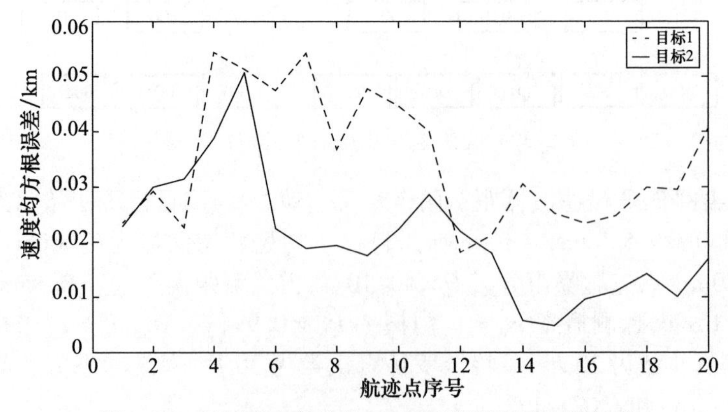

图 2.35　目标真实航迹与 PDA 跟踪航迹对比图(三)

目标航迹见图2.33，图中两个目标做交叉飞行，真实运动轨迹如图中"—●—"线所示，利用联合概率数据关联算法跟踪航迹如图"—+—"所示，图中散布的"●"为杂波点迹；图2.34为两个目标的位置误差曲线，图2.35为两个目标的速度误差曲线。从图2.33可以看出，联合概率数据关联算法在强杂波环境下对两条交叉航迹可以完成正确关联，并实现稳定跟踪。

上述实例的Matlab代码如下。

```
%%%%%%%%%%%%%%%%%%%%%%%%%%%%%%%%%%%%%%%%%%%%%%%%%%%%%%%%%%%%%%%%%%%%%%
% 多目标跟踪
% 概率数据关联滤波器  standard_jpdaf
% 两个目标交叉运动场景  Kalman 滤波进行状态估计
%%%%%%%%%%%%%%%%%%%%%%%%%%%%%%%%%%%%%%%%%%%%%%%%%%%%%%%%%%%%%%%%%%%%%%
clc;
clear all;
Pd =1;
Pg =0.99;
g_sigma =9.21;                         % 门限
gamma =1;                              % 杂波个数
c =2;                                  % 目标个数
T =1;                                  % 采样周期
n =20;                                 % 采样次数
target_position =[1 1 ;0.350 0.350 ;
                5.30 2.300; -0.1 0.15];       % 目标的起始位置和速度
MC_number = 1;                                % 蒙特卡罗仿真次数
Target_measurement =zeros(c,2,n);                % 目标观测互联存储矩阵
target_delta =[0.150 0.150];                     % 目标对应的观测标准差
data_measurement =zeros(c,2,n);       % 观测存储矩阵,n 采样次数,行代表目标,列代表传感器
data_measurement1 =zeros(c,2,n);        % data_measurement 观测值矩阵,data_measurement1 实际位置矩阵
P =zeros(4,4,c);                       % 滤波时协方差更新
Q =4 *10^( -4);
P1 =[target_delta(1)^2 0 0 0;0 0.010 0;0 0 target_delta(1)^2 0;0 0 0 0.01];
P(:,:,1) =P1;
P(:,:,2) =P1;
x_filter =zeros(4,c,n);                % 存储所有6个目标的各时刻的滤波值
A = [1 T 0 0;0 1 0 0;0 0 1 T;0 0 0 1];         % 状态转移矩阵
C = [1 0 0 0;0 0 1 0];
```

```
G =[T^2/2 0;T 0;0 T^2/2;0 T];
x_filter1 = zeros(4,c,n,MC_number);
%%%%%%%%%%%%%%%%%%%%%%%%%%%%%%%%%%%%%%%%%%%%
% 主程序
%%%%%%%%%%%%%%%%%%%%%%%%%%%%%%%%%%%%%%%%%%%%

tic
for M = 1:MC_number
   % 产生路径
   data_measurement1(:,1,1) = target_position(1,:)';
   data_measurement1(:,2,1) = target_position(3,:)';
   Noise = [];
   for i = 1:n
      for j = 1:c
         if i ~ =1
            data_measurement1(j,1,i) = data_measurement1(j,1,1) +
(i -1) * target_position(2,j);
            data_measurement1(j,2,i) = data_measurement1(j,2,1) +
(i -1) * target_position(4,j);            % 实际位置
         end
            data_measurement(j,1,i) = data_measurement1(j,1,i) +
randn(1) * target_delta(j);
            data_measurement(j,2,i) = data_measurement1(j,2,i) +
randn(1) * target_delta(j);
         % 各传感器观测的位置
      end
end %%%%%%%%%%%%%%%%%%%%%%%%%%%%%%%%%%%%%%%%%%%%%%%
% 产生杂波,并确定有效观测
%%%%%%%%%%%%%%%%%%%%%%%%%%%%%%%%%%%%%%%%%%%%%%%
S = zeros(2,2,c);
   Z_predic = zeros(2,2);                    % 存储两个目标的观测预测值
   x_predic = zeros(4,2);                    % 存储两个目标的状态预测值
   ellipse_Volume = zeros(1,2);
   for t = 1:n
      y1 = [];
      y = [];
      NOISE = [];
      for i = 1:c                            % 产生在每个椭圆域中的杂波数
```

```
            Noise = [ ];
            if t ~ =1
               x_predic(:,i) = A * x_filter(:,i,t -1);     % 用前一时刻的滤波值来预测当前的值
            else
               x_predic(:,i) = target_position(:,i);       % 第一次采样用真实位置作为预测值
            end
            P_predic = A * P(:,:,i) * A' + G * Q * G';
            Z_predic(:,i) = C * x_predic(:,i);
            R = [target_delta(i)^2  0;0  target_delta(i)^2];
            S(:,:,i) = C * P_predic * C' + R;
            % ============
            ellipse_Volume(i) = pi * g_sigma * sqrt(det(S(:,:,i)));  % 计算椭球体积,这里计算的是面积
            number_returns = floor(10 * ellipse_Volume(i) * gamma +1);  % 错误回波数
            side = sqrt((10 * ellipse_Volume(i) * gamma +1)/gamma)/2;  % 求出正方形边长的1/2
            Noise_x = x_predic(1,i) + side -2 * rand(1,number_returns) * side;    % 在预测值周围产生多余回波
            Noise_y = x_predic(3,i) + side -2 * rand(1,number_returns) * side;
            Noise = [Noise_x ;Noise_y];
            NOISE = [NOISE Noise];
            % ===============
         end
         b = zeros(1,2);
         b(1) = data_measurement(1,1,t);
         b(2) = data_measurement(1,2,t);
         y1 = [NOISE b'];     % 将接收到的所有回波存在y1中% 杂波、观测都放在y中
         b(1) = data_measurement(2,1,t);
         b(2) = data_measurement(2,2,t);
         y1 = [y1 b'];
   %%%%%%%%%%%%%%%%%%%%%%%%%%%%%%%%%%%%%%%%%%%
   % 产生观测确认矩阵Q2
   %%%%%%%%%%%%%%%%%%%%%%%%%%%%%%%%%%%%%%%%%%%
         m1 =0;                                     % 记录有效观测个数
```

```
        [n1,n2] = size(y1);
        Q1 = zeros(100,3);
        for j = 1:n2
            flag = 0;
            for i = 1:c
                d = y1(:,j) - Z_predic(:,i);
                D = d' * inv(S(:,:,i)) * d;
                if D < = g_sigma
                    flag = 1;
                    Q1(m1 + 1,1) = 1;Q1(m1 + 1,i + 1) = 1;
                end
            end
            if flag == 1
                y = [y y1(:,j)];           % 把落入跟踪门中的所有回波放入 y 中
                m1 = m1 + 1;               % 记录有效观测个数
            end
        end
        Q2 = Q1(1:m1,1:3);
%%%%%%%%%%%%%%%%%%%%%%%%%%%%%%%%%%%%%%%%%%%%%%%
        % 产生互联矩阵 A_matrix  num 表示可行联合事件个数
%%%%%%%%%%%%%%%%%%%%%%%%%%%%%%%%%%%%%%%%%%%%%%%
        A_matrix = zeros(m1,3,10000);
        A_matrix(:,1,1:10000) = 1;
        if m1 ~ = 0
            num = 1;                       % num = 1 表示两个目标都没有观测时
            % 当目标 1 有有效观测时
            for i = 1:m1
                if Q2(i,2) = = 1
                    A_matrix(i,2,num) = 1;A_matrix(i,1,num) = 0;
                    num = num + 1;
                    for j = 1:m1
                        if (i ~ = j)&(Q2(j,3) = = 1)
                          A_matrix(i,2,num) = 1;A_matrix(i,1,num) = 0;
                          A_matrix(j,3,num) = 1;A_matrix(j,1,num) = 0;
                            num = num + 1;
                        end
                    end
                end
```

```
            end
    % 当目标 2 无观测时
            for i =1:m1
                if Q2(i,3) = =1
                    A_matrix(i,3,num) =1;A_matrix(i,1,num) =0;
                    num = num +1;
                end
            end
        else
            flag =1;
        end
        A_matrix = A_matrix(:,:,1:num);
%%%%%%%%%%%%%%%%%%%%%%%%%%%%%%%%%%%%%%%%%%%%%%%%
% 计算后验概率 Pr,  False_num 表示假量测,mea_indicator 表示观测指示器,
target_indicator 表示目标指示器
%%%%%%%%%%%%%%%%%%%%%%%%%%%%%%%%%%%%%%%%%%%%%%%%
        Pr = zeros(1,num);
        for i =1:num
            False_num = m1;
            N =1;
            for j =1:m1
                mea_indicator = sum(A_matrix(j,2:3,i));
                if mea_indicator = =1
                    False_num = False_num -1;
                    if A_matrix(j,2,i) = =1
                      b = (y(:,j) - Z_predic(:,1))'* inv(S(:,:,1)) * (y
(:,j) - Z_predic(:,1));
                      N =N/sqrt(det(2 * pi * S(:,:,1))) * exp( -1/2 * b);  % 如
果观测与目标 1 关联
                    else
                      b = (y(:,j) - Z_predic(:,2))'* inv(S(:,:,2)) * (y
(:,j) - Z_predic(:,2));
                      N =N/sqrt(det(2 * pi * S(:,:,2))) * exp( -1/2 * b);  % 如
果观测与目标 2 关联
                    end                                   % 计算正态分布函数
                end
            end
            if Pd = =1
```

```
            a =1;
        else
            a =1;
            for j =1:c
                target_indicator = sum(A_matrix(:,j +1,i));
                a =a * Pd^target_indicator * (1 -Pd)^(1 -target_indicator);
            end
        end                                   % 计算检测概率
        V =ellipse_Volume(1) +ellipse_Volume(2);  % 表示整个空域的体积
        a1 =1;
        for j =1:False_num
            a1 = a1 * j;
        end
        Pr(i) =N * a * a1 /(V^False_num);
    end
    Pr = Pr /sum(Pr);
%%%%%%%%%%%%%%%%%%%%%%%%%%%%%%%%%%%%%%%%%%%%%%%%
% 计算关联概率 U
%%%%%%%%%%%%%%%%%%%%%%%%%%%%%%%%%%%%%%%%%%%%%%%%
    U = zeros(m1 +1,c);
    for i =1:c
        for j =1:m1
            for k =1:num
                U(j,i) =U(j,i) + Pr(k) * A_matrix(j,i +1,k);
            end
        end
    end
    U(m1 +1,:) =1 - sum(U(1:m1,1:c));
%%%%%%%%%%%%%%%%%%%%%%%%%%%%%%%%%%%%%%%%%%%%%%%%
% 滤波开始
%%%%%%%%%%%%%%%%%%%%%%%%%%%%%%%%%%%%%%%%%%%%%%%%
    for i =1:c                              % 更新协方差矩阵
        P_predic  = A * P(:,:,i) * A' + G * Q * G';
        K (:,:,i) = P_predic * C' * inv(S(:,:,i));
        P(:,:,i) = P_predic -(1 -U(m1 +1,i)) * K(:,:,i) * S(:,:,i) * K(:,:,i)';
    end
    for i =1:c
        a =0;
```

```
            b=0;
            x_filter2=0;% 随便设置的中间参数
            for j=1:m1
                x_filter2=x_filter2+U(j,i)*(x_predic(:,i)+ K
(:,:,i)*(y(:,j) - Z_predic(:,i)));
            end
            x_filter2=U(j+1,i)*x_predic(:,i)+x_filter2;
            x_filter(:,i,t)=x_filter2;
            for j=1:m1+1
                if j==m1+1
                    a=x_predic(:,i);
                else
                    a=x_predic(:,i) + K (:,:,i)*(y(:,j) - Z_predic(:,i));
                end
                b=b+U(j,i)*(a*a'-x_filter2*x_filter2');
            end
            P(:,:,i)=P(:,:,i)+b;
            x_filter1(:,i,t,M)=x_filter(:,i,t);
        end
    end
end
toc
%%%%%%%%%%%%%%%%%%%%%%%%%%%%%%%%%%%%%%%%%%%
% 画图
%%%%%%%%%%%%%%%%%%%%%%%%%%%%%%%%%%%%%%%%%%%
x_filter=sum(x_filter1,4)/MC_number;         % 滤波值作平均
a=zeros(1,n);
b=zeros(1,n);
figure(1)
for i=1:c
    a=zeros(1,n);
    b=zeros(1,n);
    for j=1:n
        a(j)=data_measurement1(i,1,j);b(j)=data_measurement1(i,2,j);
    end
    plot(a(:),b(:),'r. -'),hold on
end
plot(NOISE(1,:),NOISE(2,:),'.'),hold on
```

```
for i =1:c
    a =zeros(1,n);
    b =zeros(1,n);
    for j =1:n
        a(j) =x_filter(1,i,j);b(j) =x_filter(3,i,j);
    end
if i ==1
    plot(a(:),b(:),'m + -'),hold on
else
    plot(a(:),b(:),'+ -')
end
end
xlabel('x/km'),ylabel('y/km');

a =0;b =zeros(c,n);c1 =zeros(c,n);
for j =1:n
    for i =1:MC_number
        a =(x_filter1(1,1,j,i) - data_measurement1(1,1,j))^2 +(x_
filter1(3,1,j,i) - data_measurement1(1,2,j))^2;% 最小均方误差
        c1(1,j) =c1(1,j) +a;
    end
        c1(1,j) =sqrt(c1(1,j)/MC_number);
end
figure(2)
plot(1:n,c1(1,:),'b:')
hold on
for j =1:n
    for i =1:MC_number
        a =(x_filter1(1,2,j,i) - data_measurement1(2,1,j))^2 +(x_
filter1(3,2,j,i) - data_measurement1(2,2,j))^2;% 最小均方误差
        c1(2,j) =c1(2,j) +a;
    end
        c1(2,j) =sqrt(c1(2,j)/MC_number);
end
plot(1:n,c1(2,:),'b -')
% axis([0 20 0 11 ])
xlabel('times'),ylabel('RMS Position  Errors /km');
legend('Target1','Target2')
```

```
% 给出速度的 RMS 曲线
a = 0;b = zeros(c,n);c1 = zeros(c,n);
for j =1:n
    for i =1:MC_number
        a = (x_filter1(2,1,j,i) - target_position(2,1))^2 + (x_fil-
ter1(4,1,j,i) - target_position(4,1))^2;% 最小均方误差
        c1(1,j) = c1(1,j) + a;
    end
        c1(1,j) = sqrt(c1(1,j) /MC_number);
end
figure(3)
plot(1:n,c1(1,:),'r:')
hold on
for j =1:n
    for i =1:MC_number
        a = (x_filter1(2,2,j,i) - target_position(2,2))^2 + (x_fil-
ter1(4,2,j,i) - target_position(4,2))^2;% 最小均方误差
        c1(2,j) = c1(2,j) + a;
    end
        c1(2,j) = sqrt(c1(2,j) / MC_number);
end
plot(1:n,c1(2,:),'r -')
xlabel('times'),ylabel('RMS Velocity Errors /km');
legend('Target1','Target2')
```

2.4　关联波门

前面已经指出，在数据关联时，通常采用波门相关的方法实现目标数据的关联，即以前一采样周期的预测点为中心，设置一个波门。具体地说，在某一实际应用中，究竟采用什么样的波门，与许多因素有关，其中包括所要求的落入概率、相关波门的形状、种类及其尺寸或大小等相关波门或确认区域的形状是多目标跟踪问题中首当其冲的问题。

相关波门是指以起始点或跟踪目标的预测位置为中心，用来确定该目标的观测值可能出现范围的一块区域。区域大小由正确接受回波的概率来确定，也就是在确定波门的形状和大小时，应使真实量测以很高的概率落入波门，同时又要使相关波门内的无关点迹的量不是很多。相关波门是用来判断量测值是否源

自目标的决策门限,落入相关波门的回波被称为候选回波,相关波门的形状和大小一旦确定,也就确定了真实目标的量测被正确检测到的检测概率和虚假目标被错误检测到的虚警率,而检测概率和虚警率常常是矛盾的,因此,选择合适的相关波门是很重要的。

2.4.1 波门的形状

目前采用的相关波门有多种类型,如图 2.36 所示。

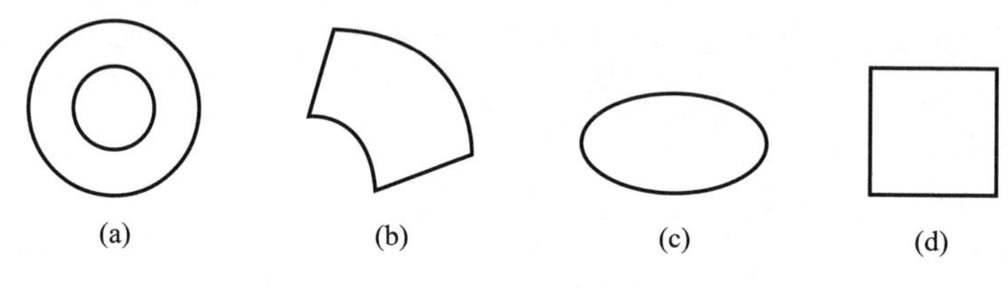

图 2.36 相关波门的类型

波门的形状按照数据所采用的坐标系来选择比较方便。在极坐标系中,最简单的波门是截尾扇形,见图 2.36(b),它的波门的距离宽度为 $2\Delta R$,方位宽度为 $2\Delta\theta$,波门中心是外推点 $P(X_0,Y_0)$。在直角坐标系中,最简单的波门是矩形,见图 2.36(d),它由 $2\Delta X$ 和 $2\Delta Y$ 组成,波门的中心也是外推点 $P(X_0,Y_0)$。

在这种形状的波门中,点迹的坐标(R,θ)或(X,Y)满足不等式

$$\begin{cases} |R-R_0| < \Delta R \\ |\theta-\theta_0| < \Delta\theta \end{cases} \tag{2-53}$$

或者

$$\begin{cases} |X-X_0| < \Delta X \\ |Y-Y_0| < \Delta Y \end{cases} \tag{2-54}$$

才能与航迹发生相关,在式(2-53)和式(2-54)中,ΔR、$\Delta\theta$ 和 ΔX、ΔY 是波门的尺寸。

2.4.2 波门的类型

在实际工作中,尽管是同一个跟踪系统,但根据目标所处的运动状态不同,波门也可分为多种。例如数据关联开始时,面对雷达传送来的自由点迹,为了对目标进行捕获和对航迹初始化,波门一般要大些,并且应该是一个环形无方向性的波门;对非机动目标,如民航机在高空平稳段飞行时,有一个小波门就够了,因为它的速度比较恒定,几乎就是典型的匀速直线运动:在飞机的起飞与降落阶段,或对机动比较小的目标一般采用一个中等程度的波门;对机动很大的目标需要一个大波门。另外,在实际工作中,如在跟踪的过程中,由于干扰等原因,把已

经建立航迹的目标跟丢了，这时就要在原来波门的基础上扩大波门，对目标进行再捕获。因此，为了对付各种目标的运动状态，可能要设置多种波门，这里假定设置4种类型的相关波门：

(1)对自由点迹建立新航迹时，为了对目标进行捕获，设置无方向性的环形初始大波门。

(2)对处于匀速直线运动目标，如民航机在高空平稳段飞行时，设置小波门。

(3)当目标机动比较小时，如飞机的起飞和降落、慢速转弯等可设置中波门。

(4)当目标机动比较大时，如飞机快速转弯，或者是目标丢失后的再捕获，可采用大波门。另外，在航迹起始阶段为了有效地捕获目标，初始波门也应采用大波门。

需要指出的是，在对目标跟踪的过程中，目标的机动与否，在跟踪方程中是有体现的。例如，滤波器的残差，在一定程度上能反映目标的机动程度。根据一定的经验，可以采用自适应波门的相关波门的大小反映预测的目标位置和速度的误差，该误差与跟踪方法、雷达测量误差、要保证的正确互联概率以及目标的机动情况有关。相关波门的大小在跟踪过程中并不是一成不变的，而是应根据跟踪的情况在大波门、中波门和小波门之间自适应调整。

2.4.3　波门的尺寸

从式(2-53)和式(2-54)可知，波门的尺寸大则容易相关，尺寸小则不易相关，要适当选择。通常在确定波门大小时，要考虑下列几个因素：

(1)雷达量测误差和录取误差。若误差大，则波门的尺寸要大些，反之则可以小些。

(2)目标的运动速度。对于速度大的目标，波门要大些，速度小则可以小些。

(3)目标的机动情况。在发现目标机动时，要扩大波门。

(4)天线扫描周期的长短。周期长，在一个周期内目标的位置变动大，波门必须相应地大一些，反之则可小一些。

(5)滤波和外推计算所用的方法。波门是以外推坐标为中心的，滤波和外推计算方法的误差大，则外推点与目标的真实坐标之间的误差也可能大，这就要求有较大的波门，反之则可采用较小的波门。

(6)航迹的质量。当航迹丢失一个或几个点迹时，航迹质量下降，这时，外推的误差迅速增大，波门的尺寸必须予以扩大。

总之，从原则上讲，波门以小为好，可以提高精度。但波门过小，可能出现套不住目标的现象；波门过大，很可能发生在同一波门内出现多个点迹，或者出现几条航迹的波门互相交叠的现象，都会增加确认航迹的困难。当然，在采用小波门时，这些现象也有可能发生。

1. 初始波门

初始波门是为首次出现还没有建立航迹的自由点迹形成航迹头设立的，由于还不知道目标的运动方向，所以它应该是一个以航迹头为中心的 360°的环形大型波门。

采用目标的最大和最小运动速度，确切地说，速度应该是目标运动径向速度，通常径向速度要小于目标的运动速度。

2. 大波门

大波门是为大机动目标和目标丢失以后再捕获而设立的，它是一个截尾扇形形状的波门，两边是相等的，两个圆弧的长度取决于到雷达站的距离 R 和夹角 θ。若分别用 ΔR 和 $\Delta\theta$ 表示边长和夹角，则有

$$\begin{cases}\Delta R = (v_{\max} - v_{\min})T \\ \Delta\theta = 1° \sim 3°\end{cases} \tag{2-55}$$

需要注意的是，同样的夹角所对应的弧长对不同的距离可能差别很大，因此在应用夹角大小时要注意离雷达站距离的大小，可以按不同的距离设置不同的 $\Delta\theta$。具体考虑波门大小时，要参考目标的最大转弯半径。

目标机动是指目标在运动过程中，偏离原来的航向，或产生加速度，或转弯，或进行升降运动。在实际工作中，如果对目标的采样频率较高，则利用以上公式没有问题，但若在搜索雷达工作时，由于扫描周期较长，所以一般扫描周期 T 在 5 ~ 10s。在这样长的时间里，如果目标机动，如偏离原航向一个较大的 θ 角，则很可能目标就跑到波门之外，产生目标丢失。如果遇到这种情况，就要扩大相关波门，对该目标重新进行捕获。扩大的相关波门称机动波门。飞机在做航向机动时偏离航向的最大角速度为

$$\Psi_{\max} = 57.3\frac{g\sqrt{n^2-1}}{v} \tag{2-56}$$

式中：重力加速度 $g = 9.81\text{m/s}^2$；v 为飞机运动速度；n 为飞机过载数，水平匀速直线飞行时，$n = 1$。

对有人驾驶的飞机来说，飞机的最大过载数 $n_{\max} = 8$，它受到驾驶员生理承受能力的限制，这时，在目标运动速度 $v = 300\text{m/s}$ 时，$\Psi_{\max} = 7.26(°)/\text{s}$（民用飞机的最大转弯速度可达 3(°)/s），在天线扫描周期 $T = 10\text{s}$ 时，按 $\Psi_{\max}$ 计算，高机动飞机最大转弯可达 72.6°，对应的弧长为 3km。匀速直线运动 3km 与机动转弯 72.6°所飞行弧线 3km 的端点相距 2.48km，如图 2.37 所示。显然 2.48km 是最坏的情况，它是选择机动波门的重要依据。

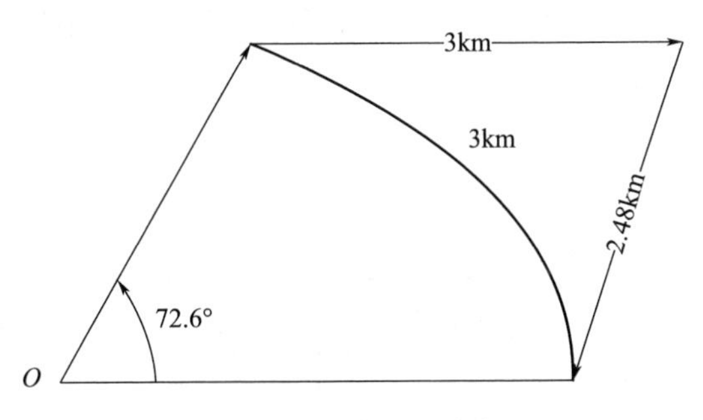

图 2.37　目标机动飞行轨迹

3. 小波门

小波门主要是针对非机动目标或基本处于匀速直线运动状态的目标而设立的。目标处于匀速直线运动状态时,要保证落入概率大于 99.5%,波门的最小尺寸不应小于 3 倍测量误差方差的均方根 σ,即 $\Delta R \geqslant 3\sigma$,小波门通常用于稳定跟踪情况,波门尺寸主要考虑雷达的测量误差。例如大型民航机除了起飞和降落阶段的爬升和下降之外,均处于匀速直线飞行的稳定跟踪阶段。

4. 中波门

中波门主要是针对具有小机动的目标,如转弯加速度不超过(1 ~2)g,可在小波门 3σ 的基础上,再加上(1 ~2) σ,考虑一定的保险系数,对中波门的最小尺寸应不小于 5σ。

2.4.4　波门尺寸的自适应调整

从上面讨论的初始波门和跟踪波门可看出,波门尺寸应随具体情况的变化而变化。

(1)手动初始录取转到自动初始录取,波门尺寸应有变化。

(2)初始建立跟踪的暂态过程中,波门尺寸应随采样序号 n 而变化。

(3)目标机动时要随机动方式而变化。

(4)目标尺寸不同,波门尺寸应不同。

(5)随着目标距离的变化,波门尺寸应相应变化。

(6)相关概率的要求不同,波门尺寸应不同。

而雷达数据处理系统要求处理目标数在数百批以上,要使这么多的波门数据随着上列所有因素的变化而自动调节,计算程序会十分繁杂,计算量很大,甚至使实时处理出现困难。

解决的办法是:①对某些次要因素,只找到它们对波门尺寸影响的上下限,作为波门变化的恒定分量,然后波门尺寸随主要因素自动调节;②考虑各种因素之后,抓住一个或几个重要因素,使波门尺寸随之变化,而且按所有因素影响的上下限选定大、中、小三种波门尺寸，在跟踪过程中进行自适应调整，其过程如图2.38所示。

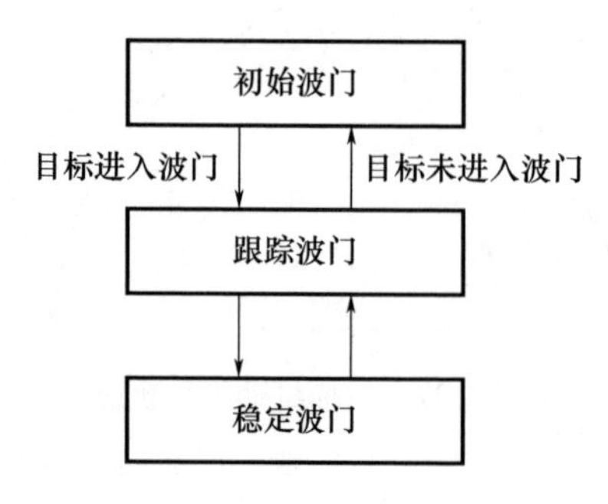

图2.38 波门尺寸的自适应调整

(1)在初始录取目标时，利用最大波门；初始建立跟踪之后，利用中波门；进入稳定跟踪之后，利用小波门。如可选定：跟踪空中目标稳定相关波门为2.2°,250m。

(2)在跟踪过程中，若目标发生机动或其他因素使目标未能落入最小波门，则改用中波门；目标又进入跟踪之后，再转用小波门；若目标仍没有落入中波门，则改用大波门。

(3)若利用最大波门连续几次均未能捕捉目标，则判定为目标丢失。

参考文献

[1] 何友，修建娟，关欣，等. 雷达数据处理及应用[M]. 3版. 北京：电子工业出版社，2013.
[2] 吴顺君，梅晓春，等. 雷达信号处理和数据处理技术[M]. 北京：电子工业出版社，2008.
[3] 徐毓，华中和，周焰，等. 雷达网数据融合[M]. 北京：军事科学出版社，2002.
[4] 刘同明，夏祖勋，解洪成. 数据融合技术及其应用[M]. 北京：国防工业出版社，1998.
[5] 康耀红. 数据融合理论与应用[M]. 西安：西安电子科技大学出版社，1997.
[6] 蔡庆宇，薛毅，张伯彦. 相控阵雷达数据处理及其仿真技术[M]. 北京：国防工业出版社，1997.
[7] 杨万海. 多传感器数据融合及其应用[M]. 西安：西安电子科技大学出版社，2004.
[8] 华中和，吴国良. 雷达网信息处理[M]. 武汉：空军雷达学院，1992.
[9] WALTZ E, LKUBAS J. 多传感器数据融合[M]. 赵宗贵，耿立贤，周中元，等译. 南京：电子工业部28研究所，1993.
[10] 丁建江，许红波，周芬. 雷达组网技术[M]. 北京：国防工业出版社，2017.

第 3 章　雷达目标跟踪滤波技术

从第 2 章雷达数据处理对跟踪滤波的定义可以看出,跟踪滤波的目的就是利用雷达的测量数据对目标运动参数进行估计,使雷达输出的点迹或航迹尽可能与目标真实运动轨迹保持一致,以实现对目标运动状态的实时估计,跟踪滤波属于状态估计的范畴。

状态估计是指应用传感器获取的量测对目标当前状态进行更新的过程,本质就是要利用传感器的测量数据对一些感兴趣的参数进行估计,而按照待估计参数是否按时间变化又可分为时常参数和时变参数,其中对时常参数的估计称为参数估计,对时变参数的估计称为状态估计。状态估计是对目标过去运动状态进行平滑、对目标现在运动状态进行滤波、对未来运动状态进行预测。

3.1　状态估计理论基础

3.1.1　概率论相关概念

本章很多内容都涉及概率论和数理统计中的几个重要概念,因此,本节首先对这些概念加以介绍。

1. 条件概率公式

条件概率是在附加一定的条件下所计算的概率,设有两个事件 A,B,而 $P(B)\neq 0$,则“在给定 B 发生的条件下 A 发生的条件概率”,记为 $P(A|B)$,定义为

$$P(A|B)=P(AB)/P(B) \tag{3-1}$$

式(3-1)就称为条件概率公式。

2. 全概率公式

设 $B_1,B_2,\cdots$ 为有限或无限个事件,它们两两互斥,在每次试验中至少发生一个。用公式表示为

$$B_iB_j=\varnothing(\text{不可能事件}),i\neq j$$

$$B_1+B_2+\cdots=\Omega(\text{必然事件})$$

有时,把具有这些性质的一组事件称为一个“完备事件群”。

先考虑任一事件 A,因 Ω 为必然事件,有 $A=A\Omega=AB_1+AB_2+\cdots$。因 B_1,B_2,…两两互斥,显然 AB_1,AB_2,…也两两互斥,故有

$$P(A)=P(AB_1)+P(AB_2)+\cdots \tag{3-2}$$

再由条件概率的定义，有 $P(AB_i)=P(B_i)P(A|B_i)$，代入式(3-2)可得

$$P(A)=P(B_1)P(A|B_1)+P(B_2)P(A|B_2)+\cdots \tag{3-3}$$

式(3-3)就称为“全概率公式”。

3. 贝叶斯公式

在全概率公式的假定下，有

$$P(B_i \mid A)=\frac{P(AB_i)}{P(A)}=P(B_i)P(A\mid B_i)/\sum_j P(B_j)P(A\mid B_j) \tag{3-4}$$

于是有

$$P(B|A)=P(A|B)*P(B)/P(A) \tag{3-5}$$

式(3-4)、式(3-5)就称为贝叶斯公式，是概率论中一个著名的公式，由英国学者贝叶斯提出。

接下来将介绍先验概率、后验概率和似然估计，以上三个概念在参数估计中非常重要，但是又很容易让人产生混淆，为了能把三个概念尽可能说清楚，本书引入一个生活实例加以介绍。张三要去 15km 外的一个公园，他可以选择步行、骑行或者驾车三种方式。这件事中采用哪种交通方式是因，花了多长时间是果。要理解即将提到的概念，何为因何为果先要搞清楚。

4. 后验概率

假设已经知道张三花了 1h 到达公园，那么你猜他是怎么去的(步行、骑行还是驾车)？事实上我们不能百分百确定他的交通方式，他花 1h 走了 15km，按照正常推理张三很大可能是骑车过去的，当然也不排除开车时堵车严重花了很长时间，当然还有可能他是个赛跑的运动员，自己一路飞跑过去的。

假设已经知道张三花 3h 才到公园，这时我们推断他很大可能是步行过去的。但是假设已经知道张三只花 20min 就到公园，那么推断他最大可能是开车去的。

这种预先已知结果(路上花费时间)，然后根据结果估计(推断)原因(交通方式)的概率分布即后验概率，可记为 P(交通方式|花费时间)，用符号表示为 $P(x|z)$，其中 x 代表因、z 代表果，后面的贝叶斯将会具体介绍这些字母的含义。

5. 先验概率

如前面所述，张三去公园有步行、骑行和驾车三种方式可供选择。如果张三是个健身爱好者就喜欢跑步运动，这时我们可以猜测他更可能倾向于步行过去；如果张三不太爱运动，这时我们猜测他更可能倾向于驾车，连骑自行车的可能性都不大；如果张三是个自行车运动爱好者，那么他大概率可能会选择骑行。

在上述描述中，张三选择何种交通工具与花费时间不再相关，因为我们是在

结果发生前就开始猜的，根据历史规律确定原因（交通方式）的概率分布即先验概率，可记为 P（交通方式），用符号表示为 $P(x)$，可以理解为张三选择某种交通工具的概率。

6. 似然估计

如果说后验分布是知果推因，那么似然估计则是由因求果。假设张三步行，15km 一般要用 2h 多，当然很小的可能性是张三是马拉松健将，跑步过去用了 1h 左右；如果张三开车，0.5h 到公园是非常可能的，当然也存在非常小的概率：张三因为途经的路上有车祸堵了 3h。

这种先定下来原因，根据原因来估计结果的概率分布即似然估计。根据原因来统计各种可能结果的概率即似然函数，可记为 P（花费时间|交通方式），用符号表示为 $P(z|x)$。

由式(3-5)可知后验概率、先验概率和似然函数之间的关系为

$$P(x|z)=P(z|x)*P(x)/P(z) \tag{3-6}$$

由前面的定义可知：

$$\text{后验概率}=\text{似然估计}*\text{先验概率}/\text{evidence} \tag{3-7}$$

这里，$P(z)$ 即 evidence，张三去公园很多次，忽略交通方式是什么，只统计每次到达公园的时间 x，于是得到了一组关于时间的概率分布。这种不考虑原因，只看结果的概率分布称为 evidence，也称为样本发生的概率分布的证据。

下面再通过一个事例的详细讲解来加深对贝叶斯理论的理解，内容如下。

在张三面前有两个一模一样的糖果箱，一号箱子里面有 3 颗水果糖和 1 颗巧克力糖；二号箱子里面有 2 颗水果糖和 2 颗巧克力糖，如图 3.1 所示。

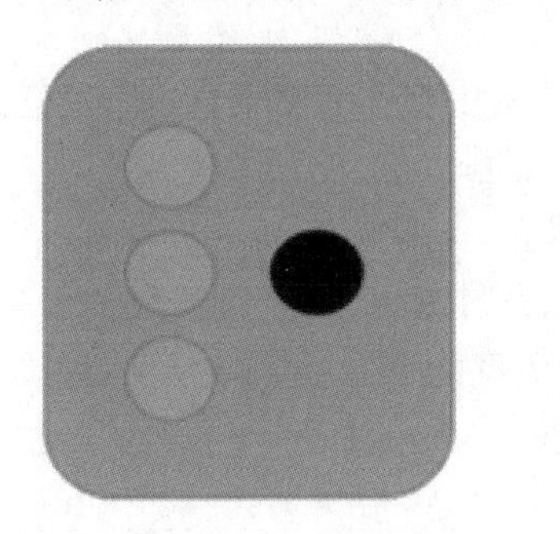

图 3.1　两个糖果箱中水果糖与巧克力糖的数量

（1）如果张三随机选择一个箱子，从中摸出一颗糖，那么他选择一号箱子的概率有多大？

（2）如果张三随机选择一个箱子，从中摸出一颗糖发现是水果糖，那么这颗水果糖来自一号箱子的概率有多大？

从前面的描述中可以看出，从哪个箱子去摸糖是原因，摸到的糖是什么糖为结果。我们结合式(3-6)进行分析，公式中 z 表示观测得到的结果数据，$P(z)$ 是观测结果数据的概率分布，根据前面描述可得表 3.1。

表 3.1 观测结果的概率分布(一)

z	水果糖	巧克力糖
$P(z)$	5/8	3/8

x 是决定观测结果数据分布的参数，$P(x)$ 是先验概率，在本事例中是指选择其中一个箱子的概率，在没有观测数据的支持下 x 发生的概率如表 3.2 所列。

表 3.2 观测结果的概率分布(二)

x	一号箱	二号箱
$P(x)$	1/2	1/2

$P(x|z)$ 是后验概率，即有观测数据的支持下 x 发生的概率。事例中第二问是张三随机选择一个箱子，从中摸出一颗糖发现是水果糖。这颗水果糖来自一号箱子的概率就是后验概率：$P(x=\text{一号箱}|z=\text{水果糖})$。

$P(z|x)$ 是似然函数，是指给定参数 x 时结果数据的概率分布。其中，$P(x=\text{一号箱})$ 就是先验概率，根据贝叶斯公式，需求证据 $P(z=\text{水果糖})$ 和似然函数 $P(z=\text{水果糖}|x=\text{一号箱})$。

$$P(z=\text{水果糖})=\sum_i P(z=\text{水果糖}\mid x=i\,\text{号箱})P(x=i) \quad (3-8)$$

我们再考虑上面的计算：

(1)现在张三将随机选择一个箱子，从中摸出一颗糖。请问张三选择一号箱子的概率。根据明显的先验知识可以知道

$$P(x=\text{一号箱})=1/2 \quad (3-9)$$

(2)现在张三将随机选择一个箱子，从中摸出一颗糖发现是水果糖。请问这颗水果糖来自一号箱子的概率。后验概率为

$$P(x=1|z=\text{水果糖})=P(z=\text{水果糖}|x=1)\times P(x=1)/P(z=\text{水果糖})$$

$$P(x=1\mid z=\text{水果糖})=\frac{P(z=\text{水果糖}\mid x=1)\times P(x=1)}{\sum_i P(z=\text{水果糖}\mid x=i\,\text{号箱})P(x=i)} \quad (3-10)$$

代入数据得

$$P(x=1|z=\text{水果糖})=\frac{(3/4)\times(1/2)}{(3/4)\times(1/2)+(2/4)\times(1/2)}=\frac{3}{5} \quad (3-11)$$

从例题中可以看出：没有做得到参考结果数据之前推断 $P(x=\text{一号箱})=1/2$

这个先验概率;而有了参考结果数据“从中摸出一颗糖发现是水果糖”,便可以得到 $P(x=$一号箱$|z=$水果糖$)=3/5$ 这个后验概率。也就是说推断是一号箱的概率,在取出水果糖前后,($x=$一号箱)事件的概率从 1/2 增加到 3/5。

基于此,再举个例子来解释贝叶斯估计的意义:

假如张三在公园里玩射击游戏,旁边有个陌生人李四自诩为神枪手,张三觉得李四是在忽悠人。

张三不认识李四,他觉得偶遇一个真正的神枪手显然是小概率事件。李四为了证明自己是神枪手,开始进行射击,第一枪直接打出 10 环,但仅靠这一枪的射击结果还不能令张三信服,张三觉得这可能是李四运气好,但如果李四连续 10 次都正中靶心,多个观测样本就会让张三倾向于接受李四是神枪手这一推断。

在这件事当中,张三对(李四 = 神枪手)的先验置信度就被累积的实验数据所覆盖并增强变大,这就是贝叶斯定理的意义所在。

3.1.2　参数估计的概念

定义 3.1　设 $\boldsymbol{x}$ 是一个未知参数向量,量测 $\boldsymbol{z}$ 是一个 m 维的随机向量,而 $\boldsymbol{z}$ 的一组容量为 N 的样本是 $\{z_1,z_2,\cdots,z_N\}$,设对它的统计量为

$$\hat{\boldsymbol{x}}^{(N)}=\varphi(z_1,z_2,\cdots,z_N) \tag{3-12}$$

称其为对 $\boldsymbol{x}$ 的一个估计量,其中 $\varphi(\cdot)$ 称为统计规则或估计算法。

定义 3.2　对于式(3-11),所得估计量如果满足

$$E(\hat{\boldsymbol{x}}^{(N)})=\boldsymbol{x} \tag{3-13}$$

则称 $\hat{\boldsymbol{x}}^{(N)}$ 是对参数 $\boldsymbol{x}$ 的一个无偏估计;如果满足

$$\lim_{N\to\infty}E(\hat{\boldsymbol{x}}^{(N)})=\boldsymbol{x} \tag{3-14}$$

则称 $\hat{\boldsymbol{x}}^{(N)}$ 是对参数 $\boldsymbol{x}$ 的一个渐近无偏估计。

定义 3.3　对于式(3-11),所得估计量如果依概率收敛于真值,即

$$\lim_{N\to\infty}\hat{\boldsymbol{x}}^{(N)}\to\boldsymbol{x} \tag{3-15}$$

则称 $\hat{\boldsymbol{x}}^{(N)}$ 是对参数 $\boldsymbol{x}$ 的一个一致估计量。

估计一致性的判断可采用均方收敛准则,即如果非随机参数满足

$$\lim_{N\to\infty}E\{[\hat{\boldsymbol{x}}^{(N)}-\boldsymbol{x}_0]^2\}=0 \tag{3-16}$$

那么估计即为一致估计。换句话说,也就是对非随机参数和随机参数而言,若它的估计在某种随机意义上收敛于真实值,则该参数的估计是一致的。

3.1.3　点估计理论基础

设 $\boldsymbol{x}$ 也是一个 n 维随机向量,仍设 $\{y_1,y_2,\cdots,y_N\}$ 是 $\boldsymbol{y}$ 的一组容量为 N 的样

本。设 $\boldsymbol{z}=\{y_1^{\mathrm{T}},y_2^{\mathrm{T}},\cdots,y_N^{\mathrm{T}}\}^{\mathrm{T}}$ 表示量测信息，则 $\boldsymbol{x}$ 与 $\boldsymbol{z}$ 的联合概率密度函数是

$$p(\boldsymbol{x},\boldsymbol{z}) = \prod_{i=1}^{N} p(\boldsymbol{x},y_i) = \prod_{i=1}^{N} p(\boldsymbol{x})p(y_i \mid \boldsymbol{x}) \tag{3-17}$$

假定$\hat{x}$表示由量测信息 z 得到的一个估计，而估计误差定义为

$$\tilde{\boldsymbol{x}} = \hat{\boldsymbol{x}} - \boldsymbol{x} \tag{3-18}$$

在估计某个量时，噪声的影响使估计产生误差，估计误差是要付出代价的，这种代价可以用代价函数加以描述，记为 $L(\tilde{\boldsymbol{x}})$，它是真值和估计值的函数，对于单参量估计常把代价函数设定为估计误差 $\tilde{\boldsymbol{x}}=\boldsymbol{x}-\hat{\boldsymbol{x}}(z)$ 的函数，即 $c(\boldsymbol{x},\hat{\boldsymbol{x}})=c(\boldsymbol{x}-\hat{\boldsymbol{x}})$。当被估计的参数为标量时给出以下三种典型的代价函数。

（1）均匀代价函数，即

$$c(x,\hat{x}) = \begin{cases} 1, |x-\hat{x}| \geqslant \dfrac{\Delta}{2} \\ 0, |x-\hat{x}| < \dfrac{\Delta}{2} \end{cases} \tag{3-19}$$

$\Delta \to 0$，即令估计值十分接近于真实值时的代价为0，其余情况代价为1，如图3.2所示。

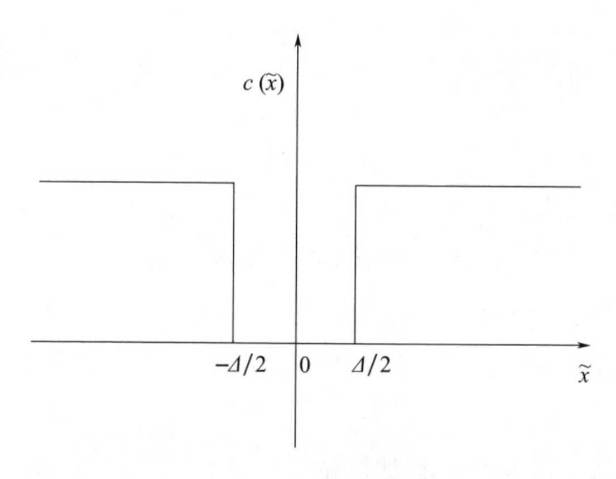

图 3.2　均匀代价函数

最大后验估计值就是以均匀代价函数为基础得到的。

（2）误差平方代价函数，即

$$c(x,\hat{x}) = (x-\hat{x})^2 \tag{3-20}$$

代价函数随误差增加而快速增大，如图3.3所示。误差平方代价函数由于数学处理方便，应用最为广泛。最小均方误差估计就是以误差平方代价函数为基础得到的。

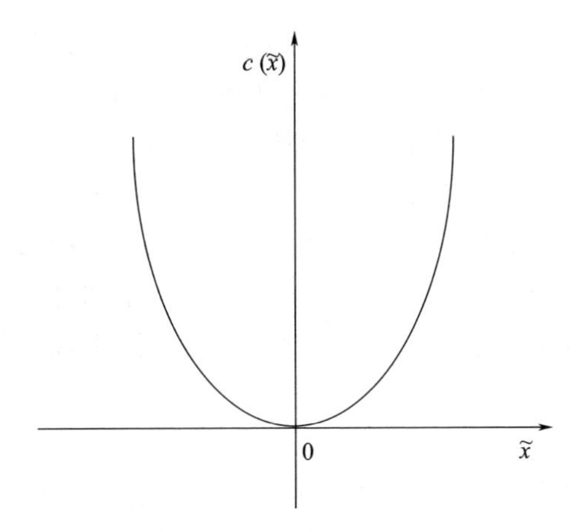

图3.3　误差平方代价函数

(3)误差绝对值代价函数,即

$$c(x,\hat{x}) = |x - \hat{x}|^2 \tag{3-21}$$

代价随误差绝对值线性变化,如图3.4所示。由此代价函数可得到条件中位数估计,由于求解比较复杂,所以未得到广泛应用。

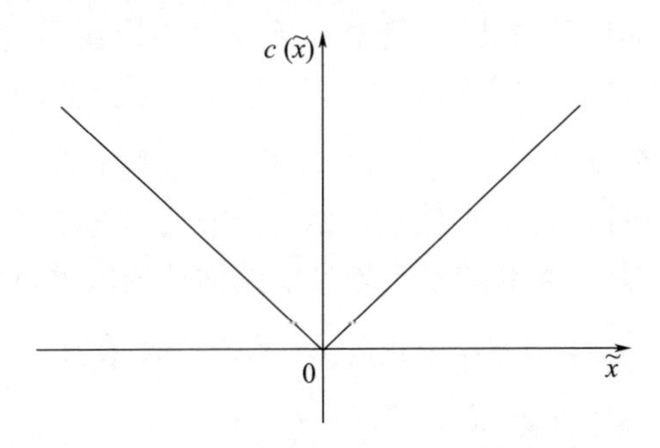

图3.4　误差绝对值代价函数

一旦确定了代价函数后,由设定的代价函数和先验分布函数可给出平均代价(平均风险)的表达式

$$\bar{c} = \int_{-\infty}^{+\infty}\int_{-\infty}^{+\infty} c(x,\hat{x})p(x,z)\,\mathrm{d}x\mathrm{d}z \tag{3-22}$$

贝叶斯估计就是使平均代价最小的估计,也就是选择 $\hat{x}$ 使平均代价最小。由条件概率密度函数可得

$$\bar{c} = \int_{-\infty}^{+\infty}\left[\int_{-\infty}^{+\infty} c(x,\hat{x})p(x \mid z)\,\mathrm{d}x\right]p(z)\,\mathrm{d}z \tag{3-23}$$

定义

$$\bar{c}(\hat{x} \mid z) = \int_{-\infty}^{+\infty} c(x,\hat{x})p(x \mid z)\,\mathrm{d}x \tag{3-24}$$

为内积分，显然该内积分和 $p(z)$ 都是非负的，若使内积分对 $\hat{x}$ 为极小，即可使平均代价 $\bar{c}$ 为极小。$\bar{c}(\hat{x}|z)$ 称为条件平均代价或条件平均风险，所以使平均代价极小求估计 $\hat{x}$ 可等价为使条件平均代价极小求估计。

按照估计所采用的不同准则，参数估计包括最小均方根误差估计（Minimum Mean Squared Estimation，MMSE）、最大似然（Maximum Likelihood，ML）估计、最大后验（Maximum a Posteriori，MAP）估计、最优线性无偏估计（Best Linear Unbiased Estimate，BLUE）和最小二乘（Least Squares，LS）估计，下面详细介绍这 5 种估计方法。

1. 最小均方误差估计

令 $\hat{\boldsymbol{x}}=\hat{\boldsymbol{x}}(\boldsymbol{Z})$ 为依据量测 $\boldsymbol{Z}$ 对 $\boldsymbol{x}$ 所求得的某种估计，称为估计量，它是一个与 x 同维数的向量函数，其自变量为向量 $\boldsymbol{Z}$。记这个估计的误差为

$$\tilde{\boldsymbol{x}}=\boldsymbol{x}-\hat{\boldsymbol{x}} \tag{3-25}$$

误差 $\tilde{\boldsymbol{x}}$ 是一个与 $\boldsymbol{x}$ 同维数的随机向量，由于各种随机因素的影响，在同样的测量条件下，每次所得的估计误差不可能都相同。所以要衡量一个估计量的优劣，应当研究这个估计误差的整个统计规律。显然，误差 $\tilde{\boldsymbol{x}}$ 越小越好。按照统计规律为：用同样的估计方法，不管对 $\boldsymbol{x}$ 重复多少次测量，由每次测量所得的估计误差大部分应当密集在零附近，则可认为这种估计方法是好的。估计误差 $\tilde{\boldsymbol{x}}$ 的二阶原点矩阵 $\boldsymbol{E}(\tilde{\boldsymbol{x}}\tilde{\boldsymbol{x}}^{\mathrm{T}})$（称为均方误差）正是表示误差分布在零附近密集的程度。最小均方估计正是追求使估计的均方误差阵达到最小，因此该方法也称为最小方差估计。接下来介绍最小均方误差估计的求解过程：

对于估计量 $\hat{\boldsymbol{x}}(\boldsymbol{Z})$，其均方误差矩阵 $\boldsymbol{E}(\tilde{\boldsymbol{x}}\tilde{\boldsymbol{x}}^{\mathrm{T}})$ 表示为

$$\begin{aligned}\boldsymbol{E}(\tilde{\boldsymbol{x}}\tilde{\boldsymbol{x}}^{\mathrm{T}}) &= \boldsymbol{E}(\boldsymbol{x}-\hat{\boldsymbol{x}}(\boldsymbol{Z}))(\boldsymbol{x}-\hat{\boldsymbol{x}}(\boldsymbol{Z}))^{\mathrm{T}} \\ &= \int_{-\infty}^{+\infty}\int_{-\infty}^{+\infty}(\boldsymbol{x}-\hat{\boldsymbol{x}}(\boldsymbol{Z}))(\boldsymbol{x}-\hat{\boldsymbol{x}}(\boldsymbol{Z}))^{\mathrm{T}}p(\boldsymbol{x},z)\mathrm{d}\boldsymbol{x}\mathrm{d}z \\ &= \int_{-\infty}^{+\infty}\left\{\int_{-\infty}^{+\infty}(\boldsymbol{x}-\hat{\boldsymbol{x}}(\boldsymbol{Z}))(\boldsymbol{x}-\hat{\boldsymbol{x}}(\boldsymbol{Z}))^{\mathrm{T}}p(\boldsymbol{x}\mid z)\mathrm{d}\boldsymbol{x}\right\}p_z(z)\mathrm{d}z\end{aligned} \tag{3-26}$$

式(3-26)对任何估计量 $\hat{\boldsymbol{x}}(\boldsymbol{Z})$ 都成立，现在要做的是选一个估计量，使得式(3-26)达到极小。由于式(3-26)表示的是一个非负对称矩阵，因此，使得式(3-26)达到极小意味着把估计量换成测量向量 $\boldsymbol{Z}$ 的另外任何一个向量函数时，式(3-26)所表示的对称矩阵都会增大，所以说求式(3-26)极小，只需对 $\hat{\boldsymbol{x}}(\boldsymbol{Z})$ 求条件平均代价函数的极小即可：

$$\bar{c}(\hat{\boldsymbol{x}}\mid\boldsymbol{Z})=\int_{-\infty}^{+\infty}(\boldsymbol{x}-\hat{\boldsymbol{x}}(\boldsymbol{Z}))(\boldsymbol{x}-\hat{\boldsymbol{x}}(\boldsymbol{Z}))^{\mathrm{T}}p(\boldsymbol{x}\mid\boldsymbol{Z})\mathrm{d}\boldsymbol{x} \tag{3-27}$$

将误差平方代价函数代入条件平均代价函数的表达式中可得

$$\bar{c}(\hat{\boldsymbol{x}} \mid \boldsymbol{Z}) = \int_{-\infty}^{+\infty} (\boldsymbol{x} - \hat{\boldsymbol{x}}(\boldsymbol{Z}))^2 p(\boldsymbol{x} \mid \boldsymbol{Z}) \mathrm{d}\boldsymbol{x} = E[(\boldsymbol{x} - \hat{\boldsymbol{x}}(\boldsymbol{Z}))^2 \mid \boldsymbol{Z}] \tag{3-28}$$

选取 $\hat{\boldsymbol{x}}$ 使 $\bar{c}(\hat{\boldsymbol{x}} \mid \boldsymbol{Z})$ 达到极小,即可得到最小均方误差估计。

对式(3-27)中的条件平均代价函数求一阶和二阶导数可得

$$\begin{aligned}\frac{\mathrm{d}}{\mathrm{d}\hat{\boldsymbol{x}}}\left(\int_{-\infty}^{+\infty} (\boldsymbol{x} - \hat{\boldsymbol{x}})^2 p(\boldsymbol{x} \mid \boldsymbol{Z}) \mathrm{d}\boldsymbol{x}\right) &= -2\frac{\mathrm{d}}{\mathrm{d}\hat{\boldsymbol{x}}}\left(\int_{-\infty}^{+\infty} (\boldsymbol{x} - \hat{\boldsymbol{x}}) p(\boldsymbol{x} \mid \boldsymbol{Z}) \mathrm{d}\boldsymbol{x}\right) \\ &= -2\int_{-\infty}^{+\infty} \boldsymbol{x} p(\boldsymbol{x} \mid \boldsymbol{Z}) \mathrm{d}\boldsymbol{x} + 2\hat{\boldsymbol{x}}\int_{-\infty}^{+\infty} p(\boldsymbol{x} \mid \boldsymbol{Z}) \mathrm{d}\boldsymbol{x}\end{aligned} \tag{3-29}$$

$$\frac{\mathrm{d}^2}{\mathrm{d}\hat{\boldsymbol{x}}^2}\left(\int_{-\infty}^{+\infty} (\boldsymbol{x} - \hat{\boldsymbol{x}})^2 p(\boldsymbol{x} \mid \boldsymbol{Z}) \mathrm{d}\boldsymbol{x}\right) = 2\int_{-\infty}^{+\infty} p(\boldsymbol{x} \mid \boldsymbol{Z}) \mathrm{d}\boldsymbol{x} = 2 > 0 \tag{3-30}$$

由于二阶导数大于零,所以条件平均代价函数存在极小值,由一阶导数等于零可得

$$\hat{\boldsymbol{x}} = \int_{-\infty}^{+\infty} \boldsymbol{x} p(\boldsymbol{x} \mid \boldsymbol{Z}) \mathrm{d}\boldsymbol{x} \tag{3-31}$$

综上所述,使均方误差 $\boldsymbol{E}[(\hat{\boldsymbol{x}} - \boldsymbol{x})^2 \mid \boldsymbol{Z}]$ 达到极小的 $\boldsymbol{x}$ 值的估计称为最小均方误差估计,用条件概率密度函数可表示为

$$\hat{\boldsymbol{x}}^{\mathrm{MMSE}} = \boldsymbol{E}[\boldsymbol{x} \mid \boldsymbol{Z}] = \int_{-\infty}^{+\infty} \boldsymbol{x} p(\boldsymbol{x} \mid \boldsymbol{Z}) \mathrm{d}\boldsymbol{x} \tag{3-32}$$

最小均方误差估计的均方误差矩阵小于任何其他估计准则所得到的均方误差矩阵,所以最小均方估计具有最小的估计误差方差矩阵,因此最小均方估计又称为最小方差估计。

在 $\boldsymbol{x}$ 为 n 维向量时,其代价函数的形式为

$$c(\boldsymbol{x}, \hat{\boldsymbol{x}}) = \| \boldsymbol{x} - \hat{\boldsymbol{x}} \|_{\boldsymbol{W}}^2 = (\boldsymbol{x} - \hat{\boldsymbol{x}})' \boldsymbol{W} (\boldsymbol{x} - \hat{\boldsymbol{x}}) \tag{3-33}$$

式中:$\boldsymbol{W}$ 为非负定加权矩阵;$\| \boldsymbol{x} - \hat{\boldsymbol{x}} \|_{\boldsymbol{W}}^2$ 为误差向量的范数。条件平均代价函数为

$$\boldsymbol{J}(\hat{\boldsymbol{x}}, z) = \boldsymbol{E}[(\boldsymbol{x} - \hat{\boldsymbol{x}})' \boldsymbol{W} (\boldsymbol{x} - \hat{\boldsymbol{x}}) \mid z] = \int (\boldsymbol{x} - \hat{\boldsymbol{x}})' \boldsymbol{W} (\boldsymbol{x} - \hat{\boldsymbol{x}}) p(\boldsymbol{x} \mid z) \mathrm{d}\boldsymbol{x} \tag{3-34}$$

令 $\frac{\partial \boldsymbol{J}}{\partial \hat{\boldsymbol{x}}} = 0$ 的条件下,可求得使式(3-34)最小的 $\boldsymbol{x}$ 的估计,即最佳估计为

$$\hat{\boldsymbol{x}}^{\mathrm{MMSE}} = \boldsymbol{E}[\boldsymbol{x} \mid z] = \int_{-\infty}^{+\infty} \boldsymbol{x} p(\boldsymbol{x} \mid z) \mathrm{d}\boldsymbol{x} \tag{3-35}$$

并且,该最佳估计的最小协方差矩阵为

$$\hat{\boldsymbol{P}} = \boldsymbol{E}[(\boldsymbol{x} - \hat{\boldsymbol{x}})(\boldsymbol{x} - \hat{\boldsymbol{x}})' \mid z] \tag{3-36}$$

若 $\boldsymbol{x}$ 和 z 是联合正态分布的随机向量,在这种情况下,条件密度分布函数

$p(\boldsymbol{x}|z)$为正态分布，并假设 $\boldsymbol{x}$ 和 z 的均值分别为$\bar{\boldsymbol{x}}$和$\bar{z}$，设相应的协方差矩阵分别为

$$\begin{cases}\mathrm{Cov}(\boldsymbol{x})=\boldsymbol{E}[(\boldsymbol{x}-\bar{\boldsymbol{x}})(\boldsymbol{x}-\bar{\boldsymbol{x}})']=\boldsymbol{P}_{xx}\\ \mathrm{Cov}(z)=\boldsymbol{E}[(z-\bar{z})(z-\bar{z})']=\boldsymbol{P}_{zz}\\ \mathrm{Cov}(\boldsymbol{x},z)=\boldsymbol{E}[(\boldsymbol{x}-\bar{\boldsymbol{x}})(z-\bar{z})']=\boldsymbol{P}_{xz}\end{cases} \tag{3-37}$$

进而，可求得依据 z 的 $\boldsymbol{x}$ 的最小均方误差估计为

$$\hat{\boldsymbol{x}}=\boldsymbol{E}[\boldsymbol{x}|z]=\bar{\boldsymbol{x}}+\boldsymbol{P}_{xz}\boldsymbol{P}_{zz}^{-1}(z-\bar{z}) \tag{3-38}$$

对应的条件误差协方差矩阵为

$$\boldsymbol{P}_{xx|z}=\boldsymbol{E}[(\boldsymbol{x}-\hat{\boldsymbol{x}})(\boldsymbol{x}-\hat{\boldsymbol{x}})'|z]=\boldsymbol{P}_{xx}-\boldsymbol{P}_{xz}\boldsymbol{P}_{zz}^{-1}\boldsymbol{P}_{zx} \tag{3-39}$$

式(3-38)和式(3-39)非常重要，它说明给出最小均方误差估计的条件均值仍是观测值的线性函数。这个结论是设计最佳均方估计器的基础，也是解决动态问题(滤波和预测)的理论基础。

最小均方误差估计是以均方差矩阵达到极小作为最优准则的。假设调整最优准则，如把后验概率极大或者似然概率极大作为最优准则，则会得到新的最优估计方法。

2. 最大似然估计

使似然函数 $p(\boldsymbol{Z}^k|\boldsymbol{x})$达到最大的 $\boldsymbol{x}$ 值称为参数 $\boldsymbol{x}$ 的最大似然估计，即

$$\hat{\boldsymbol{x}}^{\mathrm{ML}}(k)=\arg\max_{\boldsymbol{x}}p(\boldsymbol{Z}^k|\boldsymbol{x}) \tag{3-40}$$

当 $\boldsymbol{x}=\hat{\boldsymbol{x}}^{\mathrm{ML}}$时，输入累积测量集合 $\boldsymbol{Z}^k$ 的出现概率达到最大，而现在观测到输入测量集合 $\boldsymbol{Z}^k$，则可判断这些观测量是由使它最可能出现的参量$\hat{\boldsymbol{x}}^{\mathrm{ML}}$引起的。

3. 最大后验估计

将均匀代价函数代入条件平均代价函数的表达式中可得

$$\begin{aligned}\bar{c}(\hat{\boldsymbol{x}}\mid\boldsymbol{Z}^k)&=\int_{-\infty}^{+\infty}c(\boldsymbol{x},\hat{\boldsymbol{x}})p(\boldsymbol{x}\mid\boldsymbol{Z}^k)\mathrm{d}\boldsymbol{x}\\&=\int_{-\infty}^{\hat{x}-\frac{\Delta}{2}}p(\boldsymbol{x}\mid\boldsymbol{Z}^k)\mathrm{d}\boldsymbol{x}+\int_{\hat{x}+\frac{\Delta}{2}}^{+\infty}p(\boldsymbol{x}\mid\boldsymbol{Z}^k)\mathrm{d}\boldsymbol{x}\\&=\int_{-\infty}^{+\infty}p(\boldsymbol{x}\mid\boldsymbol{Z}^k)\mathrm{d}\boldsymbol{x}-\int_{\hat{x}-\frac{\Delta}{2}}^{\hat{x}+\frac{\Delta}{2}}p(\boldsymbol{x}\mid\boldsymbol{Z}^k)\mathrm{d}\boldsymbol{x}\\&=1-\int_{x-\frac{\Delta}{2}}^{\hat{x}+\frac{\Delta}{2}}p(\boldsymbol{x}\mid\boldsymbol{Z}^k)\mathrm{d}\boldsymbol{x}\end{aligned} \tag{3-41}$$

要使 $\bar{c}(\hat{\boldsymbol{x}}|\boldsymbol{Z}^k)$达到极小，就要使积分项达到最大，又等价于选择$\hat{\boldsymbol{x}}$使后验概率密度 $p(\boldsymbol{x}|\boldsymbol{Z}^k)$达到最大，因此可以等价地使后验概率密度函数 $p(\boldsymbol{x}|\boldsymbol{Z}^k)$达到最大作为估计准则，称为最大后验估计。

对于随机参数，由于已知其先验概率密度函数 $p(\boldsymbol{x})$，由贝叶斯准则

$$p(\boldsymbol{x}|\boldsymbol{Z}^k)=p(\boldsymbol{Z}^k|\boldsymbol{x})*p(\boldsymbol{x})/p(\boldsymbol{Z}^k) \tag{3-42}$$

可求得其后验概率密度函数，使后验概率密度函数达到最大的 $\boldsymbol{x}$ 值称为参数 $\boldsymbol{x}$ 的最大后验（MAP）估计，则

$$\hat{\boldsymbol{x}}^{\mathrm{MAP}}(k)=\arg\max_{\boldsymbol{x}} p(\boldsymbol{x}|\boldsymbol{Z}^k)=\arg\max_{\boldsymbol{x}}[p(\boldsymbol{Z}^k|\boldsymbol{x})p(\boldsymbol{x})] \tag{3-43}$$

在给定量测 $\boldsymbol{Z}^k$ 的条件下，参数 $\boldsymbol{x}$ 落在最大后验估计 $\hat{\boldsymbol{x}}^{\mathrm{MAP}}$ 某个邻域内的概率要比落在其他任何值相同邻域内的概率大。

4. 最优线性无偏估计

前面介绍的几种估计方法中，最小均方估计需要知道两个随机变量 $\boldsymbol{x}$ 和 $\boldsymbol{Z}$ 的先验概率分布以及联合概率密度分布函数；最大后验估计需要知道被估计量的后验概率密度，最大似然估计需要知道似然函数，如果这些概率密度或似然函数未知，就不能采用这些方法。接下来介绍的方法会放宽对概率密度知识的要求，只需要知道被估计量和量测的一、二阶矩阵，即 $\boldsymbol{E}(\boldsymbol{x})$、$\boldsymbol{E}(Z)$、$\mathrm{Var}(\boldsymbol{x})$（记为 $\boldsymbol{R}_{xx}$）、$\mathrm{Var}(\boldsymbol{Z})$（记为 $\boldsymbol{R}_{zz}$）、$\mathrm{Cov}(x,\boldsymbol{Z})$（记为 $\boldsymbol{R}_{xz}$）。在这种情况下需要对估计量的函数形式加以限制才能得到准确的结果，这里要求估计量必须是量测的线性函数。

对参数 $\boldsymbol{x}$ 的估计表示为量测信息 z 的线性函数

$$\bar{\boldsymbol{x}}=\boldsymbol{a}+\boldsymbol{BZ} \tag{3-44}$$

称为线性估计；进而若估计误差的均方值达到最小，则称为线性最小方差估计；若估计还是无偏的，则称为线性无偏最小方差估计；式中 $\boldsymbol{a}$ 是与被估计量同维数的非随机向量，$\boldsymbol{B}$ 是其行数等于被估计量 x 的维数、列数等于量测 $\boldsymbol{Z}$ 的维数的非随机矩阵。该估计的均方根误差阵为

$$\boldsymbol{E}(\boldsymbol{x}-\hat{\boldsymbol{x}}(\boldsymbol{Z}))(\boldsymbol{x}-\hat{\boldsymbol{x}}(\boldsymbol{Z}))^{\mathrm{T}}=\boldsymbol{E}(\boldsymbol{x}-\boldsymbol{a}-\boldsymbol{BZ})(\boldsymbol{x}-\boldsymbol{a}-\boldsymbol{BZ})^{\mathrm{T}} \tag{3-45}$$

其极值目标函数为

$$J=\min_{a,B}\boldsymbol{E}(\boldsymbol{x}-\hat{\boldsymbol{x}}(\boldsymbol{Z}))(\boldsymbol{x}-\hat{\boldsymbol{x}}(\boldsymbol{Z}))^{\mathrm{T}}=\min_{a,B}\boldsymbol{E}(\boldsymbol{x}-\boldsymbol{a}-\boldsymbol{BZ})(\boldsymbol{x}-\boldsymbol{a}-\boldsymbol{BZ})^{\mathrm{T}} \tag{3-46}$$

假设向量 $\boldsymbol{a}_{\mathrm{L}}$、$\boldsymbol{B}_{\mathrm{L}}$ 使式（3-45）取得极小值，于是估计量

$$\hat{\boldsymbol{x}}_{\mathrm{L}}=\boldsymbol{a}_{\mathrm{L}}+\boldsymbol{B}_{\mathrm{L}}\boldsymbol{Z} \tag{3-47}$$

就是 x 的线性最小方差估计。下面介绍求解 $\boldsymbol{a}_{\mathrm{L}}$、$\boldsymbol{B}_{\mathrm{L}}$ 的过程：

令 $\boldsymbol{b}=\boldsymbol{a}-\boldsymbol{E}(\boldsymbol{x})+\boldsymbol{BE}(\boldsymbol{Z})$，则 $(\boldsymbol{x}-\hat{\boldsymbol{x}}(\boldsymbol{Z}))=\boldsymbol{x}-\boldsymbol{a}-\boldsymbol{BZ}=\boldsymbol{x}-\boldsymbol{b}-\boldsymbol{E}(\boldsymbol{x})+\boldsymbol{BE}(\boldsymbol{Z})-\boldsymbol{BZ}$，则式（3-44）可以写成

$$\begin{aligned}
&\boldsymbol{E}(\boldsymbol{x}-\hat{\boldsymbol{x}}(\boldsymbol{Z}))(\boldsymbol{x}-\hat{\boldsymbol{x}}(\boldsymbol{Z}))^{\mathrm{T}}\\
&=\boldsymbol{E}\{[\boldsymbol{x}-\boldsymbol{E}(\boldsymbol{x})]-\boldsymbol{b}-\boldsymbol{B}[\boldsymbol{Z}-\boldsymbol{E}(\boldsymbol{Z})]\}\{[\boldsymbol{x}-\boldsymbol{E}(\boldsymbol{x})]-\boldsymbol{b}-\boldsymbol{B}[\boldsymbol{Z}-\boldsymbol{E}(\boldsymbol{Z})]\}^{\mathrm{T}}\\
&=\boldsymbol{E}[\boldsymbol{x}-\boldsymbol{E}(\boldsymbol{x})][\boldsymbol{x}-\boldsymbol{E}(\boldsymbol{x})]^{\mathrm{T}}+\boldsymbol{BE}[\boldsymbol{Z}-\boldsymbol{E}(\boldsymbol{Z})][\boldsymbol{Z}-\boldsymbol{E}(\boldsymbol{Z})]^{\mathrm{T}}\boldsymbol{B}^{\mathrm{T}}+\boldsymbol{bb}^{\mathrm{T}}\\
&\quad-\boldsymbol{E}[\boldsymbol{x}-\boldsymbol{E}(\boldsymbol{x})][\boldsymbol{Z}-\boldsymbol{E}(\boldsymbol{Z})]^{\mathrm{T}}\boldsymbol{B}^{\mathrm{T}}-\boldsymbol{BE}[\boldsymbol{Z}-\boldsymbol{E}(\boldsymbol{Z})][\boldsymbol{x}-\boldsymbol{E}(\boldsymbol{x})]^{\mathrm{T}}\\
&\quad-\boldsymbol{bE}[\boldsymbol{Z}-\boldsymbol{E}(\boldsymbol{Z})]^{\mathrm{T}}-\boldsymbol{bE}[\boldsymbol{x}-\boldsymbol{E}(\boldsymbol{x})]^{\mathrm{T}}-\boldsymbol{E}[\boldsymbol{Z}-\boldsymbol{E}(\boldsymbol{Z})]\boldsymbol{b}^{\mathrm{T}}-\boldsymbol{E}[\boldsymbol{x}-\boldsymbol{E}(\boldsymbol{x})]\boldsymbol{b}^{\mathrm{T}}
\end{aligned}$$

$$
\begin{aligned}
&=\boldsymbol{E}[\boldsymbol{x}-\boldsymbol{E}(\boldsymbol{x})][\boldsymbol{x}-\boldsymbol{E}(\boldsymbol{x})]^{\mathrm{T}}+\boldsymbol{BE}[\boldsymbol{Z}-\boldsymbol{E}(\boldsymbol{Z})][\boldsymbol{Z}-\boldsymbol{E}(\boldsymbol{Z})]^{\mathrm{T}}\boldsymbol{B}^{\mathrm{T}}+\boldsymbol{bb}^{\mathrm{T}}\\
&-\boldsymbol{E}[\boldsymbol{x}-\boldsymbol{E}(\boldsymbol{x})][\boldsymbol{Z}-\boldsymbol{E}(\boldsymbol{Z})]^{\mathrm{T}}\boldsymbol{B}^{\mathrm{T}}-\boldsymbol{BE}[\boldsymbol{Z}-\boldsymbol{E}(\boldsymbol{Z})][\boldsymbol{x}-\boldsymbol{E}(\boldsymbol{x})]^{\mathrm{T}}\\
&=\boldsymbol{R}_{xx}+\boldsymbol{bb}^{\mathrm{T}}+\boldsymbol{BR}_{ZZ}\boldsymbol{B}^{\mathrm{T}}-\boldsymbol{R}_{xZ}\boldsymbol{B}^{\mathrm{T}}-\boldsymbol{BR}_{xZ}\\
&=\boldsymbol{bb}^{\mathrm{T}}+[\boldsymbol{B}-\boldsymbol{R}_{xZ}\boldsymbol{R}_{ZZ}{}^{-1}]\boldsymbol{R}_{ZZ}[\boldsymbol{B}-\boldsymbol{R}_{xZ}\boldsymbol{R}_{ZZ}{}^{-1}]^{\mathrm{T}}+[\boldsymbol{R}_{xx}-\boldsymbol{R}_{xZ}\boldsymbol{R}_{ZZ}{}^{-1}\boldsymbol{R}_{Zx}] \quad (3-48)
\end{aligned}
$$

式(3－47)中右边的头两项都是非负定矩阵，而第三项与 $\boldsymbol{b}$、$\boldsymbol{B}$ 无关；显然，为了使式(3－47)达到极小，唯一的解就是选取 $\boldsymbol{b}$、$\boldsymbol{B}$，使右边的头两项变成零矩阵，即

$$\boldsymbol{b}_{\mathrm{L}}=0,\boldsymbol{B}_{\mathrm{L}}=\boldsymbol{R}_{xZ}\boldsymbol{R}_{ZZ}{}^{-1} \tag{3-49}$$

将其代入式(3－47)得

$$\boldsymbol{a}_{\mathrm{L}}=\boldsymbol{E}(\boldsymbol{x})-\boldsymbol{R}_{xZ}\boldsymbol{R}_{ZZ}{}^{-1}\boldsymbol{E}(\boldsymbol{Z}) \tag{3-50}$$

再将式(3－48)、式(3－49)代入式(3－46)，即得线性最小方差估计：

$$
\begin{aligned}
\hat{x}_{\mathrm{L}}&=\boldsymbol{E}(x)-\boldsymbol{R}_{xZ}\boldsymbol{R}_{ZZ}{}^{-1}\boldsymbol{E}(\boldsymbol{Z})+\boldsymbol{R}_{xZ}\boldsymbol{R}_{ZZ}{}^{-1}\boldsymbol{Z}\\
&=\boldsymbol{E}(x)+\boldsymbol{R}_{xZ}\boldsymbol{R}_{ZZ}{}^{-1}[\boldsymbol{Z}-\boldsymbol{E}(\boldsymbol{Z})] \quad (3-51)
\end{aligned}
$$

由式(3－47)求得此估计的均方误差为

$$\boldsymbol{E}(x-\hat{x}_{\mathrm{L}})(x-\hat{x}_{\mathrm{L}})^{\mathrm{T}}=\boldsymbol{R}_{xx}-\boldsymbol{R}_{xZ}\boldsymbol{R}_{ZZ}{}^{-1}\boldsymbol{R}_{Zx} \tag{3-52}$$

定理 3.1　设参数 x 和量测信息 z 是任意分布的，z 的协方差矩阵 $\boldsymbol{R}_{zz}$ 非奇异，则利用量测信息 z 对参数 x 的 BLUE 估计唯一地表示为

$$\hat{x}^{\mathrm{BLUE}}=\bar{x}+\boldsymbol{R}_{xz}\boldsymbol{R}_{zz}^{-1}(z-\bar{z}) \tag{3-53}$$

同时得到估计误差的协方差矩阵是

$$\boldsymbol{P}=\mathrm{Cov}(\tilde{x})=\boldsymbol{R}_{xx}-\boldsymbol{R}_{xz}\boldsymbol{R}_{zz}^{-1}\boldsymbol{R}_{zx} \tag{3-54}$$

对于满足线性观测方程的未知参数 x 与量测 z 的关系可表示为

$$z=\boldsymbol{H}x+v \tag{3-55}$$

式中：v 为测量噪声，假定参数 x 与噪声 v 统计独立。已知未知参数 x 与量测 z 的前二阶统计量，假设为

$$\boldsymbol{E}(v)=0,\boldsymbol{E}(v,v)=\boldsymbol{G}_v\boldsymbol{E}(x,v)=0 \tag{3-56}$$

计算未知参数 x 与量测 z 的统计量：

$$\boldsymbol{E}(z)=\boldsymbol{E}(\boldsymbol{H}x+v)=\boldsymbol{HE}(\boldsymbol{x}) \tag{3-57}$$

$$\boldsymbol{R}_{zz}=\boldsymbol{E}\{(z-\boldsymbol{E}(z))(z-\boldsymbol{E}(z))^{\mathrm{T}}\}=\boldsymbol{HR}_{xx}\boldsymbol{H}^{\mathrm{T}}+\boldsymbol{G}_v \tag{3-58}$$

$$\boldsymbol{R}_{xz}=\boldsymbol{E}\{(x-\boldsymbol{E}(x))(z-\boldsymbol{E}(z))^{\mathrm{T}}\}=\boldsymbol{R}_{xx}\boldsymbol{H}^{\mathrm{T}} \tag{3-59}$$

例：假设随机振幅信号 a 的先验概率为

$$p(a)=\left(\frac{1}{8\pi}\right)^{1/2}\exp\left(-\frac{a^2}{8}\right) \tag{3-60}$$

观测信号为 a 叠加高斯白噪声信号 n_i，噪声 n_i 是彼此不相关的，且与 a 不相关，求 $\hat{a}_{\mathrm{BLUE}}$。

其中：$\sigma_n^2=4$。

解：随机振幅 a 是高斯分布，则有

$$\begin{aligned}\boldsymbol{E}(a) &= \int_{-\infty}^{+\infty} ap(a)\mathrm{d}a = \int_{-\infty}^{+\infty} a\left(\frac{1}{8\pi}\right)^{1/2}\exp\left(-\frac{a^2}{8}\right)\mathrm{d}a \\ &= -4\times\left(\frac{1}{8\pi}\right)^{1/2}\int_{-\infty}^{+\infty}\exp\left(-\frac{a^2}{8}\right)\mathrm{d}\left(-\frac{a^2}{8}\right) \\ &= -4\times\left(\frac{1}{8\pi}\right)^{1/2}\mathrm{e}^{-\frac{a^2}{8}}\Big|_{-\infty}^{+\infty} = 0\end{aligned} \tag{3-61}$$

$$\begin{aligned}\boldsymbol{R}_{aa} &= \sigma_a^2 = \boldsymbol{E}(a^2) - \boldsymbol{E}(a)^2 \\ &= \frac{-4}{\sqrt{8\pi}}\int_{-\infty}^{+\infty} a\exp\left(-\frac{a^2}{8}\right)\mathrm{d}a = \frac{-4}{\sqrt{8\pi}}\int_{-\infty}^{+\infty} a\mathrm{d}\,\exp\left(-\frac{a^2}{8}\right) \\ &= \frac{-4}{\sqrt{8\pi}}\left\{\left[a\,\exp\left(-\frac{a^2}{8}\right)\right]_{-\infty}^{+\infty} - \int_{-\infty}^{+\infty}\exp\left(-\frac{a^2}{8}\right)\mathrm{d}a\right\} \\ &= \frac{4}{\sqrt{8\pi}}\int_{-\infty}^{+\infty}\exp\left(-\frac{a^2}{8}\right)\mathrm{d}a = \frac{4\times 2\sqrt{2}}{\sqrt{8\pi}}\int_{-\infty}^{+\infty}\exp\left(-\frac{a}{2\sqrt{2}}\right)^2\mathrm{d}\left(-\frac{a}{2\sqrt{2}}\right) \\ &= \frac{4\times 2\sqrt{2}}{\sqrt{8\pi}}\times\sqrt{\pi} = 4\end{aligned} \tag{3-62}$$

且观测信号为：$z=\boldsymbol{H}a+v,\boldsymbol{H}=(1,1,\cdots,1)^{\mathrm{T}}$。

(1)第一次测量观测数据为 z_1,z_2,z_3,z_4

$$\begin{aligned}\hat{a}_{\mathrm{BLUE}} &= \boldsymbol{E}(a) + \boldsymbol{R}_{aa}\boldsymbol{H}^{\mathrm{T}}(\boldsymbol{H}\boldsymbol{R}_{aa}\boldsymbol{H}^{\mathrm{T}} + \boldsymbol{G}_v)^{-1}(z - \boldsymbol{H}\cdot\boldsymbol{E}(a)) \\ &= \frac{\sigma_a^2}{\sigma_a^2 + \sigma_n^2/4}\left(\frac{1}{4}\sum_{i=1}^{4} z_i\right) = \frac{4}{5} + \left(\frac{1}{4}\sum_{i=1}^{4} z_i\right)\end{aligned} \tag{3-63}$$

$$\begin{aligned}P_{\mathrm{BLUE}} &= \boldsymbol{R}_{aa} - \boldsymbol{R}_{aa}\boldsymbol{H}^{\mathrm{T}}(\boldsymbol{H}\boldsymbol{R}_{aa}\boldsymbol{H}^{\mathrm{T}} + \boldsymbol{G}_v)^{-1}\boldsymbol{H}\boldsymbol{R}_{aa} \\ &= \frac{\sigma_a^2\sigma_n^2}{4\sigma_a^2+\sigma_n^2} = \frac{4}{5}\end{aligned} \tag{3-64}$$

(2)第二次测量观测数据为 $z_1,z_2,\cdots,z_8$

$$\begin{aligned}\hat{a}_{\mathrm{BLUE}} &= \boldsymbol{E}(a) + \boldsymbol{R}_{aa}\boldsymbol{H}^{\mathrm{T}}(\boldsymbol{H}\boldsymbol{R}_{aa}\boldsymbol{H}^{\mathrm{T}} + \boldsymbol{G}_v)^{-1}(z - \boldsymbol{H}\cdot\boldsymbol{E}(a)) \\ &= \frac{\sigma_a^2}{\sigma_a^2 + \sigma_n^2/8}\left(\frac{1}{8}\sum_{i=1}^{8} z_i\right) = \frac{8}{9}\times\left(\frac{1}{8}\sum_{i=1}^{8} z_i\right)\end{aligned} \tag{3-65}$$

$$\boldsymbol{P}_{\mathrm{BLUE}} = \boldsymbol{R}_{aa} - \boldsymbol{R}_{aa}\boldsymbol{H}^{\mathrm{T}}(\boldsymbol{H}\boldsymbol{R}_{aa}\boldsymbol{H}^{\mathrm{T}} + \boldsymbol{G}_v)^{-1}\boldsymbol{H}\boldsymbol{R}_{aa} = \frac{\sigma_a^2\sigma_n^2}{8\sigma_a^2+\sigma_n^2} = \frac{4}{9} \tag{3-66}$$

从两次测量可以看出，随着观测数据数量增加，估计精度也随之提高。

5. 最小二乘估计

最优线性无偏估计把必须知道各随机向量的概率分布这一要求加以放宽，而只需要它们的一阶及二阶矩阵。若再进一步放宽统计要求，不假设任何统计性,则在线性量测的条件下,仍然可以用最小二乘估计方法来求 x 的估计。最小二乘估计对统计特性没有任何假定,因此具有广泛的应用。

为了估计未知标量 x,对其进行 k 次线性测量 $h_j x$,由于测量有误差,所以实际测量的值为

$$z_j = h_j x + v_j, j = 1, 2, \cdots, k \tag{3-67}$$

式中:v_j 表示第 j 次量测误差,k 时刻参数 x 的最小二乘估计是指使该时刻误差的平方和达到最小的 x 值,即

$$\hat{x}^{\mathrm{LS}}(k) = \arg\min_x \sum_{j=1}^{k} [z_j - h_j x]^2 \tag{3-68}$$

使式(3-68)达到极小的 $\hat{x}$ 称为 x 的最小二乘估计,记为 $\hat{x}^{\mathrm{LS}}$。

如果令

$$\boldsymbol{Z} = \begin{pmatrix} z_1 \\ \vdots \\ z_k \end{pmatrix}, \boldsymbol{H} = \begin{pmatrix} h_1 \\ \vdots \\ h_k \end{pmatrix}, \boldsymbol{V} = \begin{pmatrix} v_1 \\ \vdots \\ v_k \end{pmatrix} \tag{3-69}$$

则式(3-45)和式(3-46)可表示为

$$\boldsymbol{Z} = \boldsymbol{H}x + \boldsymbol{V} \tag{3-70}$$

$$\min_{\hat{x}} J(\hat{x}) = \min_{\hat{x}} (\boldsymbol{Z} - \boldsymbol{H}\hat{x})^{\mathrm{T}} (\boldsymbol{Z} - \boldsymbol{H}\hat{x}) \tag{3-71}$$

求 $J(\hat{x})$ 的极小值,由矩阵微分公式,有

$$\frac{\partial}{\partial \hat{x}} J(\hat{x}) = -2\boldsymbol{H}^{\mathrm{T}}\boldsymbol{Z} + 2\boldsymbol{H}^{\mathrm{T}}\boldsymbol{H}\hat{x} \tag{3-72}$$

令其等于零,即得

$$\hat{\boldsymbol{x}}_{\mathrm{LS}} = (\boldsymbol{H}^{\mathrm{T}}\boldsymbol{H})^{-1}\boldsymbol{H}^{\mathrm{T}}\boldsymbol{Z} \tag{3-73}$$

最小二乘估计是把信号参量估计问题作为确定性的最优化问题来处理,完全不需要知道噪声和待估计参量的任何统计知识。

3.1.4 跟踪滤波理论基础

前面所讨论的统计估计问题的模型,可以认为是一种“静态”的模型,即通过量测 $\boldsymbol{Z}$ 所估计的随机向量 $\boldsymbol{X}$ 是不依赖于时间 t 的。但在很多实际问题中,被估计的向量 $\boldsymbol{X}$,一方面是随机向量,另一方面随时间不断变化,而本节所要介绍的就是被估计的随机向量随时间变化的问题,也就是说目标的运动状态可以用一组随时间变化的参数来描述,对时变参数的估计问题即状态估计问题。

由于目标是运动的,且存在各种扰动,并且雷达在探测过程中也存在各种噪声干扰,目标的跟踪滤波过程就是消除上述各种因素影响的过程。由第 2 章可知:对于已建立的航迹,其航迹中点迹的更新,即航迹的跟踪滤波如图 3.5 所示,

包括三个基本步骤：

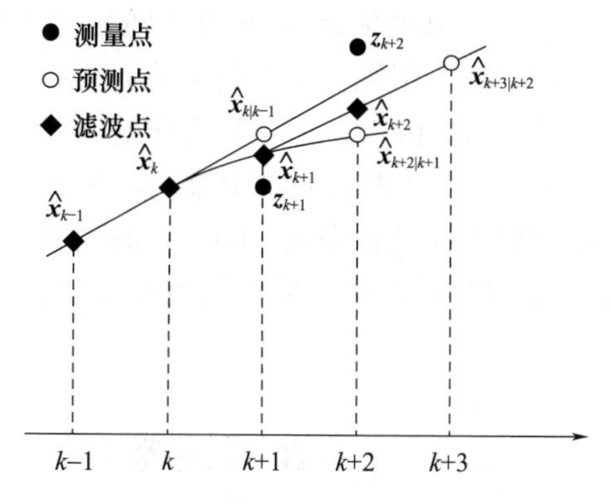

图 3.5　航迹跟踪滤波示意图

步骤 1：根据已知航迹预测（外推）航迹在下一周期扫描的目标坐标，即在 k 时刻估计 $k+1$ 时刻的航迹参数，记预测的坐标数据为$\hat{\boldsymbol{x}}_{k+1|k}$。

步骤 2：在 $k+1$ 时刻雷达观测得到目标的量测值，记量测值为 $\boldsymbol{z}_{k+1}$。

步骤 3：由预测值和量测值通过处理得到一个更能反映目标真实位置的估计值，即滤波值，记为$\hat{\boldsymbol{x}}_{k+1|k+1}$，或简记为$\hat{\boldsymbol{x}}_{k+1}$。

循环上述三个步骤，航迹即可得到跟踪，得到估计序列$\hat{\boldsymbol{x}}_1, \hat{\boldsymbol{x}}_2, \cdots, \hat{\boldsymbol{x}}_n$。

按照时间点把估计问题分为对目标过去的状态进行平滑、对目标当前的状态进行滤波、对目标未来的状态进行预测三类，在离散时间系统（如目标跟踪系统）中，可以更清晰地表示出来。

设已知 k 和 j 为不同时刻的量测值，$\boldsymbol{X}(k|j)$ 为对 k 时刻状态 $\boldsymbol{X}(k)$ 做出的估计，则有

（1）当 $k=j$ 时，称为滤波问题，称 $\boldsymbol{X}(k|k)$ 为对 k 时刻状态 $\boldsymbol{X}(k)$ 的最优滤波估计量。

（2）当 $k>j$ 时，称为预测问题，称 $\boldsymbol{X}(k|k)$ 为对 k 时刻状态 $\boldsymbol{X}(k)$ 的最优预测估计量。

（3）当 $k<j$ 时，称为平滑问题，称 $\boldsymbol{X}(k|k)$ 为对 k 时刻状态 $\boldsymbol{X}(k)$ 的最优平滑估计量。

其中，滤波和预测是目标跟踪问题的核心环节。

例如一个飞机的状态（位置、速度等），就是随时间 t 变化的随机向量 $\boldsymbol{X}(t)$，或者说，是一个随机向量过程，则把 $\boldsymbol{X}(t)$ 称为动态系统在 t 时刻的状态。如果感兴趣的只是在某些离散时刻（采样时刻）$t_0<t_1<\cdots t_k<\cdots$的状态，量测也只在这些时刻进行，那么状态和量测就分别构成两个随机序列$\{\boldsymbol{X}(t_k)\}$和$\{\boldsymbol{Z}(t_k)\}$。离散时间系统的滤波是要在测量存在噪声和随机误差的情况下，利用上周期预

测的本周期目标可能出现的位置,结合本周期实时测量的目标坐标,按照一定的算法对状态序列做出尽可能准确的估计,这种算法即为滤波算法,为了保证估计的实时性,通常采用递推算法。预测也称为外推,它是根据已有的目标运动数据预测下一周期目标的可能状态,由于目标是非协作的,其运动模型是未知的,加之测量的不确定性,实现准确的外推是非常困难的。为了解决目标跟踪中的滤波预测问题,本章将介绍应用于线性系统的 $\alpha-\beta$ 滤波器、卡尔曼滤波器(Kalman Filter),以及应用于非线性系统的扩展卡尔曼滤波器、无迹卡尔曼滤波器和粒子滤波器。

3.2 $\alpha-\beta$ 滤波器

3.2.1 $\alpha-\beta$ 滤波基本理论

本章首先以警戒雷达跟踪目标为例介绍跟踪滤波的基本原理。警戒雷达对空圆周扫描,旋转周期为10s,获取目标距离和方位信息,该方位由目标被检测到时扇形波束所指向的方位角确定,如图 3.6 所示。

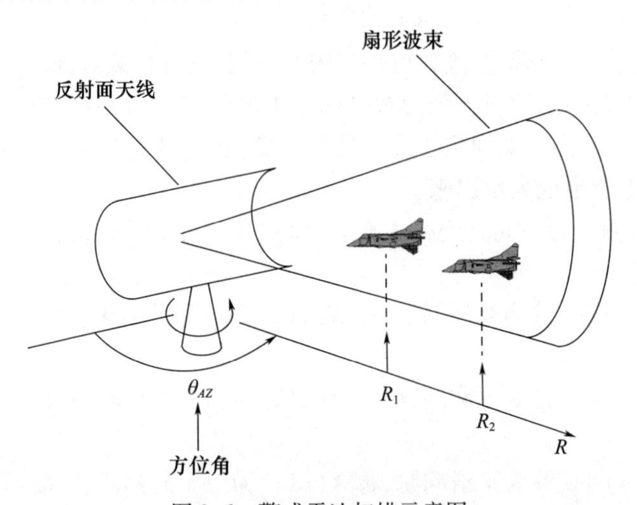

图 3.6　警戒雷达扫描示意图

假设在时间 $t=t_1$ 时雷达指向扫描角 θ 并且在距离 R_1 和 R_2 处检测到两个目标,如图 3.7 所示。假设在下一扫描时间 $t=t_1+T$ 时又检测到两个目标,那么第二次扫描检测到的两个目标是上一次的两个目标还是两个新目标?这个问题属于关联问题,对空中交通管制和防空作战都很重要。对于空中交通管制来说,正确地判定目标数目才能有效防止目标碰撞;对于防空作战来说,正确地判定威胁目标的个数才能准确地进行目标拦截。

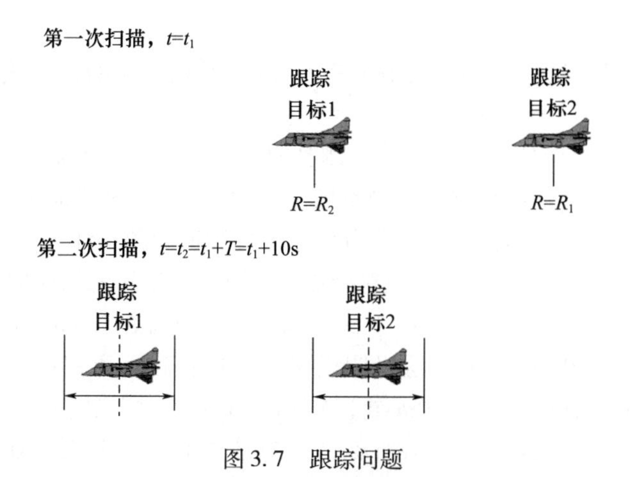

图 3.7　跟踪问题

假设在第二次扫描时检测到两个回波，而且这两个回波源自第一次扫描所观察到的两个目标，那么此时就存在如何把在第二次扫描时两个目标的回波与第一次扫描时两个目标的回波正确关联起来的问题。

如果关联错误，那么就给目标配上了一个错误的速度。例如，如果目标 1 在第二次扫描时的回波与目标 2 在第一次扫描的回波相关联，那么目标 2 就被推断有一个比实际更快的速度。对于空中交管雷达来说，这个目标速度的误差可能会导致飞机碰撞；对于防空雷达来说，可能会导致目标跟踪错误，目标混淆，影响指挥员决策。

若目标 1 和目标 2 的位置在第二次扫描获取回波前能准确预测，则会有效降低错误关联的概率。在第一个扫描周期后将会得到目标 1 和目标 2 的测量位置，并赋予其一个默认速度，则可据此对目标进行预测，目标在第二次扫描的预期位置在图 3.6 中用垂直的虚线表示。由于不知道在第一次扫描时目标的精确速度和位置，所以这个预测也不是精确的。如果这个预测的误差是已知的，则可以为期望值设置一个 $\pm 3\sigma$ 的窗口，这里 σ 是均方根，或者等价于预测值加上距离测量的均方根值的标准偏差。这个窗口由一对跨预期位置的垂直实线确定。如果第二次扫描时在目标 1 的窗口里检测到一个回波，那么它是从目标 1 来的回波的概率就很大。同样地，在第二次扫描时给目标 2 也设置一个 $\pm 3\sigma$ 的窗口。

为了简单起见，假设考虑目标在一维空间运动。假设一个目标快速地离开或者飞近雷达，用 x_n 表示在时刻 n 时到目标的斜距。另外，为了进一步简化假设目标是匀速运动的；那么在第二次扫描时目标的位置（距离）和速度的预测可以用简单的目标运动方程来得到，即

$$\boldsymbol{x}_{n+1} = \boldsymbol{x}_n + T\dot{\boldsymbol{x}}_n \tag{3-74}$$

$$\dot{x}_{n+1} = \dot{x}_n \tag{3-75}$$

式中：x_{n+1}是目标第 n 次扫描时的距离；$\dot{x}_n$ 是 n 次扫描时的目标速度；T 是扫描周期。这些运动方程称为系统动态模型。

方程(3－74)能从时间 n 向前预测到时间 $n+1$，但仍然需要考虑在获得某一时刻 n 和后续时刻目标位置的测量数据后，如何改善对目标位置和速度的估计。目前，假设在某一时刻 $n-1$ 获得目标位置和速度的估计。

假设在时间 $n-1$ 时估计的目标速度是 200m/s，雷达的扫描周期是 10s。用式(3－74)估计出目标从时刻 $n-1$ 到时刻 n 总的距离是 200m/s × 10s = 2000m，就是图 3.8 中示出的位置x_n。这里假设飞机目标正在远离雷达，在 n 时刻雷达观测到目标的位置y_n位于 2060m 处，与在 $n-1$ 时刻估计出的目标位置有 60m 的误差。那么目标实际上应该在什么位置？是位于x_n处，还是y_n处，还是这两者之间？假设在 $n-1$ 时刻和 n 时刻采用激光雷达对目标距离进行测量，测量结果非常精确，测量精度是 0.1m。这就是说，目标运动速度比在 $n-1$ 时刻的估计得更快，10s 中多走了 60m，这样目标的更新速度为

$$\text{更新速度} = 200\text{m/s} + 60\text{m}/10\text{s} = 206\text{m/s} \tag{3-76}$$

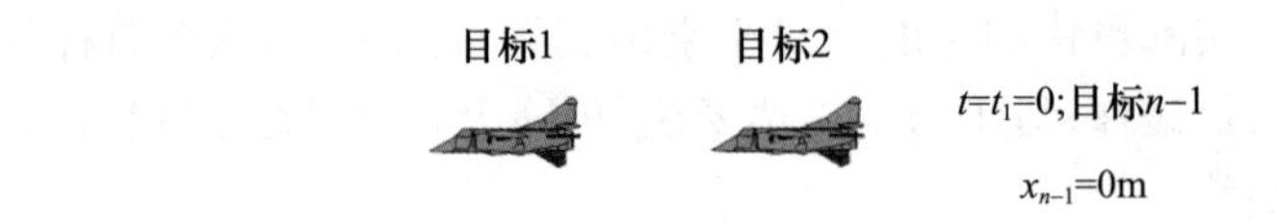

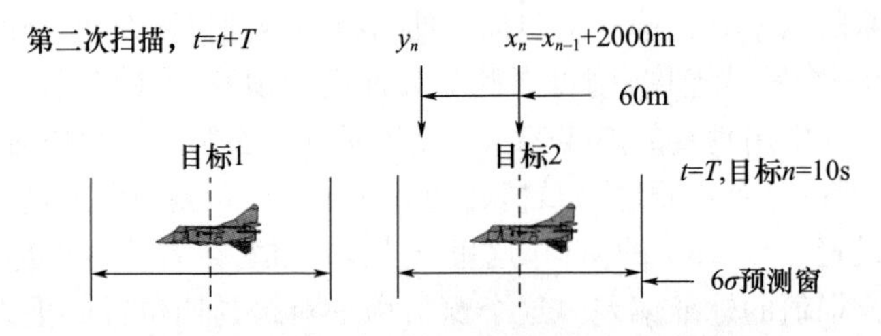

图 3.8　目标在 n 次扫描时的预测位置和测量位置

对于精确的激光雷达来说这是正确的。但是，在应用中绝大多数雷达是微波雷达，它们的测距精度较差，假设为 $\sigma = 50$m。那么此时，前面所出现的 60m 的误差可能是因为雷达本身的测量误差而不是因为速度更快。但是，目标也存在运动速度比预期的要快的可能性。将这种可能性也加以考虑，用目标增长速度的 1/10 的系数来更新目标速度，即

$$\text{更新速度} = 200\text{m/s} + (60\text{m}/10\text{s})/10 = 200.6\text{m/s} \tag{3-77}$$

这种方法没有将目标增长速度值全部累加到方程中，如果目标实际走得更快，

那么在接下来的观察中，所测量到的目标位置将总体趋向于比目标的预测位置在距离上的偏差越来越大。在以后的扫描中如果目标的速度平均增加 0.6m/s，那么 10 次扫描后目标速度将会增加 6m/s，就会有一个正确的速度。另外，如果目标速度实际上是 200m/s，那么在以后的观察中，目标的测量位置将同样可能会在目标预测位置之前或其后，所以，平均来说，目标速度将不会比初始估计值有所改变。

将式(3-77)用参量形式表示为

$$\hat{\dot{x}}_{n|n} = \hat{\dot{x}}_{n|n-1} + \beta_n\left(\frac{y_n - \hat{x}_{n|n-1}}{T}\right) \tag{3-78}$$

式中：系数 1/10 用参数β_n 表示，下标 n 表示时刻；$\hat{\dot{x}}_{n|n-1}$表示 $n-1$ 时刻对 n 时刻的速度预测；y_n 表示 n 时刻的目标位置测量值；$\hat{x}_{n|n-1}$表示目标位置预测值；$\hat{\dot{x}}_{n|n}$表示 n 时刻目标速度更新值。至此，得到了目标速度更新公式，同理，可以得到目标位置更新公式，即

$$\hat{x}_{n|n} = \hat{x}_{n|n-1} + \alpha_n(y_n - \hat{x}_{n|n-1}) \tag{3-79}$$

$\alpha-\beta$ 滤波器的关键是系数α_n、β_n的确定问题。采样间隔相对于目标跟踪时间来说是很小的，因而每一个采样周期内过程噪声 $V(k)$ 可以近似成常数。定义目标机动指标 λ 为 $T^2\sigma_v/\sigma_w$，式子中 T 为采样间隔，σ_v 和 σ_w 分别为过程噪声和量测噪声的标准差。于是可得位置和速度分量的常滤波增益分别为

$$\begin{cases}\alpha = -\dfrac{\lambda^2 + 8\lambda - (\lambda+4)\sqrt{\lambda^2+8\lambda}}{8}\\[2ex]\beta = \dfrac{\lambda^2 + 4\lambda - \lambda\sqrt{\lambda^2+8\lambda}}{4}\end{cases} \tag{3-80}$$

可以看出，位置和速度分量的常滤波增益是目标机动指标 λ 的函数，而目标机动指标 λ 又与采样间隔 T 和过程噪声标准差 σ_v 及量测噪声标准差 σ_w 有关。过程噪声标准差 σ_v 较难获得时，目标机动指标 λ 就无法确定，工程上获得 α、β 的值常采用将其简化为采样时刻 k 的函数的方法：

$$\begin{cases}\alpha = \dfrac{2(2k-1)}{k(k+1)}\\[2ex]\beta = \dfrac{6}{k(k+1)}\end{cases} \tag{3-81}$$

3.2.2　Matlab 实践

假设目标在二维平面内做匀速直线运动，目标初始状态为[1.5m,0.5m/s,1.5m,0.5m/s]，测量矩阵为$\begin{bmatrix}1 & 0 & 0 & 0\\0 & 0 & 1 & 0\end{bmatrix}$，雷达扫描周期为 1s，观测标准差为 $\sigma=0.1$，利用 $\alpha-\beta$ 滤波对目标跟踪的结果如图 3.9 所示。

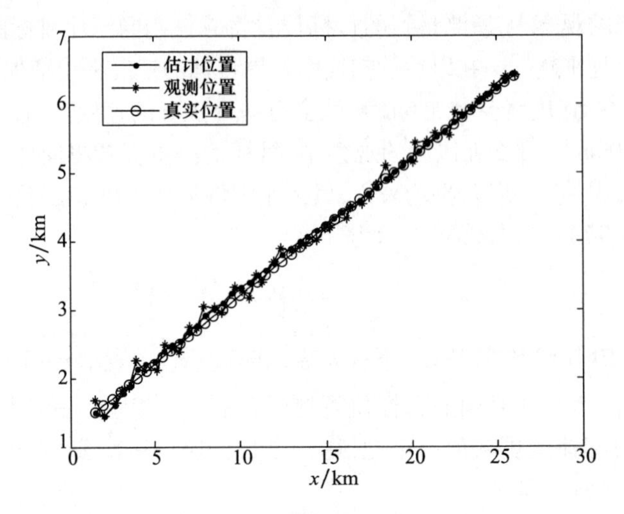

图 3.9 $\alpha-\beta$ 滤波跟踪结果(见彩插)

从图 3.9 中可以看出,利用 $\alpha-\beta$ 滤波对目标进行估计后的位置更加接近目标真实位置,说明了本算法的有效性,该滤波算法的 Matlab 代码如下。

```
%%%%%%%%%%%%%%%%%%%%%%%%%%%%%%%%%%%%%%%%%%%%%%%
clear all
n =50;                                  % 采样次数
T =1;                                   % T 为采样间隔
MC_number =10;                          % 蒙特卡罗仿真次数
target_position =[1.5 0.5 1.5 0.1];     % 目标的起始位置和速度
data_measurement1 =zeros(2,n); % data_measurement1 实际位置矩阵
data_measurement1(:,1,1) =target_position(1);
data_measurement1(:,2,1) =target_position(3);
for i =2:n
        if i ~ =1
          data_measurement1(1,i) =data_measurement1(1,1) +T *(i -1) *
target_position(2);
          data_measurement1(2,i) =data_measurement1(2,1) +T *(i -1) *
target_position(4);
        end
end
%%%%%%%%%%%%%%%%%%%%%%%%%%%%%%%%%%%%%%%%%%%%%%%
% Prepare for the filter
%%%%%%%%%%%%%%%%%%%%%%%%%%%%%%%%%%%%%%%%%%%%%%%
Target_measurement =zeros(2,n);         % 目标观测互联存储矩阵
```

```
    target_delta = 0.1;                      % 目标对应的观测标准差
    data_measurement = zeros(2,n);           % 观测存储矩阵,n 为采样次数
    x_filter = zeros(4,n);                   % 存储各时刻的滤波值
    C = [1 0 0 0;0 0 1 0];                   % 观测矩阵
    x_filter1 = zeros(4,n,MC_number);        % 蒙特卡罗仿真所得全部结果存储矩阵
    x_filter(:,1) = target_position';
    v_filter(:,1) = [0 0.5 0 0.1]';
    %%%%%%%%%%%%%%%%%%%%%%%%%%%%%%%%%%%%%%%%%%%%%%%
    % 主程序
    %%%%%%%%%%%%%%%%%%%%%%%%%%%%%%%%%%%%%%%%%%%%%%%
    for M = 1:MC_number
    % 产生路径
    for i = 1:n
         data_measurement(1,i) = data_measurement1(1,i) + randn(1) *
target_delta;
         data_measurement(2,i) = data_measurement1(2,i) + randn(1) *
target_delta;    % 传感器观测的位置
    end
    for t = 2:n
          x_predict = x_filter(:,t-1) +v_filter(:,t-1) * T;
          v_predict = v_filter(:,t-1);
          v = data_measurement(:,t) - C * x_predict;     % 量测残差
          alpha = 2 * (2 * t-1)/(t * (t+1));
          beta = 6/(t * (t+1));
          x_filter(:,t) = x_predict + alpha * [v(1);0;v(2);0];  % 位置状
态更新方程
          v_filter(:,t) = v_predict + beta * [v(1);0;v(2);0]/T;  % 速度
状态更新方程
    end
    end
    plot(x_filter(1,:),x_filter(3,:),'r. -'),hold on
    plot(data_measurement(1,:),data_measurement(2,:),'*')
    plot(data_measurement1(1,:),data_measurement1(2,:),'-')
    legend('估计位置','观测位置','真实位置')
    axis([0 30 1 7])
    a = zeros(1,n);
    xlabel('x(km)'),ylabel('y(km)');
    %%%%%%%%%%%%%%%%%%%%%%%%%%%%%%%%%%%%%%%%%%%%%%%
```

3.3 卡尔曼滤波器

3.3.1 卡尔曼滤波基本理论

卡尔曼滤波(Kalman Filter,KF)是在线性高斯情况下利用最小均方误差准则获得目标的动态估计,它基于空间状态模型的线性动态系统,提供了解决线性最优化滤波问题的递归方法。可应用于静态和动态的环境。卡尔曼滤波是一种递归方法,即利用前一时刻的估计值和现时刻的观测值来更新对状态变量的估计,求出当前时刻的估计值。因此,只需要存储上一时刻的估计值。除了不需要保存全部的历史观察信息,卡尔曼滤波相比在每一步处理中直接从全部的历史观察数据计算要更高效,它适用于非平稳、多维的随机序列估计问题。通俗地讲,就是可以在任何含有不确定性的动态系统中,对系统的下一步发展做出有根据的预测。

卡尔曼滤波通过两种方式观测同一个系统:一种是通过系统模型的状态转移方程,结合上一时刻的状态推出当前时刻的状态;另一种是通过某种传感器的量测方程直接测量系统的状态。这两种方式都有各自的不确定性,卡尔曼滤波对两者进行加权平均,使得估计出状态的不确定性小于其中任何一种。权重非常重要,每一时刻都要计算权重以保证得到最优估计。对于观测的系统通过假设其符合马尔可夫过程,可以根据上一时刻的状态,预测当前时刻的状态,假设状态转移函数和观测函数均为线性函数,假设系统状态量、观测量均服从高斯分布,假设过程噪声、观测噪声为加性噪声,且均服从均值为0,二阶矩阵已知的高斯分布,来实现对连续型随机过程(或随机序列)的递推状态估计。为什么通过这样的递推,可以得到误差比量测更小的目标状态呢?这是因为卡尔曼滤波利用了贝叶斯公式中两个概率分布相乘的结果,如图3.10所示。

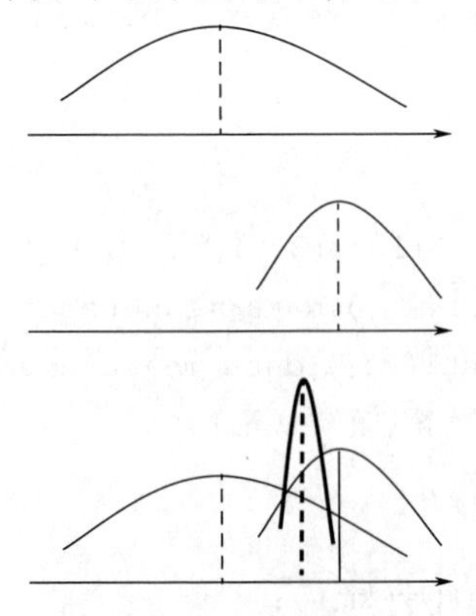

图3.10　两个概率分布相乘示意图

假设 $P(x)$ 和 $P(z|x)$ 都是高斯分布，其中

$$P(x)=\frac{1}{\sqrt{2\pi}\sigma_1}\mathrm{e}^{-\frac{(x-\mu_1)^2}{2\sigma_1^2}} \tag{3-82}$$

$$P(z|x)=\frac{1}{\sqrt{2\pi}\sigma_2}\mathrm{e}^{-\frac{(x-\mu_2)^2}{2\sigma_2^2}} \tag{3-83}$$

则

$$P(z|x)\cdot P(x)=\frac{1}{2\pi\sigma_1\sigma_2}\mathrm{e}^{-\left[\frac{(x-\mu_1)^2}{2\sigma_1^2}+\frac{(x-\mu_2)^2}{2\sigma_2^2}\right]} \tag{3-84}$$

更新后的均值 $\mu=\frac{\mu_1\sigma_2^2+\mu_2\sigma_1^2}{\sigma_1^2+\sigma_2^2}$ 在预测与量测的均值所形成的线段上，而更新后的方差 $\sigma^2=\frac{\sigma_2^2\cdot\sigma_1^2}{\sigma_1^2+\sigma_2^2}$ 要比预测与量测的方差都小。

下面首先对卡尔曼滤波器进行推导，考虑图 3.11 所描述的线性离散动态系统，$\boldsymbol{x}_k$ 表示 k 时刻的目标状态向量，由于目标的状态是未知的，用 k 时刻的观测数据 $\boldsymbol{y}_k$ 对当前状态进行估计。图 3.11 所述的动态系统由状态方程和测量方程两组方程组成。

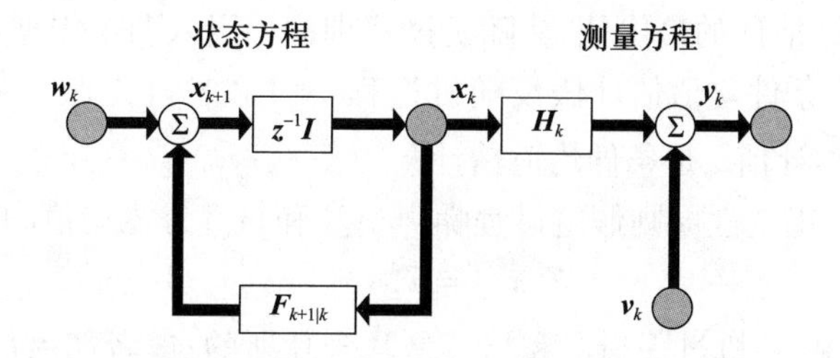

图 3.11　线性动态离散时间系统信号流程

（1）状态方程：

$$\boldsymbol{x}_{k+1}=\boldsymbol{F}_{k+1|k}\boldsymbol{x}_k+\boldsymbol{w}_k \tag{3-85}$$

式中：$\boldsymbol{F}_{k+1|k}$ 是状态转移矩阵；$\boldsymbol{w}_k$ 是零均值高斯过程白噪声；协方差为

$$\boldsymbol{E}[\boldsymbol{w}_n\boldsymbol{w}_k^{\mathrm{T}}]=\begin{cases}\boldsymbol{Q}_k, n=k\\0, n\neq k\end{cases} \tag{3-86}$$

（2）测量方程：

$$\boldsymbol{y}_k=\boldsymbol{H}_k\boldsymbol{x}_k+\boldsymbol{v}_k \tag{3-87}$$

式中：$\boldsymbol{y}_k$ 是 k 时刻的测量矩阵；$\boldsymbol{v}_k$ 是零均值高斯测量白噪声；协方差为

$$\boldsymbol{E}[\boldsymbol{v}_n\boldsymbol{v}_k^{\mathrm{T}}]=\begin{cases}\boldsymbol{R}_k, n=k\\0, n\neq k\end{cases} \tag{3-88}$$

卡尔曼滤波问题就是联立状态方程和测量方程，用最有效的方法求解未知

状态向量,用全部的观测数据$y_1,y_2,\cdots,y_k$ 为每一个时刻的状态$\boldsymbol{x}_i$ 找到最小均方差估计。

1. 最优估计

在导出卡尔曼滤波之前,首先回顾最优估计的基本概念。为了简化问题,本节首先以随机变量是标量为例进行描述。假设我们已获取到观测数据

$$y_k=x_k+v_k \tag{3-89}$$

式中:x_k 是未知信号;v_k 是加性噪声分量。$\hat{x}_k$ 表示利用观测数据 $y_1,y_2,\cdots,y_k$ 对信号 x_k 的后验估计。一般来说,状态估计向量$\hat{\boldsymbol{x}}_k$ 与真实信号 x_k 不同,为了获取对信号的最佳估计,这里引入代价函数进行状态估计,代价函数要满足以下要求:

(1)代价函数是非负的。

(2)代价函数是非单调减函数,估计误差 $\tilde{x}_k$的定义为

$$\tilde{x}_k=x_k-\hat{x}_k \tag{3-90}$$

而均方误差的定义恰好可以满足上述要求:

$$J_k=E[(x_k-\hat{x}_k)^2]=E[\tilde{x}_k^2] \tag{3-91}$$

这里 E 是求期望符号。

为了导出$\hat{x}_k$ 估计的最优值,从随机过程理论中引入两个定理:

定理 3.2　条件均值估计假设随机过程$\{x_k\}$和$\{y_k\}$是联合高斯,使均方误差最小的最优估计值$\hat{x}_k$是条件均值估计 $\hat{x}_k=E[x_k|y_1,y_2,\cdots,y_k]$。

定理 3.3　正交性原则假定过程噪声$\{x_k\}$和$\{y_k\}$是零均值的,即

$$E[x_k]=E[y_k]=0 \tag{3-92}$$

于是可以说:随机过程$\{x_k\}$和$\{y_k\}$是联合高斯的;或者如果最优估计$\hat{x}_k$是严格的线性函数,而且代价函数是均方根误差,那么最优估计$\hat{x}_k$是在给定观测 y_1,$y_2,\cdots,y_k$ 下的信号x_k的正交投影。

基于以上两个定理,下面开始推导卡尔曼滤波。

2. 卡尔曼滤波

假设在 k 时刻,存在一个由式(3-85)和式(3-87)描述的线性动态系统的量测,目标是利用新测量 $\boldsymbol{y}_k$ 中包含的信息来更新未知变量 $\boldsymbol{x}_k$ 的估计值。用$\hat{\boldsymbol{x}}^-$表示在 k 时刻目标状态的先验估计,那么目标的后验估计$\hat{\boldsymbol{x}}_k$可以表示成由先验估计和最新量测组成的线性组合,即

$$\hat{\boldsymbol{x}}_k=\boldsymbol{G}_k^{(1)}\hat{\boldsymbol{x}}_k^-+\boldsymbol{G}_k\boldsymbol{y}_k \tag{3-93}$$

式中:系数 $\boldsymbol{G}_k^{(1)}$ 和$\boldsymbol{G}_k$ 是待定的,为了求解这两个系数,特引入定理 3.3 中的状态正交原则,状态误差向量定义如下:

$$\tilde{\boldsymbol{x}}_k=\boldsymbol{x}_k-\hat{\boldsymbol{x}}_k \tag{3-94}$$

由定理 2 得

$$E[\tilde{\boldsymbol{x}}_k \boldsymbol{y}_i^{\mathrm{T}}]=0, i=1,2,\cdots,k-1 \tag{3-95}$$

将式(3-87)、式(3-93)、式(3-94)代入式(3-95),得

$$E[(\boldsymbol{x}_k-\boldsymbol{G}_k^{(1)}\hat{\boldsymbol{x}}_k^- -\boldsymbol{G}_k\boldsymbol{H}_k\boldsymbol{x}_k-\boldsymbol{G}_k\boldsymbol{w}_k)\boldsymbol{y}_i^{\mathrm{T}}]=0, i=1,2,\cdots,k-1 \tag{3-96}$$

由于过程噪声和测量噪声不相关,故有

$$E[\boldsymbol{w}_k\boldsymbol{y}_i^{\mathrm{T}}]=0$$

然后对式(3-96)重新组合,得

$$E[(\boldsymbol{I}-\boldsymbol{G}_k\boldsymbol{H}_k-\boldsymbol{G}_k^{(1)})\boldsymbol{x}_k\boldsymbol{y}_i^{\mathrm{T}}+\boldsymbol{G}_k^{(1)}(\boldsymbol{x}_k-\hat{\boldsymbol{x}}_k^-)\boldsymbol{y}_i^{\mathrm{T}}]=0 \tag{3-97}$$

式中:$\boldsymbol{I}$ 是单位矩阵,根据正交原理,又可以得

$$E[(\boldsymbol{x}_k-\hat{\boldsymbol{x}}_k^-)\boldsymbol{y}_i^{\mathrm{T}}]=0 \tag{3-98}$$

这样式(3-97)就可以简化为

$$(\boldsymbol{I}-\boldsymbol{G}_k\boldsymbol{H}_k-\boldsymbol{G}_k^{(1)})E[\boldsymbol{x}_k\boldsymbol{y}_i^{\mathrm{T}}]=0, i=1,2,\cdots,k-1 \tag{3-99}$$

对于任意的状态向量 $\boldsymbol{x}_k$ 和测量 $\boldsymbol{y}_i$,式(3-99)只有在系数 $\boldsymbol{G}_k^{(1)}$ 和 $\boldsymbol{G}_k$ 满足

$$\boldsymbol{I}-\boldsymbol{G}_k\boldsymbol{H}_k-\boldsymbol{G}_k^{(1)}=0 \tag{3-100}$$

时才能成立。

这样就有

$$\boldsymbol{G}_k^{(1)}=\boldsymbol{I}-\boldsymbol{G}_k\boldsymbol{H}_k \tag{3-101}$$

将式(3-101)代入式(3-93),就可以得到状态向量的后验估计表达式

$$\hat{\boldsymbol{x}}_k=\hat{\boldsymbol{x}}_k^-+\boldsymbol{G}_k(\boldsymbol{y}_k-\boldsymbol{H}_k\hat{\boldsymbol{x}}_k^-) \tag{3-102}$$

式中:$\boldsymbol{G}_k$称为卡尔曼增益。

下面开始推导 $\boldsymbol{G}_k$的表达式,由正交性原则

$$E[(\boldsymbol{x}_k-\hat{\boldsymbol{x}}_k)\boldsymbol{y}_k^{\mathrm{T}}]=0 \tag{3-103}$$

于是有

$$E[(\boldsymbol{x}_k-\hat{\boldsymbol{x}}_k)\hat{\boldsymbol{y}}_k^{\mathrm{T}}]=0 \tag{3-104}$$

式中:$\hat{\boldsymbol{y}}_k^{\mathrm{T}}$ 是由先前所获取的测量值$\boldsymbol{y}_1,\boldsymbol{y}_2,\cdots,\boldsymbol{y}_{k-1}$对$\boldsymbol{y}_k$ 的估计值,定义新息如下:

$$\tilde{\boldsymbol{y}}_k=\boldsymbol{y}_k-\hat{\boldsymbol{y}}_k \tag{3-105}$$

也可以表示成

$$\tilde{\boldsymbol{y}}_k=\boldsymbol{y}_k-\boldsymbol{H}_k\hat{\boldsymbol{x}}_k^-=\boldsymbol{H}_k\boldsymbol{x}_k+\boldsymbol{v}_k-\boldsymbol{H}_k\hat{\boldsymbol{x}}_k^-=\boldsymbol{H}_k\tilde{\boldsymbol{x}}_k^-+\boldsymbol{v}_k \tag{3-106}$$

将式(3-103)与式(3-104)相减,再由式(3-106)可得

$$E[(\boldsymbol{x}_k-\hat{\boldsymbol{x}}_k)\tilde{\boldsymbol{y}}_k^{\mathrm{T}}]=0 \tag{3-107}$$

由式(3-87)和式(3-102),可得到状态向量的误差为

$$\boldsymbol{x}_k-\hat{\boldsymbol{x}}_k=\boldsymbol{x}_k-\hat{\boldsymbol{x}}_k^- -\boldsymbol{G}_k(\boldsymbol{H}_k\boldsymbol{x}_k+\boldsymbol{v}_k-\boldsymbol{H}_k\hat{\boldsymbol{x}}_k^-)=(\boldsymbol{I}-\boldsymbol{G}_k\boldsymbol{H}_k)\tilde{\boldsymbol{x}}_k^- -\boldsymbol{G}_k\boldsymbol{v}_k \tag{3-108}$$

将式(3-105)和式(3-108)代入式(3-107)可得

$$E[\{(\boldsymbol{I}-\boldsymbol{G}_k\boldsymbol{H}_k)\tilde{\boldsymbol{x}}_k^- - \boldsymbol{G}_k\boldsymbol{v}_k\}(\boldsymbol{H}_k\tilde{\boldsymbol{x}}_k^- + \boldsymbol{v}_k)] = 0 \tag{3-109}$$

由于测量噪声 $\boldsymbol{v}_k$ 与状态向量 $\boldsymbol{x}_k$ 和误差 $\tilde{\boldsymbol{x}}_k^-$ 不相关,故得

$$(\boldsymbol{I}-\boldsymbol{G}_k\boldsymbol{H}_k)\boldsymbol{E}[\tilde{\boldsymbol{x}}_k\tilde{\boldsymbol{x}}_k^{\mathrm{T}-}]\boldsymbol{H}_k^{\mathrm{T}} - \boldsymbol{G}_k\boldsymbol{E}[\boldsymbol{v}_k\boldsymbol{v}_k^{\mathrm{T}}] = 0 \tag{3-110}$$

定义先验协方差矩阵为

$$\boldsymbol{P}_k^- = \boldsymbol{E}[(\boldsymbol{x}_k-\hat{\boldsymbol{x}}_k^-)(\boldsymbol{x}_k-\hat{\boldsymbol{x}}_k^-)^{\mathrm{T}}] = \boldsymbol{E}[(\tilde{\boldsymbol{x}}_k^-)(\tilde{\boldsymbol{x}}_k^-)^{\mathrm{T}}] \tag{3-111}$$

由式(3－88)和式(3－111)可将式(3－110)重新写为

$$(\boldsymbol{I}-\boldsymbol{G}_k\boldsymbol{H}_k)\boldsymbol{P}_k^-\boldsymbol{H}_k^{\mathrm{T}} - \boldsymbol{G}_k\boldsymbol{R}_k = 0 \tag{3-112}$$

解该方程就可得到增益 $\boldsymbol{G}_k$,为

$$\boldsymbol{G}_k = \boldsymbol{P}_k^-\boldsymbol{H}_k^{\mathrm{T}}[\boldsymbol{H}_k\boldsymbol{P}_k^-\boldsymbol{H}_k^{\mathrm{T}} + \boldsymbol{R}_k]^{-1} \tag{3-113}$$

方程(3－113)即为计算卡尔曼增益公式,增益反映了最新观测新息对状态估计量的贡献大小。在式(3－113)中,$\boldsymbol{H}_k\boldsymbol{P}_k^-\boldsymbol{H}_k^{\mathrm{T}} + \boldsymbol{R}_k$ 又称为新息协方差,用来衡量新息的不确定性,新息协方差越小表明量测值越精确。从式(3－113)也可以看出,求解该方程首先需要获得先验的协方差矩阵 $\boldsymbol{P}_k^-$。

为了完成递归估计的过程,需要考虑误差的传播,该传播过程需要两步计算:

(1)k 时刻的先验协方差由式(3－111)来定义,给定 $\boldsymbol{P}_k^-$,就可以计算 k 时刻的后验协方差 $\boldsymbol{P}_k$:

$$\boldsymbol{P}_k = \boldsymbol{E}[\tilde{\boldsymbol{x}}_k\tilde{\boldsymbol{x}}_k^{\mathrm{T}}] = \boldsymbol{E}[(\boldsymbol{x}_k-\hat{\boldsymbol{x}}_k)(\boldsymbol{x}_k-\hat{\boldsymbol{x}}_k)^{\mathrm{T}}] \tag{3-114}$$

(2)根据先前的后验协方差矩阵 $\boldsymbol{P}_{k-1}$ 计算更新的先验协方差矩阵 $\boldsymbol{P}_k^-$。

为了实施步骤(1),将方程(3－108)代入方程(3－114),由于测量噪声 $\boldsymbol{v}_k$ 与先验估计误差 $\tilde{\boldsymbol{x}}_k^-$ 不相关,所以有

$$\begin{aligned}\boldsymbol{P}_k &= (\boldsymbol{I}-\boldsymbol{G}_k\boldsymbol{H}_k)\boldsymbol{E}[\tilde{\boldsymbol{x}}_k^-\tilde{\boldsymbol{x}}_k^{\mathrm{T}-}](\boldsymbol{I}-\boldsymbol{G}_k\boldsymbol{H}_k)^{\mathrm{T}} + \boldsymbol{G}_k\boldsymbol{E}[\boldsymbol{v}_k\boldsymbol{v}_k^{\mathrm{T}}]\boldsymbol{G}_k^{\mathrm{T}} \\ &= (\boldsymbol{I}-\boldsymbol{G}_k\boldsymbol{H}_k)\boldsymbol{P}_k^-(\boldsymbol{I}-\boldsymbol{G}_k\boldsymbol{H}_k)^{\mathrm{T}} + \boldsymbol{G}_k\boldsymbol{R}_k\boldsymbol{G}_k^{\mathrm{T}}\end{aligned} \tag{3-115}$$

将式(3－115)展开,并将式(3－113)代入,则后验协方差 $\boldsymbol{P}_k$ 可用先验协方差 $\boldsymbol{P}_k^-$ 获得,即

$$\begin{aligned}\boldsymbol{P}_k &= (\boldsymbol{I}-\boldsymbol{G}_k\boldsymbol{H}_k)\boldsymbol{P}_k^- - (\boldsymbol{I}-\boldsymbol{G}_k\boldsymbol{H}_k)\boldsymbol{P}_k^-\boldsymbol{H}_k^{\mathrm{T}}\boldsymbol{G}_k^{\mathrm{T}} + \boldsymbol{G}_k\boldsymbol{R}_k\boldsymbol{G}_k^{\mathrm{T}} \\ &= (\boldsymbol{I}-\boldsymbol{G}_k\boldsymbol{H}_k)\boldsymbol{P}_k^- - \boldsymbol{G}_k\boldsymbol{R}_k\boldsymbol{G}_k^{\mathrm{T}} + \boldsymbol{G}_k\boldsymbol{R}_k\boldsymbol{G}_k^{\mathrm{T}} \\ &= (\boldsymbol{I}-\boldsymbol{G}_k\boldsymbol{H}_k)\boldsymbol{P}_k^-\end{aligned} \tag{3-116}$$

对于第二步误差协方差的传播,首先要意识到状态的先验估计是用先前的后验估计来定义的,即

$$\hat{\boldsymbol{x}}_k^- = \boldsymbol{F}_{k,k-1}\hat{\boldsymbol{x}}_{k-1} \tag{3-117}$$

这样,联立式(3－85)和式(3－117),可以得到先验估计误差的另一种形式:

$$\begin{aligned}\hat{\boldsymbol{x}}_k^- &= \boldsymbol{x}_k - \hat{\boldsymbol{x}}_k^- \\ &= (\boldsymbol{F}_{k,k-1}\boldsymbol{x}_{k-1} + \boldsymbol{w}_{k-1}) - (\boldsymbol{F}_{k,k-1}\hat{\boldsymbol{x}}_{k-1})\end{aligned}$$

$$= F_{k,k-1}(x_{k-1} - \hat{x}_{k-1}) + w_{k-1}$$

$$= F_{k,k-1}\tilde{x}_{k-1} + w_{k-1} \tag{3-118}$$

将式(3-118)代入式(3-111),且过程噪声 w_k 与 $\tilde{x}_{k-1}$不相关,故得

$$P_k^- = F_{k,k-1}E[\tilde{x}_{k-1}\tilde{x}_{k-1}^{\mathrm{T}}]F_{k,k-1}^{\mathrm{T}} + E[w_{k-1}w_{k-1}^{\mathrm{T}}]$$

$$= F_{k,k-1}P_{k-1}F_{k,k-1}^{\mathrm{T}} + Q_{k-1} \tag{3-119}$$

式(3-119)标明了先验(预测)协方差与后验协方差之间的关系。该矩阵为对称矩阵,可用来衡量预测的不确定性,该值越小则预测越精确。

有了式(3-119)、式(3-118)、式(3-116)、式(3-113)和式(3-102),就可以总结出状态估计的卡尔曼滤波递归方程组:

状态空间模型为

$$x_{k+1} = F_{k+1,k}x_k + w_k \tag{3-120}$$

$$y_k = H_k x_k + v_k \tag{3-121}$$

式中:w_k 和 v_k 是不相关的零均值、高斯噪声,其协方差矩阵分别为 Q_k 和 R_k。

$k=0$ 时,对滤波器进行初始化

$$\hat{x}_0 = E[x_0] \tag{3-122}$$

$$P_0 = E[(x_0 - E[x_0])(x_0 - E[x_0])^{\mathrm{T}}] \tag{3-123}$$

$k=1,2,\cdots$,计算下述公式:

状态预测为

$$\hat{x}_k^- = F_{k,k-1}\hat{x}_{k-1}^- \tag{3-124}$$

协方差预测为

$$P_k^- = F_{k,k-1}P_{k-1}F_{k,k-1}^{\mathrm{T}} + Q_{k-1} \tag{3-125}$$

卡尔曼增益为

$$G_k = P_k^- H_k^{\mathrm{T}}[H_k P_k^- H_k^{\mathrm{T}} + R_k]^{-1} \tag{3-126}$$

状态估计更新为

$$\hat{x}_k = \hat{x}_k^- + G_k(y_k - H_k\hat{x}_k^-) \tag{3-127}$$

误差协方差更新为

$$P_k = (I - G_k H_k)P_k^- \tag{3-128}$$

卡尔曼滤波方程分为状态预测方程组和状态更新方程组,其 Matlab 代码如下。

```
%%%%%%%%%%%%%%%% 卡尔曼滤波状态预测方程组%%%%%%%%%%%%%%%%
% KF_PREDICT
%
% Syntax:
%   [X,P] = KF_PREDICT(X,P,A,Q,B,U)
%
% 输入:
```

```
%   X - N×1 阶矩阵前一时刻的状态估计
%   P - N×N 阶矩阵前一时刻的状态协方差
%   A - 状态转移矩阵
%   Q - 过程噪声矩阵
%   B - 输入控制矩阵
%   U - 输入常系数
%
% 输出：
%   X - 状态预测均值
%   P - 状态预测协方差
%
% 描述：
% 卡尔曼滤波预测状态方程为：
%     x[k] = A * x[k-1] + B * u[k-1] + q,q ~ N(0,Q).
% 预测状态服从以下分布
%     p(x[k] | x[k-1]) = N(x[k] | A * x[k-1] + B * u[k-1],Q[k-1])
% 预测状态 x-[k] 和协方差 P-[k] 用下式计算：
%     m-[k] = A * x[k-1] + B * u[k-1]
%     P-[k] = A * P[k-1] * A' + Q
% 若没有输入控制矩阵 u ,则状态方程可简写为：
%     m-[k] = A * x[k-1]
function [x,P] = kf_predict(x,P,A,Q,B,u)
  %
  % Check arguments
  %
  if nargin < 3
    A = [];
  end
  if nargin < 4
    Q = [];
  end
  if nargin < 5
    B = [];
  end
  if nargin < 6
    u = [];
  end
```

```
  %
  % Apply defaults
  %
  if isempty(A)
    A = eye(size(x,1));
  end
  if isempty(Q)
    Q = zeros(size(x,1));
  end
  if isempty(B) & ~isempty(u)
    B = eye(size(x,1),size(u,1));
  end

  %
  % Perform prediction
  %
  if isempty(u)
    x = A * x;
    P = A * P * A' + Q;
  else
    x = A * x + B * u;
    P = A * P * A' + Q;
  end
%%%%%%%%%%%%%%%%%%%%%%%%%%%%%%%%%%%%%%%%%%%%%%%
%%%%%%%%%%%%%%%%%卡尔曼滤波状态更新方程组%%%%%%%%%%%%%%
% KF_UPDATE
%
% Syntax:
%   [X,P,K,IM,IS,LH] = KF_UPDATE(X,P,Y,H,R)
%
% 输入:
%   X - N×1 状态预测矩阵
%   P - N×N 状态预测协方差
%   Y - D×1 量测向量
%   H - 量测转移矩阵
%   R - 量测噪声协方差
%
% 输出:
```

```
%   X - 状态更新矩阵
%   P - 状态更新协方差
%   K - 卡尔曼增益
%   IM - 量测分布的预测均值
%   IS - 量测分布的预测协方差
%   LH - 量测的似然
%
% 描述:
% 卡尔曼滤波更新方程:
%
%     x[k] = A * x[k-1] + B * u[k-1] + q,q ~ N(0,Q)
%     y[k] = H * x[k] + r,r ~ N(0,R)
%
% 更新状态 x[k] 和协方差 P[k] 如下列方程组:
%
%     v[k] = y[k] - H[k] * m-[k]
%     S[k] = H[k] * P-[k] * H[k]' + R[k]
%     K[k] = P-[k] * H[k]' * [S[k]]^(-1)
%     m[k] = m-[k] + K[k] * v[k]
%     P[k] = P-[k] - K[k] * S[k] * K[k]'
%
function [X,P,K,IM,IS,LH] = kf_update(X,P,y,H,R)
  %
  % Check which arguments are there
  %
  if nargin < 5
    error('Too few arguments');
  end
  %
  % update step
  %
  IM = H * X;
  IS = (R + H * P * H');
  K = P * H'/IS;
  X = X + K * (y - IM);
  P = P - K * IS * K';
  if nargout > 5
    LH = gauss_pdf(y,IM,IS);
```

```
end
%%%%%%%%%%%%%%%%%%%%%%%%%%%%%%%%%%%%%%%%%%%%%%%%%%%%%%%%%%%%
```

3. 3. 2　Matlab 实践

假设一个传感器在二维空间内对运动目标进行跟踪,传感器可测量目标的 x 坐标和 y 坐标,作为目标状态来说,除了目标坐标还包括目标在 x 和 y 方向上的速度 $\dot{x}$、$\dot{y}$ 和加速度 $\ddot{x}$ 和 $\ddot{y}$,则 k 时刻目标的状态向量可表示为

$$\boldsymbol{x}_k = (x_k y_k\ \dot{x}_k\ \dot{y}_k\ \ddot{x}_k\ \ddot{y}_k)^{\mathrm{T}} \tag{3-129}$$

目标的连续时间运动方程可表示为

$$\frac{\mathrm{d}\boldsymbol{x}(t)}{\mathrm{d}t} = \boldsymbol{F}\boldsymbol{x}(t) + \boldsymbol{L}\boldsymbol{w}(t) \tag{3-130}$$

其中,$\boldsymbol{F} = \begin{pmatrix} 0 & 0 & 1 & 0 & 0 & 0 \\ 0 & 0 & 0 & 1 & 0 & 0 \\ 0 & 0 & 0 & 0 & 1 & 0 \\ 0 & 0 & 0 & 0 & 0 & 1 \\ 0 & 0 & 0 & 0 & 0 & 0 \\ 0 & 0 & 0 & 0 & 0 & 0 \end{pmatrix}$,$\boldsymbol{L} = \begin{pmatrix} 0 & 0 \\ 0 & 0 \\ 0 & 0 \\ 0 & 0 \\ 1 & 0 \\ 0 & 1 \end{pmatrix}$,$\boldsymbol{x}(t)$ 是目标 t 时刻的状态,而 $\boldsymbol{w}(t)$ 则是白噪声,其功率谱密度为

$$\boldsymbol{Q}_{\mathrm{c}} = \begin{pmatrix} q & 0 \\ 0 & q \end{pmatrix} = \begin{pmatrix} 0.2 & 0 \\ 0 & 0.2 \end{pmatrix} \tag{3-131}$$

从连续时间运动方程(3 - 130)可以看出,目标运动加速度为白噪声扰动,因此该模型可称为连续时间维纳加速度(Continous Wiener Process Acceleration, CWPA)模型。

由于传感器只能测量目标位置,所以量测矩阵记为

$$\boldsymbol{H} = \begin{pmatrix} 1 & 00000 \\ 0 & 10000 \end{pmatrix} \tag{3-132}$$

由于本例中的状态模型是线性连续时间动态系统,为了能用离散时间卡尔曼滤波解本例,还需要运用矩阵分式描述对模型(3 - 130)进行离散化,具体函数 Matlab 代码如下。

```
%%%%%%%%%%%%%%%% lti_disc 函数%%%%%%%%%%%%%%%%%%%%%%%%%%
% LTI_DISC 对带有高斯噪声的 LTI 系统进行离散化
%
% Syntax:
%   [A,Q] = lti_disc(F,L,Qc,dt)
%
% 输入:
```

```
%  F - N×N 反馈矩阵
%  L - N×L 噪声影响矩阵
%  Qc - L×L 对角谱密度
%  dt - 时间步长
%
% 输出:
%  A - 转移矩阵
%  Q - 离散时间过程协方差
%
% 描述:
%  原始模型如下:
%
%  dx/dt = F x + L w,w ~ N(0,Qc)
%
%  离散化后的结果如下:
%
%  x[k] = A x[k-1] + q,q ~ N(0,Q)
%

function [A,Q] = lti_disc(F,L,Q,dt)
  %
  % Check number of arguments
  %
  if nargin < 1
    error('Too few arguments');
  end
  if nargin < 2
    L = [];
  end
  if nargin < 3
    Q = [];
  end
  if nargin < 4
    dt = [];
  end

  if isempty(L)
    L = eye(size(F,1));
```

```
end
if isempty(Q)
Q = zeros(size(F,1),size(F,1));
end
if isempty(dt)
  dt = 1;
end

% Closed form integration of transition matrix
%
A = expm(F * dt);

%
% Closed form integration of covariance
% by matrix fraction decomposition
%
n = size(F,1);
Phi = [F L * Q * L'; zeros(n,n) -F'];
AB = expm(Phi * dt) * [zeros(n,n);eye(n)];
Q = AB(1:n,:)/AB((n+1):(2 * n),:);
%%%%%%%%%%%%%%%%%%%%%%%%%%%%%%%%%%%%%%%%%%%%%%
```

利用上述函数可计算转移矩阵和过程噪声矩阵分别为

$$\boldsymbol{A}=\begin{pmatrix}1 & 0 & \Delta t & 0 & \frac{\Delta t^2}{2} & 0\\ 0 & 1 & 0 & \Delta t & 0 & \frac{\Delta t^2}{2}\\ 0 & 0 & 1 & 0 & \Delta t & 0\\ 0 & 0 & 0 & 1 & 0 & \Delta t\\ 0 & 0 & 0 & 0 & 1 & 0\\ 0 & 0 & 0 & 0 & 0 & 1\end{pmatrix} \tag{3-133}$$

$$\boldsymbol{Q}=\begin{pmatrix}\frac{\Delta t^5}{20} & 0 & \frac{\Delta t^4}{8} & 0 & \frac{\Delta t^3}{6} & 0\\ 0 & \frac{\Delta t^5}{20} & 0 & \frac{\Delta t^4}{8} & 0 & \frac{\Delta t^3}{6}\\ \frac{\Delta t^4}{8} & 0 & \frac{\Delta t^3}{6} & 0 & \frac{\Delta t^2}{2} & 0\\ 0 & \frac{\Delta t^4}{8} & 0 & \frac{\Delta t^3}{6} & 0 & \frac{\Delta t^2}{2}\\ \frac{\Delta t^3}{6} & 0 & \frac{\Delta t^2}{2} & 0 & \Delta t & 0\\ 0 & \frac{\Delta t^3}{6} & 0 & \frac{\Delta t^2}{2} & 0 & \Delta t\end{pmatrix}q \tag{3-134}$$

式中:时间步长 $\Delta t = 0.5$。目标启动时速度和加速度均为零,仿真步数为 50,量测噪声方差为

$$R = \begin{pmatrix} 10 & 0 \\ 0 & 10 \end{pmatrix} \tag{3-135}$$

本实例中需要基于多变量高斯分布产生随机采样,该函数的 Matlab 代码为

```
%%%%%%%%%%%%%%%%%%% gauss_rnd 函数%%%%%%%%%%%%%%%%%%%%%%%%%
% GAUSS_RND Multivariate Gaussian random variables
%
% Syntax:
%   X = GAUSS_RND(M,S,N)
%
% 输入:
%   M - D×1 D×K 矩阵的分布均值
%   S - D×D 协方差矩阵
%   N - 产生的样本个数
%
% 输出:
%   X - Dx(K*N)样本矩阵
%
% 其中:
%
%   X ~ N(M,S)
%

function X = gauss_rnd(M,S,N)

  if nargin < 3
    N = 1;
  end

  L = chol(S)';
      X = repmat(M,1,N) + L*randn(size(M,1),size(M,2)*N);
%%%%%%%%%%%%%%%%%%%%%%%%%%%%%%%%%%%%%%%%%%%%%%%%%%%%%%%%%%%%%
```

对上述实例进行仿真验证,结果如图 3.12 和图 3.13 所示。图 3.12 中实线为目标真实轨迹,点为量测,可以看出量测偏离真实轨迹明显,说明测量误差较大。图 3.13(a)中实线仍为目标真实轨迹,虚线为卡尔曼滤波轨迹,可以看出,用卡尔曼滤波器估计的轨迹比原始量测更接近目标真实估计,说明滤波是有效

的;图 3.13(b)中对速度的估计明显不如对位置的估计准确,这是因为传感器测量的是目标位置,速度不是直接测量的,是计算得到的,所以对间接信息的估计效果不很明显。

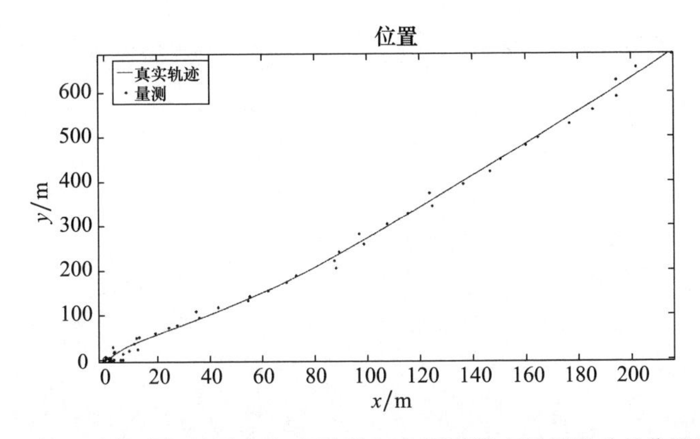

图 3.12　目标运动轨迹与量测点迹,图中的红色圆圈代表目标启动的位置(见彩插)

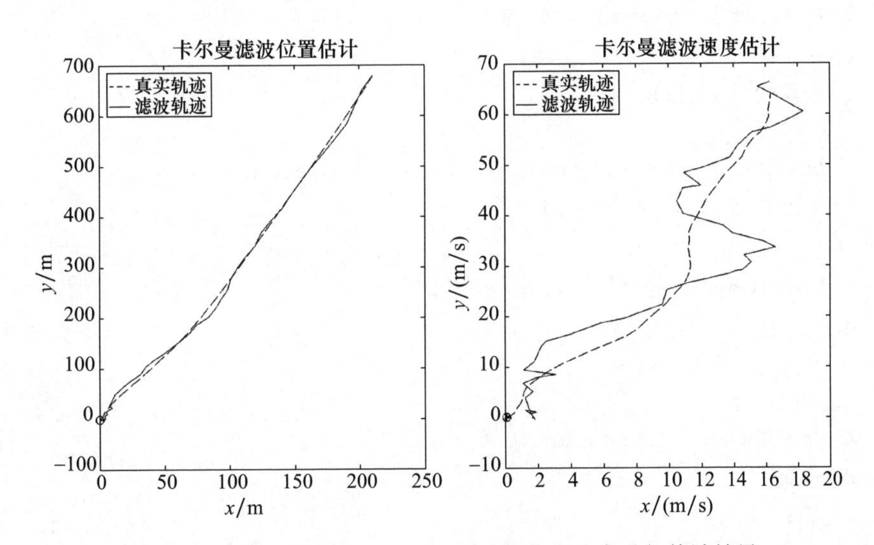

图 3.13　利用卡尔曼滤波对目标运动位置和速度进行估计结果

上述实例的 Matlab 代码如下。

```
%%%%%%%%%%%%%%%%%%%% 主程序%%%%%%%%%%%%%%%%%%%%%%%%
function kf_cwpa_demo
% Transition matrix for the continous - time system.
F = [0 0 1 0 0 0;
   0 0 0 1 0 0;
   0 0 0 0 1 0;
```

```
    0 0 0 0 0 1;
    0 0 0 0 0 0;
    0 0 0 0 0 0];

% Noise effect matrix for the continous - time system.
L =[0 0;
    0 0;
    0 0;
    0 0;
    1 0;
    0 1];

% Stepsize
dt =0.5;

% Process noise variance
q =0.2;
Qc =diag([q q]);

% Discretization of the continous - time system.
[A,Q] =lti_disc(F,L,Qc,dt);

% Measurement model.
H =[1 0 0 0 0 0;
    0 1 0 0 0 0];

% Variance in the measurements.
r1 =10;
r2 =5;
R =diag([r1 r1]);

% Generate the data.
n =50;
Y =zeros(size(H,1),n);
X_r =zeros(size(F,1),n);
X_r(:,1) =[0 0 0 0 0 0]';
for i =2:n
  X_r(:,i) =A*X_r(:,i -1) + gauss_rnd(zeros(size(F,1),1),Q);
```

```
end

% Generate the measurements.
for i =1:n
  Y(:,i) =H * X_r(:,i)  + gauss_rnd(zeros(size(Y,1),1),R);
end

fprintf('Filtering with KF...');

plot(X_r(1,:),X_r(2,:),Y(1,:),Y(2,:),'.',X_r(1,1),...
    X_r(2,1),'ro','MarkerSize',12);
legend('Real trajectory','Measurements');
title('Position');

% Uncomment if you want to save an image
% print -dpsc demo1_f1.ps

% Initial guesses for the state mean and covariance.
m =[0 0 0 0 0 0]';
P =diag([0.1 0.1 0.1 0.1 0.5 0.5]);

% % Space for the estimates.
MM = zeros(size(m,1),size(Y,2));
PP = zeros(size(m,1),size(m,1),size(Y,2));

% Filtering steps.
for i =1:size(Y,2)
  [m,P] =kf_predict(m,P,A,Q);
  [m,P] =kf_update(m,P,Y(:,i),H,R);
  MM(:,i) =m;
  PP(:,:,i) =P;
end

subplot(1,2,1);
plot(X_r(1,:),X_r(2,:),'--',MM(1,:),MM(2,:),X_r(1,1),X_r(2,1),...
    'o','MarkerSize',12)
legend('Real trajectory','Filtered');
title('Position estimation with Kalman filter.');
```

```
xlabel('x');
ylabel('y');

subplot(1,2,2);
plot(X_r(3,:),X_r(4,:),'--',MM(3,:),MM(4,:),X_r(3,1),...
    X_r(4,1),'ro','MarkerSize',12);
legend('Real velocity','Filtered');
title('Velocity estimation with Kalman filter.');
xlabel('x^.');
ylabel('y^.');

% Track and animate the filtering result.
clf
EST = [ ];
for k = 1:size(Y,2)
    M = MM(:,k);
    P = PP(:,:,k);
    EST = [EST M];
    M_pred = kf_predict(M,P,A,Q);

    % Confidence ellipse
    tt = (0:0.01:1) * 2 * pi;
    cc = repmat(M(1:2),1,length(tt)) + ...
    2 * chol(P(1:2,1:2))' * [cos(tt);sin(tt)];

    % Animate
    plot(X_r(1,:),X_r(2,:),'-',...
        Y(1,:),Y(2,:),'.',...
        M(1),M(2),'ko',...
        M_pred(1),M_pred(2),'ro',...
        EST(1,:),EST(2,:),'k--',...
        cc(1,:),cc(2,:),'g-');
    drawnow;
    pause;
end

% MSEs of position estimates
MSE_KF1 = mean((X_r(1,:) - MM(1,:)).^2);
```

```
MSE_KF2 = mean((X_r(2,:) - MM(2,:)).^2);
MSE_KF = 1/2 * (MSE_KF1 + MSE_KF2);

clc;
fprintf('Mean square errors of position estimates: \n');
fprintf('KF - RMSE = % .4f \n',MSE_KF);
%%%%%%%%%%%%%%%%%%%%%%%%%%%%%%%%%%%%%%%%%%%%%%%%
```

3.4　扩展卡尔曼滤波器与无迹卡尔曼滤波器

3.4.1　扩展卡尔曼滤波基本理论

卡尔曼滤波用于解决线性系统的估计问题,然而实际中使用的许多传感器,通常是非线性的,这就需要采用可以处理非线性的滤波器。扩展卡尔曼滤波(Extended Kalman Filter,EKF)是通过将非线性系统泰勒级数展开,然后截取前一次或二次项作为线性近似的滤波方法。下面以一阶为例讨论。

1. 状态方程

$$\boldsymbol{x}_{k+1} = f(k,\boldsymbol{x}_k) + \boldsymbol{w}_k \tag{3-136}$$

式中:$f(\cdot)$是非线性状态转移函数;$\boldsymbol{w}_k$ 是零均值高斯过程白噪声,其协方差为$\boldsymbol{Q}(k)$。

2. 量测方程

$$\boldsymbol{y}_{k+1} = h(k,\boldsymbol{x}_k) + \boldsymbol{v}_k \tag{3-137}$$

式中:$h(\cdot)$是非线性测量函数;$\boldsymbol{v}_k$ 是零均值高斯测量白噪声,其协方差为 $\boldsymbol{R}_k$,过程噪声和量测噪声序列是彼此不相关的。

假定 k 时刻的估计为$\hat{\boldsymbol{x}}_{k|k} \approx \boldsymbol{E}[\boldsymbol{x}_k | \boldsymbol{y}_k]$,此时刻协方差矩阵为 $\boldsymbol{P}_{k|k}$。

3. 预测

将状态方程中的状态转移函数 $f(k,\boldsymbol{x}_k)$ 在$\hat{\boldsymbol{x}}_{k|k}$附近进行泰勒级数展开,取其中的一阶项或者二阶项,作为一阶或者二阶扩展卡尔曼滤波的状态转移函数。根据状态向量的维数,以一阶项为例,则有

$$\boldsymbol{x}_{k+1} = f(k,\hat{\boldsymbol{x}}_{k|k}) + f_x(k)[\boldsymbol{x}_k - \hat{\boldsymbol{x}}_{k|k}] + (\text{高阶项}) + \boldsymbol{w}_k \tag{3-138}$$

其中:$f_x(k)$ 为 $f(k,\hat{\boldsymbol{x}}_{k|k})$ 对状态向量 $\boldsymbol{x}_k$ 求一阶导数得到的矩阵。

则状态一步预测为

$$\hat{\boldsymbol{x}}_{k+1|k} = f(k,\hat{\boldsymbol{x}}_{k|k}) \tag{3-139}$$

协方差一步预测为

$$\boldsymbol{P}_{k+1|k} = f_x(k)\boldsymbol{P}_{k|k}f'_x(k) + \boldsymbol{Q}(k) \tag{3-140}$$

量测预测值为

$$\hat{\boldsymbol{y}}_{k+1|k}=h(k+1,\hat{\boldsymbol{x}}_{k+1|k}) \tag{3-141}$$

量测协方差为

$$\boldsymbol{S}_{k+1}=h_x(k+1)\boldsymbol{P}_{k+1|k}h_x'(k)+\boldsymbol{R}_{k+1} \tag{3-142}$$

卡尔曼增益为

$$\boldsymbol{K}_{k+1}=\boldsymbol{P}_{k+1|k}h_x'(k+1)\boldsymbol{S}_{k+1}^{-1} \tag{3-143}$$

4. 更新

状态更新方程为

$$\hat{\boldsymbol{x}}_{k+1|k+1}=\hat{\boldsymbol{x}}_{k+1|k}+\boldsymbol{K}_{k+1}\{\boldsymbol{y}_{k+1}-h(k+1,\hat{\boldsymbol{x}}_{k+1|k})\} \tag{3-144}$$

协方差更新方程为

$$\boldsymbol{P}_{k+1|k+1}=[\boldsymbol{I}-\boldsymbol{K}_{k+1}h_x(k+1)]\boldsymbol{P}_{k+1|k}[\boldsymbol{I}-\boldsymbol{K}_{k+1}h_x(k+1)]'-\boldsymbol{K}_{k+1}\boldsymbol{R}_{k+1}\boldsymbol{K}_{k+1}' \tag{3-145}$$

式中:$\boldsymbol{I}$ 为与协方差同维的单位矩阵。

扩展卡尔曼滤波也分为状态预测方程组和状态更新方程组,其 Matlab 代码如下。

```
%%%%%%%%%%%%%%%% 扩展卡尔曼滤波状态预测方程组%%%%%%%%%%%%%%
% EKF_PREDICT 一阶扩展卡尔曼滤波预测方程组
%
% Syntax:
%   [M,P] = EKF_PREDICT(M,P,[A,Q,a,W,param])
%
% In:
%   M - N×1 状态预测矩阵
%   P - N×N 状态预测协方差
%   A - 状态转换函数 a()的微分矩阵
%   Q - 过程噪声矩阵
%   a - E[a(x[k-1],q=0)]的预测均值
%   W - 过程噪声 q 的方差
%   param - a()的参数,默认为空
%
% Out:
%   M - 状态更新均值
%   P - 状态更新协方差
function [M,P] = ekf_predict(M,P,A,Q,a,W,param)
  %
  % Check arguments
  %
```

```
if nargin<3
  A=[];
end
if nargin<4
  Q=[];
end
if nargin<5
  a=[];
end
if nargin<6
  W=[];
end
if nargin<7
  param=[];
end

%
% Apply defaults
%
if isempty(A)
  A=eye(size(M,1));
end
if isempty(Q)
  Q=zeros(size(M,1));
end
if isempty(W)
  W=eye(size(M,1),size(Q,2));
end

if isnumeric(A)
  % nop
elseif isstr(A) | strcmp(class(A),'function_handle')
  A=feval(A,M,param);
else
  A=A(M,param);
end
%
% Perform prediction
```

```
 %

 if isempty(a)
   M = A * M;
 elseif isnumeric(a)
   M = a;
 elseif isstr(a) | strcmp(class(a),'function_handle')
   M = feval(a,M,param);
 else
   M = a(M,param);
 end

 if isnumeric(W)
   % nop
 elseif isstr(W) | strcmp(class(W),'function_handle')
   W = feval(W,M,param);
 else
   W = W(M,param);
 end

 P = A * P * A' + W * Q * W';
%%%%%%%%%%%%%%%%%%%%%%%%%%%%%%%%%%%%%%%%
%%%%%%%%%%%%%% 扩展卡尔曼滤波状态更新方程组%%%%%%%%%%%%%%
% EKF_UPDATE1 1 阶扩展卡尔曼滤波更新方程组
%
% Syntax:
%   [M,P,K,MU,S,LH] = EKF_UPDATE(M,P,Y,H,R,[h,V,param])
%
% 输入:
%   M - N×1 状态预测矩阵
%   P - N×N 预测协方差矩阵
%   Y - D×1 量测矩阵
%   H - 测量函数 h()的微分矩阵
%   R - 测量噪声协方差
%   h - 预测均值向量
%   V - 测量函数 h()的微分矩阵噪声期望
%   param - 测量函数 h()的参数(默认为空)
%
```

```
% 输出:
%   M - 状态更新矩阵
%   P - 更新协方差
%   K - 卡尔曼增益
%   MU - 测量预测
%   S - 测量预测协方差
%   LH - 测量似然
%
function [M,P,K,IM,S,LH] = ekf_update1(M,P,y,H,R,h,V,param)

  %
  % Check which arguments are there
  %
  if nargin < 5
    error('Too few arguments');
  end
  if nargin < 6
    h = [];
  end
  if nargin < 7
    V = [];
  end
  if nargin < 8
    param = [];
  end

  %
  % Apply defaults
  %
  if isempty(V)
    V = eye(size(R,1));
  end

  %
  % Evaluate matrices
  %
  if isnumeric(H)
    % nop
```

```
elseif isstr(H) |strcmp(class(H),'function_handle')
  H = feval(H,M,param);
else
  H = H(M,param);
end

if isempty(h)
  MU = H * M;
elseif isnumeric(h)
  MU = h;
elseif isstr(h) |strcmp(class(h),'function_handle')
  MU = feval(h,M,param);
else
  MU = h(M,param);
end

if isnumeric(V)
  % nop
elseif isstr(V) |strcmp(class(V),'function_handle')
  V = feval(V,M,param);
else
  V = V(M,param);
end

%
% update step
%
S = (V * R * V' + H * P * H');
K = P * H'/S;
M = M + K * (y - MU);
P = P - K * S * K';

if nargout > 5
  LH = gauss_pdf(y,MU,S);
end
%%%%%%%%%%%%%%%%%%%%%%%%%%%%%%%%%%%%%%%%%%%%%%%%%%%%%%%%%%%%%%%%%%%%%%%%%%%%%%%%%%%%%%%%%%%%%%
```

3.4.2 无迹卡尔曼滤波基本理论

目前,扩展卡尔曼滤波虽然被广泛用于解决非线性系统的状态估计问题,但其滤波效果在很多复杂系统中并不能令人满意。模型的线性化误差往往会严重影响最终的滤波精度，甚至导致滤波发散。另外，在许多实际应用中，模型的线性化过程比较烦琐，而且也不容易得到。

S. J. Julier 和 J. K. Uhlmann 提出了一种无迹卡尔曼滤波（Unscented Kalman Filter，UKF）。该滤波器对状态向量的概率密度函数（Probability Density Function，PDF）进行近似化，表现为一系列选取好的 δ 采样点。这些 δ 采样点完全体现了高斯密度的真实均值和协方差。当这些点经过任何非线性系统的传递后，得到的后验均值和协方差都能够精确到二阶（即对系统的非线性强度不敏感）。由于不需要对非线性系统进行线性化，并可以很容易地应用于非线性系统的状态估计，UKF 方法在许多方面都得到了广泛应用。

1. 无迹变换

无迹卡尔曼滤波是在无迹变换的基础上发展起来的。无迹变换（Unscented Transformation，UT）的基本思想是由 Julier 等首先提出的。无迹变换是用于计算经过非线性变换的随机变量统计的一种新方法。无迹变换不需要对非线性状态和测量模型进行线性化，而是需要对状态向量的 PDF 进行近似化。近似化后的 PDF 仍然是高斯的，表现为一系列选取好的 δ 采样点。

假设 $\boldsymbol{x}$ 为一个 n 维随机向量，$g: R^{n_x} \to R^{n_y}$ 为一非线性函数，并且 $\boldsymbol{y}=g(\boldsymbol{x})$。$\boldsymbol{x}$ 的均值和协方差分别为 $\bar{\boldsymbol{x}}$ 和 $\boldsymbol{P}$。计算 UT 变换的步骤可简单叙述如下。

（1）首先计算 $2n+1$ 个 δ 采样点 $\boldsymbol{\chi}_i$ 和相对应的权值 ω_i：

$$\begin{cases} \boldsymbol{\chi}_0 = \bar{\boldsymbol{x}}, i=0 \\ \boldsymbol{\chi}_i = \bar{\boldsymbol{x}} + \left(\sqrt{(n+\kappa)\boldsymbol{P}}\right)_i, i=1,\cdots,n \\ \boldsymbol{\chi}_{i+n} = \bar{\boldsymbol{x}} - \left(\sqrt{(n+\kappa)\boldsymbol{P}}\right), i=1,\cdots,n \end{cases} \tag{3-146}$$

$$\begin{cases} \omega_0 = \dfrac{\kappa}{(n+\kappa)}, i=0 \\ \omega_i = \dfrac{1}{[2(n+\kappa)]}, i=1,\cdots,n \\ \omega_{i+n} = \dfrac{1}{[2(n+\kappa)]}, i=1,\cdots,n \end{cases} \tag{3-147}$$

式中：κ 是一个比例参数，可以为任何数值，只要 $(n+\kappa)\neq 0$。$\left(\sqrt{(n+\kappa)\boldsymbol{P}}\right)_i$ 是 $(n+\kappa)\boldsymbol{P}$ 均方根矩阵的第 i 行或第 i 列，n 为状态向量的维数。

（2）每个 δ 采样点通过非线性函数传播，得到

$$\boldsymbol{y}_i = g(\boldsymbol{\chi}_i), i=0,\cdots,2n \tag{3-148}$$

（3）$\boldsymbol{y}$ 的估计值和协方差估计如下：

$$\bar{\boldsymbol{y}} = \sum_{i=0}^{2n} \omega_i \boldsymbol{y}_i \tag{3-149}$$

$$P_y = \sum_{i=0}^{2n} \omega_i (\boldsymbol{y}_i - \bar{\boldsymbol{y}})(\boldsymbol{y}_i - \bar{\boldsymbol{y}})^{\mathrm{T}} \tag{3-150}$$

2. 统计线性回归法

统计线性回归法(Statistical Linear Regression,SLR)考虑了非线性函数线性化时随机变量的不确定性,即随机变量的先验分布情况。与将非线性函数一阶泰勒多项式展开并进行截断的 EKF 滤波算法相比,统计线性回归法更为精确。

假设 $\boldsymbol{x}$ 为 n 维随机向量服从高斯分布,均值为 $\bar{\boldsymbol{x}}$,方差矩阵为$\boldsymbol{P}_{xx}$,$\boldsymbol{y}=f(\boldsymbol{x})$,$f(\boldsymbol{x})$为非线性函数。统计线性回归的目的是对向量 $\boldsymbol{Y}$ 作线性近似,$\hat{\boldsymbol{y}}=\boldsymbol{A}\boldsymbol{x}+\boldsymbol{b}$,其中 $\boldsymbol{A}$,$\boldsymbol{b}$ 是由最小均方误差准则确定的矩阵和向量。

$$\{\boldsymbol{A},\boldsymbol{b}\} = \arg\min \boldsymbol{E}(\boldsymbol{e}^{\mathrm{T}}\boldsymbol{e}) \tag{3-151}$$

式中:$\boldsymbol{e}$ 为线性化误差,$\boldsymbol{e}=\boldsymbol{y}-\hat{\boldsymbol{y}}$,将其代入式(3-151)对 $\boldsymbol{b}$ 求偏导,并令期望为 0,解得 $\boldsymbol{b}=\bar{\boldsymbol{y}}-\boldsymbol{A}\,\bar{\boldsymbol{x}}$。其中,$\bar{\boldsymbol{x}}=\boldsymbol{E}(\boldsymbol{x})$,$\bar{\boldsymbol{y}}=\boldsymbol{E}(\boldsymbol{y})$。将 $\boldsymbol{b}$ 代入式(3-152),并且令 $\boldsymbol{A}$ 的梯度为 0,得

$$\boldsymbol{E}([(\boldsymbol{y}-\bar{\boldsymbol{y}})-\boldsymbol{A}(\boldsymbol{x}-\bar{\boldsymbol{x}})][\boldsymbol{x}-\bar{\boldsymbol{x}}])=0 \tag{3-152}$$

解得

$$\boldsymbol{A}=\boldsymbol{P}_{xy}^{\mathrm{T}}\boldsymbol{P}_{xx}^{-1} \tag{3-153}$$

式中:$\boldsymbol{P}_{xy}$是 $\boldsymbol{x}$ 和 $\boldsymbol{y}$ 的互协方差矩阵;$\boldsymbol{P}_{xx}$是 $\boldsymbol{x}$ 的协方差矩阵。

线性回归误差均值为

$$\bar{\boldsymbol{e}}=\boldsymbol{E}(\boldsymbol{e})=\boldsymbol{E}(\boldsymbol{y}-\hat{\boldsymbol{y}})=\bar{\boldsymbol{y}}-\boldsymbol{A}\,\bar{\boldsymbol{x}}-\boldsymbol{b}=0 \tag{3-154}$$

误差方差矩阵为

$$\begin{aligned}\boldsymbol{P}_{ee} &= \boldsymbol{E}(\boldsymbol{e}\boldsymbol{e}^{\mathrm{T}}) \\ &= \boldsymbol{E}[[(\boldsymbol{y}-\bar{\boldsymbol{y}})-\boldsymbol{A}(\boldsymbol{x}-\bar{\boldsymbol{x}})][(\boldsymbol{y}-\bar{\boldsymbol{y}})-\boldsymbol{A}(\boldsymbol{x}-\bar{\boldsymbol{x}})]^{\mathrm{T}}] \\ &= \boldsymbol{P}_{yy}-\boldsymbol{A}\boldsymbol{P}_{xy}-\boldsymbol{P}_{yx}\boldsymbol{A}^{\mathrm{T}}+\boldsymbol{A}\boldsymbol{P}_{xx}\boldsymbol{A}^{\mathrm{T}} \\ &= \boldsymbol{P}_{yy}-\boldsymbol{A}\boldsymbol{P}_{xx}\boldsymbol{A}^{\mathrm{T}}\end{aligned} \tag{3-155}$$

对于均值为 $\bar{\boldsymbol{x}}$、方差为$\boldsymbol{P}_{xx}$的高斯型随机变量 $\boldsymbol{x}$,可以通过式(3-146)和式(3-147)得到的采样点和相应的权值来计算此随机变量:

$$\bar{\boldsymbol{x}} = \boldsymbol{E}(\boldsymbol{x}) = \sum_{l=1}^{m} \omega_l \boldsymbol{x} \tag{3-156}$$

$$\boldsymbol{P}_{xx} = \boldsymbol{E}[(\boldsymbol{x}-\bar{\boldsymbol{x}})(\boldsymbol{x}-\bar{\boldsymbol{x}})^{\mathrm{T}}] = \sum_{l=1}^{m} \omega_l (\boldsymbol{x}_l-\bar{\boldsymbol{x}})(\boldsymbol{x}_l-\bar{\boldsymbol{x}})^{\mathrm{T}} \tag{3-157}$$

对于 $\bar{\boldsymbol{y}}$、$\boldsymbol{P}_{yy}$ 以及 $\boldsymbol{P}_{xy}$,则根据非线性函数以及式(3-146)和式(3-147)得到的采样点和其相应的权值来估计:

$$\bar{\boldsymbol{y}} = \boldsymbol{E}(\boldsymbol{y}) \approx \sum_{l=1}^{m} \omega_l \boldsymbol{y}_l \tag{3-158}$$

$$\boldsymbol{P}_{yy} = \boldsymbol{E}[(\boldsymbol{y}-\bar{\boldsymbol{y}})(\boldsymbol{y}-\bar{\boldsymbol{y}})^{\mathrm{T}}] \approx \sum_{l=1}^{m}\omega_l(\boldsymbol{y}_l-\bar{\boldsymbol{y}})(\boldsymbol{y}_l-\bar{\boldsymbol{y}})^{\mathrm{T}} \tag{3-159}$$

$$\boldsymbol{P}_{xy} = \boldsymbol{E}[(\boldsymbol{x}-\bar{\boldsymbol{x}})(\boldsymbol{y}-\bar{\boldsymbol{y}})^{\mathrm{T}}] \approx \sum_{l=1}^{m}\omega_l(\boldsymbol{x}_l-\bar{\boldsymbol{x}})(\boldsymbol{y}_l-\bar{\boldsymbol{y}})^{\mathrm{T}} \tag{3-160}$$

式中：$\boldsymbol{y}_l = f(\boldsymbol{x}_l)$。通过给定的采样点 $\boldsymbol{y}_l = f(\boldsymbol{x}_l)\{\boldsymbol{x}_l,\boldsymbol{y}_l\}_{l=1}^{m}$ 及其相应的权值 $\{\omega_l\}_{l=1}^{m}$，可以根据 $\boldsymbol{x}$ 得到线性回归向量 $\boldsymbol{y}$：

$$\hat{\boldsymbol{y}} = \boldsymbol{A}\boldsymbol{x} + \boldsymbol{b} \tag{3-161}$$

其中

$$\boldsymbol{A} = \boldsymbol{P}_{xy}^{\mathrm{T}}\boldsymbol{P}_{xx}^{-1} = \left[\sum_{l=1}^{m}\omega_l(\boldsymbol{y}_l-\bar{\boldsymbol{y}})(\boldsymbol{x}_l-\bar{\boldsymbol{x}})^{\mathrm{T}}\right] \times \left[\sum_{l=1}^{m}\omega_l(\boldsymbol{x}_l-\bar{\boldsymbol{x}})(\boldsymbol{x}_l-\bar{\boldsymbol{x}})^{\mathrm{T}}\right]^{-1} \tag{3-162}$$

式中：$\boldsymbol{b} = \bar{\boldsymbol{y}} - \boldsymbol{A}\bar{\boldsymbol{x}}$，$\bar{\boldsymbol{x}}$ 和 $\bar{\boldsymbol{y}}$ 由式（3-156）和式（3-158）给出。因为估计向量 $\hat{\boldsymbol{y}}$ 是一个随机向量，其均值计算公式为

$$\boldsymbol{E}(\hat{\boldsymbol{y}}) = \boldsymbol{A}\bar{\boldsymbol{x}} + \boldsymbol{b} = \bar{\boldsymbol{y}} = \sum_{l=1}^{m}\omega_l\boldsymbol{y}_l \tag{3-163}$$

误差协方差矩阵为

$$\mathrm{Cov}(\hat{\boldsymbol{y}}) = \boldsymbol{A}\boldsymbol{P}_{xx}\boldsymbol{A} = \boldsymbol{P}_{yy} - \boldsymbol{P}_{ee} = \sum_{l=1}^{m}\omega_l(\boldsymbol{y}_l-\bar{\boldsymbol{y}})(\boldsymbol{y}_l-\bar{\boldsymbol{y}})^{\mathrm{T}} - \boldsymbol{P}_{ee} \tag{3-164}$$

通过统计线性回归法在最小均方误差意义下，将非线性函数 $f(\boldsymbol{x})$ 线性化，估计出线性回归向量 $\boldsymbol{y}$。

3. 无迹卡尔曼滤波算法

根据 UT 变换得到的点，采用统计线性回归方法，将 UKF 算法归纳如下。

1）初始化

假设非线性系统中的状态向量的初始均值和协方差如下：

$$\hat{\boldsymbol{x}}_0 = \boldsymbol{E}[\boldsymbol{x}_0],\boldsymbol{P}_0 = \boldsymbol{E}[(\boldsymbol{x}_0-\hat{\boldsymbol{x}}_0)(\boldsymbol{x}_0-\hat{\boldsymbol{x}}_0)^{\mathrm{T}}] \tag{3-165}$$

UKF 算法中的初始状态向量是由原始状态向量、过程噪声以及测量噪声三者组成的扩维向量，其初始值和协方差定义如下：

$$\hat{\boldsymbol{x}}_0^a = \boldsymbol{E}[\boldsymbol{x}^a] = [\boldsymbol{x}_0^{\mathrm{T}}\quad 0\quad 0]^{\mathrm{T}} \tag{3-166}$$

$$\boldsymbol{P}_0^a = \boldsymbol{E}[(\boldsymbol{x}_0^a-\hat{\boldsymbol{x}}_0^a)(\boldsymbol{x}_0^a-\hat{\boldsymbol{x}}_0^a)^{\mathrm{T}}] = \begin{bmatrix} \boldsymbol{P}_0 & 0 & 0 \\ 0 & \boldsymbol{Q} & 0 \\ 0 & 0 & \boldsymbol{R} \end{bmatrix} \tag{3-167}$$

式中：$\boldsymbol{Q}$ 和 $\boldsymbol{R}$ 分别是过程噪声和测量噪声的协方差。

2）计算 δ 采样点

$$\boldsymbol{\chi}_{k-1|k-1}^a = \left[\hat{\boldsymbol{x}}_{k-1|k-1}^a\quad \hat{\boldsymbol{x}}_{k-1|k-1}^a + \sqrt{(n+\kappa)\boldsymbol{P}_{k-1|k-1}^a}\quad \hat{\boldsymbol{x}}_{k-1|k-1}^a - \sqrt{(n+\kappa)\boldsymbol{P}_{k-1|k-1}^a}\right] \tag{3-168}$$

3)状态更新

(1)δ 点的一步预测:

$$\boldsymbol{\chi}_{i,k|k-1}=f(\boldsymbol{\chi}_{i,k-1|k-1}^{x},\boldsymbol{\chi}_{i,k-1|k-1}^{v},\boldsymbol{u}_{k-1}) \tag{3-169}$$

式中:$\boldsymbol{\chi}_{i,k-1|k-1}^{x}$和$\boldsymbol{\chi}_{i,k-1|k-1}^{v}$分别表示状态向量和过程噪声所对应的采样点。

(2)状态预测:

$$\hat{\boldsymbol{x}}_{k|k-1}=\sum_{i=0}^{2n_a}\omega_i\boldsymbol{\chi}_{i,k|k-1} \tag{3-170}$$

$$\boldsymbol{P}_{k|k-1}=\sum_{i=0}^{2n_a}\omega_i(\boldsymbol{\chi}_{i,k|k-1}-\hat{\boldsymbol{x}}_{k|k-1})(\boldsymbol{\chi}_{i,k|k-1}-\hat{\boldsymbol{x}}_{k|k-1})^{\mathrm{T}} \tag{3-171}$$

4)量测更新

(1)计算量测预测采样点($i=1,2,\cdots,m$):

$$\boldsymbol{z}_{i,k|k-1}=h(\boldsymbol{\chi}_{i,k|k-1},\boldsymbol{\chi}_{i,k|k-1}^{w},\boldsymbol{u}_k) \tag{3-172}$$

式中:$\boldsymbol{\chi}_{i,k|k-1}^{w}$表示与测量噪声相对应的采样点。

(2)估计量测预测值:

$$\hat{\boldsymbol{z}}_{k|k-1}=\sum_{i=0}^{2n_a}\omega_i\boldsymbol{z}_{i,k|k-1} \tag{3-173}$$

(3)估计新息协方差矩阵:

$$\boldsymbol{P}_{zz,k|k-1}=\sum_{i=0}^{2n_a}\omega_i(\boldsymbol{z}_{i,k|k-1}-\hat{\boldsymbol{z}}_{k|k-1})(\boldsymbol{z}_{i,k|k-1}-\hat{\boldsymbol{z}}_{k|k-1})^{\mathrm{T}} \tag{3-174}$$

(4)估计互协方差矩阵:

$$\boldsymbol{P}_{xz,k|k-1}=\sum_{i=0}^{2n_a}\omega_i(\boldsymbol{\chi}_{i,k|k-1}-\hat{\boldsymbol{x}}_{k|k-1})(\boldsymbol{z}_{i,k|k-1}-\hat{\boldsymbol{z}}_{k|k-1})^{\mathrm{T}} \tag{3-175}$$

(5)计算增益矩阵:

$$\boldsymbol{W}_k=\boldsymbol{P}_{xz,k|k-1}\boldsymbol{P}_{zz,k|k-1}^{-1} \tag{3-176}$$

(6)状态更新:

$$\hat{\boldsymbol{x}}_{k|k}=\hat{\boldsymbol{x}}_{k|k-1}+\boldsymbol{W}_k(\boldsymbol{z}_k-\hat{\boldsymbol{z}}_{k|k-1}) \tag{3-177}$$

(7)协方差更新:

$$\boldsymbol{P}_{k|k}=\boldsymbol{P}_{k|k-1}-\boldsymbol{W}_k\boldsymbol{P}_{zz,k|k-1}\boldsymbol{W}_k^{\mathrm{T}} \tag{3-178}$$

无迹卡尔曼滤波的方程组 Matlab 代码如下。

```
%%%%%%%%%%%%%%% 无迹卡尔曼滤波状态更新方程组%%%%%%%%%%%%%%%
% UKF_PREDICT3 扩维(状态,过程噪声和量测噪声)UKF 预测方程组
%
% Syntax:
%   [M,P,X,w] = UKF_PREDICT3(M,P,a,Q,R,[param,alpha,beta,kappa])
%
% 输入:
```

```
%   M - N×1 预测状态矩阵
%   P - N×N 预测协方差
%   a - 动态函数
%   Q - 过程噪声方差
%   R - 测量噪声方差
%   param - 函数 a 的参数
%   alpha - UT 变换参数
%   beta - UT 变换参数
%   kappa - UT 变换参数
%
% 输出:
%   M - 状态更新矩阵
%   P - 状态更新协方差
%   X - Sigma 点
%   w - 权值
%
function [M,P,X,w] = ukf_predict3(M,P,a,Q,R,param,alpha,beta,kappa,mat)
  %
  % 检查参数有效性
  %
  if nargin < 2
    error('Too few arguments');
  end
  if nargin < 3
    a = [];
  end
  if nargin < 4
    Q = [];
  end
  if nargin < 5
    R = [];
  end
  if nargin < 6
    param = [];
  end
  if nargin < 7
    alpha = [];
  end
```

```
if nargin < 8
  beta = [ ];
end
if nargin < 9
  kappa = [ ];
end
if nargin < 10
  mat = [ ];
end

%
% Apply defaults
%
if isempty(mat)
  mat = 0;
end

%
% 进行变换
% 增加过程噪声与测量噪声
%
MA = [M;zeros(size(Q,1),1);zeros(size(R,1),1)];
PA = zeros(size(P,1) + size(Q,1) + size(R,1));
i1 = size(P,1);
i2 = i1 + size(Q,1);
PA(1:i1,1:i1) = P;
PA(1 + i1:i2,1 + i1:i2) = Q;
PA(1 + i2:end,1 + i2:end) = R;

[M,P,C,X_s,X_pred,w] = ut_transform(MA,PA,a,param,alpha,beta,kap-
pa,mat);
% Save sigma points
X = X_s;
X(1:size(X_pred,1),:) = X_pred;

if nargout == 0
  d = abs(D1(:) - D0(:));
  if max(d) > 0.001
```

```
      warning('Derivatives differ too much');
    else
      fprintf('Derivative check passed. \n');
    end
  end
%%%%%%%%%%%%%%%%%%%%%%%%%%%%%%%%%%%%%%%%%%%%%%%%%%%%%%%%%%%%%%%%%%%%%%%%%%%%%%%%%%%%%%%%%%%%%%%%%%%%%%%%%%%%%%%%%%%%%%%%%%%%%%%%%%%%%%%
%%%%%%%%%%%%%%%%%%%%% 无迹卡尔曼滤波量测更新方程组%%%%%%%%%%%%%%%%%%%%%%%%%%%%%%%%%%%%%%%%%%%
% UKF_UPDATE3 - 扩维 UKF 量测更新方程组
%
%
% [M,P,K,IM,IS,LH] = UKF_UPDATE3(M,P,Y,h,R,X,w,param,alpha,beta,
kappa,mat,sigmas)
%
% 输入:
%   M - 预测后状态均值
%   P - 预测后状态协方差
%   Y - 测量矩阵
%   h - 量测模型函数
%   R - 测量噪声协方差
%   X - Sigma 点
%   w - 权值
%   alpha - UT 变换参数
%   beta - UT 变换参数
%   kappa - UT 变换参数
%
% 输出:
%   M - 状态更新
%   P - 更新协方差
%   K - 卡尔曼增益
%   MU - Y 的预测均值
%   S - Y 的预测协方差
%   LH - 量测的预测概率(似然)
%
function [M,P,K,MU,S,LH] = ukf_update3(M,P,Y,h,R,X,w,param,alpha,be-
ta,kappa,mat)
  %
  % 检查参数有效性
  %
```

```
if nargin<5
  error('Too few arguments');
end
if nargin<9
  param=[];
end
if nargin<10
  alpha=[];
end
if nargin<11
  beta=[];
end
if nargin<12
  kappa=[];
end
if nargin<13
  mat=[];
end

%
%
%
if isempty(mat)
  mat=0;
end

%
% UT 变换
%

[MU,S,C,X,Y_s]=ut_transform(M,P,h,param,alpha,beta,kappa,mat,X,w);
K=C*inv(S);
M=M+K*(Y-MU);
P=P-K*S*K';
if nargout>5
  LH=gauss_pdf(Y,MU,S);
End
%%%%%%%%%%%%%%%%%%%%%%%%%%%%%%%%%%%%%%%%%%
```

```
%%%%%%%%%%%%%%%%%% UT 变换%%%%%%%%%%%%%%%%%%%%%%
%   UT 变换
%
%
%   [mu,S,C,X,Y,w] = UT_TRANSFORM(M,P,g,[param,alpha,beta,kappa,
mat],n,X,w)
%

function [mu,S,C,X,Y,w] = ut_transform(M,P,g,param,alpha,beta,kap-
pa,mat,X,w)

  if nargin <4
    param = [];
  end
  if nargin <5
    alpha = [];
  end
  if nargin <6
    beta = [];
  end
  if nargin <7
    kappa = [];
  end
  if nargin <8
    mat = [];
  end
  if nargin <10
    generate_sigmas =1;
  else
    generate_sigmas =0;
  end

  %
  % Apply defaults
  %
  if isempty(mat)
    mat =0;
  end
```

```
%
% 计算 Sigma 点
%
if generate_sigmas = = 0
    WM = w{1};
    c = w{3};
    if mat
      W = w{2};
    else
      WC = w{2};
    end
elseif mat
  [WM,W,c] = ut_mweights(size(M,1),alpha,beta,kappa);
  X = ut_sigmas(M,P,c);
  w = {WM,W,c};
else
  [WM,WC,c] = ut_weights(size(M,1),alpha,beta,kappa);
  X = ut_sigmas(M,P,c);
  w = {WM,WC,c};
end

%
% 通过函数进行传播
%
if isnumeric(g)
  Y = g * X;
elseif isstr(g) | strcmp(class(g),'function_handle')
  Y = [];
  for i = 1:size(X,2)
    Y = [Y feval(g,X(:,i),param)];
  end
else
  Y = [];
  for i = 1:size(X,2)
    Y = [Y g(X(:,i),param)];
  end
end
```

```
  if mat
    mu = Y * WM;
    S = Y * W * Y';
    C = X * W * Y';
  else
    mu = zeros(size(Y,1),1);
    S = zeros(size(Y,1),size(Y,1));
    C = zeros(size(M,1),size(Y,1));
    for i =1:size(X,2)
      mu = mu + WM(i) * Y(:,i);
    end
    for i =1:size(X,2)
      S = S + WC(i) * (Y(:,i) - mu) * (Y(:,i) - mu)';
      C = C + WC(i) * (X(1:size(M,1),i) - M) * (Y(:,i) - mu)';
    end
  end
%%%%%%%%%%%%%%%%%%%%%%%%%%%%%%%%%%%%%%%%%%%%%%%%%%%%
```

3.4.3 Matlab实践

本实验中,我们选取了一个简单但是具有实际意义的非线性动态模型实例,就是利用扩展卡尔曼滤波估计随机正弦信号。本实例中的信号角速度和信号幅度是随时间随机变化的,量测模型是非线性的。

状态向量矩阵表示为

$$\boldsymbol{x}_k = (\theta_k \quad \omega_k \quad a_k)^{\mathrm{T}} \tag{3-179}$$

式中:θ_k、ω_k、a_k 分别是 k 时刻正弦函数的参数、角速度和幅度。参数 θ_k 可用维纳离散速度模型表示,其速度即为角速度:

$$\frac{\mathrm{d}\theta}{\mathrm{d}t} = \omega \tag{3-180}$$

ω 和 a 的过程噪声分别为 $w_\omega(t)$ 和 $w_a(t)$,满足

$$\frac{\mathrm{d}a}{\mathrm{d}t} = w_a(t) \tag{3-181}$$

$$\frac{\mathrm{d}\omega}{\mathrm{d}t} = w_\omega(t) \tag{3-182}$$

连续时间动态方程为

$$\frac{\mathrm{d}\boldsymbol{x}(t)}{\mathrm{d}t} = \begin{pmatrix} 0 & 1 & 1 \\ 0 & 0 & 0 \\ 0 & 0 & 0 \end{pmatrix} \boldsymbol{x}(t) + \begin{pmatrix} 0 & 0 \\ 1 & 0 \\ 0 & 1 \end{pmatrix} \boldsymbol{w}(t) \tag{3-183}$$

式中:过程噪声 $\boldsymbol{w}(t)$ 为高斯白噪声,其功率谱密度为

$$\boldsymbol{Q}_{\mathrm{c}}=\begin{pmatrix} q_1 & 0 \\ 0 & q_2 \end{pmatrix} \tag{3-184}$$

变量 q_1 和 q_2 描述信号角速度和幅度的随机扰动,在本实例中设置为 $q_1=0.2$, $q_2=0.1$。离散形式的动态方程记为

$$\boldsymbol{x}_k=\begin{pmatrix} 1 & \Delta t & 0 \\ 0 & 1 & 0 \\ 0 & 0 & 1 \end{pmatrix}\boldsymbol{x}_{k-1}+\boldsymbol{q}_{k-1} \tag{3-185}$$

式中:Δt 为步长,取0.01;过程噪声 $\boldsymbol{q}_{k-1}$ 为高斯白噪声,服从 $\boldsymbol{q}_{k-1}\sim N(0,\boldsymbol{Q}_{k-1})$ 分布,过程噪声协方差记为

$$\boldsymbol{Q}_{k-1}=\begin{pmatrix} \frac{\Delta t^3 q_1}{3} & \frac{\Delta t^2 q_1}{2} & 0 \\ \frac{\Delta t^2 q_1}{2} & \Delta t q_1 & 0 \\ 0 & 0 & \Delta t q_2 \end{pmatrix} \tag{3-186}$$

该实例的非线性量测函数 $h(\boldsymbol{x}_k,k)$ 如下:

$$h(\boldsymbol{x}_k,k)=a_k\sin(\theta_k) \tag{3-187}$$

该函数的Matlab代码如下。

```
%%%%%%%%%%%%%% 随机正弦信号的量测模型%%%%%%%%%%%%%%%%%%%%%
function Y = ekf_sine_h(x,param)
  f = x(1,:);
  a = x(3,:);
  Y = a. * sin(f);
  if size(x,1) = = 7
     Y = Y + x(7,:);
  end
%%%%%%%%%%%%%%%%%%%%%%%%%%%%%%%%%%%%%%%%%%%%%%%%%%%%%%%%%
```

量测模型可以记为

$$y_k=h(\boldsymbol{x}_k,k)+r_k=a_k\sin(\theta_k)+r_k \tag{3-188}$$

式中:r_k 是均值为0,方差为1的高斯白噪声。

量测函数的各参数偏微分为

$$\frac{\partial h(\boldsymbol{x}_k,k)}{\partial\theta_k}=a_k\cos(\theta_k) \tag{3-189}$$

$$\frac{\partial h(\boldsymbol{x}_k,k)}{\partial\omega_k}=0 \tag{3-190}$$

$$\frac{\partial h(\boldsymbol{x}_k,k)}{\partial a_k}=\sin(\theta_k) \tag{3-191}$$

由此可得扩展卡尔曼滤波的雅可比矩阵为

$$\boldsymbol{H}_x(m,k)=(a_k\cos(\theta_k)\quad 0\quad \sin(\theta_k)) \tag{3-192}$$

该函数的 Matlab 代码如下。

```
%%%%%%%%%%%% 随机正弦信号量测模型的雅可比矩阵%%%%%%%%%%%%%%%%
function dY = ekf_sine_dh_dx(x,param)
f =x(1,:);
w =x(2,:);
a =x(3,:);
dY =[(a. * cos(f))' zeros(size(f,2),1) (sin(f))'];
%%%%%%%%%%%%%%%%%%%%%%%%%%%%%%%%%%%%%%%%%%%%%%%%%%%%
```

由于整个求解过程需要求微分,特别是对于复杂模型的求微分,很容易出错,所以非常有必要对这一过程进行检查,本实例中的检查函数为 der_check,具体函数代码如下。

```
%%%%%%%%%%%% 采用有限差分法检查非线性函数的微分%%%%%%%%%%%%%%%%
% Syntax:
%   [D0,D1] =DER_CHECK(F,DF,INDEX,[P1,P2,P3,...])
%
function [D0,D1] =der_check(f,df,index,varargin)
  %
  if isstr(f) | strcmp(class(f),'function_handle')
    y0 =feval(f,varargin{:});
  else
    y0 =f(varargin{:});
  end
  if isnumeric(df)
    D0 =df;
  elseif isstr(df) | strcmp(class(df),'function_handle')
    D0 =feval(df,varargin{:});
  else
    D0 =df(varargin{:});
  end

  %
  h=0.0000001;
  D1 =[];
  X =varargin{index};
```

```
for r =1:size(X,1)
  for c =1:size(X,2)
    H = zeros(size(X,1),size(X,2));
    H(r,c) = h;
    varargin{index} = X + H;
    if isstr(f) | strcmp(class(f),'function_handle')
      y1 = feval(f,varargin{:});
    else
      y1 = f(varargin{:});
    end
    d1 = (y1 - y0) /h;
    if size(d1,1) >1
      D1 = [D1 d1];
    else
      D1(r,c) = d1;
    end
  end
end
%%%%%%%%%%%%%%%%%%%%%%%%%%%%%%%%%%%%%%%%%%%%%%%%%%%%%%%%%%%%%%%%
```

本节运用扩展卡尔曼滤波和无迹卡尔曼滤波对随机正弦信号进行估计，结果如图 3.14 和图 3.15 所示，两幅图中，虚线为真实的随机正弦信号，散布的点为量测值，虚线为估计值，可以看出，利用两种滤波方式都能较好地估计该信号。

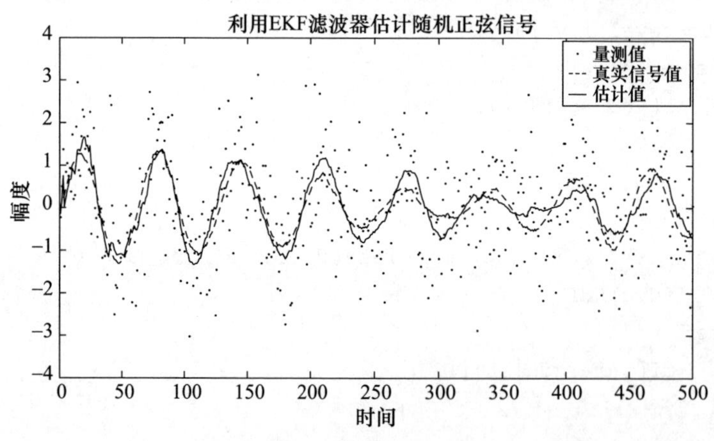

图 3.14　运用 1 阶扩展卡尔曼滤波对随机正弦信号估计结果(见彩插)

同时，为了比较扩展卡尔曼滤波和无迹卡尔曼滤波的估计效果，本节对两种滤波器估计结果的均方根误差进行了求解，其中 EKF 的均方根误差为 0.2547，UKF 的均方根误差为 0.2510，可以看出，两者估计效果差别不大，这是因为 EKF

的线性和二次近似比较适合该模型，对于非线性较强的模型，UKF 通常比 EKF 的估计效果更好。

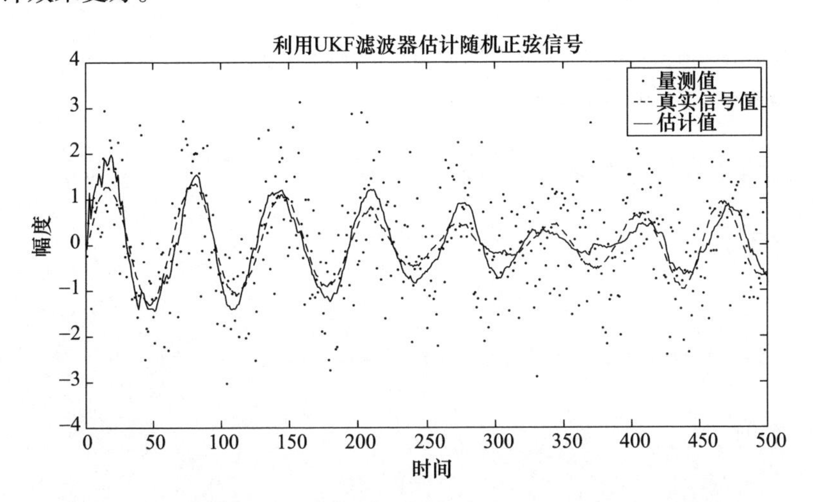

图 3.15　运用无迹卡尔曼滤波对随机正弦信号估计结果(见彩插)

本实例的 Matlab 代码如下。

```
%%%%%%%%%%%%%%%%%% 主程序%%%%%%%%%%%%%%%%%%%%%%
% EKF/UKF 估计随机正弦信号实例
%
% 信号样式：x_k = a_k * sin( \theta_k),dtheta/dt = omega_k.
%


clc;
disp('Filtering the signal with EKF...');

% Measurement model and it's derivative
h_func = @ ekf_sine_h;
dh_dx_func = @ ekf_sine_dh_dx;

% Initial values for the signal.
f = 0;
w = 10;
a = 1;

% Number of samples and stepsize.
d = 5;
n = 500;
```

```
dt = d/n;
x = 1:n;

% Check the derivative of the measurement function.
der_check(h_func,dh_dx_func,1,[f w a]');

% Dynamic state transition matrix in continous - time domain.
F = [0 1 0;
    0 0 0;
    0 0 0];

% Noise effect matrix in continous - time domain.
L = [0 0;
    1 0;
    0 1];

% Spectral power density of the white noise.
q1 = 0.2;
q2 = 0.1;
Qc = diag([q1 q2]);

% Discretize the plant equation.
[A,Q] = lti_disc(F,L,Qc,dt);

% Generate the real signal.
X = zeros(3,n);
X(:,1) = [f w a]';
for i = 2:n
  X(:,i) = A * X(:,i - 1) + gauss_rnd([0 0 0]',Q);
end

% Generate the observations with Gaussian noise.
sd = 1;
R = sd^2;

Y = zeros(1,n);
Y_real = feval(h_func,X);
Y = Y_real + gauss_rnd(0,R,n);
```

```
plot(x,Y,'.',x,Y_real)

% Initial guesses for the state mean and covariance.
M=[f w a]';
P=diag([3 3 3]);

% Reserve space for estimates.
MM=zeros(size(M,1),size(Y,2));
PP=zeros(size(M,1),size(M,1),size(Y,2));

% Estimate with EKF
for k=1:size(Y,2)
  [M,P]=ekf_predict1(M,P,A,Q);
  [M,P]=ekf_update1(M,P,Y(:,k),dh_dx_func,R*eye(1),h_func);
  MM(:,k)   =M;
  PP(:,:,k)=P;
end
clf; clc;
disp('The filtering results using the 1st order EKF is now displayed')

% Project the estimates to measurement space
Y_m=feval(h_func,MM);
figure(1)
plot(x,Y,'.',x,Y_real,'--',x,Y_m);
legend('Measurements','Real signal','Filtered estimate');
xlim([0 ceil(max(x))]);
title('Estimating a random Sine signal with extended Kalman filter.');

fprintf('Filtering now with UKF...');
% In the rest the signal is filtered with UKF for comparison.

% Initial guesses for the state mean and covariance.
M=[f w a]';
P=diag([3 3 3]);

% Reserve space for estimates.
U_MM=zeros(size(M,1),size(Y,2));
U_PP=zeros(size(M,1),size(M,1),size(Y,2));
```

```
% Estimate with UKF
for k = 1:size(Y,2)
  [M,P,X_s,w] = ukf_predict3(M,P,f_func,Q,R * eye(1),dt);
  [M,P] = ukf_update3(M,P,Y(:,k),h_func,R * eye(1),X_s,w,[]);
  U_MM(:,k)   = M;
  U_PP(:,:,k) = P;
end

Y_m_u = feval(h_func,U_MM);
figure(2)
plot(x,Y,'.',x,Y_real,'--',x,Y_m_u);
legend('Measurements','Real signal','Filtered estimate');
xlim([0 ceil(max(x))]);
title('Estimating a random Sine signal with unscented Kalman filter.');

EMM_Y = sum((Y_m - Y_real).^2)/n;
UKF_EMM_Y = sum((Y_m_u - Y_real).^2)/n;

disp('');
disp('Mean square errors of all estimates:');
fprintf('EKF1 - MSE = % .4f \n',sqrt(EMM_Y));
fprintf('UKF - RMSE  = % .4f \n',sqrt(UKF_EMM_Y));
%%%%%%%%%%%%%%%%%%%%%%%%%%%%%%%%%%%%%%%%%%%%%%%%%
```

3.5 粒子滤波器

3.5.1 粒子滤波基本理论

扩展卡尔曼滤波仅能处理线性高斯系统，扩展卡尔曼和无迹卡尔曼也是做近似线性后进行处理，面对后验概率是非线性非高斯分布时，卡尔曼滤波不再适用，后验概率的解析形式也不容易得到，即使知道它的解析解，求其统计量仍面临高维积分问题，不便于计算。此时可以采用粒子滤波方法。粒子滤波是一种基于随机抽样的滤波方法，主要思想是利用状态空间中一系列加权随机样本集（粒子），通过演化与传播来递推近似系统状态的后验分布，理论上适用于任意非线性、非高斯系统的滤波问题，粒子滤波是递推贝叶斯滤波与蒙特卡罗随机采样方法相互结合的产物。

1. 蒙特卡罗随机采样方法

蒙特卡罗随机采样方法是一种大数定律的应用。例如,想获得全国12岁男生的平均身高,但是我们不会也不可能真的去统计全国所有12岁男生的身高,然后再求平均值,这样做不仅代价大,也不现实。因此,我们会在各省各地区找来一些样本,即12岁男生的身高,取平均值,用这个样本的平均值来近似估计全国12岁男生的平均身高。当样本量很大时,样本中存在的上下偏差就会相互抵消,与实际全国12岁男生的平均身高就会越来越接近。

下面从均值、方差的角度来看大数定律。有如下随机变量:$X_1,X_2,\cdots,X_n$,它们彼此之间满足独立同分布,因此它们拥有相同的均值μ和方差σ^2。此时,我们来看这样一组随机变量的均值:$M_n=\frac{X_1+X_2+\cdots+X_n}{n}$,显然,$M_n$也是一个随机变量。首先来看它的期望:

$$E[M_n]=E\left[\frac{X_1+X_2+\cdots+X_n}{n}\right]=\frac{1}{n}(E[X_1]+E[X_2]+\cdots+E[X_n])$$
$$=\frac{1}{n}\times n\times\mu=\mu=E[X_i]$$

由此看出,一组独立同分布随机变量均值的期望等于随机变量的期望。

我们再来看M_n的方差$\mathrm{Var}[M_n]$:

$$\mathrm{Var}[M_n]=\mathrm{Var}\left[\frac{X_1+X_2+\cdots+X_n}{n}\right]=\frac{1}{n^2}\mathrm{Var}[X_1+X_2+\cdots+X_n]$$
$$=\frac{1}{n^2}(\mathrm{Var}[X_1]+\mathrm{Var}[X_2]+\cdots+\mathrm{Var}[X_n])=\frac{1}{n^2}\times n\times\sigma^2=\frac{\sigma^2}{n}$$

由推导看出,n个独立同分布随机变量均值的方差,是单一随机变量方差的$1/n$,均值的方差变小了,并且随机变量X的个数n越多,方差就越小,均值越会更紧密地围绕在期望的周围。

蒙特卡罗随机仿真是指利用随机采样的大量离散粒子的传播和演化作为系统状态转移函数的近似来处理,这样就把求系统状态的后验概率密度函数积分问题变成了统计问题,从而计算得到数值解。

举一个典型的例子,应用蒙特卡罗随机采样方法求取圆周率π,如图3.16所示,由于圆的面积为其半径平方与圆周率的乘积,而正方形的面积为其边长的平方,为此做以下实验,随机均匀地在边长为$2R$的正方形内进行采样(如随机均匀地撒下沙子),然后统计与正方形中心点距离为R的样本点的个数(圆内沙子数),然后与正方形内总的样本点(正方形内沙子数)作比较,其比值可以近似估计圆形与正方形的面积比。

图3.16中,圆的面积为πR^2,正方形的面积为$4R^2$,由此可得圆内沙子数/正

方形内沙子数近似等于 π/4,据此可估计出圆周率 π 的值,实验结果如表 3.3 所列。

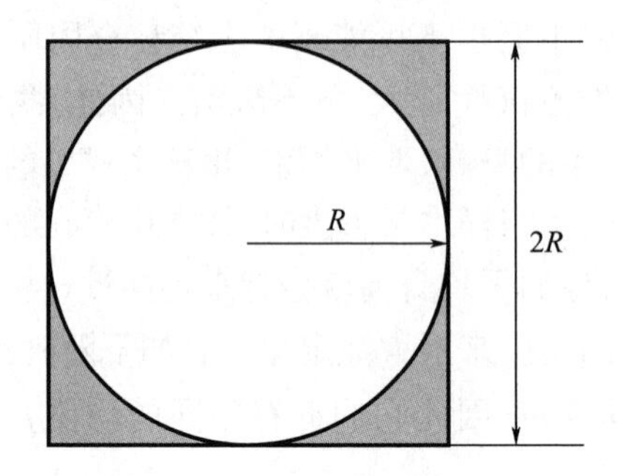

图 3.16 近似求圆面积示意图

表 3.3 观测结果的概率分布

总样本数	100	1 万	100 万	1 亿
π 的估计值	3.44	3.1236	3.1301	3.1408

从表 3.3 中可以看出,随着样本数量的不断增大,对圆周率的估计更加准确,这就验证了蒙特卡罗随机采样方法的合理性和有效性。

在滤波中,假设可以从后验分布 $P(x_k|Z_k)$ 中抽取 N 个独立同分布的随机样本 $x_k^{(i)}$,则

$$P(x_k \mid Z_k) \approx \frac{1}{N}\sum_{i=1}^{N}\delta(x_k - x_k^{(i)})$$

那么,任意函数 $f(x_k)$ 的期望可以用求和的方式逼近:

$$E(f(x_k) \mid Z_k) = \int f(x_k)p(x_k \mid Z_k)\mathrm{d}x_k = \frac{1}{N}\sum_{i=1}^{N}f(x_k^{(i)})$$

这样,就可以把积分运算转化为有限个样本点的求和运算,极大减少了计算量。

现在还有一个问题,就是后验概率分布 $p(x_k|Z_k)$ 是未知的,想要直接从中采样独立同分布的样本点是行不通的,这就需要引入重要性采样。

2. 重要性采样

重要性采样主要用来获取目标分布的期望。假设目标分布 $p(z)$ 是一个难以直接进行样本采样的分布,则引入一个适合采样的建议分布 $q(z)$ 来求取函数 $f(z)$ 关于目标分布 $p(z)$ 的期望。

将建议分布 $q(z)$ 引入求取期望的过程中:

$$E_{p(z)}[f(z)] = \int_z p(z)f(z)\mathrm{d}z = \int_z \frac{p(z)}{q(z)}f(z)q(z)\mathrm{d}z$$

此时,换一个视角看待这个问题,该式可以看作求$\frac{p(z)}{q(z)}f(z)$关于建议分布$q(z)$的期望,这个转换非常有意义,由此可以通过从建议分布$q(z)$中抽取一系列样本点$Z^{(i)} \sim q(z)$,并利用大数定律实现期望值的近似:

$$\frac{1}{N}\sum_{i=1}^{N} f(Z^{(i)})\frac{p(Z^{(i)})}{q(Z^{(i)})} \approx \int_z \frac{p(z)}{q(z)} f(z) q(z) \mathrm{d}z$$

如果仅仅是样本Z的期望,那么直接令$f(z)=z$就可以了。

重要性采样的“重要”二字,指的是$\frac{1}{N}\sum_{i=1}^{N} f(Z^{(i)})\frac{p(Z^{(i)})}{q(Z^{(i)})}$中每一个$f(Z^{(i)})$所对应的权重$\frac{p(Z^{(i)})}{q(Z^{(i)})}$,但是在重要性采样的过程中,同样涉及建议分布的选择过程,选择一个与目标分布$p(z)$相似程度高的建议分布,是保证高效采样的一个前提条件。

3. 粒子滤波步骤

最基本的粒子滤波实现是在大量量测的基础上,采用序贯重要性采样与重采样的方法通过迭代来实现的。考虑非线性系统,则有

状态方程:

$$x_k = f_k(x_{k-1}, w_k) \tag{3-193}$$

量测方程:

$$y_k = h_k(x_k, v_k) \tag{3-194}$$

此时,过程噪声向量$\boldsymbol{V}_k$和量测噪声向量$\boldsymbol{W}_k$分别属于非高斯独立同分布噪声序列。

对于任意概率分布$p(x_k)$可采用离散粒子集进行蒙特卡罗近似,即

$$p(x_k \mid y_{1:k}) \approx \sum_{i=1}^{N_k} w_k^{(i)} \delta(x_k - x_k^{(i)}) \tag{3-195}$$

式中:$x_k^{(i)}$、$w_k^{(i)}$、N_k表示分别为k时刻离子状态、权值及粒子总个数;$\delta(\cdot)$为delta函数。

粒子滤波迭代主要有采样、权值更新和重采样三个基本步骤。

步骤1:采样。基于上一时刻贝叶斯后验估计和状态转移方程完成粒子状态更新,获得预测分布(先验分布)$p(x_k | y_{1:k-1})$。此时,理论上基于当前时刻后验概率密度函数$p(x_k | y_{1:k})$进行采样就能够获得最小的后验权值方差,然而后验概率密度函数恰恰是需要求解的,因此设计一个重要性采样函数$q(x_k)$作为次优替代,例如直接采用状态转移方程$q(x_k^{(i)}) = p(x_k^{(i)} | x_{k-1}^{(i)})$进行采样。

步骤2:权值更新。基于最新观测y_k,通过似然函数计算完成粒子权值更新:

$$w_k^{(i)} \propto w_{k-1}^{(i)} \frac{p(y_k | x_k^{(i)}) p(x_k^{(i)} | x_{k-1}^{(i)})}{q(x_k^{(i)})} \tag{3-196}$$

基本粒子滤波器中,粒子权值更新之后,一般需要权值归一化,从而使得粒子权值总和为 1,即

$$w_k^{(i)} = \frac{w_k^{(i)}}{\sum_i^{N_k} w_k^{(i)}} \tag{3-197}$$

似然更新之后的粒子权值必然有差异,可能出现极少数粒子权值之和为 1 而导致权值退化问题,因此还需要一个重采样来克服粒子权值退化问题。

步骤 3:重采样。基于同分布原则,对权值较大的粒子多次重新采样,获得一个大部分粒子权值相当的新粒子集,从而克服粒子权值退化。记重采样后获得的粒子数为 N(人为设定或算法确定),无偏性要求权值为 $w_k^{(i)}$ 的粒子被重采样次数的期望为

$$E(N_k^{(i)} | w_k^{(i)}, N) = N w_k^{(i)} \tag{3-198}$$

通过重采样可以增加粒子个数。

3.5.2 Matlab 实践

假设一个传感器对空间内非线性运动的目标进行跟踪,以一维坐标跟踪为例演示粒子滤波算法。目标真实状态初始值为 0.1,跟踪时长为 50s,假定目标状态转移过程噪声协方差 Q 为 10,量测噪声协方差 R 为 1,初始估计方差设为 5,采样的粒子数为 500,采用重要性采样方法,进行采样、权值更新和重采样。该仿真实验的结果如图 3.17 ~ 图 3.19 所示,从图中可以看出粒子滤波对非线性非高斯分布系统的状态估计是有效的。

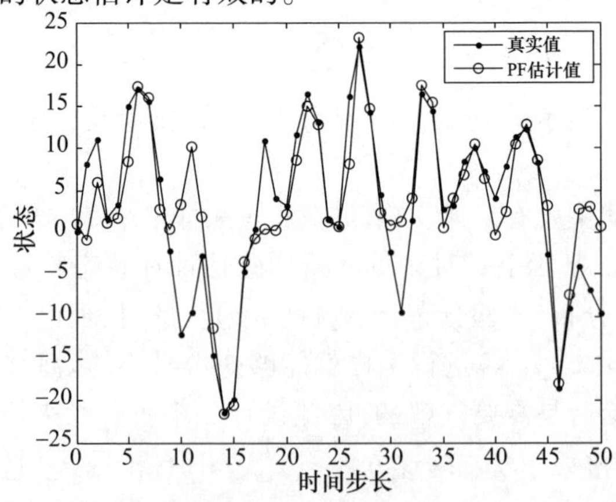

图 3.17　粒子滤波估计结果对比(见彩插)

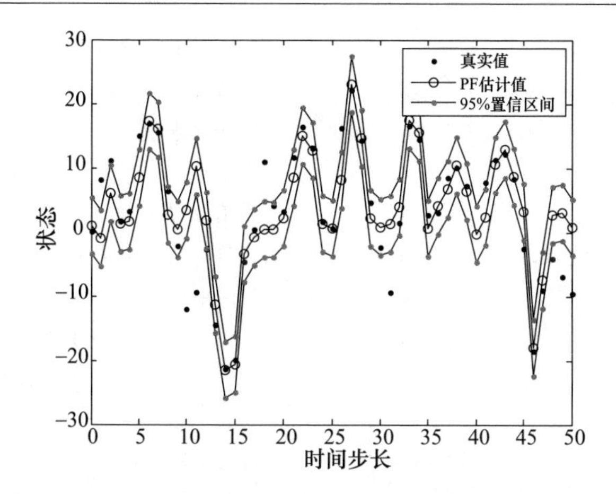

图 3.18　滤波有效性对比(见彩插)

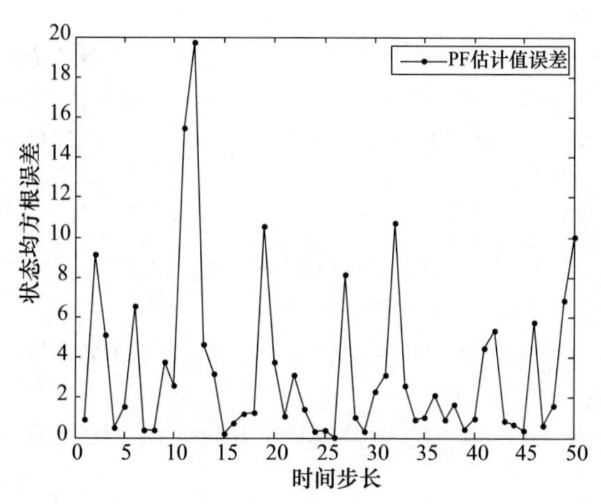

图 3.19　估计均方根误差

针对上述实例的 Matlab 代码如下。

```
%%%%%%%%%%%%%%%%%%%%%%%%%%%%%%%%%%%%%%%%%
% 本代码为粒子滤波程序
clc
close all
clear;
tic;
x = 0.1;                              % 初始状态
x_estimate = 1;                       % 状态的估计
p_x_estimate = x_estimate;            % 初始状态的估计
Q = 10;                               % 过程噪声方差 Q 是过程状态协方差
R = 1;                                是量测噪声方差 R 是量测协方差
```

```
P =5;                                   % 初始估计方差
pf_P = P;                               % 方差
tf =50;                                 % 模拟长度
linear =0.5;
x_array =[x];                           % 真实值数组
p_x_estimate_array =[p_x_estimate];              % 最优估计值数组
% ----------PF 采样点-------------------------------------
N =500;                                          % 粒子滤波的粒子个数
close all;                                       % 粒子滤波初始 N 个粒子
for i =1:N
   p_xpart(i) =p_x_estimate + sqrt(pf_P) * randn;
end
% ----------------------------------------------------------
for k =1:tf                                      % 模拟系统
   x =linear * x +(25 * x/(1 +x^2)) +8 * cos(1.2 * (k -1)) +sqrt(Q) * randn; % 状态值
   y =(x^2 /20) + sqrt(R) * randn;               % 观测值
   % ---粒子滤波器-------------------------------------------
   for i =1:N
p_xpartminus(i) =0.5 * p_xpart(i) +25 * p_xpart(i)/(1 +p_xpart(i)^
2) +8 * cos(1.2 * (k -1)) +sqrt(Q) * randn;
       p_ypart =p_xpartminus(i)^2 /20;           % 预测值
       p_vhat =y - p_ypart;                      % 观测和预测的差
       p_q(i) =(1/sqrt(R)/sqrt(2 * pi)) * exp( -p_vhat^2/2/R);  % 各个
粒子的权值
  end                                            % 平均每一个估计的可能性
  p_qsum = sum(p_q);
  for i =1:N
     p_q(i) =p_q(i)/p_qsum;                      % 各个粒子进行权值归一化
  end
% 重采样权重大的粒子多采点,权重小的少采点,每一次都进行重采样
  for i =1:N
     p_u =rand;
     p_qtempsum =0;
     for j =1:N
        p_qtempsum =p_qtempsum +p_q(j);
        if p_qtempsum > = p_u
           p_xpart(i) =p_xpartminus(j);  % 在这里 xpart(i)实现循环赋值
           break;
```

```
            end
        end
    end
    p_x_estimate = mean(p_xpart);
    % ------------------------------------------------------------
    % 进行画图程序
    x_array = [x_array,x];
    p_x_estimate_array = [p_x_estimate_array,p_x_estimate];
    p_error(k,:) = abs(x_array(k) - p_x_estimate_array(k));
    end
    t = 0:tf;
    figure(1);
    plot(t,x_array,'r. -',t,p_x_estimate_array,'b - o');
    set(gca,'FontSize',10);
    set(gcf,'color','White');
    xlabel('时间步长');
    ylabel('状态');
    legend('真实值','PF 估计值');
    figure(2)
    plot(t,x_array,'k.',t,p_x_estimate_array,'b - o',t,p_x_estimate_array -
1.96 * sqrt(P),'r. -',t,p_x_estimate_array +1.96 * sqrt(P),'r. -');
    set(gca,'FontSize',10);
    set(gcf,'color','White');
    xlabel('时间步长');
    ylabel('状态');
    legend('真实值','PF 估计值','95% 置信区间');
    p_xrms = sqrt((norm(x_array - p_x_estimate_array)^2)/tf);
    disp(['PF 估计误差均方值 =',num2str(p_xrms)]);
    t =1:tf;
    figure(3)
    plot(t,p_error,'b. -');
    set(gca,'FontSize',10);
    set(gcf,'color','White');
    xlabel('时间步长');
    ylabel('状态均方根误差');
    legend('PF 估计值误差');
    toc;
    %%%%%%%%%%%%%%%%%%%%%%%%%%%%%%%%%%%%%%%%%%%%%%%%
```

参考文献

[1] 李良群,谢维信,李鹏飞. 模糊目标跟踪理论与方法[M]. 北京:科学出版社,2015.

[2] GOODMAN I R,NGUYEN H T. A theory of conditional information for probabilistic inference in intelligent systems Ⅱ. Product Space Approach [J]. Information Sciences,1994,76(1/2):13-42.

[3] BLACKMAN S S,POPOLI R. Design and Analysis of Modern Tracking System[M]. Norwood,MA:Artech House,1999.

[4] 马建朝,周焰,等. 雷达网数据处理[M]. 武汉:空军预警学院,2012.

[5] LINAS J,WALTZ E. Multisensor Data Fusion[M]. Norwood,MA:Artech House,1990.

[6] ZARCHAN P,MUSOFF H. Fundamentals of Kalman Filtering:A Practical Approach[M]. 3rd ed. Virgina:American Institute of Aeronautics and Astronautics,2009.

[7] 徐毓,华中和,周焰,等. 雷达网数据融合[M]. 北京:军事科学出版社,2002.

[8] BAR-SHALM Y,FORTMAN T E. Tracking and Data Association[M]. San Diego CA:Academic Press,1988.

[9] BAR-SHALM Y,LI X R. Estimation and Tracking:Principles Tchniques and Software[M]. Boston. MA:Artech House,1993.

[10] HOMES J E. The Development of Algorithms for the Formation and Update of Track[R]. Admiralty Surface Weapons Establishment,Portsmouth,Hampshire,U. K.

[11] FLAD E H. Tracking of Formation Flying Aircraft[R]. Siemens AG,Munchen,FRG.

[12] 潘泉,梁彦,杨峰,等. 现代目标跟踪与信息融合[M]. 北京:国防工业出版社,2009.

[13] 周宏仁,敬忠良,王培德. 机动目标跟踪[M]. 北京:国防工业出版社,1991.

[14] BLACKMAN S S. Multiple-Traget Tracking with Radar Application[M]Dedham,MA:Artech House,1996.

[15] SINGER R A,STEIN J J. An Optimal Tracking for Processing Sensor Data of Imprecisely Determined Origin in Surveillance System[C]//Proc. 10th UEEE Conf. on Decision & Control,Miami Beach,FL,December,1971:171-175.

[16] 何友,王国宏,关欣,等. 信息融合理论及应用[M]. 北京:电子工业出版社,2010.

[17] 王顺利. 量化量测下的机动目标跟踪方法研究[D]. 西安:西安电子科技大学,2015.

[18] 张雨萌. 机器学习中的概率统计:Python 语言[M]. 北京:机械工业出版社,2021.

[19] HARTIKAINEN J,SÄRKKÄ S. Optimal filtering with Kalman filters and smoothers:a Manual for Matlab toolbox EKF/UKF[M]. Helsinki University of Technology,2007.

[20]李鹏飞. 机动多目标跟踪及数据关联方法研究[D]. 深圳:深圳大学,2010.

第4章　雷达网空情处理概述

单个雷达探测范围有限、生存能力有限,不同频段雷达网可以拓展探测范围、提升组网抗干扰能力、增强组网反隐身能力,但各雷达需要通过指挥信息系统连接成一个整体,依托指挥信息系统中的空情处理分系统完成对网内各雷达上报的空情信息进行统一处理,形成空情态势。本章主要介绍雷达网空情处理的特点、分类及典型的空情处理方式,让读者对雷达网空情处理流程有个基本认识,了解雷达网空情处理都有哪些步骤,需要什么技术,为后续介绍相关技术打下基础。

4.1　雷达网特点

雷达网是雷达情报网的简称,是指在一定区域内配置多部雷达,并使各雷达的探测范围在规定高度和距离上能够相互衔接的布局。要使雷达网最大限度地发挥探测能力,核心问题是要解决雷达情报资源和探测资源的运用,即围绕空情组织解决顶层的指挥控制和底层的信息获取问题。雷达网是一个系统概念,不仅包含情报获取要素,还具有情报传递、情报处理、决策指挥、优化控制等要素,是将雷达技术、网络通信技术、计算机技术、信息处理技术、决策优化技术等融为一体的雷达情报信息系统。

多部雷达构成的雷达网可以充分发挥各雷达的探测资源和信息融合优势,相对于单部雷达探测,雷达网具有目标跟踪连续、探测概率增大、定位精度改善和“四抗”能力提高等优势,从而使整体空情保障能力得到很大提高。

1. 目标跟踪连续

单部雷达由于受探测范围的限制,仅能探测一定空间范围内的飞行目标,当目标飞出其探测范围时,该雷达将失去对目标的跟踪。但是当多个雷达站组网后,就可以完成对飞行目标的连续跟踪,图4.1显示了雷达网系统对空中目标连续跟踪的情况。

从图4.1可以看出,雷达网后可以明显增大探测范围,不同雷达可以接力探测空中远距离飞行的目标,多雷达站将探测到的空情信息通过指挥信息系统送到空情处理中心,完成时空统一、误差配准、航迹起始、航迹关联、航迹合成以及跟踪滤波等处理后,可以形成对目标连续跟踪的空情态势。

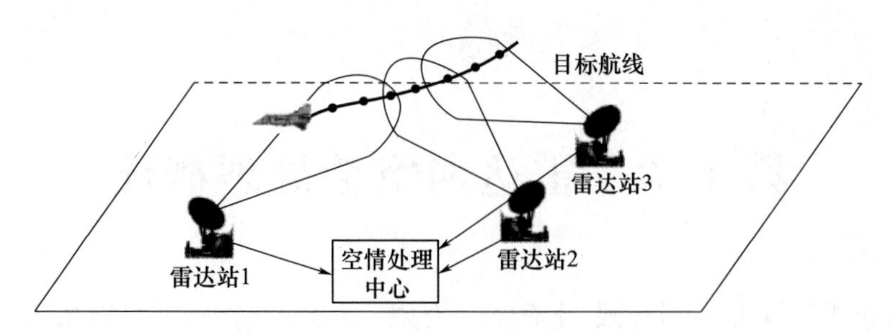

图 4.1 多雷达网连续跟踪目标示意图

2. 探测概率增大

雷达探测概率是指给定点上雷达对目标的探测概率。通常雷达探测范围的外缘是按$P_d=0.5$ 绘制的。在此条件下计算探测范围公式为

$$D=1.35D_{0.5}\sqrt[4]{-\log P} \tag{4-1}$$

式中:$D_{0.5}$是探测概率为 0.5 时的已知探测距离。

由式(4-1)可知,单部雷达在给定点上对目标的探测概率为

$$P=10^{-0.3\left(\frac{D}{D_{0.5}}\right)^4} \tag{4-2}$$

同时实时侦察并向统一情报收集点发送信息的若干雷达对给定目标的总探测概率为

$$P_n = 1 - \prod_{i=1}^{n}(1 - P_i) \tag{4-3}$$

式中:n 为实施目标探测的雷达数量;P_i 为给定点上第 i 部雷达对目标的探测概率;$1-P_i$ 为给定点上第 i 部雷达对目标的漏报概率。

从式(4-3)可以看出,雷达网的探测概率比单个雷达站的探测高,漏报概率低。雷达网系统较之单站雷达提供更多的发现目标机会。

3. 定位精度改善

雷达网系统通常可以获取两个以上的雷达量测数据,当数据通过简单平均的方式组合时,其精度改善因子等于所用雷达数量的平方根。若对各个目标的坐标数据(距离、角度等)按其精度加权,则可得到更好的组合。

雷达利用测距和测角的方法对目标位置进行测量,其各自的测量误差取决于发射信号的形式以及信号处理器和数据录取设备的特性。当距离误差不变时,角度误差会使位置误差增大,而位置误差与距离误差相正交且随距离误差的增加而增大。因此,可以考虑利用多部雷达的测距结果来优化对目标位置的定位;当雷达波束如图 4.2 所示那样交叉时,目标位置误差由分别代表两部雷达误差的面积相交的公共面积来表示,显然公共面积小于任意雷达的误差面积,这说明雷达网可以提高对目标的测量精度。

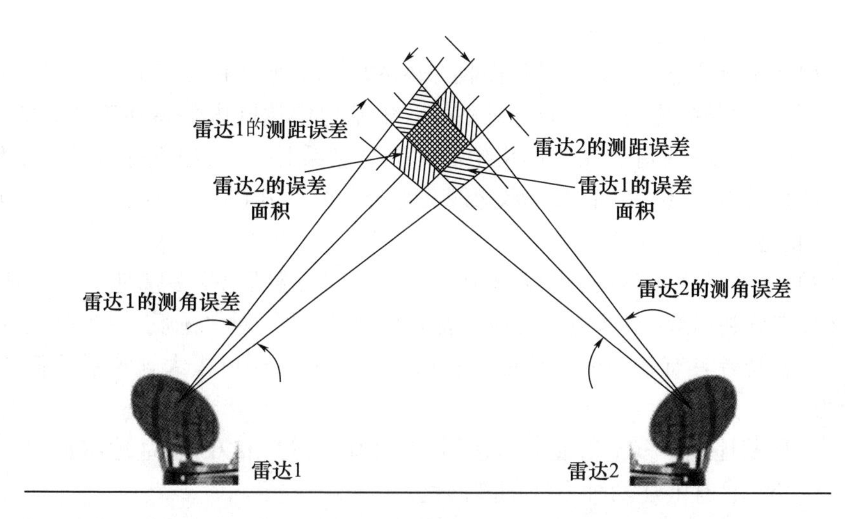

图4.2 雷达网测量精度提高示意图

4. “四抗”能力提高

现代战争,雷达面临着电子干扰、隐身目标、反辐射导弹攻击和低空/超低空突防四大威胁。不同体制、不同频段、不同极化方式的雷达网,可以提高系统的抗电子干扰能力。由于机载干扰设备天线具有一定的方向性,如果雷达网中各雷达站间距比较远,可以使部分雷达站处于敌机航线两侧,而侧方雷达受干扰则会较小,便于对目标进行侦察监视。

组网雷达集频域、空域和极化域等抗隐身措施于一身,不仅能够较早地探测、发现隐身目标,而且还能够凭借其独特的数据融合优势对隐身目标进行精确定位跟踪,组网雷达系统是当今最有前途的抗隐身手段之一。

在防空体系中,不同功能、不同体制、不同作用范围的雷达联网工作,或者采用同频、同体制的雷达联网工作,由指挥信息系统统一指挥协调。网内各雷达交替开机、轮番机动,对反辐射导弹构成闪烁电磁环境,使跟踪方向、频率、波形混淆,增强雷达网抗反辐射导弹攻击的能力。

雷达组网后,空基雷达可以克服地球曲率影响,低空补盲雷达可以超前部署延长防空系统预警时间,杂波抑制技术可以改善组网雷达低空性能,信息融合技术可以增强组网雷达低空性能。可以说,组网雷达集多种抗低空措施于一身,使得它对低空目标的探测、跟踪性能显著提高。

4.2 雷达网分类

按照组网雷达类型,雷达网可分单基地雷达网、双/多基地雷达网和单基地、双/多基地混合雷达网三种。

(1)单基地雷达网:由发射和接收一体的单基地雷达构成的雷达网,通过组网使整个雷达网系统构成一个有机整体。单基地雷达网内各雷达工作独立,工作方式灵活多变;各雷达在与网络中心站失去联系时,也可独立完成部分工作。按照雷达空间部署位置,单基地雷达网又可分为共站式(同地)雷达网和分布式(异地)雷达网。

(2)双/多基地雷达网:由发射和接收在不同位置的双/多基地雷达构成的雷达网,充分利用双/多基地不易被干扰和侦测的特性,对电子反干扰、抗反辐射导弹、反隐身等具有较强的工作能力;辅以空中平台,还可极大地增强抗低空突防能力。

(3)单基地、双/多基地混合雷达网:由单基地雷达和双/多基地雷达混合构成的雷达网,具有上述两种方式的共同优点。

按照组网雷达工作体制,雷达网可分为有源雷达网、无源雷达网和有源、无源混合雷达网三种。

(1)有源雷达网:由有源雷达构成的雷达网。通过组网,可以增加对目标的探测概率,减少漏情概率,改善对目标的定位精度,提高抗电子干扰、抗隐身、抗反辐射导弹和抗低空突防能力。

(2)无源雷达网:由无源雷达构成的雷达网。无源雷达通过接收目标辐射或反射的电磁波实现对目标的探测,只能给出目标的方位信息,通过无源雷达组网协同探测时差定位,可以减小定位时长,提高定位精度,减小探测盲区,充分利用无源雷达的探测特性,提高其防侦察、反干扰、反隐身、抗摧毁的能力。

(3)有源、无源混合雷达网:由有源、无源雷达混合构成的雷达网。有源、无源雷达组网具有较强的互补性。有源雷达通过主动发射电磁波和接收回波对目标进行探测,获得目标的距离和角度信息,定位精度高,但数据率不高,且隐蔽性差,很容易遭受到敌方的干扰和攻击;而无源雷达通过接收目标辐射或反射的电磁波实现对目标的探测,只能给出目标的方位信息,数据精度低,但数据率比较高,不易被敌方摧毁,具有较强的生存能力,是有源雷达的重要补充。

4.3 雷达网关键技术

雷达网系统对目标的探测在原理上与单部雷达系统差别不大,最大区别在于对单个雷达获取的信息要进行再一次统一处理,具体包括数据传输、坐标变换、时间配准、数据编录等内容,这些都需要借助指挥信息系统实现。雷达网系统中的关键技术主要包括雷达网部署技术、时间配准技术、空间配准技术和空情融合技术等。

1. 雷达网部署技术

这个问题的研究关系到能否最大限度地发挥雷达网系统中每一部雷达的探测性能,提高组网系统整体发现概率、时空覆盖以及雷达整体可靠性。部署的优劣不仅影响雷达网系统的空域覆盖,而且影响雷达探测低空超低空目标和隐身目标的能力。传统的雷达站部署基于单部雷达在检飞基础上绘制的波瓣图和雷达探测威力图,考虑网内雷达在距离、高度、频段的交替、衔接和一定的冗余度,以及其缺乏立体感,特别是在敌电子干扰情况下雷达探测范围变化的情况,在主要方向上的部署缺少精确的量化计算,造成探测资源浪费。

1)部署原则

优化布站要充分考虑各种因素,基于多目标优化和多约束决策等数学模型进行量化分析,主要考虑以下原则:

(1)以大型雷达为骨干,中、小型雷达辅助补盲。雷达尽量按等边三角形进行部署,并使相邻大型雷达的探测范围在中空或高空相衔接。在雷达间探测盲区配置中低空雷达。

(2)在雷达总数约束条件下,对主要方向、主要高度层的覆盖重叠系数要尽可能大。

(3)单部雷达对目标的覆盖数最多。

(4)不同频段、不同极化方式、不同工作模式的雷达要混合搭配。

2)雷达阵地选择

雷达阵地一般选择在较为开阔、无地物遮挡的地方,依据地理坐标来确定雷达站位置,若雷达阵地选择不当,则会极大削弱雷达的探测能力。如果在测定雷达地理坐标位置过程中存在偏差,那么可能会产生系统误差。

3)雷达安装和校准

雷达完成阵地安装部署后,需要进行检飞和校准。检飞和校准的主要目的是解决两个问题:一是雷达天线轴线必须垂直雷达定位点的切平面;二是雷达天线产生的波束中心线指向正北时,雷达显示器扫描基线的方位角为 0°。这两个问题中的任何一个未校准好都会在后续测量中产生系统误差。

2. 时间配准技术

对于雷达网情报信息系统的各雷达而言,它们对目标的探测是独立进行的,向情报中心传输数据的时间也是相互独立的,且传输时间也不尽相同,因此各信息源的量测数据往往存在着时间差,在进行信息综合处理前需要对其进行时间上的同步,时间配准的任务就是将各雷达对同一目标不同步的量测信息统一到同一基准时刻下,这是雷达网数据处理的前提条件。具体来说,时间配准包括时间基准统一和测量时刻统一两个步骤。

1)时间基准统一

时间基准统一主要是指网内各雷达站的计时系统要保持严格一致(即在同一时间轴下),其中具体实现途径如下。

(1)网内各雷达间构建统一的授时信道,提供时间基准信息。

(2)利用全球导航卫星系统(Global Navigation Satellite System,GNSS)的高稳定时钟来做各雷达站间的基准信号。

(3)各雷达站采用高稳定度基准频率源,如采用原子钟对时间进行统一标校。

2)测量时刻统一

测量时刻统一是通过内插、外推、数据拟合等方法对各信息源的量测数据进行处理,使得各雷达在不同时刻下的量测数据统一到同一时刻下。

内插外推法是通过将高采样频率雷达的量测数据向低采样频率雷达的量测数据进行配准,最后的融合数据输出频率即为配准频率。这样,会使得配准频率与低采样频率雷达的采样频率相同。因此,当各雷达间的采样频率相差太大时,会导致高采样频率雷达的量测数据丢失,影响整个雷达网系统性能。所以,在进行时间配准前,应首先对配准频率进行合理的选择。配准频率最大值不大于网内雷达的最高采样频率,最小值可小于网内雷达的最低采样频率。配准频率的选择可以选取以下两种方法:

(1)将所有雷达采样频率的平均值作为配准频率。

(2)将所有雷达采样频率的加权平均值作为配准频率,其中权值由各雷达采样精度确定。

采用上述两种方法计算配准频率可以显著减小由于少部分采样频率较大或较小的雷达量测数据对配准精度的影响。与平均值法相比,加权平均值法在配准时考虑了各雷达的采样精度,这样可以提高采样精度高的雷达量测数据在配准中的作用,具体方法将在5.1节中进行介绍。

3. 空间配准技术

空间配准是指分散在不同位置的传感器基于其对空间共同探测目标的量测信息,估计各传感器测量的系统误差,以对目标测量进行实时补偿的技术。雷达网系统中的空间配准技术主要包括坐标统一和系统误差标校。

(1)坐标统一:是由于雷达网系统中的各雷达分布在不同位置,且其测量目标坐标是以各自雷达站为中心的局部极坐标,为了实现对网内各雷达获取空情的统一处理,需要将各雷达站的观测数据转换到以雷达网空情处理中心为原点,正东为 X 轴正方向,正北为 Y 轴正方向的局部直角坐标系,才能对各雷达系统误差进行校正,并开展雷达网空情融合处理,具体方法将在5.2节详细介绍。

(2)系统误差标校:主要包括精确标定雷达站位置和雷达方位标定误差校正,它们是对雷达网内的每一部雷达配置时所产生的空间坐标位置误差和雷达探测基准方位角标定误差的校正,它直接影响雷达网空情融合处理中目标定位和航迹跟踪的准确性,是雷达网空情处理的基础和前提,具体方法将在第 6 章详细介绍。

4. 空情融合技术

雷达网空情融合技术是指基于雷达网信息系统利用计算机技术对雷达测量信息进行预处理,并进行相关、识别与估计,以获取对目标准确的状态和身份估计,以及完整和准确的空中态势。将多部雷达的探测信息进行融合处理,可以实现更高的目标测量精度和更准确的评估,实现对目标的精确定位、跟踪、识别、态势和威胁估计。

雷达网空情融合技术主要解决两个问题:一是判断来自不同雷达的航迹是否属于同一目标;二是若不同航迹来自同一目标,该如何进行信息综合,将多条航迹归并成一条航迹。解决以上两个问题需要用到航迹关联技术和航迹融合技术,涉及这部分的内容将在第 7 章和第 8 章进行介绍。

4.4　雷达网空情处理方式

对于分布在不同位置雷达站组成的对空侦察网,需要对网内各雷达站上报的空情信息进行综合处理,按照信息处理方式可以分为集中式处理方式、分布式处理方式和混合式处理方式。

1. 集中式处理方式

集中式信息处理,也称点迹合并的雷达网信息处理,是指雷达不进行数据处理,经录取输出的是点迹信息,目标的航迹起始、点迹与多雷达的航迹相关、航迹维持以及航迹终止等都在处理中心集中进行的,经处理后输出目标的系统航迹。图 4.3 所示为集中式空情信息处理方框图。从图中可以看出,雷达站数据录取器输出的雷达目标点迹,直接通过通信线路送到处理中心的计算机进行综合处理。

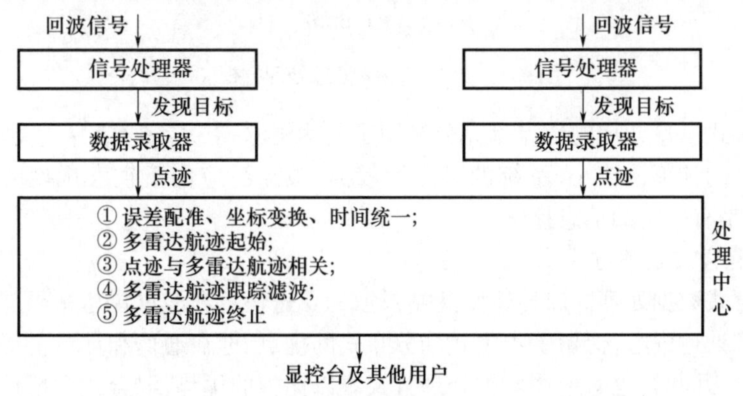

图 4.3　集中式空情信息处理方框图

集中式信息处理的优点是跟踪精度高,并且对机动目标、隐身目标跟踪性能好,目标航迹起始快;缺点是数据传输、计算机性能和雷达标准的要求较高。集中式信息处理方式适用于较小规模的雷达网,如多部雷达位置相同的单站雷达网。

2. 分布式处理方式

分布式信息处理也称航迹合并的雷达网信息处理,是指经雷达数据处理后输出的是目标的航迹数据(雷达站上报的带批号的雷达情报点),然后把单雷达航迹送往雷达情报处理中心的处理计算机进行组合,完成多雷达数据融合,确定各目标唯一的系统航迹,分布式空情信息处理方框图如图 4.4 所示。

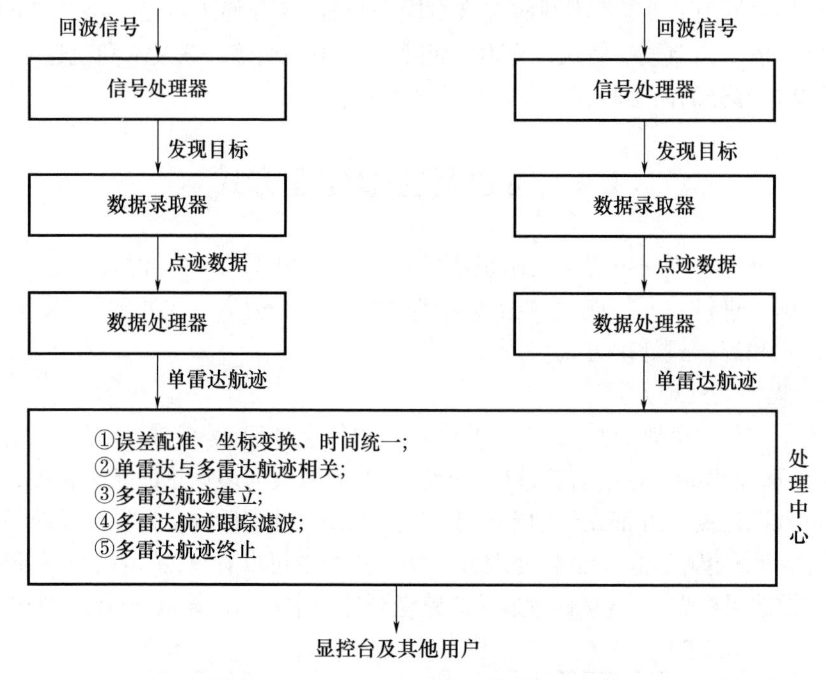

图 4.4　分布式空情信息处理方框图

分布式信息处理的优点是充分利用了雷达资源,对系统通信容量要求较小,处理中心的计算量较小,系统的可靠性较高,被广泛应用于较大规模的雷达网中;缺点是有一定的信息损失。

3. 混合式处理方式

混合式数据处理同时传输雷达站录取的点迹信息和经过雷达站局部处理航迹信息到处理中心,保留了集中式和分布式的优点,但在通信和计算上要付出昂贵的代价。同时,也有上述两类处理方式难以比拟的优势,混合式空情信息处理方框图如图 4.5 所示。

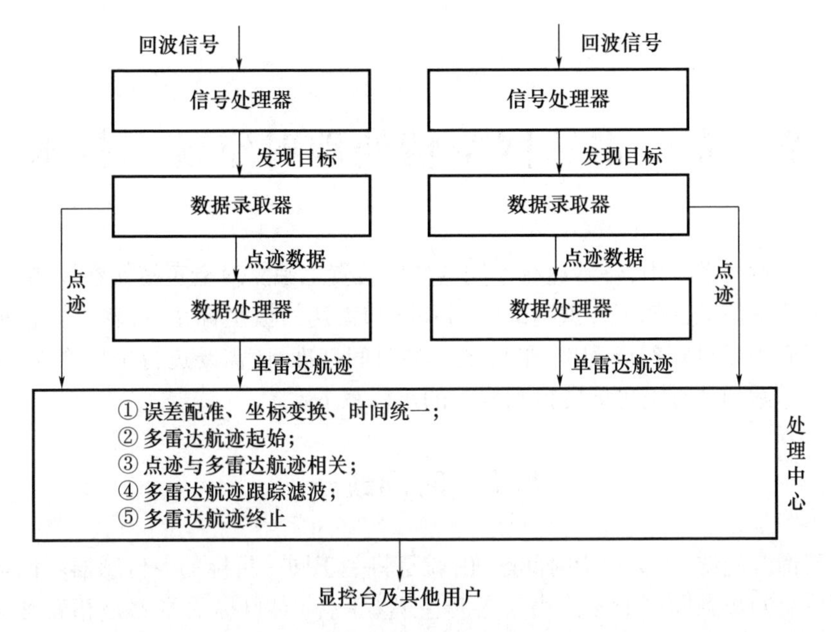

图 4.5　混合式的空情信息处理方框图

从图 4.5 可以看出,混合式处理方式是集中式和分布式两种信息处理方式的结合体,其技术均源自集中式处理方式和分布式处理方式。

参考文献

[1] 陈永光,李修和,沈阳. 组网雷达作战能力分析与评估[M]. 北京:国防工业出版社,2006.

[2] 赵宗贵,熊朝华,王珂,等. 信息融合概念、方法与应用[M]. 北京:国防工业出版社,2012.

[3] 王建涛,高效,等. 雷达网目标状态估计——应用系统数学建模范例分析[M]. 北京:电子工业出版社,2020.

[4] 何友,修建娟,关欣,等. 雷达数据处理及应用[M].3 版. 北京:电子工业出版社,2013.

第5章　雷达网空情处理时空统一技术

在雷达网系统中,各雷达在不同的空间位置上独立对空实施侦察探测,其所获取的测量信息是基于各雷达的时间基准和雷达站极坐标系,传输到空情处理中心后必须要进行时间配准,形成统一的时间基准,还需要进行坐标变换,将基于各雷达站的站心极坐标转换到统一的坐标系下。

5.1　时间统一

所谓时间统一,又称为时间配准,就是将关于同一目标的各传感器不同步的量测信息同步到同一时刻。由于各传感器(平台)对目标的量测是相互独立进行的,且采样周期往往不同(如光学传感器和雷达传感器),所以它们向融合中心报告的时刻往往是不同的。另外,通信网络的不同延迟,各传感器(平台)和融合中心之间传送信息所需的时间也各不相同,因此各传感器报告间有可能存在时间差。所以融合前需将不同步的信息配准到相同的融合时刻。

在对空侦察预警网信息处理过程中,各对空侦察装备独立工作,且均具有独立的时间系统,因此当多部侦察装备组网对空中目标探测时,需按统一的时间系统对空中目标进行测量,这就需要对各雷达进行统一的授时。此外,每部侦察装备的开机时间、扫描周期以及空情传输到指挥所的传输时间是不统一的,通过数据录取器所录取的目标测量数据通常并不是同一时刻上报到情报处理中心的,因此需要在完成时间统一后还需要通过内插外推方法实现航迹点时间的统一。

5.1.1　时间基准统一

1. 时间系统

任何一个周期运动,只要它的周期是恒定并且是可观测的,都可以作为时间尺度。例如,以地球自转周期为时间尺度的时间系统有恒星时、真太阳时、平太阳时、世界时等,这种以地球自转为基准的时间系统具有不均匀性,已被周期更稳定、精度更高的原子跃迁所产生的稳定频率信号为基准的原子时所取代。

(1)世界时(Universal Time,UT)。世界时秒长的定义是:太阳连续两次经子午线的平均时间间隔称为一个平太阳日,一个平太阳日分成 24 × 60 × 60 = 86400s。世界时有三种,即 UT0,UT1 和 UT2,其中 UT1 和 UT2 是对 UT0 的不均匀性进行修正后得到的。

(2)原子时(Atomic Time,AT)。原子时秒长的定义是:铯原子基态的两个超精细能级间在零电磁场下跃迁辐射9192631770C(周)所持续的时间。

(3)协调世界时(Coordinated Universal Time,UTC)。为了获得既准确的频率和均匀的时间尺度,又与地球自转相关的时刻,出现了协调世界时,它用于协调原子时与世界时的关系。协调世界时秒长就是原子时的秒长。

(4)我国现行标准时间的发播。由陕西天文台通过短波和长波,以不同的频率向外发播世界时和北京时间。由中国计量科学院研究院控制的中央电视台广播插入的标准时间频率信号,其时间单位是原子秒,发布的标准时间为北京时间。

2. 系统对时方法

要保证雷达情报信息系统中各级分系统在同一个时间标准下进行同步工作,各雷达站和处理中心的情报处理系统必须有一个统一的计时标准,即统一的时钟。这种统一计时标准的处理过程称为时间同步。目前,系统时间统一方法主要采用网络对时。网络对时系统采用原子钟为一级时钟,利用原子钟作为统一对时的标准,各情报处理系统的系统服务器为二级时钟。系统服务器通过网络向原子钟申请对时,系统内设备(包括雷达站)通过网络向系统服务器申请对时。

5.1.2　航迹点时间统一

在进行情报综合时,把一个处理周期内,各站在不同时刻测量的雷达航迹点通过航迹点时间统一方法统一到同一时刻,即解决各雷达扫描周期不同导致数据采样时刻不同的处理问题。各雷达的目标点迹数据除了包含探测目标的位置信息,还包含统一的时间戳,这样,表示的信息更充分和完整,也便于进一步融合和使用。给各雷达的目标点迹数据加时间戳有两种方法:一是在目标原始点迹数据加上时间戳,即在检测到过门限信号时,录取目标位置参数同时也录取时间统一模块输出的标准时间;二是根据目标原始点迹数据经凝聚处理后的时间,考虑处理延迟,经计算得到探测目标的准确时间。这两种方法适合于不同的雷达系统,前一种方法适合用于新研制的雷达,因其得到的时间更准确;后一种方法适合用于雷达的入网改造,以尽可能地减少对原系统的改动。

在进行情报综合时,需要将各站在不同时刻测量的雷达航迹点统一到同一时刻。常用的方法有外推法、拉格朗日三点插值法、最小二乘曲线拟合法等。

1. 外推法

可采用利用速度外推的方法实现航迹点的时间统一。考虑到信息更新速度较快,所以外推时假设目标坐标是匀速直线变化的,其变化速度是已知的。

为了证明点迹属于同一目标,需要计算它们在同一时刻所处的位置。若计算结果足够接近,则它们很可能属于同一个目标。

点迹统一到同一计时时间的过程如下:①指定需要使用点迹的时刻 t;②确定每个点的外推时间长度;③进行坐标外推。

设时刻 t_1(图 5.1)雷达 1 探测到目标,时刻 t_2 雷达 2 探测到目标。需要在 t_k 时刻使用获得的点迹信息。

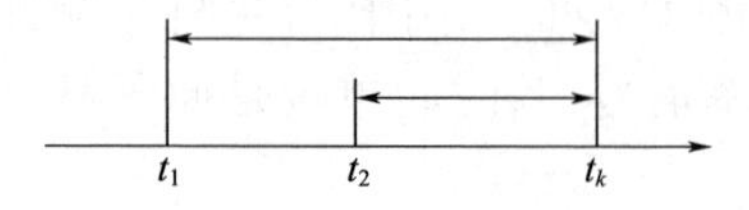

图 5.1　点迹统一到同一计时时间

首先确定每个点的外推时间长度 $t_{ei} = t_k - t_i$,即 $\begin{cases} t_{e1} = t_k - t_1 \\ t_{e2} = t_k - t_2 \end{cases}$,然后根据下式进行坐标外推

$$\begin{cases} X_{ei} = X_i + v_X t_{ei} \\ Y_{ei} = Y_i + v_Y t_{ei} \end{cases} \tag{5-1}$$

式中:X_{ei},Y_{ei} 为 i 点迹在时刻 t_k(坐标比较时刻)的外推坐标;X_i,Y_i 为 i 目标在探测时刻的坐标;v_X,v_Y 为 i 目标的速度分量。

点迹统一到同一计时时间的转换会带来附加的误差,在后续处理过程中必须加以注意。附加误差可以用相应的外推误差公式来估计。

2. 拉格朗日三点插值法

使用拉格朗日三点插值法将高精度的观测数据推算到低精度的时间点上,它的具体算法是:在同一时间片内将各雷达观测数据按测量精度进行增量排序,然后将高精度观测数据分别向最低精度时间点内插、外推,以形成一系列等间隔的目标观测数据,其原理描述如下。

假设 t_{k-1}、t_k、t_{k+1} 时刻测量数据为 X_{k-1}、X_k、X_{k+1},则计算 t_i,时刻($t_{k-1} < t_i < t_{k+1}$)的测量值为

$$X_i = \frac{(t_i - t_k)(t_i - t_{k+1})}{(t_{k-1} - t_k)(t_{k-1} - t_{k+1})} \times X_{k-1} + \frac{(t_i - t_{k-1})(t_i - t_{k+1})}{(t_k - t_{k-1})(t_k - t_{k+1})} \times X_k + \frac{(t_i - t_{k-1})(t_i - t_k)}{(t_{k+1} - t_{k-1})(t_{k+1} - t_k)} \times X_{k+1} \tag{5-2}$$

若(t_{k-1},X_{k-1})、(t_k,X_k)、(t_{k+1},X_{k+1})三点不在一条直线上,则上述插值公式得到的是一个二次函数,通过这三点的曲线是抛物线。该方法的 Matlab 代码如下。

```
%%%%%%%%%%%%%%%%%%%%%%%%%%%%%%%%%%%%%%%%%%%%%%%%
function yy = lagrange(x,y,xx)
% x,y 为雷达的原始数据,xx 为间隔相等的数据,yy 是 xx 代入插值函数得到的输出值
m = length(x);
n = length(y);
if m ~ = n
    error('向量 x 与 y 的长度必须一致')
end
s = 0;
for i  = 1:n
    t = ones(1,length(xx))
    for j = 1:n
        if j ~ = i
            t = t. * (xx  - x(j))/(x(i) - x(j))
        end
    end
    s = s + t * y(i)
end
yy = s;
%%%%%%%%%%%%%%%%%%%%%%%%%%%%%%%%%%%%%%%%%%%%%%%%
```

3. 最小二乘曲线拟合法

对于各雷达的目标点迹数据$(t_k, X_k)(k=1,2,\cdots,n)$,做曲线拟合时,最小二乘法的基本原理是使得各雷达的观测数据与拟合曲线的偏差的平方和最小,这样就能使拟合的曲线更接近于真实函数。其具体步骤描述如下。

设未知函数接近于线性函数,取表达式

$$X(t) = a \cdot t + b \tag{5-3}$$

作为它的拟合曲线。又设所得的观测数据为$(t_k, X_k)(k=1,2,\cdots,n)$,则每一个观测数据点与拟合曲线的偏差为

$$X(t_k) - X_k = a \cdot t_k + b - X_k, k=1,2,\cdots,n \tag{5-4}$$

而偏差的平方和为

$$F(a,b) = \sum_{k=0}^{n} (a \cdot t_k + b - X_k)^2 \tag{5-5}$$

根据最小二乘原理,应取 a 与 b 使 $F(a,b)$ 有极小值,即 a 与 b 应满足条件:

$$\begin{cases} \dfrac{\partial F(a,b)}{\partial a} = 2\sum_{k=0}^{n} (a \cdot t_k + b - X_k) \cdot t_k = 0 \\ \dfrac{\partial F(a,b)}{\partial b} = 2\sum_{k=0}^{n} (a \cdot t_k + b - X_k) = 0 \end{cases} \tag{5-6}$$

最小二乘曲线拟合法的 Matlab 代码如下。

```
%%%%%%%%%%%%%%%%%%%%%%%%%%%%%%%%%%%%%%%%%%%%%
clear all
clc
adsb_data = load('adsb_65852.txt'); % 读取 ADS - B 数据
radar_data = load('LLQ07A_651.txt');% 读取雷达数据
[a_m,a_n] = size(adsb_data);          % 获取数组大小
[r_m,r_n] = size(radar_data);         % 获取数组大小
% ADS - B 的时间、距离、方位、高度
a_t1 = adsb_data(:,2);          % 录取时间
a_r  = adsb_data(:,7);          % 斜距离
a_a = adsb_data(:,8) * pi/180; % 方位
a_h = adsb_data(:,9);           % 高度
for i = 1:a_m
    a_y(i) = sqrt(a_r(i)^2 - a_h(i)^2) * cos(a_a(i));
    a_x(i) = sqrt(a_r(i)^2 - a_h(i)^2) * sin(a_a(i));
end
% 雷达录取目标的时间、距离、方位、高度
r_t1 = radar_data(:,2);          % 录取时间
r_r = radar_data(:,7);           % 斜距离
r_a = radar_data(:,8) * pi/180;% 方位
r_h = radar_data(:,9);           % 高度
for i = 1:r_m
    r_y(i) = sqrt(r_r(i)^2 - a_h(i)^2) * cos(r_a(i));
    r_x(i) = sqrt(r_r(i)^2 - a_h(i)^2) * sin(r_a(i));
end
mm = find((a_t1 > r_t1(1))&(a_t1 < r_t1(r_m)));% 从 ADS - B 数据中找出
雷达获取数据的时间段
m_start = mm(1);                              % 得到时间起点往前推 5 个周期
m_end = mm(end);                              % 得到时间终点往后推 5 个周期
%%%%%%%%%%%%%% 对 x 和 y 坐标插值%%%%%%%%%%%%%%%%
a_xi = interp1(a_t1(m_start:m_end),a_x(m_start:m_end),r_t1);
a_yi = interp1(a_t1(m_start:m_end),a_y(m_start:m_end),r_t1);
figure(1)
plot(r_x,r_y,'r - *',a_x(m_start:m_end),a_y(m_start:m_end),'b. -',a_
xi,a_yi,'k - o');
legend('雷达测量数据','ADS - B 测量数据','ADS - B 插值数据');
axis square
```

```
grid on
%%%%%%%%%%%%%%%%%%%%%%%%%%%%%%%%%%%%%%%%%%%%%%%%%
```

最小二乘曲线拟合法仿真结果如图 5.2 所示。

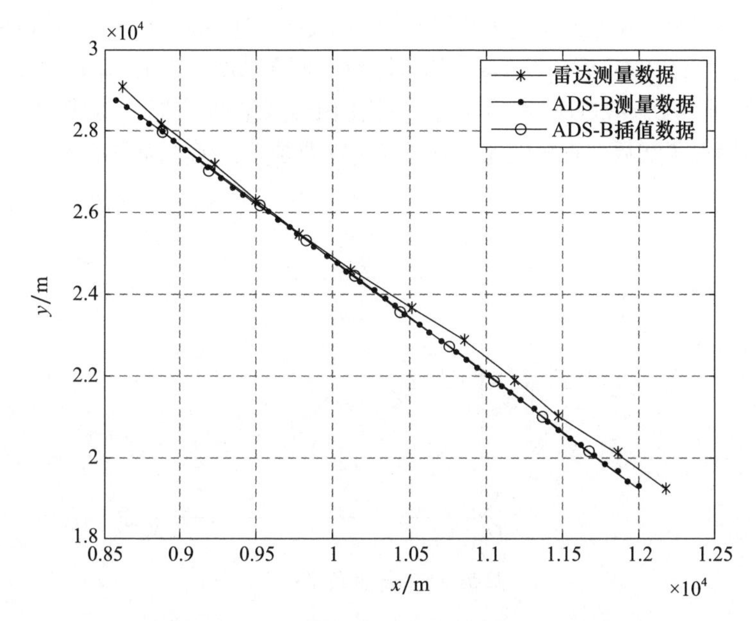

图 5.2　最小二乘曲线拟合法仿真结果(见彩插)

5.2　坐标统一

为了说明所研究对象的位置、运动速度、运动方向等,必须选取其坐标系。在参照系中,为确定空间一点的位置,按规定方法选取的有次序的一组数据,称为"坐标"。在工程应用中规定的坐标包括坐标原点、维度、正方向以及单位长度等信息,这就是该工程中所用的坐标系。空情信息处理很重要的工作就是对传感器测定的空中目标坐标进行处理,在这一过程中会涉及多种坐标系及其转换关系。本节主要对空情信息处理工程实践中用到的坐标系及其转换关系进行详细介绍。

在进行多传感器组网空情处理时涉及局部直角坐标系、局部球面坐标系、局部柱面坐标系、地理坐标系(Geographic Coordinate System,GEOGCS)、地心地固坐标系(Earth - Centered,Earth - Fixed,ECEF,也称地球固定坐标系)等多种坐标系,因而需要进行空间配准和坐标转换。在对坐标位置的不同传感器所获得的数据进行处理时,首先要做的是将测量数据转换到公共的坐标系下,其次是对数据进行处理。

5.2.1 常用坐标系

1. 局部直角坐标系

局部直角坐标系是以雷达天线回转中心(天线基座平面内)或空情处理中心为原点 O,建立直角坐标系 $O_R X_R Y_R Z_R$,X_R 轴沿 O_R 所在纬度线指东,Y_R 轴沿 O_R 所在经度线指北,垂直于天线基座(融合中心)平面向上为 Z_R 轴正方向,构成左手坐标系,任意一目标点 T 在局部直角坐标系中的坐标为 $T(X_R, Y_R, Z_R)$,如图 5.3 所示。

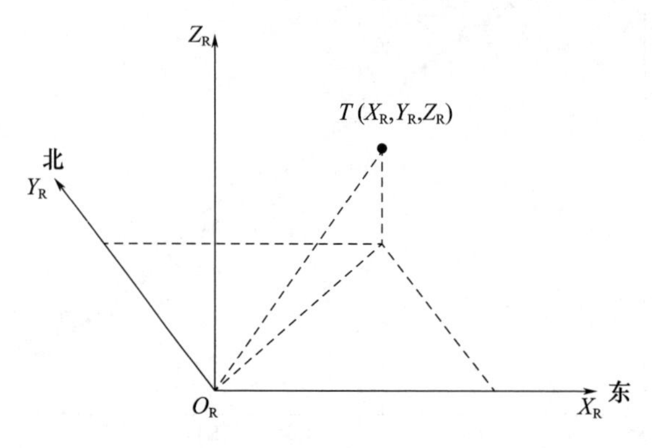

图 5.3 局部直角坐标系

2. 局部球面坐标系

局部球面坐标系如图 5.4 所示,以雷达天线回转中心(天线基座平面内)为原点 O(即以雷达直角坐标系的原点为原点);T 在 $X_R O_R Y_R$ 平面上的投影与雷达直角坐标系的 Y_R 轴的夹角 α_R 为方位角(顺时针方向为正);T 与 $X_R O_R Y_R$ 平面的夹角 β_R 为俯仰角(向上为正);目标点 T 与原点 O_R 的径向长度为距离 R_R;任意一目标点 T 在雷达球坐标系中的坐标可表示为 $T(R_R, \alpha_R, \beta_R)$,防空兵火控雷达直接测得目标位置信息为雷达球坐标系下的坐标。

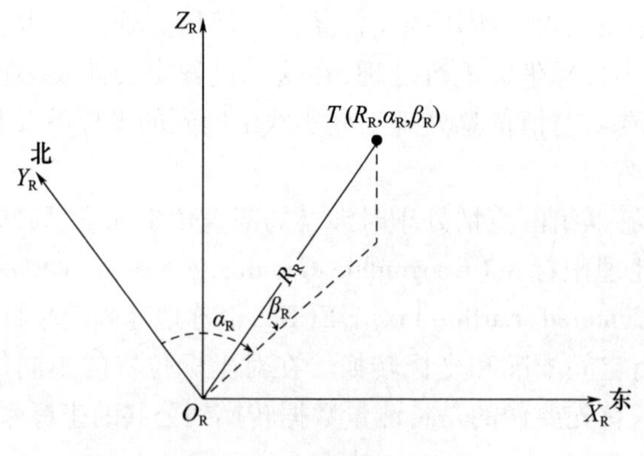

图 5.4 局部球面坐标系

3. 局部柱面坐标系

局部柱面坐标系如图5.5所示,以雷达天线回转中心(天线基座平面内)为原点O(即以雷达直角坐标系的原点为原点);T在$X_RO_RY_R$平面上的投影与雷达直角坐标系的Y_R轴的夹角α_R为方位角(顺时针方向为正);T与其在$X_RO_RY_R$平面投影的距离H_R为高度(向上为正);目标点T与原点O_R的径向长度为距离R_R;任意一目标点T在雷达柱面坐标系中的坐标可表示为$T(R_R,\alpha_R,H_R)$,防空兵警戒雷达直接测得目标位置信息为雷达柱面坐标系下的坐标。

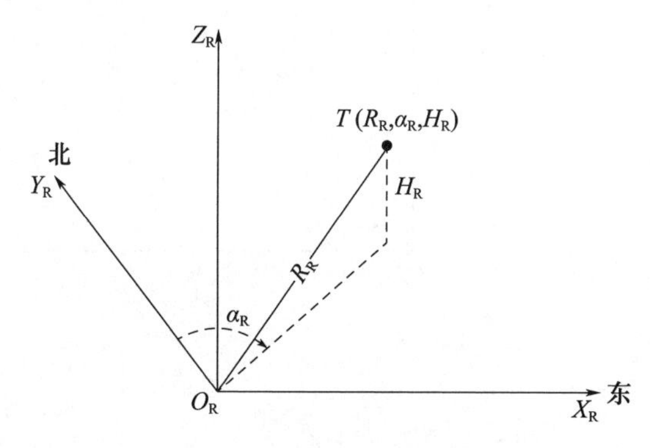

图5.5　局部柱面坐标系

4. 地理坐标系

地理坐标系如图5.6所示:地球椭球的中心与地球质心(质量中心)重合,椭球的短轴与地球自转轴相重合。大地经度λ,为过地面点的椭球子午面与格林尼治大地子午面之间的夹角;地心大地纬度ϕ,是过点的椭球法线(与参考椭球面正交的直线)和椭球赤道面的夹角;大地高为h。全球定位系统(Global Positioning System,GPS)和北斗导航系统测量系统给出的位置坐标值使用此坐标系。任意一目标点P在地心大地坐标系中的坐标可表示为$P(\lambda,\phi,h)$,λ、ϕ、h分别表示地理的经度、纬度和高度。

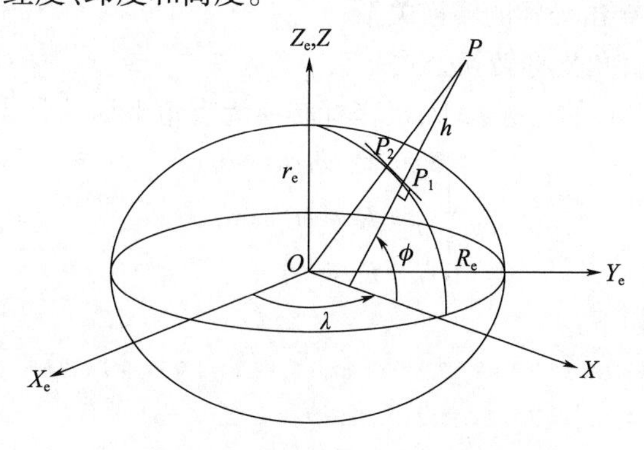

图5.6　参考的椭球及地理参数

5. 地球固定坐标系

地球固定坐标系如图5.7所示:在参考椭球体内建立的坐标系 $OX_eY_eZ_e$,它的原点在椭球中心 O,Z_e 轴与椭球短轴重合,X_e 轴与椭球赤道面和起始大地子午面的交线重合,Y_e 轴与 X_eZ_e 平面正交,指向东方。X_e,Y_e,Z_e 轴构成右手系,点 P 的地心直角坐标系用 (X,Y,Z) 表示。

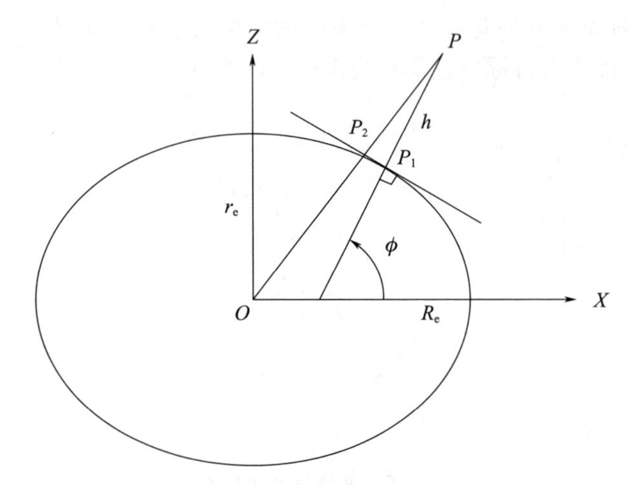

图5.7 椭圆和地理纬度

5.2.2 坐标系之间的转换关系

设雷达 R 的位置以大地(地理)坐标 (λ,ϕ,h) 表示,其中,λ,ϕ,h 分别表示地理的经度、纬度和高度。在以雷达 R 为中心的坐标系下,空间点 P 的直角坐标为 $[x_P \quad y_P \quad z_P]^{\mathrm{T}}$,其中,$x$ 以正东为正,y 以正北为正。空间点 P 的极坐标为 $(R_P,\alpha_P,\beta_P)^{\mathrm{T}}$,其中,$R_P,\alpha_P,\beta_P$ 分别为距离、方位角(正北为0,顺时针为正)与高低角。

1. 极坐标与直角坐标的转换关系

1)极坐标到直角坐标转换公式

以雷达 s 为中心的坐标系下,极坐标转换为直角坐标的公式为

$$\begin{cases} x_P = R_P\cos\beta_P\cos\alpha_P \\ y_P = R_P\cos\beta_P\sin\alpha_P \\ z_P = R_P\sin\beta_P \end{cases} \tag{5-7}$$

Matlab 代码如下:

```
%%%%%%%%%%%%%%%%%%%%%%%%%%%%%%%%%%%%%%%%%%%%%%%%%%%%%
function [x,y,z] = RAEtoxyz(R,A,E)
% 输入为极坐标系下的斜距离 R(单位为米),方位角 A(单位为度),俯仰角(单位为度)
```

```
% 输出为直角坐标系下的 x(单位为米)、y(单位为米)、z(单位为米)
x = R. * cos(E. * pi. /180). * sin(A. * pi. /180);
y = R. * cos(E. * pi. /180). * cos(A. * pi. /180);
z = R. * sin(E. * pi. /180);
end
%%%%%%%%%%%%%%%%%%%%%%%%%%%%%%%%%%%%%%%%%%%%%%%%
```

2) 直角坐标转换为极坐标转换公式

$$\begin{cases} R_P = \sqrt{x_P^2 + y_P^2 + z_P^2} \\ \alpha_P = \arctan \dfrac{x_P}{y_P} \\ \beta_P = \arcsin \dfrac{z_P}{\sqrt{x_P^2 + y_P^2 + z_P^2}} \end{cases} \tag{5-8}$$

Matlab 代码如下:

```
%%%%%%%%%%%%%%%%%%%%%%%%%%%%%%%%%%%%%%%%%%%%%%%%
function [R,A,E] = xyz2RAE(x,y,z)
% 输入为直角坐标系下的 x(单位为米)、y(单位为米)、z(单位为米)
% 输出为极坐标系下的斜距离 R(单位为米),方位角 A(单位为度),俯仰角 E(单位为度)
R = sqrt(x.^2 + y.^2 + z.^2);
if x > 0
    A = rad2deg(atan2(x,y));
else
    A = rad2deg(atan2(x,y)) + 360;
end
E = rad2deg(atan(z. /sqrt(x.^2 + y.^2)));
End
%%%%%%%%%%%%%%%%%%%%%%%%%%%%%%%%%%%%%%%%%%%%%%%%
```

2. 地理坐标与地球固定坐标的转换关系

1) 地理坐标到地球固定坐标转换公式

从地理坐标到地球固定坐标(以地球中心为坐标系中心)的转换关系为

$$P(\lambda,\phi,h) = \begin{bmatrix} X \\ Y \\ Z \end{bmatrix} = \begin{bmatrix} (N+h)\cos\phi\cos\lambda \\ (N+h)\cos\phi\sin\lambda \\ [N(1-\rho^2)+h]\sin\phi \end{bmatrix} \tag{5-9}$$

式中: $N = \dfrac{R_e}{\sqrt{1-\rho^2\sin^2\phi}}$, 其中 $R_e = 6378.137\text{km}$ 为地球的长轴半径, $r_e = 6356.7523142\text{km}$ 为地球短轴半径, $\rho = \sqrt{1-\dfrac{r_e^2}{R_e^2}} \approx 0.0818192$ 为地球的偏心率。

Matlab 代码如下：

```
%%%%%%%%%%%%%%%%%%%%%%%%%%%%%%%%%%%%%%%%%%%%%%%%
%   intput:
%           (Lon,Lat,H) ------------经纬度和大地高,可以为列向量
%
%           Reference Frame ----------参考框架
%   output:
%           (X,Y,Z) -----------------空间直角坐标
%
function [Xe,Ye,Ze] = LBH2ECEF(Lon,Lat,H,ReferenceFrame)
if nargin < 4
    ReferenceFrame = 'GRS80';
end
switch ReferenceFrame
    % GRS80 椭球参数,根据 IERS 2010 得到
    case 'GRS80'
        a = 6378137;% 长半轴
        f = 1/298.257222101;% 扁率
    % WGS84 椭球参数
    case 'WGS84'
        a = 6378137;% 长半轴
        f = 1/298.257223563;% 扁率
end
Lon = Lon * pi/180;
Lat = Lat * pi/180;
b = (1 - f) * a;% 短半轴
e2 = 1 - b^2 /a^2;% 偏心率的平方
N = a. /sqrt(1 - e2 * sin(Lat).^2);% 卯酉圈曲率半径
% 空间直角坐标
Xe = (N + H). * cos(Lat). * cos(Lon);
Ye = (N + H). * cos(Lat). * sin(Lon);
Ze = (N * (1 - e2) + H). * sin(Lat);
End
%%%%%%%%%%%%%%%%%%%%%%%%%%%%%%%%%%%%%%%%%%%%%%%%
```

2)地球固定坐标到地理坐标转换公式

从地球固定坐标 $P(\lambda,\phi,h)=\begin{bmatrix}X\\Y\\Z\end{bmatrix}$到地理坐标$(\lambda,\phi,h)$的精确变换较为复

杂，下面给出变换公式：

$$\begin{cases}\lambda = \arctan \dfrac{Y}{X} \\ \phi = \arctan\{Z(N+H)/[\sqrt{X^2+Y^2} \times N(1-e^2)+H]\} \\ h = Z/\sin B - N(1-e^2)\end{cases} \tag{5-10}$$

Matlab 代码如下：

```
%%%%%%%%%%%%%%%%%%%%%%%%%%%%%%%%%%%%%%%%%%%%%%%%%%%
%   input:
%           (X,Y,Z) -----------------空间直角坐标,可以为列向量
%           Reference Frame ----------参考框架
%   output:
%           Lon ---------------------经度
%           Lat ---------------------纬度
%           H -----------------------大地高
function [Lon,Lat,H] = ECEF2LBH(X,Y,Z,ReferenceFrame)
if nargin < 4
    ReferenceFrame = 'GRS80';
end
switch ReferenceFrame
    % GRS80 椭球参数,根据 IERS 2010 得到
    case 'GRS80'
        a = 6378137;% 长半轴
        f = 1/298.257222101;% 扁率
    % WGS84 椭球参数
    case 'WGS84'
        a = 6378137;% 长半轴
        f = 1/298.257223563;% 扁率
end
%%%%%%%%%%%%%%%%%%%%%%%%%%%%%%%%%%%%%%%%%%%%%%%%%%%
% 短半轴、偏心率的平方
b = (1 - f) * a;
e2 = 1 - b^2/a^2;
% 计算大地经度
Lon = atan(Y./X);% X 等于零的情况包括在内
isSecondQuadrant = X < 0&Y >= 0;
isThirdQuadrant = X < 0&Y < 0;
Lon(isSecondQuadrant) = Lon(isSecondQuadrant) + pi;
Lon(isThirdQuadrant) = Lon(isThirdQuadrant) - pi;
```

```
% 计算大地纬度和大地高
Lat = atan(Z./(sqrt(X.^2 + Y.^2) * (1 - e2)));% 初值
while(1)% 不动点迭代
    N = a./sqrt(1 - e2 * sin(Lat).^2);% 卯酉圈曲率半径
    H = Z./sin(Lat) - N * (1 - e2);
    temp = atan(Z. * (N + H)./sqrt(X.^2 + Y.^2)./(N * (1 - e2) + H));
    notAccurate = abs(temp - Lat) > =1e - 10;
    Lat(notAccurate) = temp(notAccurate);
    if(sum(sum(notAccurate)) = =0)
        break;
    end
end
H = Z./sin(Lat) - N * (1 - e2);
Lon = Lon * 180 /pi;
Lat = Lat * 180 /pi;
End
%%%%%%%%%%%%%%%%%%%%%%%%%%%%%%%%%%%%%%%%%%%%%%%%%%%%%%%%%%%%%%%%%%%%%%%%%%%%%%%
```

3. 局部直角坐标和地球固定坐标转换关系

1)局部直角坐标转换为地球固定坐标

由于在雷达网空情处理过程中,各雷达站获取的目标坐标均为局部极坐标,为此需要将局部极坐标系转换到统一的地理坐标系中,假设雷达站地理坐标为(λ_R,ϕ_R,h_R),雷达站测得的目标局部极坐标为$(R_T,\alpha_T,\beta_T)^T$,则该目标的地理坐标可以通过以下公式得到。

首先,将目标极坐标转换为局部直角坐标,即

$$\begin{cases} x_T = R_T\cos\beta_T\cos\alpha_T \\ y_T = R_T\cos\beta_T\sin\alpha_T \\ z_T = R_T\sin\beta_T \end{cases} \tag{5-11}$$

其次,将雷达站地理坐标(λ_R,ϕ_R,h_R)转换为地球固定直角坐标(X_R,Y_R,Z_R),即

$$\begin{bmatrix} X_R \\ Y_R \\ Z_R \end{bmatrix} = \begin{bmatrix} (N+h_R)\cos\phi_R\cos\lambda_R \\ (N+h_R)\cos\phi_R\sin\lambda_R \\ [N(1-\rho^2)+h_R]\sin\phi_R \end{bmatrix} \tag{5-12}$$

最后,将目标局部直角坐标转换为地球固定直角坐标(X_T,Y_T,Z_T),即

$$\begin{bmatrix} X_T \\ Y_T \\ Z_T \\ 0 \end{bmatrix} = \begin{bmatrix} -\sin\phi_R\cos\lambda_R & -\sin\phi_R\sin\lambda_R & \cos\phi_R & 0 \\ -\sin\lambda_R & \cos\lambda_R & 0 & 0 \\ -\cos\phi_R\cos\lambda_R & -\cos\phi_R\cos\lambda_R & -\sin\phi_R & 0 \\ 0 & 0 & 0 & 1 \end{bmatrix}^T \times \begin{bmatrix} x_T \\ y_T \\ z_T \\ 0 \end{bmatrix} + \begin{bmatrix} X_R \\ Y_R \\ Z_R \\ 0 \end{bmatrix} \tag{5-13}$$

Matlab 代码如下：

```
%%%%%%%%%%%%%%%%%%%%%%%%%%%%%%%%%%%%%%%%%%%%%%%%
function [Xe,Ye,Ze] = xyztoECEF(jd,wd,gd,x,y,z)
% 输入为：
% jd、wd、gd 分别为传感器所在位置的经度、纬度、高度；
% x、y、z 为传感器获取目标的局部直角坐标
% 输出为：
% Xe,Ye,Ze 分别为目标的地球固定坐标
[X1,Y1,Z1] = LBHtoECEF(jd,wd,gd); % 首先将传感器位置地理坐标转换为地球固定坐标
jd = jd * pi/180;
wd = wd * pi/180;
P = zeros(3,3);
P(1,1) = -sin(jd);
P(1,2) = -sin(wd) * cos(jd);
P(1,3) = cos(wd) * cos(jd);
P(2,1) = cos(jd);
P(2,2) = -sin(wd) * sin(jd);
P(2,3) = cos(wd) * sin(jd);
P(3,1) = 0;
P(3,2) = cos(wd);
P(3,3) = sin(wd);
XX = P * [x;y;z];
Xe = X1 + XX(1);
Ye = Y1 + XX(2);
Ze = Z1 + XX(3);
End
%%%%%%%%%%%%%%%%%%%%%%%%%%%%%%%%%%%%%%%%%%%%%%%%
```

2)地球固定坐标转换为局部直角坐标

首先利用将传感器地理坐标(λ_R,ϕ_R,h_R)转换为地球固定坐标(X_R,Y_R,Z_R)；再将目标固定坐标(X_T,Y_T,Z_T)转换为以传感器为中心的局部直角坐标(x_T,y_T,z_T)：

$$\begin{bmatrix} x_T \\ y_T \\ z_T \\ 0 \end{bmatrix} = \begin{bmatrix} -\sin\lambda_R & -\sin\phi_R\cos\lambda_R & \cos\lambda_R\cos\phi_R & 0 \\ \cos\lambda_R & -\sin\phi_R\sin\lambda_R & \cos\phi_R\sin\lambda_R & 0 \\ 0 & \cos\phi_R & \sin\phi_R & 0 \\ 0 & 0 & 0 & 1 \end{bmatrix}^T \times \begin{bmatrix} X_T - X_R \\ Y_T - Y_R \\ Z_T - Z_R \\ 0 \end{bmatrix} \tag{5-14}$$

Matlab 代码如下：

```
%%%%%%%%%%%%%%%%%%%%%%%%%%%%%%%%%%%%%%%%%%%%%%%%%
function [x,y,z] = XYZ2xyz(jd,wd,gd,Xe,Ye,Ze)
    [X1,Y1,Z1] = LBHtoECEF(jd,wd,gd);
    jd = jd * pi/180;
    wd = wd * pi/180;

    % 以下矩阵参考自《信息融合概念、方法与应用》
    P = zeros(3,3);
    P(1,1) = -sin(jd);
    P(1,2) = -sin(wd) * cos(jd);
    P(1,3) = cos(wd) * cos(jd);
    P(2,1) = cos(jd);
    P(2,2) = -sin(wd) * sin(jd);
    P(2,3) = cos(wd) * sin(jd);
    P(3,1) = 0;
    P(3,2) = cos(wd);
    P(3,3) = sin(wd);

    XX = Xe - X1;
    YY = Ye - Y1;
    ZZ = Ze - Z1;
    tt = P' * [XX;YY;ZZ];
    x = tt(1);
    y = tt(2);
    z = tt(3);
%%%%%%%%%%%%%%%%%%%%%%%%%%%%%%%%%%%%%%%%%%%%%%%%%
```

4. 大地坐标与高斯平面坐标的转换关系

1)大地坐标转换成高斯平面坐标

在地图学中,大地坐标转换成高斯平面坐标是指建立地球椭球面和投影平面上两个点间的一一对应关系,又称高斯投影正算。设大地坐标点的纬度和经度为(B,L),转换到高斯投影平面上的点坐标为(x,y)。a 是地球长半轴,b 是地球短半轴,e 是椭球第一偏心率,e_1 是地球第二偏心率。高斯投影正算公式如下(角度取弧度值,此公式的换算精度为 0.001m):

$$x = G + \frac{N}{2\rho''^2}\sin B\cos B \times l''^2 + \frac{N}{24\rho''^2}\sin B\cos^3 B(5 - t^2 + 9\eta^2 + 4\eta^4) \times l''^4 + \frac{N}{720\rho''^6}\sin B\cos^5 B(61 - 58t^2 + t^4) \times l''^6 \tag{5-15}$$

$$y = \frac{N}{\rho''}\cos B \times l'' + \frac{N}{6\rho''^3}\cos^3 B(1 - t^2 + \eta^2) \times l''^3$$

$$+ \frac{N}{120\rho''^5}\cos^5 B(5 - 18t^2 + t^4 + 14\eta^2 - 58\eta^2 t^2) \times l''5 \quad (5-16)$$

式中:$l'' = L - L_0$,L_0 为中央子午线经度;N 为该点的卯酉圈曲率半径;G 为子午线弧长。

$$N = \frac{a}{\sqrt{1 - (e \times \sin B)^2}} \quad (5-17)$$

$$t = \tan B \quad (5-18)$$

$$\eta^2 = e_1^2 \cos^2 B \quad (5-19)$$

$$\rho'' = \frac{180}{\pi} \times 3600 \quad (5-20)$$

$$G = a_0 B - \sin B\cos B\left[(a_2 - a_4 - a_6) + \left(2a_4 - \frac{16}{3}a_6\right)\sin^2 B + \frac{16}{3}a_6 \sin^4 B\right] \quad (5-21)$$

$$a_0 = m_0 + \frac{1}{2}m_2 + \frac{3}{8}m_4 + \frac{5}{16}m_6 + \frac{35}{128}m_8 \quad (5-22)$$

$$a_2 = \frac{1}{2}m_2 + \frac{1}{2}m_4 + \frac{15}{32}m_6 + \frac{7}{16}m_8 \quad (5-23)$$

$$a_4 = \frac{1}{8}m_4 + \frac{3}{16}m_6 + \frac{7}{32}m_8 \quad (5-24)$$

$$a_6 = \frac{1}{32}m_6 + \frac{1}{16}m_8 \quad (5-25)$$

$$a_8 = \frac{1}{128}m_8 \quad (5-26)$$

$$m_0 = a \times (1 - e^2) \quad (5-27)$$

$$m_2 = \frac{3}{2}e^2 m_0 \quad (5-28)$$

$$m_4 = 5e^2 m_2 \quad (5-29)$$

$$m_6 = \frac{7}{6}e^2 m_4 \quad (5-30)$$

$$m_8 = \frac{9}{8}e^2 m_6 \quad (5-31)$$

Matlab 代码如下:

```
%%%%%%%%%%%%%%%%%%%%%%%%%%%%%%%%%%%%%%%%%%%%%%%%%%%%%%%%
function Pos = GaussProDirect(Coord)
% Coord 为经纬度向量(经度维度)
% 定义地球参数结构体 Eth
```

```
% D2R 为角度转弧度系数
%  R0 为地球长半轴
%  f 为地球扁率
%  e11 第一偏心率
%  e21 第二偏心率
%% 初值设定
MerLon =114;% 中央经线为 114°
Pos = Coord;% 先定义返回高斯值
%% 参数公式换算
Eth.D2R = 0.0174532925199433;  % pi/180 为角度转弧度系数
Lon = Coord(1) * Eth.D2R - MerLon * Eth.D2R;% 经度转换成弧度,lon 为参考中央子午线起始值
Lat = Coord(2) * Eth.D2R;% 纬度转换成弧度
%% 地球参数计算
Eth.R0 = 6378137.0;% 地球长半值
Eth.f = 1/298.257223563;% 地球扁率
Eth.Rp = 6356752.3142452;%  R0 * (1 - f);地球短半轴
Eth.e12 = 0.006694379990141;% (2f - f * f);第一偏心率平方
Eth.e11 = 0.081819190842622;%  sqrt(2f - f * f);第一偏心率
Eth.e22 = 0.00673949674227643;%  (2f - f * f) /(1 + f * f - 2 * f);第二偏心率平方
Eth.e21 = 0.08209443794969570;% sqrt (2f - f * f) /(1 + f * f - 2 * f);第二偏心率
%% 高斯投影正算公式
RN = Eth.R0 /sqrt(1 - Eth.e12 * sin(Lat) * sin(Lat));
Lon2 = Lon * Lon;Lon4 = Lon2 * Lon2;
tnLat = tan(Lat); tn2Lat = tnLat * tnLat; tn4Lat = tn2Lat * tn2Lat;
csLat = cos(Lat); cs2Lat = csLat * csLat; cs4Lat  = cs2Lat * cs2Lat;
Eta2 = Eth.e22 * cs2Lat;Eta4 = Eta2 * Eta2;
NTBLP = RN * tnLat * cs2Lat * Lon2;
COE1 = (5 - tn2Lat + 9 * Eta2 + 4 * Eta4) * cs2Lat * Lon2 /24;
COE2 = (61 - 58 * tn2Lat + tn4Lat) * cs4Lat * Lon4 /720;
%% 输出高斯 x 坐标,Merdian(Eth,Lat)为本初子午线弧长
x = Merdian(Eth,Lat) + NTBLP * (0.5 + COE1 + COE2);
%% 输出高斯 y 坐标
NBLP = RN * csLat * Lon;
COE3 = (1 - tn2Lat + Eta2) * cs2Lat * Lon2 /6;
COE4 = (5 - 18 * tn2Lat + tn4Lat + 14 * Eta2 - 58 * tn2Lat * Eta2) * cs4Lat *
```

```
Lon4/120;
    y = NBLP * (1 + COE3 + COE4) + 500000;
    Pos(1) = x; Pos(2) = y;
    end
    function X0 = Merdian(Eth,Lat)
    % 子午线弧长公式泰勒级数公式前几项
    S0 = Eth.R0 * (1 - Eth.e12);
    e2 = Eth.e12;
    e4 = e2 * e2;
    e6 = e4 * e2;
    e8 = e6 * e2;
    e10 = e8 * e2;
    e12 = e10 * e2;
    A1 = 1 + 3 * e2 / 4 + 45 * e4 / 64 + 175 * e6 / 256 + 11025 * e8 / 16384 + 43659 *
e10 / 65536 + 693693 * e12 / 1048576;
    B1 = 3 * e2 / 8  + 15 * e4 / 32 + 525 * e6 / 1024 + 2205 * e8 / 4096 + 72765 * e10 /
131072 + 297297 * e12 / 524288;
    C1 = 15 * e4 / 256 + 105 * e6 / 1024 + 2205 * e8 / 16384 + 10395 * e10 / 65536 +
1486485 * e12 / 8388608;
    D1 = 35 * e6 / 3072 + 105 * e8 / 4096 + 10395 * e10 / 262144 + 55055 *
e12 / 1048576;
    E1 = 315 * e8 / 131072 + 3465 * e10 / 524288 + 99099 * e12 / 8388608;
    F1 = 693 * e10 / 1310720 + 9009 * e12 / 5242880;
    G1 = 1001 * e12 / 8388608;
    X0 = S0 * (A1 * Lat - B1 * sin(2 * Lat) + C1 * sin(4 * Lat) - D1 * sin(6 *
Lat) + ...
        E1 * sin(8 * Lat) - F1 * sin(10 * Lat) + G1 * sin(12 * Lat));
    End
    %%%%%%%%%%%%%%%%%%%%%%%%%%%%%%%%%%%%%%%%%%%%%%%%%
```

2）高斯平面坐标转换成大地坐标

高斯平面坐标转换成大地坐标又称高斯投影反算。设高斯投影平面上的点坐标为(x,y)，大地坐标点的纬度和经度为(B,L)，相同基准下，高斯投影反算公式如下（此公式的换算精度为0.0001s）：

$$B = B_f - \frac{t_f}{2M_fN_f} \times y^2 + \frac{t_f}{24M_fN_f^3}(5 + 3t_f^2 + \eta_f^2 - 9\eta_f^2 t_f^2) \times y^4 - \frac{t_f}{720M_fN_f^5}(61 + 90t_f^2 + 45t_f^4) \times y^6 \tag{5-32}$$

$$l = \frac{y}{N_f \cos B_f} - \frac{y^3}{6N_f^3 \cos B_f}(1 + 2t_f^2 + \eta_f^2) + \frac{y^5}{120N_f^5 \cos B_f}(5 + 28t_f^2 + 24t_f^4 + 6\eta_f^2 + 8\eta_f^2 t_f^2) \tag{5-33}$$

$$L = l + L_0 \tag{5-34}$$

式中:L_0 为中央子午线经度;B_f 为底点纬度,也就是当 $x = G$ 时的子午线弧长所对按照子午线弧长公式迭代进行计算:

$$G = a_0 B - \frac{1}{2}a_2 \sin(2B) + \frac{1}{4}a_4 \sin(4B) - \frac{1}{6}a_6 \sin(6B) + \frac{1}{8}a_8 \sin(8B) \tag{5-35}$$

初始时设 $B_f^{\iota} = \frac{G}{a_0}$,以后每次迭代计算公式为

$$B_f^{\iota+1} = \frac{G(G - F(B_f^{\iota}))}{a_0} \tag{5-36}$$

$$F(B_f^{\iota}) = -\frac{1}{2}a_2 \sin(2B_f^{\iota}) + \frac{1}{4}a_4 \sin(4B_f^{\iota}) - \frac{1}{6}a_6 \sin(6B_f^{\iota}) + \frac{1}{8}a_8 \sin(8B_f^{\iota}) \tag{5-37}$$

重复迭代至 $B_f^{\iota+1} - B_f^{\iota} < \varepsilon$ 为止。

$$N_f = \frac{a}{\sqrt{1 - (e \times \sin B_f)^2}} \tag{5-38}$$

$$M_f = \frac{a \times (1 - e^2)}{(\sqrt{1 - (e \times \sin B_f)^2})^3} \tag{5-39}$$

$$t_f = \tan B_f \tag{5-40}$$

$$\eta_f^2 = e_l^2 \cos^2 B_f \tag{5-41}$$

Matlab 代码如下:

```
%%%%%%%%%%%%%%%%%%%%%%%%%%%%%%%%%%%%%%%%%%%%%%%%
function Coord = GaussProInverse(Pos)
% Coord 为经纬度向量(经度维度)
% 定义地球参数结构体 Eth
% D2R 为角度转弧度系数
% R0 为地球长半轴
% f 为地球扁率
% D2R 为角度转弧度系数
% e11 第一偏心率
% e21 第二偏心率
%% 初值设定
MerLon = 114;              % 中央经线是 114°
```

```
Coord = Pos;
%% 参数公式换算
Eth.D2R = 0.0174532925199433;% pi/180
x = Pos(1);
y = Pos(2) - 500000;
%% 定义地球参数的结构体
Eth.R0 = 6378137.0;
Eth.f = 1/298.257223563;
Eth.Rp = 6356752.3142452;       % R0 * (1 - f);
% First Eccentricity and its Squared
Eth.e12 = 0.006694379990141;  % (2f - f * f);
Eth.e11 = 0.081819190842622;  % sqrt(2f - f * f);
% Second Eccentricity and its Squared
Eth.e22 = 0.00673949674227643; % (2f - f * f)/(1 + f * f -2 * f);
Eth.e21 = 0.08209443794969570; % sqrt((2f - f * f)/(1 + f * f -2 * f));
Bf = Meridian2Latitude(x,Eth.R0,Eth.e12);
tnBf = tan(Bf); tn2Bf = tnBf * tnBf; tn4Bf = tn2Bf * tn2Bf;
csBf = cos(Bf); cs2Bf = csBf * csBf; Eta2 = Eth.e22 * cs2Bf;
COE = sqrt(1 - Eth.e12 * sin(Bf) * sin(Bf));
Nf = Eth.R0 /COE;
Mf = Eth.R0 * (1 - Eth.e12) /COE^3;
%% 计算纬度
YNf = y/Nf;
YNf2 = YNf * YNf;
YNf4 = YNf2 * YNf2;
TYMN = 0.5 * tnBf * y * YNf /Mf;
COE1 = (5 + 3 * tn2Bf + Eta2 - 9 * Eta2 * tn2Bf) * YNf2 /12;
COE2 = (61 + 90 * tn2Bf + 45 * tn4Bf) * YNf4 /360;
Lat = Bf - TYMN * (1 - COE1 + COE2);
%% 计算经度
YBNf = YNf /csBf;
COE3 = (1 + 2 * tn2Bf + Eta2) * YNf2 /6;
COE4 = (5 + 28 * tn2Bf + 24 * tn4Bf + 6 * Eta2 + 8 * Eta2 * tn2Bf) * YNf4 /120;
Lon = MerLon * Eth.D2R + YBNf * (1 - COE3 + COE4);
Coord(1) = Lon/Eth.D2R;
Coord(2) = Lat/Eth.D2R;
end
function Bf = Meridian2Latitude(x,a,e12)
```

```
% Bf 为底点纬度
m0 = a * (1 - e12);     m2 = 3 * e12 * m0 /2;
m4 = 5 * e12 * m2 /4;     m6 = 7 * e12 * m4 /6;
m8 = 9 * e12 * m6 /8;     a8 = m8 /128;
a6 = m6 /32 + m8 /16;  a4 = m4 /8 + 3 * m6 /16 + 7 * m8 /32;
a0 = m0 + m2 /2 + 3 * m4 /8 + 5 * m6 /16 + 35 * m8 /128;
a2 = m2 /2 + m4 /2 + 15 * m6 /32 + 7 * m8 /16;
B0 = x /a0;
while 1
    F = - a2 * sin(2 * B0) /2 + a4 * sin(4 * B0) /4 - a6 * sin(6 * B0) /6 + a8 *
sin(8 * B0) /8;
    Bf = (x - F) /a0;
    if abs(B0 - Bf) <1e - 10
        break;
    end
    B0 = Bf;
end
end
%%%%%%%%%%%%%%%%%%%%%%%%%%%%%%%%%%%%%%%%%%%%%%%%
```

5.3 雷达网坐标转换 Matlab 实践

5.3.1 雷达网空情融合的坐标转换过程

在进行警戒雷达网空情融合处理时,各雷达站测量的目标坐标为以雷达站为中心的局部极坐标,而情报处理中心对各雷达站上报空情进行融合处理时,需要将各雷达站上报空情转换到以情报处理中心为中心的局部直角坐标系,因此雷达测量的目标坐标由局部测量坐标系转换到以情报处理中心为中心的局部直角坐标需要经过多次转换。首先在雷达站由雷达数据预处理终端完成由测量坐标(R_T,α_T,h_T)到地理坐标(λ_T,ϕ_T,h_T)的转换,然后将目标的地理坐标信息传输至情报处理中心(步骤1~步骤3),情报处理中心在对多雷达进行数据融合时,要将从雷达数据预处理终端接收到的目标地理坐标信息重新转换成以情报中心为中心的局部直角坐标,如图5.8所示。

步骤1:目标T从雷达站测量坐标系(R_T,α_T,h_T)转换为雷达站局部直角坐标系(x_T,y_T,z_T)。

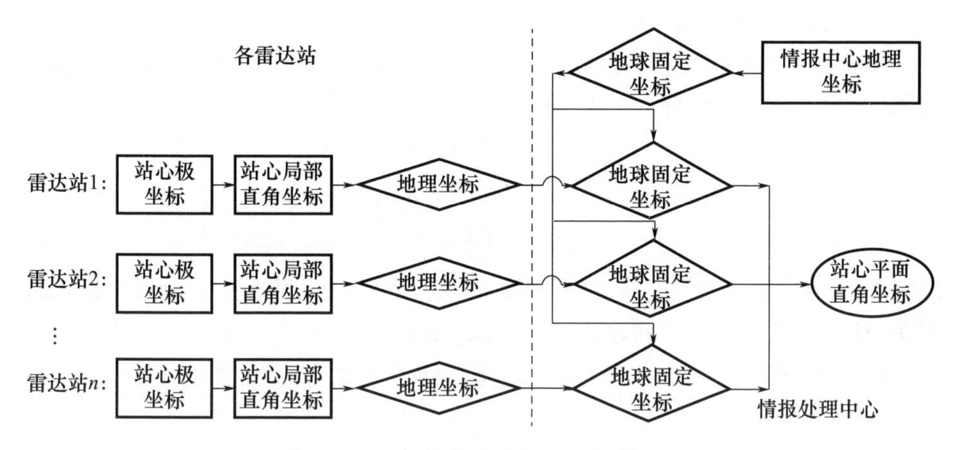

图 5.8　雷达网空情融合的坐标转换流程

警戒雷达测量坐标系严格意义上来说属于柱面坐标系，即可实现对目标斜距离、方位角和高度的测量，因此，将柱面坐标转换为局部直角坐标系的转换公式如下：

$$\begin{cases} x_{\mathrm{T}} = \sqrt{R_{\mathrm{T}}^2 - h_{\mathrm{T}}^2}\cos\alpha_{\mathrm{T}} \\ y_{\mathrm{T}} = \sqrt{R_{\mathrm{T}}^2 - h_{\mathrm{T}}^2}\sin\alpha_{\mathrm{T}} \\ z_{\mathrm{T}} = h_{\mathrm{T}} \end{cases} \tag{5-42}$$

步骤 2：目标局部直角坐标系（$x_{\mathrm{T}}, y_{\mathrm{T}}, z_{\mathrm{T}}$）转换到地球固定直角坐标系（$X_{\mathrm{T}}$，$Y_{\mathrm{T}}, Z_{\mathrm{T}}$）。

首先，将雷达站地理坐标（$\lambda_{\mathrm{R}}, \phi_{\mathrm{R}}, h_{\mathrm{R}}$）转换为地球固定直角坐标（$X_{\mathrm{R}}, Y_{\mathrm{R}}$，$Z_{\mathrm{R}}$），即

$$\begin{bmatrix} X_{\mathrm{R}} \\ Y_{\mathrm{R}} \\ Z_{\mathrm{R}} \end{bmatrix} = \begin{bmatrix} (N + h_{\mathrm{R}})\cos\phi_{\mathrm{R}}\cos\lambda_{\mathrm{R}} \\ (N + h_{\mathrm{R}})\cos\phi_{\mathrm{R}}\sin\lambda_{\mathrm{R}} \\ [N(1 - \rho^2) + h_{\mathrm{R}}]\sin\phi_{\mathrm{R}} \end{bmatrix} \tag{5-43}$$

其次，利用下式将（$x_{\mathrm{T}}, y_{\mathrm{T}}, z_{\mathrm{T}}$）转换为（$X_{\mathrm{T}}, Y_{\mathrm{T}}, Z_{\mathrm{T}}$）：

$$\begin{bmatrix} X_{\mathrm{T}} \\ Y_{\mathrm{T}} \\ Z_{\mathrm{T}} \\ 0 \end{bmatrix} = \begin{bmatrix} -\sin\phi_{\mathrm{R}}\cos\lambda_{\mathrm{R}} & -\sin\phi_{\mathrm{R}}\sin\lambda_{\mathrm{R}} & \cos\phi_{\mathrm{R}} & 0 \\ -\sin\lambda_{\mathrm{R}} & \cos\lambda_{\mathrm{R}} & 0 & 0 \\ -\cos\phi_{\mathrm{R}}\cos\lambda_{\mathrm{R}} & -\cos\phi_{\mathrm{R}}\cos\lambda_{\mathrm{R}} & -\sin\phi_{\mathrm{R}} & 0 \\ 0 & 0 & 0 & 1 \end{bmatrix}^{\mathrm{T}} \times \begin{bmatrix} x_{\mathrm{T}} \\ y_{\mathrm{T}} \\ z_{\mathrm{T}} \\ 0 \end{bmatrix} + \begin{bmatrix} X_{\mathrm{R}} \\ Y_{\mathrm{R}} \\ Z_{\mathrm{R}} \\ 0 \end{bmatrix} \tag{5-44}$$

步骤 3：利用地球固定坐标到地理坐标转换公式将（$X_{\mathrm{T}}, Y_{\mathrm{T}}, Z_{\mathrm{T}}$）转换为（$\lambda_{\mathrm{T}}$，$\phi_{\mathrm{T}}, h_{\mathrm{T}}$），以上三个步骤均在雷达数据预处理终端完成，数据转换完成后由预处

理终端将数据发送至情报处理中心。

步骤 4 :情报处理中心接收到目标坐标数据后,将目标地理坐标(λ_T,ϕ_T,h_T)转换为地球固定坐标(X_T,Y_T,Z_T):

$$P(\lambda_T,\phi_T,h_T)=\begin{bmatrix}X_T\\Y_T\\Z_T\end{bmatrix}=\begin{bmatrix}(N+h_T)\cos\phi_T\cos\lambda_T\\(N+h_T)\cos\phi_T\sin\lambda_T\\[N(1-\rho^2)+h_T]\sin\phi_T\end{bmatrix} \tag{5-45}$$

步骤 5:将目标地球固定坐标(X_T,Y_T,Z_T)转换为以情报中心为中心的局部直角坐标,假设情报中心的地理坐标为(λ_C,ϕ_C,h_C)。

首先,将雷达站地理坐标(λ_C,ϕ_C,h_C)转换为地球固定直角坐标(X_C,Y_C,Z_C),即

$$\begin{bmatrix}X_C\\Y_C\\Z_C\end{bmatrix}=\begin{bmatrix}(N+h_C)\cos\phi_C\cos\lambda_C\\(N+h_C)\cos\phi_C\sin\lambda_C\\[N(1-\rho^2)+h_C]\sin\phi_C\end{bmatrix} \tag{5-46}$$

其次,利用下式将(X_T,Y_T,Z_T)转换为(x_T,y_T,z_T):

$$\begin{bmatrix}x_T\\y_T\\z_T\\0\end{bmatrix}=\begin{bmatrix}-\sin\phi_T\cos\lambda_T & -\sin\phi_T\sin\lambda_T & \cos\phi_T & 0\\-\sin\lambda_T & \cos\lambda_T & 0 & 0\\-\cos\phi_T\cos\lambda_T & -\cos\phi_T\cos\lambda_T & -\sin\phi_T & 0\\0 & 0 & 0 & 1\end{bmatrix}^T\times\left(\begin{bmatrix}X_T\\Y_T\\Z_T\\0\end{bmatrix}-\begin{bmatrix}X_C\\Y_C\\Z_C\\0\end{bmatrix}\right) \tag{5-47}$$

以上步骤利用 Matlab 代码实现如下。

```
%%%%%%%%%%%%%%%%%%%%%%%%%%%%%%%%%%%%%%%%%%%%%%%%%%%%
%%%%%%%%%%%
% 以下为雷达站端需要进行的坐标转换
%%%%%%%%%%%%%%%%%%%%%%%%%%%%%%%%%%%%%%%%%%%%%%%%%%%%
%%%%%%%%%%%
% 雷达站的经纬度坐标
Sensor_jd =100.8395; % 雷达站经度
Sensor_wd =39.2753;% 雷达站纬度
Sensor_gd =1710;% 雷达站高度
% 雷达测量的站心极坐标
rag =5.6719 *10^4; % 距离
azi =246.39; % 方位
elv =0.29; % 探测高低角
% 站心极坐标转换为站心直角坐标
a_y = sqrt(rag^2) * cos(elv * pi /180) * cos(azi * pi /180);
```

```
    a_x = sqrt(rag^2) * cos(elv * pi /180) * sin(azi * pi /180);
    a_z = rag * sin(elv * pi /180);
    % 站心直角坐标系转换到地心直角坐标系
    [a_Xe,a_Ye,a_Ze] = xyztoECEF(Sensor_jd,Sensor_wd,Sensor_gd,a_x,a_
y,a_z);
    % 地心直角坐标系转换为地理坐标系
    [Tgt_jd,Tgt_wd,Tgt_gd] = ECEF2LBH(a_Xe,a_Ye,a_Ze);
    %%%%%%%%%%%%%%%%%%%%%%%%%%%%%%%%%%%%%%%%%%%%%%%%%%%%%%%%%%%%
%%%%%%%%%%%%
    % 以下为情报处理中心需要进行的坐标转换
    %%%%%%%%%%%%%%%%%%%%%%%%%%%%%%%%%%%%%%%%%%%%%%%%%%%%%%%%%%%%
%%%%%%%%%%%%
    % 处理中心的经纬度坐标
    Sensor_jd = 101.8395; % 处理中心经度
    Sensor_wd = 38.2753;% 处理中心纬度
    Sensor_gd = 1710;% 处理中心高度
    [Tgt_Xe,Tgt_Ye,Tgt_Ze] = LBH2ECEF(Tgt_jd,Tgt_wd,Tgt_gd);
    [center_x,center_y,center_z] = XYZ2xyz(Sensor_jd,Sensor_wd,Sensor_
gd,Tgt_Xe,Tgt_Ye,Tgt_Ze);
    %%%%%%%%%%%%%%%%%%%%%%%%%%%%%%%%%%%%%%%%%%%%%%%%
```

5.3.2　雷达间相互目标指示的坐标转换过程

警戒雷达站通常以独立对空侦察目标为主要工作方式，然而在实际训练中，警戒雷达如果能接收其他警戒雷达或者远方空情的目标指示，就会大大提高雷达站搜索目标的效率，为此本节具体介绍雷达间相互目标指示的坐标转换方法。如图 5.9 所示，假设雷达 1 站的地理坐标为(λ_s,ϕ_s,h_s)，雷达 2 站的地理坐标为(λ_r,ϕ_r,h_r)，目标 T 相对于雷达 1 站的极坐标为(R_1,α_1,h_1)，则目标 M 相对于雷达 2 站的柱面坐标求解方法如下。

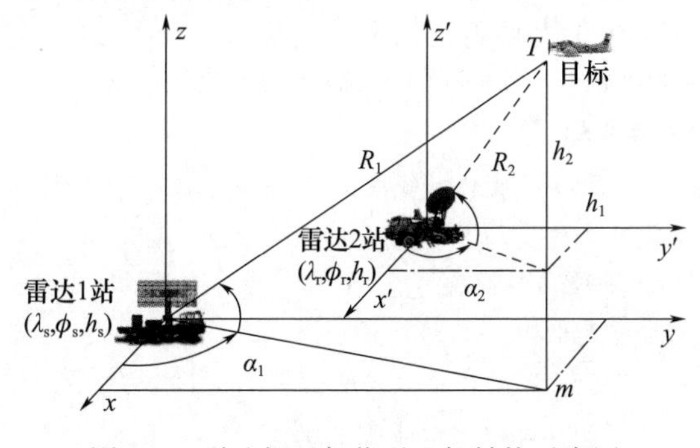

图 5.9　雷达间目标指示坐标转换示意图

步骤 1:将雷达 1 站和雷达 2 站的地理坐标转换为地球固定坐标。

$$P(\lambda_s,\phi_s,h_s)=\begin{bmatrix}X_s\\Y_s\\Z_s\end{bmatrix}=\begin{bmatrix}(N+h_s)\cos\phi_s\cos\lambda_s\\(N+h_s)\cos\phi_s\sin\lambda_s\\ [N(1-\rho^2)+h_s]\sin\phi_s\end{bmatrix}\tag{5-48}$$

$$P(\lambda_r,\phi_r,h_r)=\begin{bmatrix}X_r\\Y_r\\Z_r\end{bmatrix}=\begin{bmatrix}(N+h_r)\cos\phi_r\cos\lambda_r\\(N+h_r)\cos\phi_r\sin\lambda_r\\ [N(1-\rho^2)+h_r]\sin\phi_r\end{bmatrix}\tag{5-49}$$

步骤 2:将目标相对于雷达 1 站的柱面坐标转换为直角坐标。

$$\begin{cases}x_T=\sqrt{R_1^2-h_1^2}\cos\alpha_1\\y_T=\sqrt{R_1^2-h_1^2}\sin\alpha_1\\z_T=h_1\end{cases}\tag{5-50}$$

步骤 3:将目标 T 的直角坐标转换为地球固定坐标。

$$P(\lambda_T,\phi_T,h_T)=\begin{bmatrix}X_T\\Y_T\\Z_T\end{bmatrix}=P(\lambda_s,\phi_s,h_s)+D^{-1}(\lambda_s,\phi_s)\begin{bmatrix}x_T\\y_T\\z_T\end{bmatrix}$$

$$=P(\lambda_s,\phi_s,h_s)+D^{T}(\lambda_s,\phi_s)\begin{bmatrix}x_T\\y_T\\z_T\end{bmatrix}\tag{5-51}$$

步骤 4:利用下式将目标的地球固定坐标转换到以雷达 2 站为中心的局部直角坐标。

$$\begin{bmatrix}x_T\\y_T\\z_T\\0\end{bmatrix}=\begin{bmatrix}-\sin\lambda_r & -\sin\phi_r\cos\lambda_r & \cos\lambda_r\cos\phi_r & 0\\\cos\lambda_r & -\sin\phi_r\sin\lambda_r & \cos\phi_r\sin\lambda_r & 0\\0 & \cos\phi_r & \sin\phi_r & 0\\0 & 0 & 0 & 1\end{bmatrix}^{T}\times\begin{bmatrix}X_T-X_r\\Y_T-Y_r\\Z_T-Z_r\\0\end{bmatrix}\tag{5-52}$$

以上步骤利用 Matlab 代码实现如下。

```
%%%%%%%%%%%%%%%%%%%%%%%%%%%%%%%%%%%%%%%%
% 雷达 1 站的经纬度坐标
Radar1_jd=100.8395; % 雷达站经度
Radar1_wd=39.2753;% 雷达站纬度
Radar1_gd=1710;% 雷达站高度
%% 雷达 21 站的经纬度坐标
Radar2_jd=101.8395; % 处理中心经度
Radar2_wd=38.2753;% 处理中心纬度
```

```
Radar2_gd=1500;% 处理中心高度
% 步骤1:将雷达1站和雷达2站的地理坐标转换为地球固定坐标
[Rdr1_Xe,Rdr1_Ye,Rdr1_Ze]=LBH2ECEF(Radar1_jd,Radar1_wd,Radar1_gd);
[Rdr2_Xe,Rdr2_Ye,Rdr2_Ze]=LBH2ECEF(Radar2_jd,Radar2_wd,Radar2_gd);
% 雷达1站测量的目标极坐标
rag=5.6719*10^4; % 距离
azi=246.39;      % 方位角
elv=0.29;        % 高低角
% 步骤2:将目标相对于雷达1站的极坐标转换为直角坐标
a_y=rag*cos(elv*pi/180)*cos(azi*pi/180);
a_x=rag*cos(elv*pi/180)*sin(azi*pi/180);
a_z=rag*sin(elv*pi/180);
% 步骤3:将目标的直角坐标转换为地球固定坐标
[Tgt_Xe,Tgt_Ye,Tgt_Ze] =xyz2ECEF(Radar1_jd,Radar1_wd,Radar1_gd,
a_x,a_y,a_z)
% 步骤4:将目标的地球固定坐标转换到以雷达2站为中心的局部直角坐标
[center_x,center_y,center_z]
XYZ2xyz(Radar2_jd,Radar2_wd,Radar2_gd,Tgt_Xe,Tgt_Ye,Tgt_Ze);
[R,A,E] = xyz2RAE(center_x,center_y,center_z);
%%%%%%%%%%%%%%%%%%%%%%%%%%%%%%%%%%%%%%%%%%%%%%%%%%%%%%%%%%%
```

参考文献

[1] 杨露菁,郝威,刘志坤,等. 战场情报信息综合处理技术[M]. 北京: 国防工业出版社,2017.

[2] 徐毓,华中和,周焰,等. 雷达网数据融合[M]. 北京:军事科学出版社,2002.

[3] 刘同明,夏祖勋,解洪成. 数据融合技术及其应用[M]. 北京:国防工业出版社,1998.

[4] 康耀红. 数据融合理论与应用[M]. 西安:西安电子科技大学出版社,1997.

[5] 韩崇昭,朱洪艳,段战胜. 多源信息融合[M]. 北京:清华大学出版社,2006.

[6] 杨万海. 多传感器数据融合及其应用[M]. 西安:西安电子科技大学出版社,2004.

[7] WALTZ E,LKUBAS J,多传感器数据融合[M]. 赵宗贵,耿立贤,周中元,等译. 南京:电子工业部28研究所,1993.

[8] 陈霞. 复杂环境下的多雷达点迹融合[J]. 指挥控制与仿真,2013(3):45-50.

第 6 章　雷达网空情处理误差配准技术

在雷达网空情处理系统中,利用信息融合技术综合处理来自各信息源的量测和估计数据,具有降低虚警率、增大数据覆盖面、提高目标探测识别与跟踪能力,并具有增强系统故障容错与鲁棒性等优点。在融合过程中,各雷达是互相独立且异步工作的,其采样率也不完全相同。各雷达的数据处理是在自己的参考坐标系里进行的,且各自异步地向空情处理中心提供报告。所以在中心需要进行坐标变换(空间统一),将来自多部雷达的空情信息通常要变换到相同的坐标系中,以形成空间上的统一观测点。但雷达存在定位偏差和量测误差,直接进行转换很难保证精度和发挥多传感器的优越性,因此在对多信息源数据进行处理时需要寻求一些传感器的空间配准算法,即借助于多信源对空间共同目标的量测,研究系统误差配准(校正)方法,从而实现对空情信息的偏差进行估计和补偿。

6.1　雷达网空情处理系统误差配准需求

单雷达系统中,如果系统误差与随机测量误差同阶,它们对航迹估计的精度影响不会很大。因为对单部雷达来说,其对目标观测的系统误差通常对两个相邻目标影响是一致的,所以它们之间的相对位置不会改变。然而,对于雷达网系统就不同了,不同的传感器具有不同的偏差,这样在测量同一目标或相邻的几个目标时,每个传感器就会有不同方向的偏移(图 6.1)。

这种不同方向的偏移在多雷达网系统中可能引起严重问题。同一目标由两个不同传感器测量的值存在偏差,会使系统误认为是两个不同目标(图 6.1 和图 6.2),从而给航迹关联和融合带来模糊和困难,使融合得到的系统航迹性能下降,丧失了多雷达处理本身应有的优点。即使系统能够识别出从不同传感器所得的测量属于同一目标,将它们结合在一起成为一条轨迹,也可能会呈现 Z 字形轨迹而产生错误的机动识别,并有可能丢失跟踪目标。

对于多部不同雷达空情进行融合,空间配准误差的主要来源有:

(1)传感器的配准误差,也就是传感器本身的偏差。

(2)各雷达参考坐标中量测的方位角、高低角和斜距偏差。通常是由雷达惯性量测单元的量测仪器引起的。

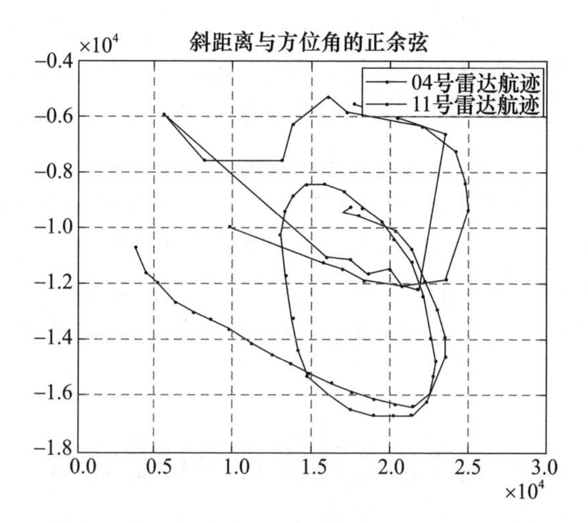

图6.1　雷达存在系统误差跟踪目标对比(见彩插)

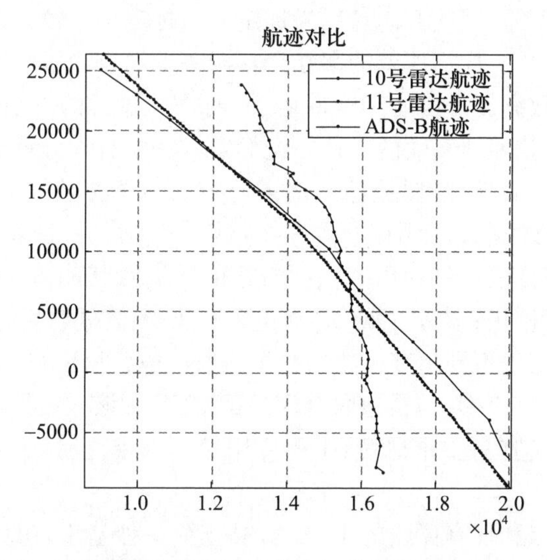

图6.2　系统误差引起的目标偏移与真实航迹对比(见彩插)

(3)各雷达采用录取方式不同(人工录取、自动或半自动录取),即使都采用自动录取,各雷达的跟踪算法也不同,所以其局部航迹的精度不同。

(4)各雷达本身的位置不确定,从而在由各雷达向融合中心进行坐标转换时产生偏差。

(5)坐标转换公式的精度不够,为了减小系统的计算负担而在投影变换时采用了一些近似方法(如将地球视为标准的球体等)。

(6)雷达天线的正北参考方向本身不够精确。

和跟踪系统中的随机误差不同,配准误差是一种固定的误差。对于随机误差,用航迹跟踪滤波技术就能够较好地消除。而对于固定的配准误差,就必须首先根据各个传感器的数据估计出各传感器在中心系统的配准误差,然后对各自航迹进行误差补偿,从而消除配准误差。

配准包含传感器初始化和相对配准两个阶段的过程。传感器初始化相对于系统坐标独立地配准每一个传感器。一旦完成了传感器初始化就可以利用共同的目标来开始传感器间的相对配准过程。在相对配准过程中,收集足够多的数据点以计算系统偏差,计算得到的系统偏差用来调整随后得到的传感器数据以作进一步的处理。

6.2 基于直线拟合的雷达方位标定误差配准

在对雷达进行方位标定时,很多时候采用的是方向盘反觇标定。由于方向盘本身存在定北误差,因此方向盘反觇标定方法标定误差较大,且实施过程较为复杂,所需时间较长。标定误差的存在会从源头上导致测量数据的不准确,大大降低了雷达测量数据的可信度和准确度,同时实施过程的复杂度也导致实际操作不便。因此,寻找便捷高效的雷达方位标定方法具有十分重要的现实意义。

目前,在雷达偏差配准领域已有诸多研究。参考文献[1]介绍了多雷达组网中对异步雷达数据的误差配准;参考文献[2]介绍了一种新的实时优化雷达偏差的方法,上述方法均是利用高精度雷达的数据对其他雷达的误差进行估计的,并对雷达进行校正;参考文献[3]提出采用 GPS 数据对雷达进行误差配准,针对同一个目标三种不同精度传感器数据进行比较,进行雷达误差校正;参考文献[4-5]提出了 ADS-B 与雷达联合误差配准方法,该方法校正精度较高,但对标校利用的航迹选择有要求严苛,工程应用较为困难,且算法复杂度高,实施性较差。

针对实际需求和现有算法的不足,本书介绍一种基于多直线融合的雷达标定误差配准算法,考虑到雷达侦察方位误差可以等同于雷达侦察航迹与实际航迹的夹角这一原则,该算法利用 ADS-B 数据集作为标定数据集,ADS-B 数据集以 GPS 为基础,其定位精度完全满足雷达对标定数据的要求。该算法首先利用航迹相似度匹配原则选择雷达与 ADS-B 获得的匹配数据集对;其次基于直线可信度判断算法对 ADS-B 数据集进行直线集拆解,与该直线集对应完成雷达数据集的拆解,进而计算直线对的夹角集;最后结合直线的可信度对夹角集进行统计平均,获得雷达标定误差角。该算法设计过程中充分考虑了航迹选择难度的问题,可以适用于所有雷达侦察和 ADS-B 航迹数据集。本书中所采用的方法直接以电轴为基准,省去了光轴与电轴的对准,避免此类误差的出现,也避免了由于方向盘本身存在的定北误差而引起的雷达标定误差。同时,该算法也避免了标定过程对航迹选择的限制问题,大大提高了其使用的便捷性和适应性,非常有利于雷达的调试和战地标校。

6.2.1　算法原理

若飞行器以直线飞行,则雷达侦察到的航迹也为直线,设雷达侦察方位误差为 $\Delta\varphi$,则雷达侦察到的航迹与飞行器的航迹夹角为 $\Delta\varphi$,如图 6.3 所示。

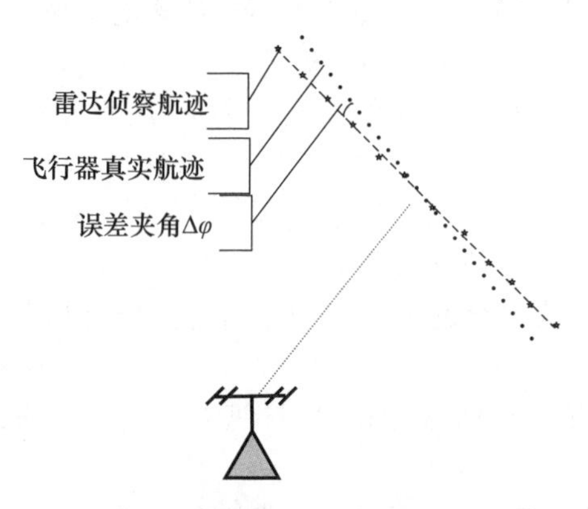

图 6.3　雷达侦察航迹与飞行器真实轨迹夹角

由上述基本原理可得,在雷达侦察方位误差标定中如果能找到完全直线飞行的航迹,那么只要通过直线拟合,并计算两直线间的夹角即可,但在实际应用中,基本上没有完全按直线飞行的目标,同时飞行器的飞行路线真值也难以获得,考虑到 ADS – B 数据的误差完全可以满足雷达标校误差的需求,下述算法利用 ADS – B 的数据集作为标定航迹真值,同时对飞行器的航迹进行多段直线拟合,使其更逼近于飞行器的航迹,并分别计算各段直线的夹角,通过合理的加权计算,最终实现雷达侦察方位误差的标校。

1. 直线拟合和航迹拆解

1)直线拟合

设某一待拟合的航迹段共有 n 个航迹点 $P=[(y_1,x_1),(y_2,x_2),\cdots,(y_n,x_n)]$,直线拟合就是求取这些点的拟合直线 $y=ax+b$,式中 a,b 为两个待定参数,a 代表斜率,b 代表截距。

利用最小二乘拟合算法,可得

$$a=\frac{\sum_{i=1}^{n}x_i\sum_{i=1}^{n}y_i-n\sum_{i=1}^{n}x_iy_i}{\sum_{i=1}^{n}x_i\sum_{i=1}^{n}x_i-n\sum_{i=1}^{n}x_ix_i}\tag{6-1}$$

$$b = \frac{\sum_{i=1}^{n} y_i - a\sum_{i=1}^{n} x_i}{n} \tag{6-2}$$

此时计算偏差的平方和最小,其值为

$$e = \sum_{i=1}^{n} [y_i - (ax_i + b)]^2 \tag{6-3}$$

2)航迹拆解

在实际应用中,飞机航迹一般意义上不是严格的一条直线,所以拆解飞机航迹为多段直线,$L=[l_1,l_2,\cdots,l_k]$,对应偏差平方和 $E=[e_1,e_2,\cdots,e_k]$。

定义:参与直线拟合最少点数为 $p_{\min}$,同时点集拟合的最大偏差平方和为 $e_{\min}$。

则:给定一点集 $P=[(y_1,x_1),(y_2,x_2),\cdots,(y_n,x_n)]$,拟合成直线集 $L=[l_1,l_2,\cdots,l_k]$,其中 $k<n$,算法过程如下。

(1)在 P 点集中从拟合起始点选择 p 个点参与拟合,单直线首次选择取 $p=p_{\min}$。

(2)分别利用式(6-1)和式(6-2)计算对应的拟合直线的斜率、截距和方差 e。

(3)判断 e 是否小于 $e_{\min}$,若小于 $e_{\min}$,则选择点数 $p=p+1$,返回步骤(1);若 e 大于 $e_{\min}$,并且 p 大于 $p_{\min}$,则该线段拟合点数为 $p-1$,点集对应上次参与集合的点集,同时存储拟合结果,结果包括参与的点集、截距、斜率和偏差平方和,否则剔除该点集和拟合结果;

(4)设置参与拟合的起始点,当剩余的点集小于 $p_{\min}$时,结束拆解算法,否则返回(1)。

经过航迹拆解算法后,可得直线集 $L=[l_1, l_2,\cdots,l_k]$,$E=[e_1,e_2,\cdots,e_k]$,对应点集 P 变为$[p_1,p_2,\cdots,p_k]$。

2. 用于野值点剔除的航迹数据集粗处理方法

为了剔除雷达测量数据中的野值点以获取稳健的直线参数最佳估值 a,b,采用门限过滤的方法进行野值点剔除:

(1)利用整体最小二乘法计算 a,b 的初始值。

(2)利用计算的 a,b 值,计算每个点至拟和直线的距离 d_i:

$$d_i = \frac{|ax_i - y_i + b|}{\sqrt{a^2+1}} \tag{6-4}$$

(3)计算标准偏差:

$$\sigma = \sqrt{\frac{\sum_{i=1}^{n}(d_i - \bar{d})^2}{n-1}} \tag{6-5}$$

其中

$$\bar{d} = \frac{1}{n}\sum_{i=1}^{n} d_i \tag{6-6}$$

(4)当 $d_i > 2\sigma$ 时,此点被认为是野值点,删除;反之,则保留。

(5)利用所有保留下来的点重新计算 a,b。

(6)重复(2)~(5)直到剩下所有点的 d_i 都在规定的阈值之内,即 d_i 都小于 2 倍的标准偏差时为止。

6.2.2　算法流程

步骤 1:选择轨迹数据。由于 ADS - B 数据集远远密集于雷达侦察航迹数据,所以以雷达侦察航迹数据为基准选择参与计算的航迹,一般选择雷达侦察的航迹数据不小于雷达探测距离的 1/2,根据雷达扫描速度推算出其应具有的点数 Num,当雷达侦察航迹数据点数大于 Num 时,该航迹可以参与误差的标定,同时选择与雷达侦察航迹数据靠近的 ADS - B 航迹数据集。

步骤 2:坐标系转换。ADS - B 的数据格式主要为经度、纬度和高度,雷达数据格式为斜距、方位角、高度,两种数据格式不一致,因此需要将数据转换到以雷达站为中心的(x,y,z)直角坐标系中,考虑到高度标定单独进行,则分别得到 ADS - B 和雷达航迹点集如下:

$$P_a = [(y_{a1},x_{a1}),(y_{a2},x_{a2}),\cdots,(y_{an},x_{an})] \tag{6-7}$$

$$P_r = [(y_{r1},x_{r1}),(y_{r2},x_{r2}),\cdots,(y_{rm},x_{rm})] \tag{6-8}$$

其中,雷达航迹点集数 m 小于 ADS - B 航迹点集数 n。

步骤 3:轨迹匹配度判断。在考虑点集时间戳的情况下,P_a和 P_r变为

$$P_a = [(y_{a1},x_{a1},t_{a1}),(y_{a2},x_{a2},t_{a2}),\cdots,(y_{an},x_{an},t_{an})] \tag{6-9}$$

$$P_r = [(y_{r1},x_{r1},t_{r1}),(y_{r2},x_{r2},t_{r2}),\cdots,(y_{rm},x_{rm},t_{rm})] \tag{6-10}$$

以 P_r 为基础,依次取其点(y_r,x_r,t_r),在 P_a 中寻找与 t_r 最靠近的点(y_a,x_a,t_a),计算它们的距离 $d = \sqrt{(y_r - y_a)^2 + (x_r - x_a)^2 + (t_r - t_a)^2}$,由此可得到 $D = [d_1,d_2,\cdots,d_m]$,$\bar{d} = \frac{1}{m}\sum_{i=1}^{m} d_i$,当 $\bar{d} \leqslant d_{\min}$时,$d_{\min}$为定义的匹配阈值,两直线匹配,否则返回步骤 1。

步骤 4:航迹点集集合粗处理。利用基于门限过滤的野值点剔除方法对两个航迹数据粗处理,得到参与误差标定的两航迹点集集合 P_a和 P_r。

步骤 5:ADS - B 航迹数据拆解。首先利用直线拟合和航迹拆解算法对 P_a 进行航迹拆解,得到直线集合 L_a、偏差平方和 E_a 和点集变形 P_a,$L_a = [l_{a1},l_{a2},\cdots,l_{ak}]$,$E_a = [e_{a1},e_{a2},\cdots,e_{ak}]$,$P_a = [P_{a1},P_{a2},\cdots,P_{ak}]$。

步骤 6:雷达航迹数据拆解。基于 $P_a = [P_{a1},P_{a2},\cdots,P_{ak}]$,从 1 到 k 分别找

出雷达航迹数据 P_r 中与 P_{ai} 对应分线段对应的航迹子集 P_{ri}，雷达航迹数据变为 $P_r=[P_{r1},P_{r2},\cdots,P_{rk}]$，分别计算雷达航迹数据的 L_r 和 E_r，$L_r=[l_{r1},l_{r2},\cdots,l_{rk}]$，$E_r=[e_{r1},e_{r2},\cdots,e_{rk}]$。

步骤7：分直线夹角计算。利用直线夹角公式求出相应分航迹段间的夹角集 $R=[\theta_1,\theta_2,\cdots,\theta_k]$，其中 $\theta_i=\arctan[(a_{ri}-a_{ai})/(1+a_{ri}a_{ai})]$。

步骤8：误差角计算。根据 $E_r=[e_{r1},e_{r2},\cdots,e_{rk}]$ 计算直线夹角计算因子 $B=[\beta_{r1},\beta_{r2},\cdots,\beta_{rk}]\beta_{ri}$，$\beta_{ri}=e_{ri}\Big/\sum\limits_{j=1}^{k}e_{rj}$，则 $\bar{\theta}=\dfrac{1}{k}\sum\limits_{i=1}^{k}\theta_i\beta_{ri}$。

步骤9：雷达侦察系统误差角计算。按照上述步骤分别从 ADS－B 和雷达态势图中选取具有代表性的不同航向的多组对应航迹计算雷达标定误差角，然后再求其统计平均值，最终得到雷达的标定误差。

6.2.3 Matlab 实践

为了验证本算法的性能，利用实测数据进行雷达方位标定误差配准进行实验分析。在一段时间内同时利用雷达和 ADS－B 获取空中目标的空情数据，然后利用 Matlab 软件按照前面所介绍的方法进行误差校正，并做数据分析，分别选取 2 条不同航迹进行处理，如图 6.4 所示。图中蓝色“ + ”线为 ADS－B 航迹数据，红色“ * ”线为雷达原始航迹，粉红色“○”线为对雷达标定误差进行校正之后的航迹，黑色“☆”线为利用 ADS－B 航迹高度代替雷达获取高度数据的航迹。

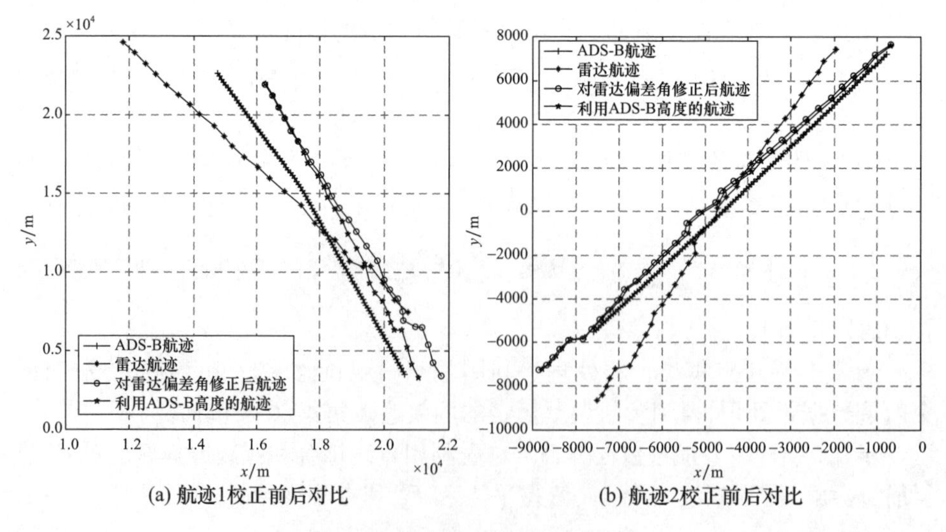

(a) 航迹1校正前后对比　　(b) 航迹2校正前后对比

图 6.4　航迹校正结果(见彩插)

从图6.4两幅图中校正前后的航迹对比可以看出,如果不进行标定误差校正,该雷达跟踪的航迹与ADS-B获取的目标真实飞行轨迹存在很大差别,如果该雷达数据被使用将会产生严重后果。而经过本算法对雷达标定误差进行校正之后,该航迹与目标真实航迹基本一致。上述示例的Matlab程序如下。

```
%%%%%%%%%%%%%%%%%%%%%%%%%%%%%%%%%%%%%%%%%
clear all
clc
adsb_data = load('ADS - B 直角坐标 .txt');
radar_data = load('雷达直角坐标 .txt');
[a_m,a_n] = size(adsb_data);
[r_m,r_n] = size(radar_data);
% ads - b 的时间,x、y、z 坐标以及极坐标
a_t = adsb_data(:,2);% 时间
a_x = adsb_data(:,3);% 以雷达站为中心的直角坐标
a_y = adsb_data(:,4);
a_z = adsb_data(:,5);
a_r = adsb_data(:,7);% 斜距离
a_a = adsb_data(:,6) * pi/180;% 方位
a_h = adsb_data(:,8);% 高度
for i =1:a_m
    a_y(i) = sqrt(a_r(i)^2 - a_h(i)^2) * cos(a_a(i));
    a_x(i) = sqrt(a_r(i)^2 - a_h(i)^2) * sin(a_a(i));
end
a_p = polyfit(a_x,a_y,1)% 对 ADS - B 航迹数据进行直线拟合
a_f = polyval(a_p,a_x);
% 雷达的 x,y,z 坐标以及极坐标
r_t = radar_data(:,2);% 时间
r_x = radar_data(:,3);% 以雷达站为中心的直角坐标
r_y = radar_data(:,4);
r_z = radar_data(:,5);
r_r = radar_data(:,6);% 斜距离
r_a = radar_data(:,7) * pi/180;% 方位
r_h = radar_data(:,8);% 高度
for i =1:r_m
    r_y(i) = sqrt(r_r(i)^2 - r_h(i)^2) * cos(r_a(i));
    r_x(i) = sqrt(r_r(i)^2 - r_h(i)^2) * sin(r_a(i));
end
r_p = polyfit(r_x,r_y,1)% 对雷达航迹数据进行直线拟合
```

```
    r_f = polyval(r_p,r_x); % 根据拟和的斜率绘拟和直线
    a_11 = polyfit(a_a,a_r,6);% 计算 ads - b 数据高阶拟合多项式
    a_ff = polyval(a_11,a_a);% 绘制拟合曲线
    func1
    @ (x)a_11(1) * x.^6 + a_11(2) * x.^5 + a_11(3) * x.^4 + a_11(4) * x.^3 + a_
11(5) * x.^2 + a_11(6) * x.^1 + a_11(7);
    x_a = fminbnd(func1,3.86,6.18);
    y_a = func1(x_a);
    r_11 = polyfit(r_a,r_r,6);% 计算雷达数据的高阶拟和多项式
    r_ff = polyval(r_11,r_a);
    figure(5)
    plot(a_a,a_r,'b - +',r_a,r_r,'m - * '),hold on
    legend('adsb 航迹在方位距离坐标下的曲线','雷达航迹在方位距离坐标下的曲线');
    xlabel('方位角(弧度)');
    ylabel('斜距离(米)');
    figure(6)
    plot(a_a,a_ff,'r. -',r_a,r_ff,'k -'),hold on
    legend('adsb 对应曲线的拟合曲线','雷达对应曲线的拟合曲线');
    xlabel('方位角(弧度)');
    ylabel('斜距离(米)');
    func2
    @ (x)r_11(1) * x.^6 + r_11(2) * x.^5 + r_11(3) * x.^4 + r_11(4) * x.^3 + r_
11(5) * x.^2 + r_11(6) * x.^1 + r_11(7);% 构建拟合多项式
    x_r = fminbnd(func2,3.86,6.18);% 在指定区间内寻找顶点对应的自变量值
    y_r = func2(x_r);% 获取该多项式的值
    delta_alpha = x_a - x_r;
    delta_dis = y_a - y_r;
    delta_alpha1 = delta_alpha * 180 /pi;
    figure(4)
    plot(a_a,a_r,'. -',r_a,r_r,'. -'),hold on
    xlabel('方位角(弧度)');
    ylabel('斜距离(米)');
    legend('ads - b','雷达');
    angle = atan((r_p(1) - a_p(1)) / (1 + r_p(1) * a_p(1)));% 计算两条直线的
偏差角
    angle1 = angle * 180 /pi;  % 转换成角度
    for i = 1:r_m
        radar_measure(i,1) = sqrt(r_r(i)^2 - a_h(i)^2) * cos(r_a(i) + angle);
```

```
    radar_measure(i,2) = sqrt(r_r(i)^2 - a_h(i)^2) * sin(r_a(i) + angle);
end
for i = 1:r_m
    radar_measure1(i,1) = (sqrt((r_r(i) + delta_dis)^2 - a_h(i)^2))
* cos(r_a(i) + angle);
    radar_measure1(i,2) = (sqrt((r_r(i) + delta_dis)^2 - a_h(i)^2))
* sin(r_a(i) + angle);
end
figure(1)
plot(a_x,a_y,'- +'),hold on;
plot(r_x,r_y,'r - *'),hold on;
legend('ads - b航迹','雷达航迹');
xlabel('x轴(米)');ylabel('y轴(米)');
axis square
grid on
figure(2)
plot(a_x,a_y,'- +'),hold on;
plot(radar_measure1(:,2),radar_measure1(:,1),'k - p');
legend('ads - b航迹','利用本算法修正的航迹');
xlabel('x轴(米)');ylabel('y轴(米)');
axis square
grid on
%%%%%%%%%%%%%%%%%%%%%%%%%%%%%%%%%%%%%%%%%%%%%%%%%%%%%
```

6.3　基于迭代最近点算法的雷达系统误差配准

6.2节主要介绍了对雷达方位标定误差的校正方法,然而事实上雷达对目标测量的系统误差不仅包含标定误差,还包括测距的系统误差和测高的系统误差。

图6.5中所示航迹为无人机飞行航迹与雷达跟踪航迹的对比,其中"—+—"线为无人机实飞航迹的GPS位置信息,"—*—"线为雷达跟踪该无人机的航迹。从图中可以看出,由于系统误差的存在,雷达测量航迹与无人机实际航迹差异非常明显。

图6.6中,"—●—"线是对雷达测距系统误差进行校正后的结果,从图中可以看出,进行距离误差校正后,航迹整体平移,且与靶机实际航迹差异变小。图6.7中"—○—"线是对雷达方位系统误差进行校正后的结果,由图可以看出,经过对方位系统误差校正后,雷达航迹基本与靶机实际航迹一致。所以说要提高雷达测量精度就必须对距离和方位的系统误差进行校正。

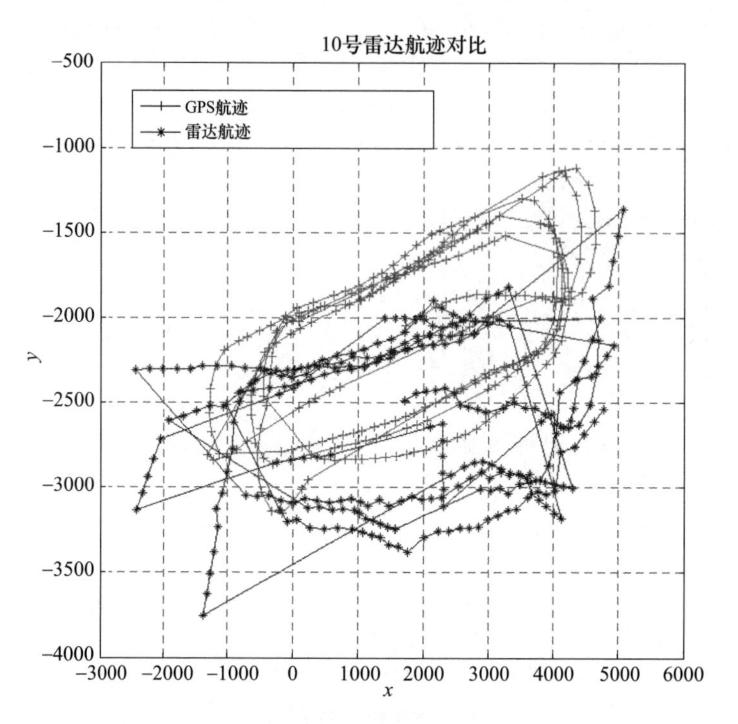

图 6.5　真实航迹与雷达测量航迹对比(见彩插)

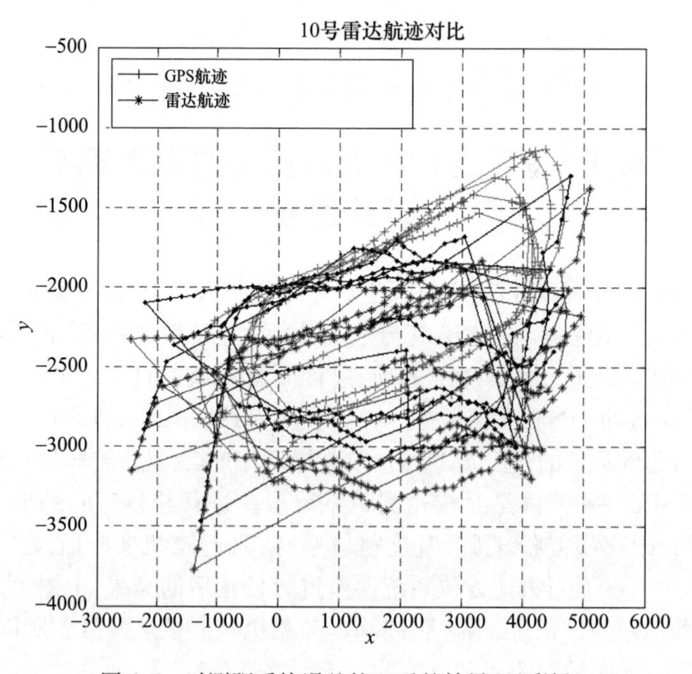

图 6.6　对测距系统误差校正后的结果(见彩插)

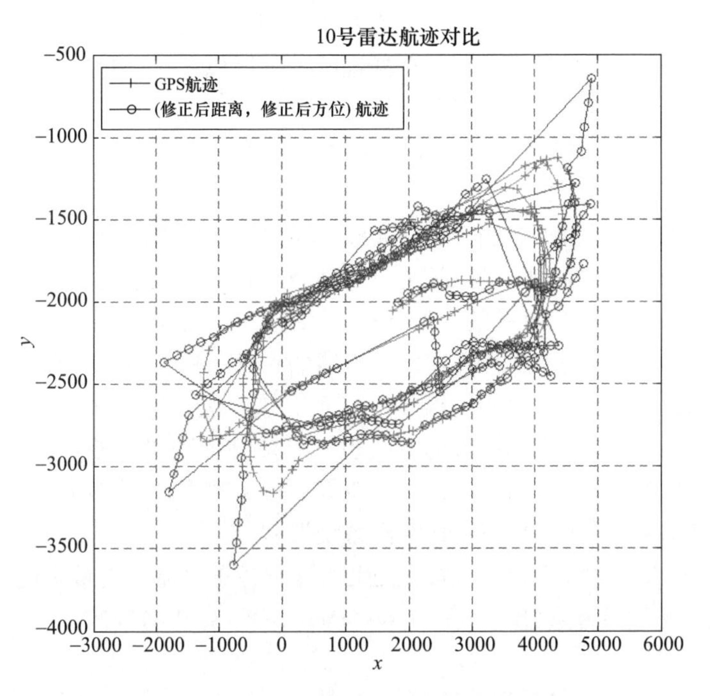

图 6.7　对方位系统误差校正后的结果(见彩插)

三坐标雷达的系统误差包括距离误差、方位角误差和测高误差,对于警戒雷达而言,测高误差存在着极大的突变性,对航迹关联造成很大困扰,在进行雷达网航迹关联时通常不考虑警戒雷达测高信息。因此,本书研究只对雷达方位量测和距离量测误差进行配准。

6.3.1　算法原理

1. 常规配准算法存在的问题

当前,系统误差配准方法主要是研究存在系统误差的点迹与参考点迹之间的差异,称为微观统计学系统误差校正方法;此类方法在进行误差校正时首先要必须严格确保不同信息源具有准确的时统,信息源的数据更新周期存在差异,因此还需要利用状态模型预测算法对点迹对进行预测,以确保不同信息源的点迹在同一时刻进行比对及误差计算,最终再将所有计算后的各点迹误差按照统计学方法进行统计平均,获得最终的斜距离、方位角等系统误差。此类方法在进行误差校正时存在以下难以有效解决的问题:

(1)当利用民航 ADS - B 数据进行误差校正时,存在的最大问题是无法得到 ADS - B 发射数据信息的时间,使得雷达量测数据与 ADS - B 数据无法进行时间对准,因此接下来进行的误差标校无法保证准确性。

(2)为了确保点迹的时间对齐,还需要采用内插法修正各传感器数据到同一时刻,由于内插法本身就是对数据处理的一种近似,通过插值后得到的数值会带来更大的误差,这也降低了误差标校的精度。

(3)由于雷达量测数据存在着突变的情况,异常点的存在在很大程度上影响最终的误差统计结果。

针对点迹误差校正方法存在的问题,参考文献[5]提出了基于多直线融合的雷达方位标定误差校正方法,该方法分别在 ADS - B 和雷达航迹数据中选择来自同一批目标且近似直线的一段航迹,利用基于野值点剔除的整体最小二乘拟合算法分别拟合成直线,计算这两条直线的夹角,将该夹角作为雷达标定误差的修正量,从而完成对雷达标定误差的校正。该方法在进行误差校正时不再考虑时间对齐问题,通过直线拟合的方法也可有效降低随机误差对误差校正带来的影响,对正北标定存在的系统误差有较好的校正效果,但是该方法只能对方位系统误差进行校正,不能校正雷达距离系统误差。

为此,本节在直线拟合方法校正正北标定误差的基础上进行了进一步研究,提出了基于迭代最近点(Iterative Closest Point,ICP)算法的警戒雷达系统误差校正算法。

2. 雷达与 ADS - B 的联合观测模型

如图 6.8 所示,在两坐标雷达和 ADS - B 联合观测模型中,采用一部两坐标雷达和一台 ADS - B 设备对同一目标进行跟踪。为了估计雷达系统误差,一般根据雷达和 ADS - B 对同一协作目标的观测数据,对雷达系统误差进行估计。为了方便处理,本书将雷达和 ADS - B 获取的观测分别简称为雷达观测和 ADS - B 观测;同时,假设雷达航迹与 ADS - B 航迹已经过粗关联处理,为同一协作目标的两种传感器观测数据。

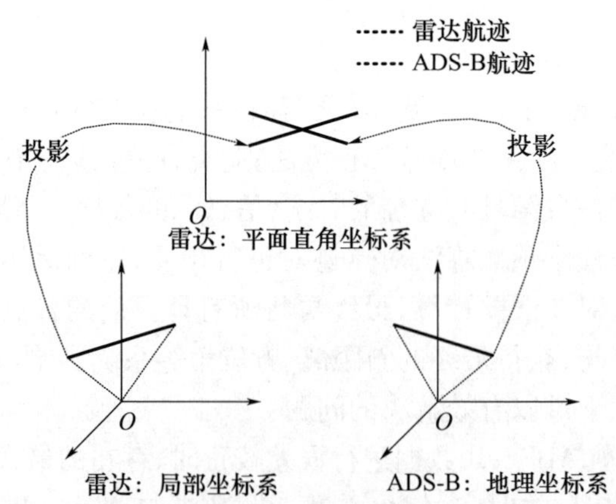

图 6.8 两坐标雷达和 ADS - B 联合观测模型(见彩插)

理论上，雷达观测 $\boldsymbol{z}_{R,i}$ 由目标真实位置 $\boldsymbol{x}_{R,i}$、雷达系统误差 $\boldsymbol{b}_R$ 和随机误差 $\boldsymbol{e}_{R,i}$ 组成，可以表示为

$$\boldsymbol{z}_{R,i} = \boldsymbol{x}_i + \boldsymbol{b}_R + \boldsymbol{e}_{R,i} \tag{6-11}$$

这里，$\boldsymbol{z}_{R,i} = [r_{R,i}, \theta_{R,i}]^{\mathrm{T}}$，$\boldsymbol{x}_i = [r_i, \theta_i]^{\mathrm{T}}$，$\boldsymbol{b}_R = [\Delta r_R, \Delta\theta_R]^{\mathrm{T}}$，$\boldsymbol{e}_{R,i} = [v_{R,i}^r, v_{R,i}^\theta]^{\mathrm{T}}$，$r_{R,i}$、$\theta_{R,i}$ 表示雷达观测的斜距离、方位角；r_i、θ_i 表示目标真实位置的斜距离、方位角；$v_{R,i}^r$、$v_{R,i}^\theta$ 分别表示随机误差的斜距离分量和方位角分量，且随机误差服从高斯分布，即

$$\begin{bmatrix} v_{R,i}^r \\ v_{R,i}^\theta \end{bmatrix} \sim N\left(\begin{bmatrix} 0 \\ 0 \end{bmatrix}, \begin{bmatrix} (\delta_R^r)^2 & 0 \\ 0 & (\delta_R^\theta)^2 \end{bmatrix}\right) \tag{6-12}$$

式中：δ_R^r、δ_R^θ 为常数。

由于 ADS－B 数据 $z_{A,i}$ 为 GPS 位置信息经坐标转换而来，精度很高，可以近似看成目标真实位置，则式(6－11)可更新为

$$\boldsymbol{z}_{R,i} = \boldsymbol{z}_{A,i} + \boldsymbol{b}_R + \boldsymbol{e}_{R,i} \tag{6-13}$$

经过恒等式变形可得

$$\boldsymbol{b}_R = \boldsymbol{z}_{R,i} - \boldsymbol{z}_{A,i} - \boldsymbol{e}_{R,i} \tag{6-14}$$

3. 两坐标雷达系统误差配准分析

假设目标做匀速直线运动，雷达观测在直角坐标系下的轨迹如图 6.9(a)所示，如果雷达不存在系统误差和随机误差，那么雷达观测在极坐标下的轨迹如图 6.9(b)中所示曲线。

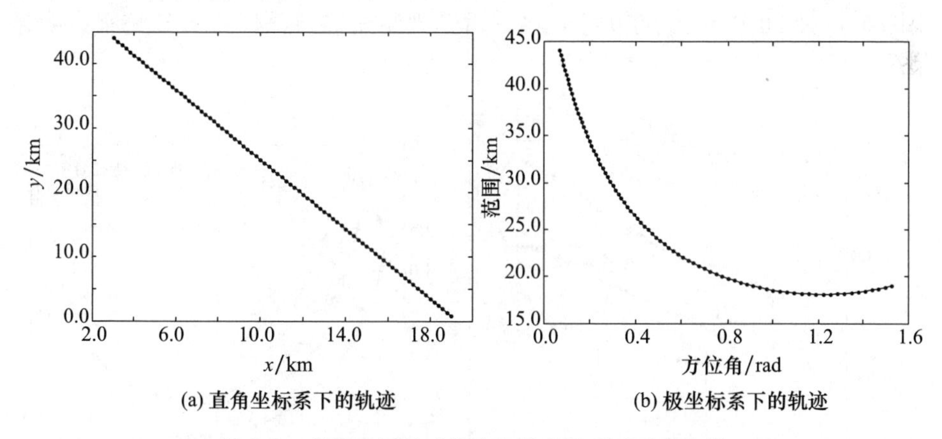

(a) 直角坐标系下的轨迹　(b) 极坐标系下的轨迹

图 6.9　理想目标运动轨迹与极坐标系下对应曲线

在极坐标系中，如果雷达观测数据仅包含距离系统误差，那么其对应的轨迹表现为真实轨迹的上/下平移；如果雷达观测数据仅包含方位系统误差，那么其对应的轨迹表现为真实轨迹的左/右平移。因此，雷达系统误差在空间上表现为目标观测轨迹与真实轨迹的平移，如图 6.10 所示。其中，雷达观测轨迹和目标

真实轨迹分别用“—*—”“—●—”表示。由图 6.10(b)可以看出,如果雷达观测数据同时存在距离和方位系统误差,那么在极坐标系下雷达轨迹相对真实轨迹在两个坐标方向上均有平移。因此,只要计算极坐标系下雷达观测轨迹与目标真实轨迹的偏移量,即求得雷达的系统误差。

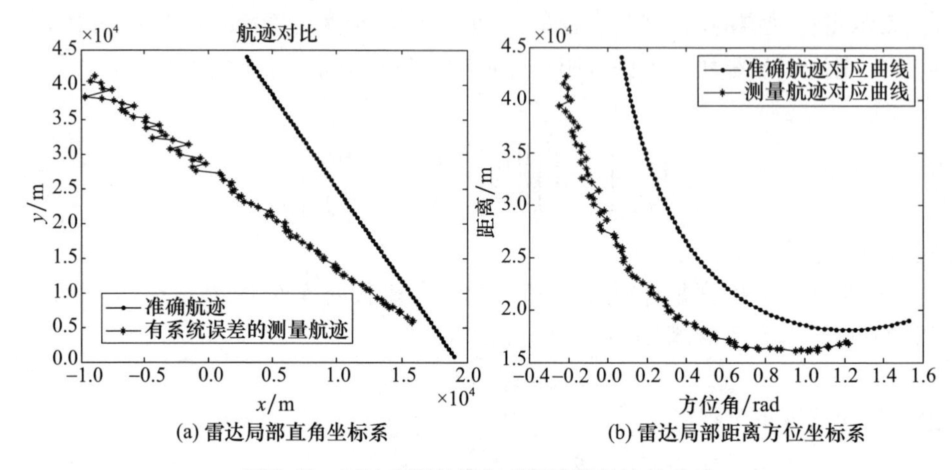

(a) 雷达局部直角坐标系　　(b) 雷达局部距离方位坐标系

图 6.10　雷达观测轨迹与目标真实轨迹的关系

图 6.11 所示为通航监视雷达对空中无人机监视的真实结果。图 6.11(a)中黑色“—*—”轨迹为无人机飞行的 GPS 数据,蓝色“—●—”轨迹为通航雷达的观测数据。从图 6.11(a)中可以看出,雷达观测轨迹与目标 GPS 轨迹有明显偏差;由图 6.11(b)可以看出,在极坐标系下雷达观测轨迹与目标 GPS 轨迹存在明显偏移。

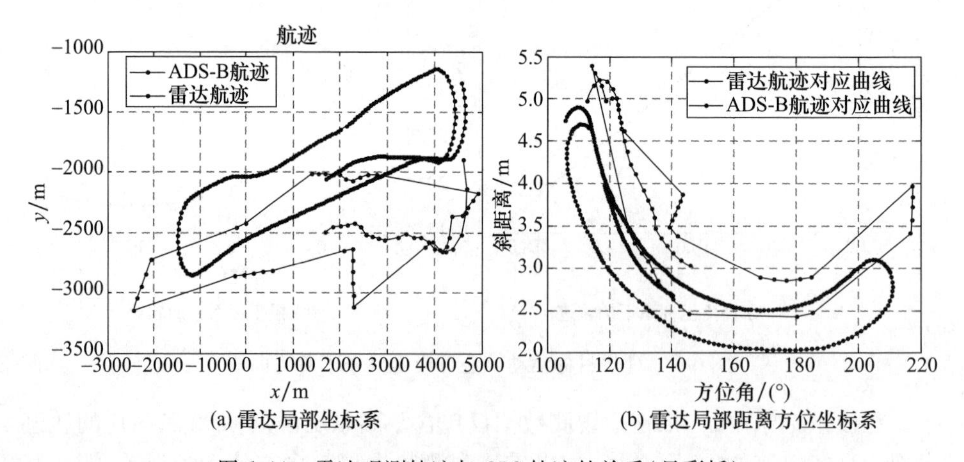

(a) 雷达局部坐标系　　(b) 雷达局部距离方位坐标系

图 6.11　雷达观测轨迹与 GPS 轨迹的关系(见彩插)

经过上述分析可以说明,雷达系统误差来自目标斜距离和方位角的测量偏差，在空间上表现为同一目标观测数据与真实位置（ADS－B 观测数据）所产生的偏移，因此可以考虑通过对待配准曲线（雷达量测对应曲线）与标准曲线（ADS－B 数据对应曲线）进行配准得到系统误差。针对精确配准问题，BESL 等人[21]开创性地提出了迭代最近点算法（ICP），它是面向三维数据配准的主流算法，在精确配准中得到了广泛的应用，因此本章将雷达量测对应曲线作为目标点云，将 ADS－B 数据对应曲线作为参考点云，并针对本书的应用场景对迭代最近点（Iterative Closest Point，ICP）算法进行改进，利用改进的 ICP 算法对雷达系统误差进行估计。

6.3.2　算法流程

1. 迭代最近点算法概述

ICP 算法主要用于三维模型配准，算法的配准思路简便高效，且精度和鲁棒性良好。算法的基本目的是要找到目标点云和参考点云之间的欧式变换矩阵，使得两组点云满足某种度量准则下的最优匹配。对目标点集中的每个数据点，在每次迭代过程中均在参考点集中搜索最近点作为匹配点对，通过得到的匹配点对来估计变换参数，并将这个变换矩阵作用于目标函数，迭代地进行这一操作并同时更新点云之间的相对位置，直到两次迭代的目标函数差值小于设定的阈值。

设目标点集为 $P=\{p_i | p_i \in R^2; i=1,2,\cdots,N\}$，参考点集 $Q=\{q_j | q_j \in R^2; j=1,2,\cdots,M\}$，其中 R^2 表示二维点集，且 $N \leqslant M$，则 ICP 配准算法步骤如下。

（1）设定阈值 $\tau>0$，作为迭代终止的条件。

（2）假设第 k 次迭代中，对于目标点集 P 中的每个数据点 p_i^k，从参考点集 Q 中搜索相应的 q_i^k，使得 $\| p_i^k - q_i^k \| = \min$。

（3）计算旋转矩阵 $\boldsymbol{R}^k$ 与平移矩阵 $\boldsymbol{T}^k$，使得 $\sum^{N} \| \boldsymbol{R}^k p_i^k + \boldsymbol{T}^k - \boldsymbol{Q}_i^k \|^2 = \min$。

（4）计算 $\boldsymbol{p}^{k+1} = \{ p_i^{k+1} = \boldsymbol{R}^k p_i^k + \boldsymbol{T}^k \}$。

（5）计算两次迭代之间的估计误差：$d_{k+1} = \frac{1}{N}\sum_{i=1}^{N} \| p_i^{k+1} - q_i^k \|^2$，若 $d_k - d_{k+1} < \tau$，则停止迭代，否则返回步骤(2)继续迭代。

2. 用于雷达系统误差的特定 ICP 算法

标准 ICP 算法考虑了曲线平移和旋转两种情况，而在雷达系统误差配准应用场景中只存在曲线平移，不存在曲线旋转情况，因此我们在本算法中将 ICP 算法称为特定 ICP 方法（Specific ICP，SICP），利用 SICP 算法通过计算雷达坐标系下雷达观测数据与目标 ADS－B 观测数据对应的拟合曲线间的偏移量，从而获得雷达系统误差。假设目标 ADS－B 观测有 M 组，雷达观测数据有 N 组，利用算法进行误差配准具体步骤如下。

步骤1:对目标 ADS - B 观测数据进行坐标转换。

首先,将目标的第$j(j=1,2,\cdots,M)$个位置的地理坐标(λ_j,ϕ_j,h_j)转换为地球固定坐标(X_j,Y_j,Z_j):

$$P(\lambda_j,\phi_j,h_j)=\begin{bmatrix}X_j\\Y_j\\Z_j\end{bmatrix}=\begin{bmatrix}(N+h_j)\cos\phi_j\cos\lambda_j\\(N+h_j)\cos\phi_j\sin\lambda_j\\ [N(1-\rho^2)+h_j]\sin\phi_j\end{bmatrix}\tag{6-15}$$

其次,将目标地球固定坐标(X_j,Y_j,Z_j)转换为以待配准雷达站为中心的局部直角坐标,假设雷达站的地理坐标为(λ_C,ϕ_C,h_C),先将雷达站地理坐标(λ_C,ϕ_C,h_C)转换为地球固定直角坐标(X_C,Y_C,Z_C):

$$\begin{bmatrix}X_C\\Y_C\\Z_C\end{bmatrix}=\begin{bmatrix}(N+h_C)\cos\phi_C\cos\lambda_C\\(N+h_C)\cos\phi_C\sin\lambda_C\\ [N(1-\rho^2)+h_C]\sin\phi_C\end{bmatrix}\tag{6-16}$$

然后将(X_i,Y_i,Z_i)转换为(x_i,y_i,z_i):

$$\begin{bmatrix}x_i\\y_i\\z_i\end{bmatrix}=\begin{bmatrix}-\sin\lambda_C & \cos\lambda_C & 0\\-\sin\phi_C\cos\lambda_C & -\sin\phi_C\sin\lambda_C & \cos\phi_C\\ \cos\phi_C\cos\lambda_C & \cos\phi_C\sin\lambda_C & \sin\phi_C\end{bmatrix}\left(\begin{bmatrix}X_i\\Y_i\\Z_i\end{bmatrix}-\begin{bmatrix}X_C\\Y_C\\Z_C\end{bmatrix}\right)\tag{6-17}$$

再将其转换为以雷达站为中心的极坐标:

$$\begin{cases}r_j=\sqrt{x_j^2+y_j^2+z_j^2}\\ \theta_j=\arctan(x_j/y_j)\end{cases}\tag{6-18}$$

步骤2:建立参考点集和目标点集。将目标 ADS - B 观测数据经坐标转换后得到的数据点集作为参考点集$\boldsymbol{Q}=\{(\theta_j^q,r_j^q)\},j=1,2,\cdots,M$,将雷达测量数据中的斜距离和方位角作为目标点集$\boldsymbol{P}=\{(\theta_i^p,r_i^p)\},i=1,2,\cdots,N$。

步骤3:利用 ICP 算法计算偏移量。由于雷达量测系统误差主要来自斜距离、方位角,这使得由雷达观测数据拟合的曲线相对于由 ADS - B 观测数据拟合的曲线产生平移,但并未产生旋转,因而在利用 ICP 算法进行曲线配准时需要对 ICP 算法进行改进,以应对本章的实际问题,具体应用过程如下。

(1) 设定阈值$\tau>0$,作为迭代终止的条件。

(2) 假设第k次迭代中,对于目标点集$\boldsymbol{P}$中的每个数据点$\boldsymbol{p}_i^k$,从参考点集$\boldsymbol{Q}$中搜索与之距离最近的参考数据点$\boldsymbol{q}_i^k$,使得$\|\boldsymbol{p}_i^k-\boldsymbol{q}_i^k\|=\min$。

(3) 计算平移矩阵$\beta^k=[\Delta\theta^k,\Delta r^k]^{\mathrm{T}}$,使得

$$\sum_{i=1}^{N}\|\boldsymbol{P}_i^k+\boldsymbol{T}^k-\boldsymbol{Q}_i^k\|^2=\min\tag{6-19}$$

（4）计算 p_i^{k+1}：

$$p_i^{k+1} = p_i^k + \beta^k \tag{6-20}$$

（5）计算两次迭代之间的估计误差 d_{k+1}：

$$d_{k+1} = \frac{1}{N}\sum_{i=1}^{N} \| p_i^{k+1} - q_i^k \|^2 \tag{6-21}$$

若 $d_k - d_{k+1} < \tau$，则停止迭代，否则返回步骤（2）继续迭代。

（6）迭代结束，计算目标曲线总的偏移量：

$$\beta^{\text{sum}} = \sum_{i=1}^{k} T^i \tag{6-22}$$

其中，$\beta^{\text{sum}} = [\Delta\theta^{\text{sum}}, \Delta r^{\text{sum}}]^{\text{T}}$；式中，$\Delta r^{\text{sum}}$、$\Delta\theta^{\text{sum}}$分别为雷达距离系统误差、方位角系统误差。

此外，提出算法在没有协作目标的民航自动相关监视设备（ADS－B）时，也可以利用精度高的雷达数据对精度低的雷达进行标校。

6.3.3　Matlab 实践

为了验证提出方法的性能，采用实测数据对6种系统误差方法进行比较，包括基于ICP的系统误差估计方法、基于直线拟合（CF）的系统误差估计方法、基于最小二乘的系统误差估计方法（雷达直角坐标系，LSr）、基于最小二乘的系统误差估计方法（雷达极坐标系，LSp）、基于直线拟合的最小二乘系统误差估计方法（雷达直角坐标系，CF－LSr）以及基于直线拟合的最小二乘系统误差估计方法（雷达极坐标系，CF－LSp）。

为了分析方便，将 ADS－B 观测近似作为理论值，下面给出两类算法评价指标。

当已知雷达系统误差的理论值时，采用雷达系统误差均方根误差进行评价，具体定义如下：

$$\text{RMSE}(\Delta\hat{\rho}_R) = \sqrt{\frac{1}{M}\sum_{i=1}^{M}(\Delta\hat{\rho}_{R,i} - \Delta\rho_{A,i})^2} \tag{6-23}$$

$$\text{RMSE}(\Delta\hat{\theta}_{R,i}) = \sqrt{\frac{1}{M}\sum_{i=1}^{M}(\Delta\hat{\theta}_{R,i} - \Delta\theta_{A,i})^2} \tag{6-24}$$

其中，$\Delta\hat{\rho}_{R,i}$、$\Delta\hat{\theta}_{R,i}$分别为第 i 次试验雷达斜距离系统误差、方位角系统误差的估计值；$\Delta\rho_{A,i}$、$\Delta\theta_{A,i}$分别为第 i 次试验雷达斜距离系统误差、方位角系统误差的理论值；M 为试验的总次数。

当未知雷达系统误差的理论值时，采用雷达观测配准均方根误差进行评价，具体定义如下：

$$\mathrm{RMSE}(\hat{\rho}_R) = \sqrt{\frac{1}{N}\sum_{i=1}^{N}(\hat{\rho}_{R,i} - \rho_{A,i})^2} \tag{6-25}$$

$$\mathrm{RMSE}(\hat{\theta}_{R,i}) = \sqrt{\frac{1}{N}\sum_{i=1}^{N}(\hat{\theta}_{R,i} - \theta_{A,i})^2} \tag{6-26}$$

其中，$\Delta\hat{\rho}_{R,i}$、$\Delta\hat{\theta}_{R,i}$分别为第 i 个采样时刻配准后雷达观测的斜距离分量和方位角分量；$\Delta\rho_{A,i}$、$\Delta\theta_{A,i}$分别为第 i 个采样时刻 ADS－B 观测的斜距离分量和方位角分量；N 为雷达观测或 ADS－B 观测的个数。

1. 仿真实验分析

在仿真实验中，假设目标的运动方程为

$$3y - 2x - 1600 = 0 \tag{6-27}$$

其中，x、y 分别为目标在平面位置的横坐标、纵坐标。目标的初始状态为$[100\mathrm{m},150\mathrm{m/s},600\mathrm{m},100\mathrm{m/s}]^{\mathrm{T}}$，在雷达直角坐标系中的运动轨迹如图 6.12(a)中蓝色“—●—”线所示，对应在雷达极坐标系中的运动轨迹如图 6.12(b)所示蓝色“—●—”线。雷达的斜距离系统误差、方位角系统误差分别为 $\Delta r_R = 100\mathrm{m}$、$\Delta\theta_R = 0.03\mathrm{rad}$；斜距离随机误差、方位角随机误差分别为 $\delta_R^r = 10\mathrm{m}$、$\delta_R^\theta = 0.001\mathrm{rad}$。假设雷达和 ADS－B 的采样周期均为 1s/次，获得目标的观测数据如图 6.12 黑色“—*—”所示，均包括 40 个点迹。这里假设 ADS－B 观测作为目标位置的理论值，不包含系统误差或随机误差。

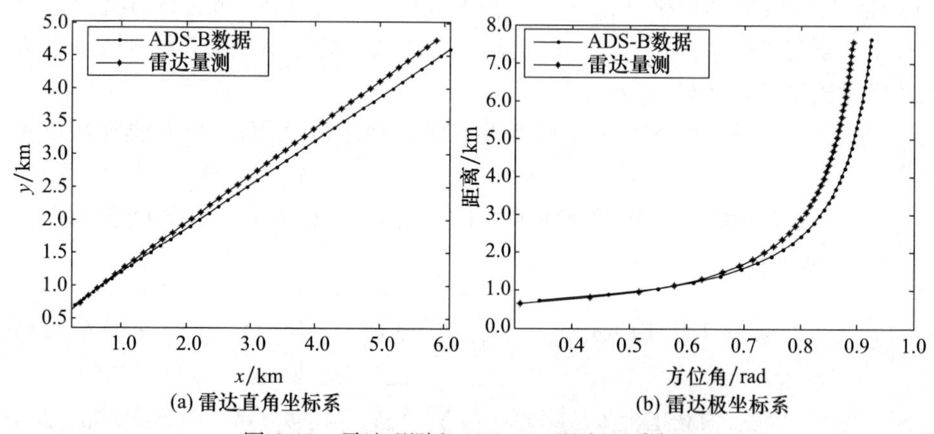

图 6.12　雷达观测和 ADS－B 观测(见彩插)

在雷达采样时间与理论时间一致时，图 6.13 给出 6 种算法配准后雷达极坐标系下的目标观测轨迹，表 6.1 给出 6 种方法的雷达系统误差估计结果。从图 6.13 可以看出，经过 6 种系统误差估计方法配准后的雷达观测均能更接近 ADS－B 观测，说明它们均能够改进雷达观测数据的精度。为了更清楚表示，可将 6 种算法分成三幅图进行展示。由表 6.1 可以看出，SICP 方法与 LSp 方法的估计结果一样，均最接近雷达系统误差的理论值，说明它们的估计效果最好，接下来依次是 CF - LSr 或 CF - LSp、LSr 和 CF 方法。因为 CF 方法通过曲线拟合获得雷达观测直线与 ADS - B 观测直线的夹角，作为方位角估计值，所以该方法只能估计雷达系统误差的方位角分量，且受到目标运动模型的影响，其估计效果最差，但是方法简单实用。经过 CF 方法对雷达观测数据预处理后，新雷达观测数据的系统误差较小，因此在雷达直角坐标系和雷达极坐标系中采用 LS 方法的估计效果基本一致，即 CF - LSr、CF - LSp 方法估计效果基本一致。针对没有进行预处理的雷达数据，雷达观测数据中包含的系统误差相对较大，LSp 方法的估计效果要优于 LSr 方法。这主要是因为在雷达直角坐标系中采用最小二乘对雷达数据进行处理时，需要进行非线性变换，同时会忽略系统误差的二阶项及高阶项，因此会造成系统误差信息的损失，影响系统误差估计的精度；而在雷达极坐标系中，LSp 方法不需要进行上述处理。此外，理论上对雷达观测数据进行预处理后，CF - LSr/CF - LSp 方法会优于 LSr 和 LSp 方法，但当系统误差非常小时，会影响 LS 模型中矩阵的求逆运算，反而降低了估计精度，特别是针对雷达方位角系统误差估计。

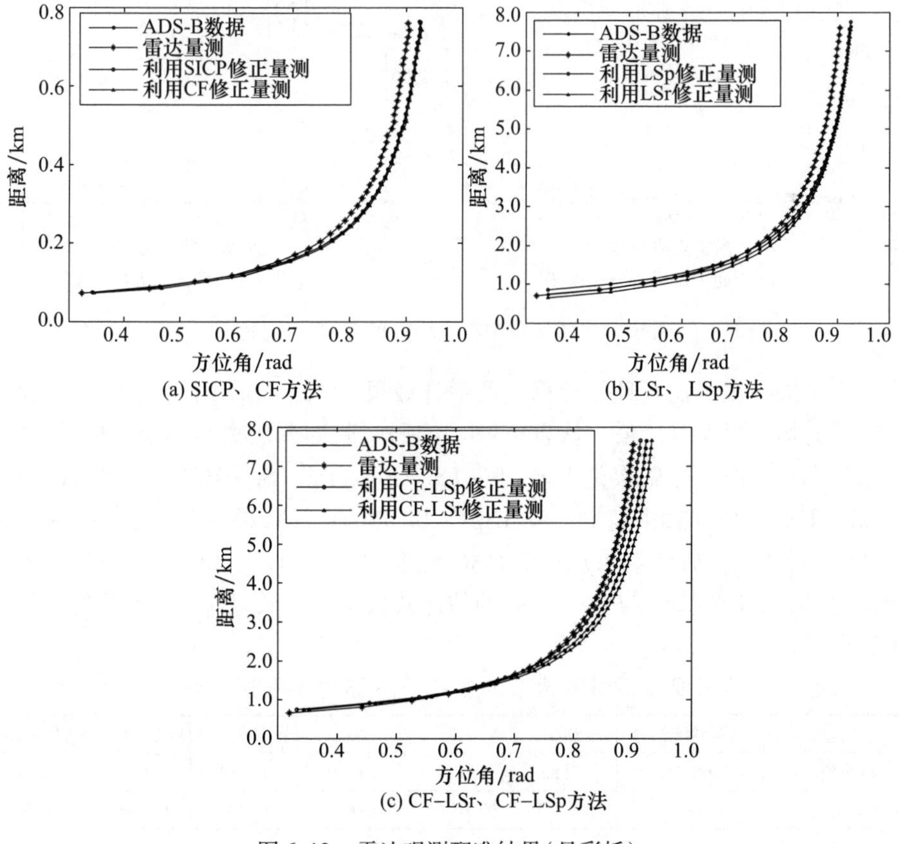

图 6.13　雷达观测配准结果（见彩插）

表 6.1 雷达系统误差估计结果

方法	理论系统误差	SICP	CF	LSr	LSp	CF – LSr	CF – LSp
斜距离/m	100.00	96.46	—	94.79	96.46	96.41	96.46
方位角/rad	0.0300	0.0284	0.0332	0.0289	0.0284	0.0381	0.0380

同时,图 6.14 给出 6 种方法在不同雷达系统误差下的估计均方根误差。由图 6.14(a)可以看出,6 种方法针对雷达斜距离系统误差均具有较高的估计精度。特别地,当系统误差明显增大时,6 种方法的估计精度依然较高,同时它们的估计效果也比较接近。由图 6.14(b)可以看出,针对方位角系统误差估计,SICP 方法与 LSp 方法的估计结果比较一致,方位角均方根误差最小,说明它们的估计效果最好,接下来依次是 CF – LSr 或 CF – LSp、LSr 和 CF 方法。该结果与表 6.1 的实验结果是一致的。

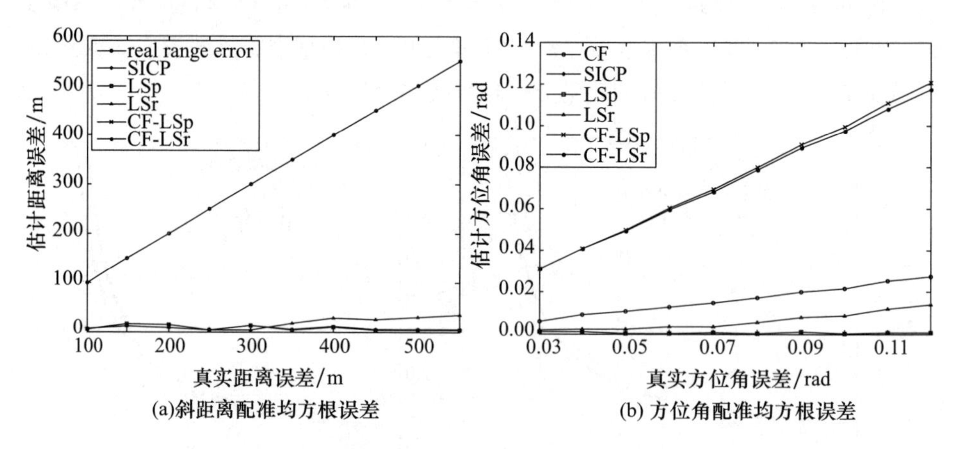

(a)斜距离配准均方根误差　(b) 方位角配准均方根误差

图 6.14 雷达观测配准均方根误差(见彩插)

为了进一步对比 6 种估计算法的估计效果,表 6.2 给出上述不同系统误差情况下的均方根误差均值。从表 6.2 可以看出,针对斜距离系统误差估计,估计效果从次到优的顺序依次是 LSr、CF – LSr/CF – LSp、LSp/SICP。其中,CF – LSr 与 CF – LSp 的估计效果基本一致,LSp 与 SICP 的估计效果完全一致。针对方位角系统误差估计,估计效果从次到优依次是 CF、LSr、CF – LSp/CF – LSr、SICP/LSp。类似地,CF – LSr 与 CF – LSp 的估计效果基本一致,LSp 与 SICP 的估计效果完全一致。

表 6.2 不同雷达系统误差下系统均方根误差均值

方法	平均系统误差	SICP	CF	LSr	LSp	CF – LSr	CF – LSp
斜距离/m	100.00	12.82	—	25.19	12.82	12.82	13.18
方位角/rad	0.0300	0.0011	0.0173	0.0071	0.0011	0.0346	0.0361

图6.15给出雷达观测时间不精确时(存在延时,但ADS-B观测与雷达观测依然准确配对),6种方法配准均方根误差。其中,雷达的斜距离系统误差、方位角系统误差分别为$\Delta r_R = 50\text{m}$、$\Delta\theta_R = 0.02\text{rad}$;斜距离随机误差、方位角随机误差分别为$\delta_R^r = 10\text{m}$、$\delta_R^\theta = 0.001\text{rad}$。此时采用配准均方根误差作为评价标准,主要是考虑到在存在延时的情况下,系统误差并不能完全衡量估计算法的效果;而采用配准后观测数据的配准均方根误差,能够更好地衡量6种方法的估计精度。由图6.15(a)可以看出,当延时小于0.8s,除了由于CF方法不能估计斜距离系统误差,其他5种方法均能较好地改善雷达斜距离,且估计效果比较接近;当延时超过0.8s时,结合目标的飞行速度,对雷达观测数据的精度已经造成一定影响,6种方法的估计效果一定程度上有所下降,但它们还是能近似估计出目标的斜距离误差。由图6.15(b)可以看出,当延时明显增大时,LSr和CF的配准均方根误差也显著增大,说明它们受到延时影响较大;相反,其他4种方法受影响较小。为了更好比较6种方法的估计效果,表6.3给出它们的配准均方根误差均值。由表可以看出:针对斜距离配准均方根误差均值,配准效果基本一致,均约为41m;针对方位角配准均方根误差,配准效果从次到优依次是CF-LSr、CF、CF-LSp、LSr、SICP、LSp。其中,SICP方法的配准效果与LSp方法是一致的。从表6.3的结果与图6.15的结果是一致的,在存在系统延时的情况,CF-LSr方法和CF方法配准效果较差,但SICP方法和LSp方法效果依然比较好。但是LSp方法要求雷达观测与ADS-B观测准确配对。

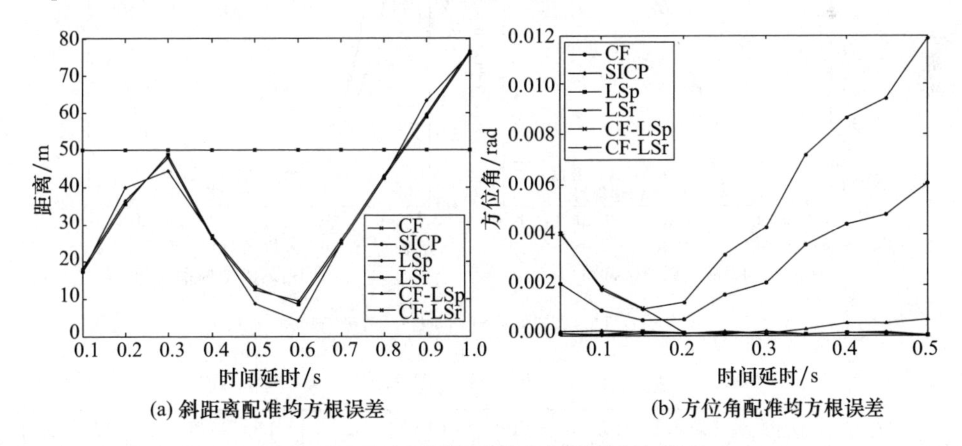

图6.15 雷达观测配准均方根误差(见彩插)

表6.3 延时情况下雷达观测配准均方根误差均值

方法	理论系统误差	SICP	CF	LSr	LSp	CF-LSr	CF-LSp
斜距离/m	—	41.04	50.00	41.41	41.04	41.06	41.04
方位角/rad	—	0.0001	0.0031	0.0003	0.0001	0.0010	0.0062

综上所述,无论雷达采样时刻精确或不精确(存在延时),SICP 方法均能取得较好的估计效果,且相对基于 LS 模型的其他方法,不要求已知雷达和 ADS - B 观测准确配对。因此,仿真实验充分说明 SICP 方法能够有效地估计雷达系统误差,且具有较好的估计效果。

2. 实测数据实验分析

实测数据来源于空中同一批协作目标的雷达观测和 ADS - B 观测,分别包括 30 个采样点、115 个采样点。图 6. 16 (a)、(b)给出雷达观测和 ADS - B 观测分别在雷达直角坐标系和雷达极坐标系中不同时刻的点迹。由于雷达和 ADS - B 的采样时刻具有不确定性,传统基于 LS 的雷达系统误差方法很难建立雷达观测与 ADS - B 观测的匹配规则;而 SICP 算法根据雷达观测与 ADS - B 观测的平面几何约束建立最近邻匹配规则,估计雷达系统误差。表 6. 4 给出 SICP 算法的系统误差估计结果为 559. 32m(斜距离系统误差),0. 1864rad(方位角系统误差);图 6. 18 (a)给出了雷达采用 SICP 方法配准后的雷达观测,从中可以看出,经过 SICP 方法配准后的雷达观测,在雷达极坐标系中更加接近 ADS - B 观测。由于 ADS - B 观测的精度非常高,可以近似看作目标真实位置的理论值,从而也说明 SICP 方法的可行性。

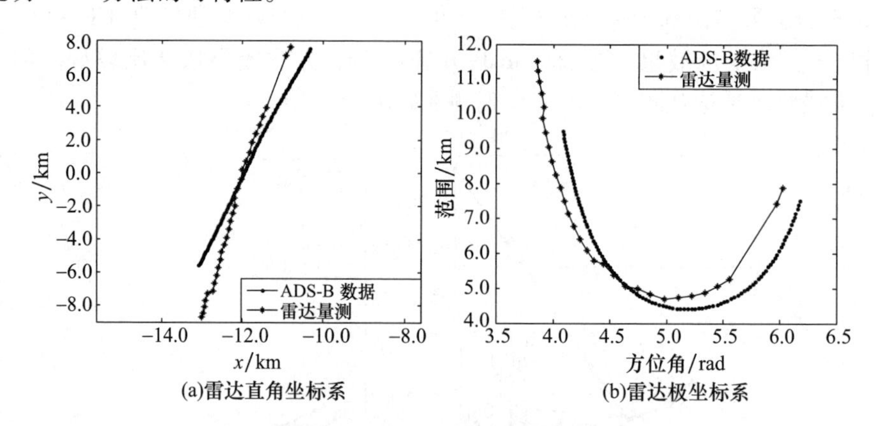

图 6. 16　雷达观测和 ADS - B 观测

表 6. 4　雷达系统误差估计结果

方法	理论系统误差	SICP	SICPc	CF	LSr	LSp	CF - LSr	CF - LSp
斜距离/m	—	599. 32	332. 12	—	417. 97	332. 12	332. 37	332. 12
方位角/rad	—	0. 1864	0. 1690	0. 1708	0. 1599	0. 1690	0. 1710	0. 1730

为了进一步分析 SICP 方法的估计效果,假设雷达观测和 ADS - B 观测的采样时间是准确的。选取公共时段内雷达观测和 ADS - B 观测,并根据雷达采样时刻对 ADS - B 观测进行插值,将插值结果作为公共时段不同时刻雷达观测的

理论值。为了分析方便,本小节中后续提到的雷达观测、ADS-B观测分别是指被选取的公共时段内雷达观测、ADS-B插值,均包含22个采样点迹。图6.17(a)、(b)给出雷达观测和ADS-B观测分别在雷达直角坐标系、雷达极坐标系中不同时刻的点迹。

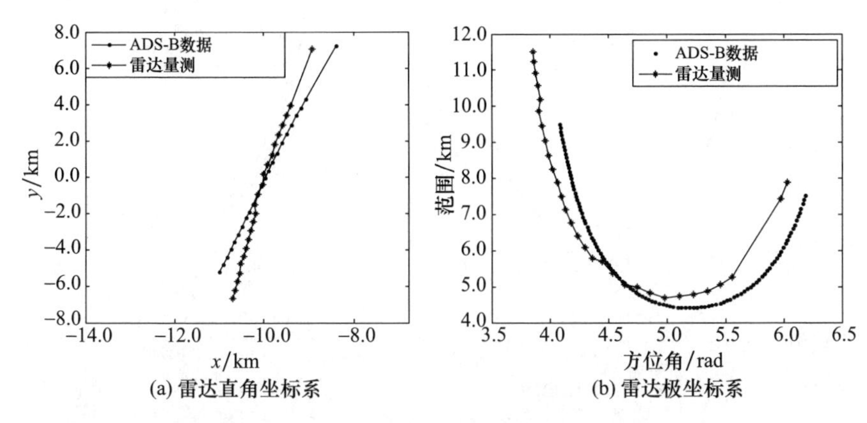

图6.17　预处理后雷达观测和ADS-B观测

针对预处理后的雷达观测和ADS-B观测,图6.18(b)~(d)分别给出SICP方法和CF方法、LS(雷达直角坐标系)方法(LSr)和LS(雷达极坐标系)方法(LSp)、CF-LSr和CF-LSp的配准结果;表6.4给出了它们的雷达系统误差估计结果。将6种方法的配准结果分成上述三幅图说明,主要为了方便说明和展示。同时为了区分,将针对预处理后雷达数据的SICP方法记为SICPc方法。从图6.18(b)~(d)可以看出,6种方法均能实现雷达系统误差的有效估计;从配准后雷达观测与ADS-B观测的接近程度看,SICP方法优于CF方法,LSp方法优于LSr方法,CF-LSp方法与CF-LSr方法效果相近。

表6.5给出6种方法雷达观测配准均方根误差;同时也给出了采样时刻位置情况下,采用SICP方法配准后雷达观测的均方根误差。由表6.5可知,在已知采样时刻的情况下,SICP方法、CF-LSr方法、CF-LSp方法的配准均方根误差最小,最接近ADS-B观测(近似为目标观测的理论值),从大到小依次是LSp方法、LSr方法、CF方法。这主要是因为LS方法(包括LSp方法、LSr方法)是直接处理雷达观测,而CF-LS方法(包括CF-LSp方法、CF-LSr方法)处理的是补偿后的雷达观测。显然,雷达观测包含的误差比补偿后的雷达观测要大很多。而在最小二乘估计建模过程中,忽略了系统误差的二阶项及高阶项,实际上它们也包含系统误差的信息,会影响系统误差的估计精度,特别是当系统误差较大时。这同时也说明最小二乘估计算法对观测数据的误差比较敏感。此外,相对LSp方法在极坐标系中处理雷达观测,LSr方法在直角坐标系中处理雷达观测,需要进行对方位角信息进行非线性变换,当系统误差较大时,也会造成一定的信

息损失，所以 LSp 方法的估计精度要高于 LSr 方法；当雷达观测数据经过方位角补偿后，再对方位角进行非线性变换时，丢失的信息较少，所以 CF－LSp 方法与 CF－LSr 方法的估计效果基本一致。

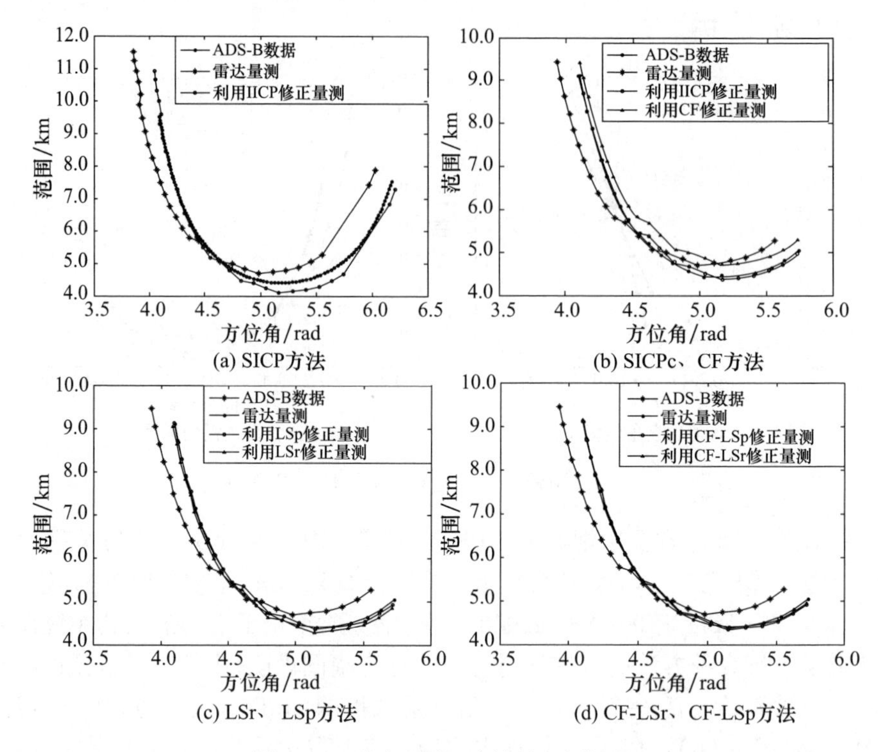

图 6.18　雷达观测配准结果(见彩插)

表 6.5　雷达观测配准均方根误差

方法	均方根误差平均值	SICP	SICPc	CF	LSr	LSp	CF－LSr	CF－LSp
斜距离/m	347.96	268.44	71.03	374.56	104.92	71.03	71.00	71.03
方位角/rad	0.1687	0.0203	0.0095	0.0098	0.0128	0.0095	0.0095	0.0095

根据上述分析，当雷达或 ADS－B 采样时刻未知时或采样时刻不精确时，SICP 方法能够有效地估计雷达系统误差，提高雷达观测的精度。尽管 CF 方法能够更有效地估计雷达方位角系统误差，但是它不能估计雷达斜距离系统误差，且 CF 方法要求目标近似直线运动，观测数据近似分布直线两侧，才能有效地进行直线拟合，进而估计雷达方位角系统误差，从而使得 CF 方法进一步受到约束。相比而言，SICP 方法降低了对目标运动模型的约束以及雷达观测数据的时间精度要求，应用范围更广。当雷达和 ADS－B 采样时刻已知的情况下，针对预处理的雷达观测数据，SICP 方法也能够取得较好的估计效果，具有与 CF－LSr

方法和 CF – LSp 方法相同的估计精度。因此,SICP 方法不管在雷达或 ADS – B 采样时刻已知或未知的情况,都能够有效地估计雷达系统误差。特别地,在它们采样时刻已知的情况下,也能够取得和 CF – LSp 方法一样的估计效果。

为了进一步验证本算法的系统误差校正效果,本章对某型雷达在秦皇岛机场附近跟踪一架民航飞机的实测数据作为研究对象,利用本算法进行系统误差配准,图 6.19(a)中"—●—"为 ADS – B 接收机获取的民航飞机航线,"—*—"为雷达测量航迹,从图(a)中可以看出,两条航迹差异明显,说明雷达量测存在误差,图 6.19(b)所示为将两条航迹转换到方位 – 距离坐标系后的对比,从图中可以看出两条航迹存在明显平移,图 6.19(c)所示为利用 SICP 算法在方位—距离坐标系中进行误差估计并补偿后的航迹对比,图 6.19(d)所示是补偿后在直角坐标系中的航迹对比,从对比中可以看出经过配准后的两条航迹几乎完全重合,说明本算法对复杂航迹的系统误差也能有效消除,充分表明了本算法的有效性。

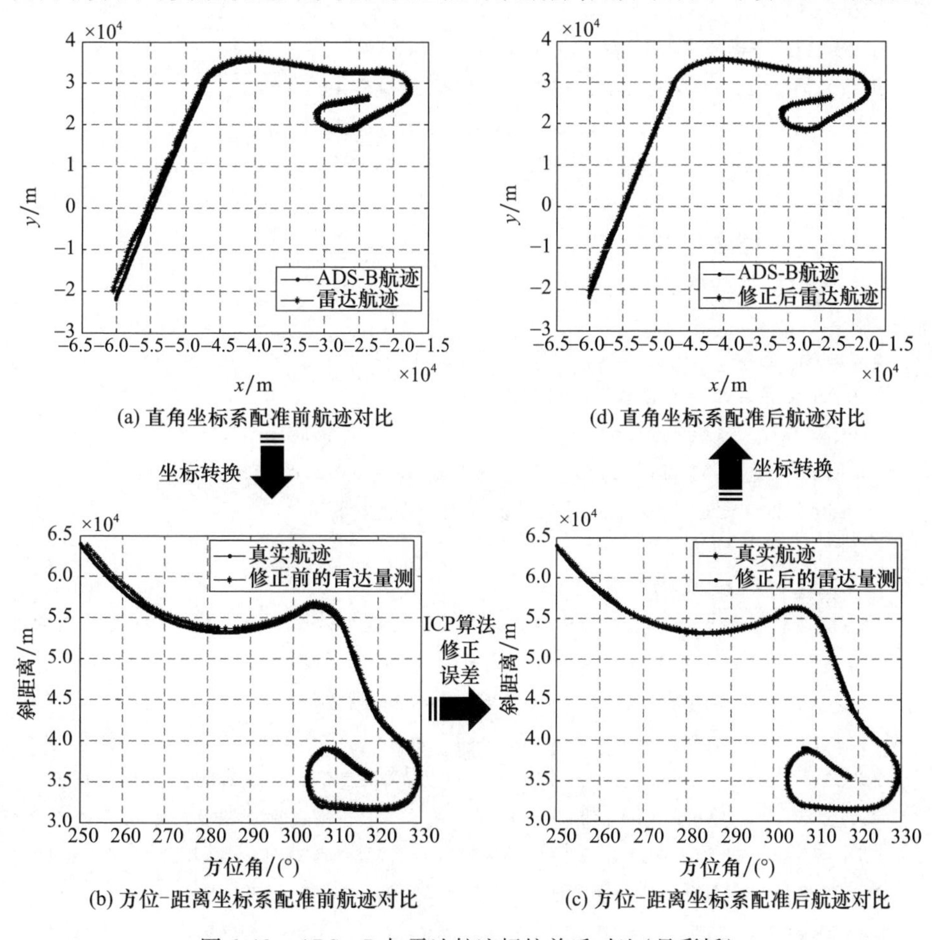

图 6.19　ADS – B 与雷达航迹标校前后对比(见彩插)

以上实例的 Matlab 程序如下。

```
%%%%%%%%%%%%%%%%%%% 主程序%%%%%%%%%%%%%%%%%%%%%%%%
clear all
clc
clf
fid = fopen('原始数据 9142&174.txt');
all_data = fscanf(fid,'% d,% d,% d,% f,% f,% f,% f',[7 inf]);
all_data = all_data';
fclose(fid);
adsb_all = all_data(all_data(:,2) = =0,:);
radar_all = all_data(all_data(:,2) = =7,:);
adsb_9142 = all_data(all_data(:,3) = =9142,:);
radar_174 = all_data(all_data(:,3) = =174,:);
figure(1)
% title('平面直角坐标系'),hold on;
plot(adsb_9142(:,4),adsb_9142(:,5),'r. -'),hold on;
plot(radar_174(:,4),radar_174(:,5),'b. -'),holdon;
legend('ads - b 航迹','雷达航迹');
% axis
xlabel('x 坐标(米)');
ylabel('y 坐标(米)');
grid on
figure(2)
title('方位 - 距离坐标系修正前对比'),hold on;
plot(adsb_9142(:,6),adsb_9142(:,7),'r. -'),hold on;
plot(radar_174(:,6),radar_174(:,7),'b. -'),hold on;
legend('真实航迹','修正前的雷达量测');% ,'雷达情报'
xlabel('方位角(度)');
ylabel('斜距离(米)');
%%%%%%%%%%%%%%%%%%%%%%%%%%%%%%%%%%%%%%%%%%%%%%%%%%%%%%%% 以下代码是对距离 - 方位坐标系下的用 ICP 算法计算偏差
%%%%%%%%%%%%%%%%%%%%%%%%%%%%%%%%%%%%%%%%%%%%%%%%%%%
model1 = [adsb_9142(:,6)';adsb_9142(:,7)'];  % ads - b data(模型集)
data1 = [radar_174(:,6)';radar_174(:,7)'];  % radar data(数据集)
col_data = size(data1,2);                   % 得到数据集中数据点的个数
%%%%%%%%%%%%%%%%%%%%%%%%%%%%%%%%%%%%%%%%%%%%%%%%%%
% 为了保持二维数组在同一数量级上对方位角进行 * 10^4 处理
%%%%%%%%%%%%%%%%%%%%%%%%%%%%%%%%%%%%%%%%%%%%%%%%%%
```

```
model1_1 =[adsb_9142(:,6)'. *10^2;adsb_9142(:,7)'];% ads -b data(模型集)
data1_1 =[radar_174(:,6)'. *10^2;radar_174(:,7)']; % radar data(数据集)
% 调用 ICP 算法
[RotMat,TransVec,ER,vi] = icp(model1_1,data1_1);
%%%%%%%%%%%%%%%%%%%%%%%%%
% 恢复方位角正常值后进行补偿
%%%%%%%%%%%%%%%%%%%%%%%%
TransVec(1) = TransVec(1) *10^( -2);
Dicp = RotMat * data1 + repmat(TransVec,1,col_data);
figure(3)
plot(adsb_9142(:,6),adsb_9142(:,7),'b. -',Dicp(1,:),Dicp(2,:),'r. -'),
hold on;% ,r_a,r_r,'b. -'
title('方位 - 距离坐标系修正后对比');
legend('真实航迹','修正后的雷达量测');% ,'雷达情报'
xlabel('方位角(度)');
ylabel('斜距离(米)');
% 以下得到的即为方位系统偏差和距离系统偏差
delta_a(1) = TransVec(1);% 方位系统偏差
delta_r(1) = TransVec(2);% 距离系统偏差
for i =1:col_data
    radar_measure1(i,1) = (radar_174(i,7) + delta_r) * cos((radar_
174(i,6) + delta_a) * pi/180);
    radar_measure1(i,2) = (radar_174(i,7) + delta_r) * sin((radar_
174(i,6) + delta_a) * pi/180);
end
figure(4)
plot(adsb_9142(:,4),adsb_9142(:,5),'r. -'),hold on;
plot(radar_measure1(:,2),radar_measure1(:,1),'b. -');
legend('ads - b 航迹','修正后雷达航迹');
xlabel('x 坐标(米)');
ylabel('y 坐标(米)');
axis square
grid on
%%%%%%%%%%%%%%%%%%%%%%%%%%%%%%%%%%%%%%%%%%%%%
%%%%%%%%%%%%%%%%%% SICP 算法%%%%%%%%%%%%%%%%%%%%%%%%%%
function [TR,TT,data,vi] = icp(model,data,maxIter,minIter,critFun,
thres)
% 迭代最近点算法
```

```
%   简单用法:
%   [R,T,data2] = icp(model,data)
%
%   ICP fits points in data to the points in model.
%   (default) Fit with respect to minimize the sum of square
%   errors with the closest model points and data points.
%   (optional) Using a robust criterion function
%
%   输入:
%
%   model - 模型点集构成的矩阵[ X_1 X_2 ...X_M ]
%   data - 数据点集构成的矩阵[ P_1 P_2 ...P_N ]
%
%   输出:
%
%   R - 旋转矩阵
%   T - 平移矩阵
%   data2 - 转换后的数据点集矩阵[ P_1 P_2 ...P_N ]
%
%           data2 = R * data + T
%
%
%   常规用法:
%
%   [R,T,data2] = icp(model,data,maxIter,minIter,critFun,thres)
%
%   输入:
%
%   maxIter - 最大迭代步数默认为 100 次
%
%   minIter - 最小迭代步数默认为 5 次
%
%   判据函数 - 0,最小二乘(default)
%           1 Huber 判据函数(robust)
%           2 Tukey's bi - 加权判据函数(robust)
%           3 Cauchy 判据函数(robust)
%           4 Welsch 判据函数(robust)
%
```

```
%   thres - 迭代终止的门限．默认为 10^-5
%
%
%
% 参考文献
%
% 'Robust registration of point sets using iteratively reweighted
least squares'
% Computational Optimization and Applications,vol 58,no.3,pp.543 -
561,10.1007/s10589 -014 -9643 -2
%
% 检查输入
if nargin <2
    error('To few input arguments');
elseif nargin <6
    thres =1e -5;                  % 迭代终止门限
    if nargin <5
        critFun =0;                % 判据函数,最小二乘
        if nargin <4
            minIter =5;            % 最小迭代步数
            if nargin <3
              maxIter =100;        % 最大迭代步数
            end
        end
    end
end
if or(isempty(model),isempty(data))
    error('Something is wrong with the model points and data points');
end
% 选取默认值
if isempty(maxIter)
    maxIter =100;
end
if isempty(minIter)
    minIter =5;
end
if isempty(critFun)
    critFun =0;
```

```
    end
    if isempty(thres)
        thres = 1e - 5;
    end
    % 模型集和数据集大小
    if (size(model,2) < size(model,1))
        mTranspose = true;
        m = size(model,2);
        M = size(model,1);
    else
        mTranspose = false;
        m = size(model,1);
        M = size(model,2);
    end
    if (size(data,2) < size(data,1))
        data = data';
    end
    if m ~ = size(data,1)
        error('The dimension of the model points and data points must be
equal');
    end
    N = size(data,2);
        DT = [ ];
        resid = zeros(N,1);
        vi = ones(N,1);
    % 初始化权值
    if critFun > 0
        wghs = ones(N,1);
    end
    % 初始化转换矩阵
    TR = eye(m);
    TT = zeros(m,1);
    % Start the ICP algorithm
    res = 9e99;
    for iter = 1:maxIter
        oldres = res;
        % 寻找最接近数据点的模型点
      if isempty(DT)
```

```
        if mTranspose
            for i =1:N
                mival =9e99;
                for j =1:M
                    val =norm(data(:,i) -model(j,:)');
                    if val <mival
                        mival =val;
                        vi(i) =j;
                        resid(i) =val;
                    end
                end
            end
        else
            for i =1:N
                mival =9e99;
                for j =1:M
                    val =norm(data(:,i) -model(:,j));
                    if val <mival
                        mival =val;
                        vi(i) =j;
                        resid(i) =val;
                    end
                end
            end
        end
    else
        [vi,resid] =nearestNeighbor(DT,data');
    end
    % 计算转换矩阵
    switch critFun

        case 0

            res =mean(resid.^2);

            med =mean(data,2);
            if mTranspose
                mem =mean(model(vi,:),1);
```

```
            C = data * model(vi,:) - (N * med) * mem;
            [U, ~ ,V] = svd(C);
            Ri = V * U';
            if det(Ri) < 0
                V(:,end) = -V(:,end);
                Ri = V * U';
            end
            Ti = mem' - Ri * med;
        else
            mem = mean(model(:,vi),2);
            C = data * model(:,vi)' - (N * med) * mem';
            [U, ~ ,V] = svd(C);
            Ri = V * U';
            Ri = eye(2,2);
            if det(Ri) < 0
                V(:,end) = -V(:,end);
                Ri = V * U';
            end
            Ti = mem - Ri * med;
        end
    otherwise

        % Estimation of bound which 80% of data is less than
        kRob = 1.9 * median(resid);

        maxResid = max(resid);
        if kRob < 1e - 6 * maxResid
            kRob = 0.3 * maxResid;
        elseif maxResid == 0
            kRob = 1;
        end

        res = mean(resid(resid < 1.5 * kRob).^2);

        switch critFun
            case 1
                % Huber 判据
                kRob = 2.0138 * kRob;
```

```
            for i = 1:N
                if resid(i) < kRob
                    wghs(i) = 1;
                else
                    wghs(i) = kRob/resid(i);
                end
            end
        case 2
            % Tukey's bi - 加权判据
            kRob = 7.0589 * kRob;
            for i = 1:N
                if resid(i) < kRob
                    wghs(i) = (1 - (resid(i)/kRob)^2)^2;
                else
                    wghs(i) = 0;
                end
            end
        case 3
            % Cauchy 判据
            kRob = 4.3040 * kRob;
            wghs = 1./(1 + (resid/kRob).^2);
        case 4
            % Welsch 判据
            kRob = 4.7536 * kRob;
            wghs = exp( - (resid/kRob).^2);
        otherwise
            % Huber 判据
            kRob = 2.0138 * kRob;
            for i = 1:N
                if resid(i) < kRob
                    wghs(i) = 1;
                else
                    wghs(i) = kRob/resid(i);
                end
            end
    end

    suWghs = sum(wghs);
```

```
            med = (data * wghs) /suWghs;
            if mTranspose
                mem = (wghs' * model(vi,:)) /suWghs;
                C =data * (model(vi,:). * repmat(wghs,1,m)) -(suWghs * med) * mem;
                [U, ~ ,V] = svd(C);
                Ri = V * U';
                if det(Ri) <0
                    V(:,end) = -V(:,end);
                    Ri = V * U';
                end
                Ti = mem' - Ri * med;
            else
                mem = (model(:,vi) * wghs) /suWghs;
                C =(data. * repmat(wghs',m,1)) * model(:,vi)' -(suWghs * med) * mem';
                [U, ~ ,V] = svd(C);
                Ri = V * U';
                if det(Ri) <0
                    V(:,end) = -V(:,end);
                    Ri = V * U';
                end
                Ti = mem - Ri * med;
            end
    end
    data = Ri * data;                       % 开始转换
    for i =1:m
        data(i,:) = data(i,:) + Ti(i);      %
    end
    TR = Ri * TR;                           % 更新转换矩阵
    TT = Ri * TT + Ti;                      %

    if iter > = minIter
        if abs(oldres - res) < thres
            break
        end
    end

end
%%%%%%%%%%%%%%%%%%%%%%%%%%%%%%%%%%%%%%%%%%%%%%%%
```

参考文献

[1] RAFATI A,MOSHIRR B,SALAHSHOOR K,et al. Asynchronous sensor bias estimation in multisensory - multitargetsystem [C]//IEEE International Conference on Multisensor Fusion and Integration for Intelligent Systems. Heidelberg,Germany:IEEE,2006: 402 - 407.

[2] BESADA P J A,GARCLA H J,De MIGUEL V G. New approach to online optimal estimation of multisensor biases [J]. IEE Proceedings. Radar,Sonar and Navigation,2004,151(1):31 - 40.

[3] PORTAS J A B. HERRERO J G,VELA G M. Radar bias correction based on GPS measurement for ATC applications [J]. IEE Proceedings. Radar,Sonar and Navigation,2002,149(3):137 - 144.

[4] HE Y,ZHU H W,TANG X M. Joint systematic error estimation algorithm for radar and automatic dependent surveillance broadcasting[J]. IET Radar Sonar Navigation,2012,4(7): 361 - 370.

[5] 张涛,唐小明,金林. ADS - B 用于高精度雷达标定的方法[J]. 航空学报,2015,36(12): 3947 - 3956.

[6] 朱衍波,张青竹,张军,等. 民航空管应用 ADS - B 的关键问题分析[J]. 电子技术应用,2007,33(9):72 - 74.

[7] 官云兰,周世健,张立亭,等. 稳健整体最小二乘直线拟合[J]. 工程勘察,2012,40(2): 60 - 62.

[8] 何友,王国宏,关欣,等. 信息融合理论及应用. 北京: 电子工业出版社,2010.

[9] LIN Q,KAI D,YU L,et al. Anti - bias track - to - track association algorithm based on distance detection [J]. IET Radar,Sonar and Navigation,2017,11(2):269 - 276.

[10] 齐林,刘瑜,任华龙,等. 空基多雷达航迹抗差关联算法[J]. 航空学报,2018,39(3): 221 - 229.

[11] LIN Q,YOU H,KAI D,et al. Multi - radar anti - bias track association based on the reference topology feature [J]. IET Radar,Sonar and Navigation,2018,12(3):366 - 372.

[12] 董凯,王海鹏,刘瑜. 基于拓扑统计距离的航迹抗差关联算法[J]. 电子与信息学报,2015,37(1): 50 - 55.

[13] XIONG J B,SHU L,WANG Q R,et al. A Scheme on Indoor Tracking of Ship Dynamic Positioning Based on Distributed Multi - Sensor Data Fusion[J]. IEEE Access,2017(5):379 - 392.

[14] 宋文彬. 基于合作目标与非合作目标的一体化空间配准新算法[J]. 电讯技术,2013,53(11): 1422 - 1427.

[15] KAMIELY H,SIEGELMAN H T. Sensor registration using neural networking[J]. IEEE Transactions on Aerospace & Electronic Systems,2000,36(1): 85 - 101.

[16] 郭军军,元向辉,韩崇昭. 采用熵函数法的多传感器空间配准算法的研究[J]. 西安:西安交通大学学报,2014,48(11):128 - 134.

[17] 张宇,王国宏,陈垒,等. 多目标雷达组网实时系统偏差稳健估计研究[J]. 电光与控制,2013,20(2): 5 - 7.

[18] 修建娟,王光源,何友. 机动目标自适应跟踪与系统误差配准[J]. 指挥信息系统与技

术,2018,9(2):19-23.

[19] 李鹏飞,郝宇,费华平,等. 基于多直线融合的雷达误差标定算法研究[J]. 雷达科学与技术,2017,15(6):682-686.

[20] 原常弘,郭文明,范恩,等. 联合 ADS-B 的最小二乘雷达系统误差估计方法[J]. 计算机系统应用,2019,28(9):264-270.

[21] BESL P J,MCKAY N D. A method for registration of 3D shapes[J]. IEEE Transaction on Pattern Analysis and Machine Intelligence,1992,14(2):239-256.

[22] 彭博. 激光三维扫描点云数据的配准研究[D]. 天津:天津大学,2011.

[23] 吕宗宝. 三维点云数据配准技术的研究与应用[D]. 哈尔滨:哈尔滨工程大学,2011.

[24] KIM H,SONG S,MYUNG M. GP-ICP: Ground Plane ICP for Mobile Robots[J]. IEEE Access,2019,7:76599-76610.

[25] LIU H B,LIU T R,LI Y P,et al. Point Cloud Registration Based on MCMC-SA ICP Algorithm[J]. IEEE Access,2019,7:73637-73648.

第7章 雷达网空情处理航迹关联技术

在雷达网系统中,为了最大限度地发挥雷达网的对空侦察能力、提高预警探测范围,在进行雷达布站时通常要考虑使各雷达的探测区全部或部分重叠。探测区重叠的雷达网可改善探测目标的条件,这样关于同一目标的信息可能同时来自几部雷达。在理想情况下,这些目标点迹应该相互重合。但由于存在各种误差,如雷达的探测误差、天线转动误差、通信误差、计算机处理误差等,对同一目标的观测,在处理中心的空情显示器上便会显示相邻而又不重合的多条测量航迹,容易引起空情判断的混乱。责任空域中的目标数是未知的,要实现数据自动融合,一个重要的问题是如何解决目标航迹的自动相关,识别出哪些观测数据序列(雷达航迹)来自相同的目标。因此,在多目标的环境中,对测量航迹的关联(相关或分类)是雷达网空情处理的重要问题之一,是基本的也是最繁重的任务。

7.1 航迹关联的基本原理

如前面所述,航迹关联是解决航迹归并问题的前提,相关正确与否直接影响归并正确与否。在多目标、干扰、杂波、噪声和交叉、分岔航迹较多的场合下,航迹关联问题变得非常复杂。再加上雷达之间的距离或方位上的组合失配、雷达位置误差、目标高度误差和坐标转换误差等因素的影响,使航迹关联问题变得十分困难。

工程上一般把新来的多雷达局部航迹与处理中心已有的系统航迹进行相关判断,即把新来的局部航迹与系统航迹进行最佳相关分组,系统航迹在这里被当成基准,并且对某部雷达来说,一条系统航迹至多只能与该雷达的一条局部航迹相关,一条局部航迹也至多只能与一条系统航迹相关。

在相关过程中,不仅对两批航迹的当前点坐标进行位置相关,还对它们的各项参数(速度、航向、高度等)也分别相关。如果经这些相关处理后,能满足各个相关准则的要求,就可初步判定它们是重复批,否则不是重复批。

一般情况下,通常以下列5个航迹的坐标及参数作为判定的依据:

X_i:航迹 i 的 X 坐标;

Y_i:航迹 i 的 Y 坐标;

H_i:航迹 i 的海拔高度;

V_i:航迹 i 的速度;

K_i:航迹 i 的航向。

在相关过程中,用这 5 个航迹的坐标及参数的不同组合,可构成不同的相关方法。例如,用 X_i、Y_i 构成位置相关方法,用 X_i、Y_i、H_i 构成位置高度相关方法;用 X_i、Y_i、V_i 构成位置速度相关方法等。不同的相关方法,其相关的性能也各不相同。

1. 位置相关

位置相关是常用的一种相关方法。因为一般搜索雷达都可以得到目标的位置量 X、Y。若雷达站局部航迹落入某一系统航迹 X 轴上相关波门对应的范围内,又落入该系统航迹 Y 轴上相关波门对应的范围内,则这些目标航迹属于同一目标,即相关目标,这种判别相关的方法称为位置相关。位置相关示意如图 7.1 所示。

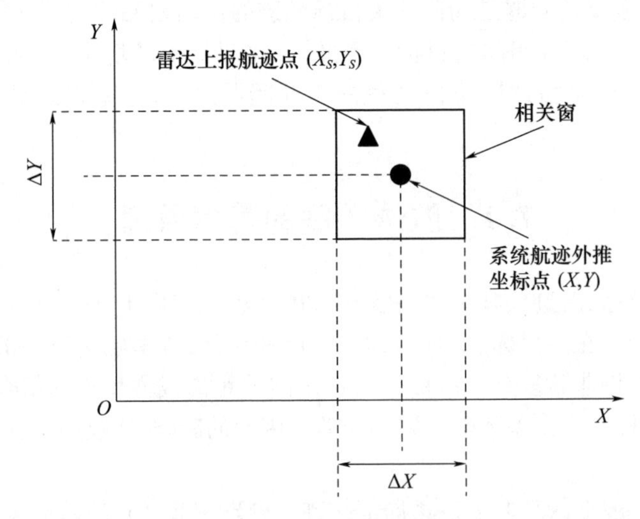

图 7.1 位置相关示意图

图中黑色圆点(X,Y)是系统航迹的外推点,(X_S,Y_S)是雷达站局部航迹的最新点。系统航迹和雷达站局部航迹的最新点在时间上不同步,因此,在进行位置相关比较之前,首先将要相关比较的系统航迹坐标点(X_L,Y_L)外推至要进行比较的局部航迹最新坐标的检测时刻,其外推公式为

$$\begin{cases}X = X_L + V_{XL}(t_S - t_L)\\Y = Y_L + V_{YL}(t_S - t_L)\end{cases} \tag{7-1}$$

式中:(X_L,Y_L)为系统航迹最新时刻 t_L 时的位置坐标;(V_{XL},V_{YL})是该时刻系统航迹速度分量。

如果目标按匀速直线运动，雷达量测没有任何误差，那么 t_s 时刻，X 应与 X_S、Y 应与 Y_S 完全吻合。事实上，目标严格地做匀速运动及雷达的量测无任何误差都是不可能的。因此，$X=X_S$，$Y=Y_S$ 也是不可能的。为了完成相关比较，要确定一个误差范围 ΔX 和 ΔY，若不等式

$$\begin{cases} |X-X_S| \leqslant \dfrac{\Delta X}{2} \\ |Y-Y_S| \leqslant \dfrac{\Delta Y}{2} \end{cases} \tag{7-2}$$

均得到满足，即认为相关：若不满足，则认为不相关。ΔX 和 ΔY 称为“相关波门”，也称为相关范围或窗口。$\dfrac{\Delta X}{2}$和$\dfrac{\Delta Y}{2}$称为相关波门门限值，一般情况下，取 $\dfrac{\Delta X}{2}=\dfrac{\Delta Y}{2}$。

2. 位置高度相关

一般情况下，目标是在三维空间里运动的，所以相关波门的设置也可以是立体的，如图7.2所示。由系统航迹外推坐标 X、Y、Z（即 H）确定相关波门中心，当雷达站局部航迹最新量测点坐标 X_S、Y_S、Z_S 满足式（7-3）时，即为位置高度相关。若不满足，则认为不相关。

$$\begin{cases} |X-X_S| \leqslant \dfrac{\Delta X}{2} \\ |Y-Y_S| \leqslant \dfrac{\Delta Y}{2} \\ |Z-Z_S| \leqslant \dfrac{\Delta Z}{2} \end{cases} \tag{7-3}$$

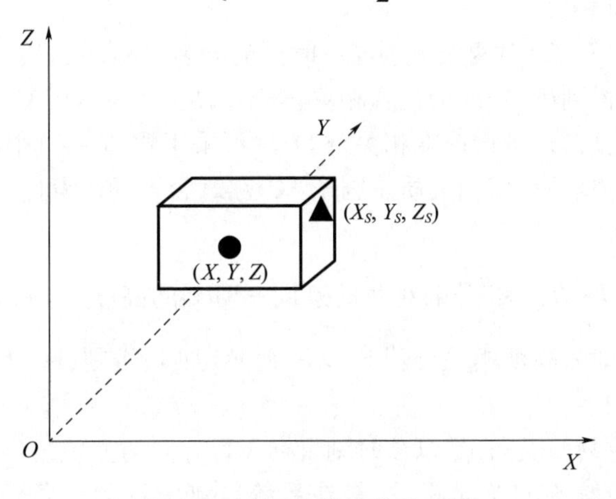

图7.2　位置高度相关示意图

3. 位置速度相关

位置速度相关是在位置相关的基础上增加了速度分量的相关，若雷达站局部航迹落入某系统航迹的 X、Y、V_X、V_Y 各轴的波门范围内，就认为相关。也就是说，由该系统航迹的外推点 X、Y、V_X、V_Y 确定相关波门中心，当雷达站的局部航迹最新检测点坐标 X_S、Y_S、V_{XS}、V_{YS} 满足式(7－4)时，即认为相关。若不满足，则认为不相关。

$$\begin{cases} |X - X_S| \leqslant \dfrac{\Delta X}{2} \\ |Y - Y_S| \leqslant \dfrac{\Delta Y}{2} \\ |V_X - V_{XS}| \leqslant \dfrac{\Delta V_X}{2} \\ |V_Y - V_{YS}| \leqslant \dfrac{V_Y}{2} \end{cases} \tag{7-4}$$

4. 多质量因子相关

多质量因子相关是估算目标航迹同一时刻的若干同名坐标及参数的差值，若某一个同名坐标或参数的差值不超过允许值，则给它一个相关质量因子(或相关可靠因子，用 FC 表示)值，当若干相关质量因子值之和达到一定值时，就认为这些目标航迹属于同一目标。下面举例介绍用这种方法进行相关的过程。

设两条航迹同一时刻的同名坐标及参数分别是：

局部航迹：X_S、Y_S、H_S、V_{XS}、V_{YS}、K_S；

系统航迹：X、Y、H、V_{XZ}、V_{YZ}、K。

其相关过程如下：

1)位置速度相关

首先，用式(7－2)对两条航迹同一时刻的同名坐标(X_S,Y_S,)与(X,Y)进行位置相关，若均得到满足，即为位置相关；若不满足，则为不相关。

位置相关之后，再进行速度相关，其方法可采用式(7－4)中的后两式进行。若位置、速度相关均满足，相关质量因子 FC 为 2，否则，FC 为 0。

2)高度相关

用不等式 $|H - H_S| \leqslant \dfrac{\Delta H}{2}$ 来对两航迹同一时刻的高度 H_S 和 H 进行相关，若不等式被满足，即为高度相关。若 FC＞0，则 FC 加 1；否则，FC 为 0。

3)航向相关

目标在某时刻的航向，是以该时刻目标飞行方向的方位角(正北方向为 0°)来表示的。两条航迹的航向相关，是在系统航迹掌握的一条航迹的当前航向(方位角为 K)的两侧设置一个航向相关波门，波门方位宽度为 ΔK，如图 7.3

所示。

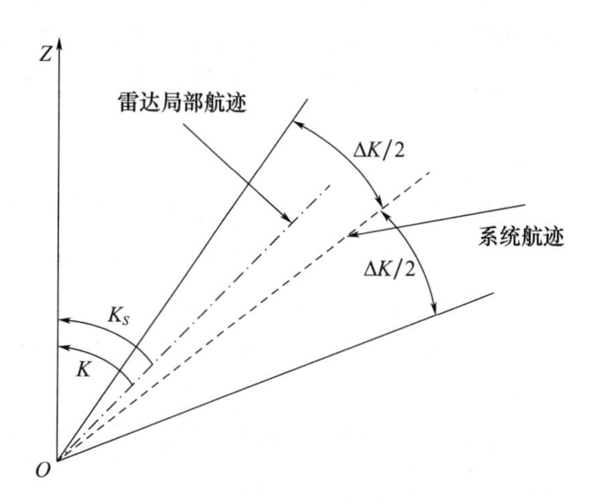

图7.3　两条航迹航向相关波门

只要局部航迹的当前航向(方位角为 K_S)在此波门内,就认为两条航迹的航向相同,或者说是航向相关的。于是,判断两条航向相关的条件为

$$|K-K_S|\leqslant\frac{\Delta K}{2} \tag{7-5}$$

任意一批目标航迹的当前航向(方位角为 K)计算公式为

$$K=\arctan\frac{X_n-X_{n-1}}{Y_n-Y_{n-1}} \tag{7-6}$$

式中:X_n、Y_n 为目标当前点坐标;X_{n-1}、Y_{n-1} 为前一点坐标。

在航向相关过程中,若式(7-5)被满足,即为航向相关。若 FC>0,则 FC 加1;否则,FC 为0。

4)计算相关质量因子 FC

对上述计算的 FC 值列表显示,如表7.1所列。

表7.1　新航迹相关质量因子 FC 表

<table>
<tr><td>相关类</td><td colspan="4">相关质量因子 FC</td></tr>
<tr><td>位置、速度</td><td colspan="3">相关 FC=2</td><td rowspan="3">不相关
FC=0</td></tr>
<tr><td>高度</td><td colspan="2">相关 FC=3(+1)</td><td rowspan="2">不相关
FC=0</td></tr>
<tr><td>航向</td><td>相关 FC=4(+1)</td><td>不相关 FC=0</td></tr>
</table>

从计算航迹相关质量因子 FC 表中可以看出,对于新航迹的相关 FC 不取负值,只要有一个条件不满足,FC 皆取0值,认为航迹不相关。仅当 FC=4 时,才认为航迹相关。这也不难理解,假若某两架飞机平面位置、速度、航向均相同,但高度不同,可以认为是两个高度层上飞行的不同飞机。

上述例子介绍的多质量因子相关方法,并不是唯一的。因此,在采用多质量因子相关方法时要根据雷达站提供的同名坐标及参数的多少,以及这些坐标及参数的准确性高低,确定适宜的相关类及相关质量因子和计算相关质量因子的方法。

5. 相关波门宽度的选择

无论采用什么方法实现目标航迹相关,都必须确定相关波门的宽度。相关波门尺寸的确定是一个有普遍意义的问题,与所用的具体相关方法无关。从上述举例可知,波门宽度显然跟两条航迹同一时刻的测量值之间的偏差大小有关,该偏差与目标坐标的测量误差有关。因此,要正确确定相关波门宽度,首先必须要清楚目标坐标的测量误差。

在前面介绍的几种粗相关的方法中,位置相关是最基本的方法。下面以位置相关为例,介绍波门宽度的选择。

从式(7-2)可以看出,位置相关波门宽度在两个坐标轴上的大小与两条航迹在该坐标轴方向上的估计误差有关。根据误差分析可知,当波门宽度设置为两条航迹在两个坐标轴上互协方差均方根的 3 倍时,关于同一目标的两条航迹估计值差值就会以 99.5% 的概率落入波门,从而实现对目标航迹的相关判断。

波门宽度的大小不仅与目标的测量误差有关,而且还与外推计算的方法、目标机动情况、目标密度等因素有关。因此,在确定波门宽度时,要综合考虑到这些因素。

从前述各相关方法的判定条件可知,相关波门开得大容易判为相关;相关波门开得小则不易判为相关。因此,要适当选择相关波门的宽度,既要避免把不同目标的航迹判为相关,又要防止把同一目标的各条航迹判为不相关。相关波门宽度数据是可变参数,可在实践中修改。

考虑雷达站的测量误差、时空统一的变换误差、目标机动造成的动态误差,以及在几个周期内可能有丢点,选取的相关波门宽度一般为 10 ~ 20km,才能保证属于同一目标的多站同一时刻测量同一目标的测量值几乎不会越出波门,即实现所有非错误情报正确相关。

实际上,在雷达站处只有距离误差存在,相反,当目标距离为无限大时,方位误差占主要地位。因此,在两个坐标轴向上的测量误差都随目标距离增大而增大,波门宽度也必须随目标距雷达站的远近而改变:当距离增大时,波门宽度增大;当距离减小时,波门宽度减小。在实际应用中,为了减少计算量,把雷达的最大探测距离分成几段,每个距离段确定一个波门宽度。在进行航迹相关时,根据目标的距离,选择对应距离段的波门宽度。例如,当雷达最大探测距离为 400km 时,为了简便,把距离分成两个距离段,设 0 ~ 200km 距离段内波门宽度为 10km,200 ~ 400km 距离段内波门宽度为 20km。则当雷达测得目标距离小于 200km

时,波门宽度选用10km;否则,波门宽度选用20km。此外,当采用一种波门宽度时,可用平均波门宽度,上例中平均波门宽度为15km。

在采取人工航迹相关时,航迹关联(判重复)是专业人员通过观察,根据航迹的相似(近)性和人的经验来判断的。而在计算机自动进行航迹关联时,则需要完成以下步骤:

(1)时空配准。由于雷达的工作开始时间受各自的任务、监视的区域等多种因素的控制,不可能做到所有雷达同步扫描,只能是异步工作,而且存在通信迟延。这样基于时间同步的航迹关联算法就不能直接得到应用,为此需要进行坐标变换和时间统一。统一的坐标变换是容易实现的工作,时间延迟可以通过延迟修正和外推补偿,而采样与更新的不同步可通过平滑、插值及外推完成目标状态估计点的时间校准。

(2)确定关联同名坐标。多雷达航迹关联可以归结为估算目标航迹的同一时刻的同名坐标及参数的差值,如果同名坐标及参数的差值不超过门限值(窗口宽度),那么两条航迹便被判为属于同一目标,这里所说的"同名坐标"包括目标的位置、速度、航向和高度等因素。

(3)进行关联判决。在空情处理系统中,航迹关联判决方法可分为三大类:一是基于统计理论的假设检验方法;二是基于模糊数学的模糊关联方法;三是基于欧几里得距离的判断方法。在完成各雷达时空配准以及确定好用于航迹关联的同名坐标后,即可选择上述算法进行航迹关联判决。接下来将具体介绍几种典型的航迹关联方法。

7.2　基于模糊综合函数的航迹关联方法

在雷达网系统中,各雷达将雷达航迹估计以数据包的形式依次从本地传输至空情处理中心。在空情处理中心,再采用序贯或并行的方式处理这些航迹数据。一般地,一条数据包只包含一个点迹信息,具体可以表示为 $D_l^i(k)=\{\hat{z}_l^i(k),h_l^i,t_k\}$。其中,$D_l^i(k)$ 为雷达航迹 $T_l^i(k)$ 的第 i 个数据包,$\hat{z}_l^i(k)$,h_l^i,t_k 分别为目标的位置估计、航迹批号和发现时间。因此,雷达航迹 $T_l^i(k)$ 可以近似表示为 $T_l^i(k)=\{D_l^i(1),D_l^i(2),\cdots,D_l^i(k)\}$。如果数据包 $D_l^i(k)$ 来自雷达航迹 $T_l^i(k)$,记为 $D_l^i(k)\in T_l^i(k)$。

一般地,在雷达站需要建立两类航迹:一类用于雷达跟踪目标的本地雷达航迹,另一类用于向空情处理中心上报的雷达子航迹。在很多情况下,由于战地信道带宽有限,雷达子航迹一般不包含局部状态估计误差的协方差信息,具体表示为 $\boldsymbol{t}_l^i(k)=\{D_l^i(k-1),D_l^i(k)\}$,并将只包含一个数据包的雷达子航迹称为雷达候选子航迹,具体表示为 $\tilde{\boldsymbol{t}}_l^i(k)=\{D_l^i(k)\}$。这里,记 $\boldsymbol{B}_t$ 为所有子航迹的全体,称为雷达子航迹空间;$\boldsymbol{B}_{\tilde{t}}$ 为所有候选子航迹的全体,称为雷达候选子航迹空间。同理,如果子航迹 $\tilde{\boldsymbol{t}}_l^i(k)$ 来自雷达航迹 $T_l^i(k)$,记为 $\tilde{\boldsymbol{t}}_l^i(k)\in T_l^i(k)$。

为了提高航迹关联的处理速度,根据航迹数据从雷达站到空情处理中心的传输方式,在空情处理中心采用雷达子航迹 - 系统航迹关联代替雷达航迹 - 系统航迹关联。同时,考虑到模糊航迹关联的优点,本节提出一种基于模糊综合函数的雷达航迹 - 系统航迹关联方法(FSF - TSTA)。FSF - TSTA 方法主要分为三步:①构建模糊因素集;②选择模糊综合函数;③计算模糊关联度。

7.2.1 理论基础

为了对子航迹与系统航迹进行关联判决,需要研究两者模糊因素集间的相似性测度。模糊综合函数是研究两向量间相似性测度的一种有效方法。为此,本节首先给出模糊综合函数的定义,其次介绍常用的几种模糊综合函数,最后选择一种适合航迹关联判决的模糊综合函数。

根据模糊因素集 $\mathbf{U}=\{u_1,u_2,\cdots,u_r\}$,对任意系统航迹 $T_0^j(k-1),T_0^p(k-1)\subset\mathbf{C}$,可以分别得到子航迹 $\boldsymbol{t}_l^i(k)$ 与系统航迹 $T_0^j(k-1)$、$T_0^p(k-1)$ 的相似度向量 $\boldsymbol{d}_{ij}(r)=[d_{ij}(u_1),d_{ij}(u_2),\cdots,d_{ij}(u_r)]^{\mathrm{T}}$ 和 $\boldsymbol{d}_{ip}=[d_{ip}(u_1),d_{ip}(u_2),\cdots,d_{ip}(u_r)]^{\mathrm{T}}$。在$[0,1]^r$ 中引入偏序“$\leqslant$”关系,则对 $\forall\boldsymbol{d}_{ij},\boldsymbol{d}_{jp}\in[0,1]^r$,恒有

$$\boldsymbol{d}_{ij}\leqslant\boldsymbol{d}_{ip}\Leftrightarrow d_{ij}(u_l)\leqslant d_{ip}(u_l) \tag{7-7}$$

成立,其中 $l=1,\cdots,r$。

在此基础上,可以进一步定义综合函数:如果存在映射 $f:[0,1]^r\to[0,1]$,对 $\forall\boldsymbol{d}_{ij},\boldsymbol{d}_{ip}\in[0,1]^r$,恒有

$$\boldsymbol{d}_{ij}(r)\leqslant\boldsymbol{d}_{ip}(r)\Leftrightarrow f(\boldsymbol{d}_{ij}(r))\leqslant f(\boldsymbol{d}_{ip}(r)) \tag{7-8}$$

$$\bigwedge_{l=1}^{n}d_{ij}(u_l)\leqslant f(\boldsymbol{d}_{ij}(r))\leqslant\bigvee_{l=1}^{n}d_{ij}(u_l) \tag{7-9}$$

两式成立,那么称映射 $f(\cdot)$ 为综合函数。

常用的综合函数有

$$f(\boldsymbol{d}_{ij}(r))=\left[\frac{1}{n}\sum_{l=1}^{r}(d_{ij}(u_l))^q\right]^{1/q},q>0 \tag{7-10}$$

$$f(\boldsymbol{d}_{ij}(r))=[\prod_{l=1}^{r}d_{ij}(u_l)]^{1/r} \tag{7-11}$$

$$f(\boldsymbol{d}_{ij}(r))=\sum_{l=1}^{r}a_l d_{ij}(u_l),a_l\in[0,1],\sum_{l=1}^{r}a_l=1 \tag{7-12}$$

$$f(\boldsymbol{d}_{ij}(r))=[\sum_{l=1}^{r}a_l[d_{ij}(u_l)]^q]^{1/q},a_l\in[0,1],\sum_{l=1}^{r}a_l=1,q>0 \tag{7-13}$$

$$f(\boldsymbol{d}_{ij}(r)) = \frac{1}{2}\left[\bigwedge_{l=1}^{r} d_{ij}(u_l) + \bigvee_{l=1}^{r} d_{ij}(u_l)\right] \tag{7-14}$$

本节采用式(7-12)作为航迹关联的判决函数。同时考虑到各模糊因素在关联判决中的重要程度,取 $a_1=0.55$、$a_2=0.35$、$a_3=0.1$。

7.2.2 方法流程

步骤1:构建模糊因素

为了讨论方便,假设子航迹和系统航迹的状态估计已经统一到统一的直角坐标系、时标已对正,且系统传输延迟时间为0。一般地,影响航迹关联的模糊因素包括目标的位置、航速、加速度、航向和航向变化率等。在实际应用中,为了减小关联算法的计算复杂度和融合系统的负担,通常只选取对关联判决起主要作用的因素,以保证在各种运动模型中能够准确跟踪目标。本节选取目标的水平位置差、水平速度差和水平航向差作为模糊判决的因素。

假设在 k 时刻,$\hat{x}_l^i(k)=[x_l^i(k),\hat{\dot{x}}_l^i(k),y_l^i(k),\hat{\dot{y}}_l^i(k)]^{\mathrm{T}}$ 为子航迹 $\boldsymbol{t}_l^i(k)$ 的当前状态估计,$i=1,2,\cdots,n$;$\hat{x}_0^j(k|k-1)=[x_0^j(k|k-1),\hat{\dot{x}}_0^j(k|k-1),y_0^j(k|k-1),\hat{\dot{y}}_0^j(k|k-1)]^{\mathrm{T}}$ 为系统航迹 $T_0^j(k-1)$ 在 k 时刻的预测状态,$i=1,2,\cdots,n_0$。其中,$\hat{\boldsymbol{x}}_l^i(k)$ 的速度分量可以根据子航迹 $\boldsymbol{t}_l^i(k)$ 在 $k-1$、k 时刻的两位置估计计算得到。因此,目标的水平位置差 u_1、水平速度差 u_2 和水平航向差 u_3 可以分别表示为

$$u_1=\sqrt{(\hat{x}_0^j(k|k-1)-\hat{x}_l^i(k))^2+(\hat{y}_0^j(k|k-1)-\hat{y}_l^i(k))^2} \tag{7-15}$$

$$u_2=\left|\sqrt{(\hat{\dot{x}}_l^i(k))^2+(\hat{\dot{y}}_l^i(k))^2}-\sqrt{(\hat{\dot{x}}_0^j(k|k-1))^2+(\hat{\dot{y}}_0^j(k|k-1))^2}\right| \tag{7-16}$$

$$u_3=|\arctan(\hat{\dot{y}}_l^i(k)/\hat{\dot{x}}_l^i(k))-\arctan(\hat{\dot{y}}_0^j(k|k-1)/\hat{\dot{x}}_0^j(k|k-1))| \tag{7-17}$$

所以模糊因素集可以表示为 $\mathbf{U}=\{u_1,u_2,u_3\}$。然后采用高斯型隶属度函数计算相似度向量 $\boldsymbol{d}_{ij}(3)$ 如下:

$$\begin{aligned}\boldsymbol{d}_{ij}(3)&=[d_{ij}(u_1),d_{ij}(u_2),d_{ij}(u_3)]^{\mathrm{T}}\\&=[\exp(-(u_1/u_{1\max})),\exp(-(u_2/u_{2\max})),\exp(-(u_3/u_{3\max}))]^{\mathrm{T}}\end{aligned} \tag{7-18}$$

式中:$d_{ij}(\cdot)$ 为相似度;$u_{1\max}$、$u_{2\max}$ 和 $u_{3\max}$ 分别为所能容忍的最大水平位置差、最大水平速度差和最大水平航向差,均为取经验值。

步骤2:计算模糊关联度

在确定模糊综合函数后,根据式(7-12),可以计算子航迹 $\boldsymbol{t}_l^i(k)$ 与系统航迹

$T_0^j(k)$在 k 时刻的模糊关联度：

$$\mu_{ij}(\boldsymbol{t}_l^i(k), T_0^j(k-1)) = f(\boldsymbol{d}_{ij}(3)) = \sum_{l=1}^{3} a_l d_{ij}(u_l) \tag{7-19}$$

式中：$\mu_{ij}(\boldsymbol{t}_l^i(k), T_0^j(k-1))$是综合相似度分量 $d_{ij}(u_1)$、$d_{ij}(u_2)$和 $d_{ij}(u_3)$加权后所得到的结果，即是子航迹 $\boldsymbol{t}_l^i(k)$与系统航迹 $T_0^j(k-1)$的模糊关联度。

根据式(7-19)，可以获得子航迹与关联门限内各系统航迹的模糊关联度，再选择模糊关联度最大的系统航迹与当前子航迹进行关联，最后采用 $\alpha-\beta$ 滤波器对该系统航迹进行滤波。

步骤 3：门限检验

门限检验的目的是从系统航迹空间 **C** 中找出可能与子航迹关联的系统航迹。它主要分为两步：

(1) 判断子航迹 $\boldsymbol{t}_l^i(k)$的位置估计 $\boldsymbol{z}_l^i(k)$是否在系统航迹 $T_0^j(k-1)$的跟踪门内：

$$d(\boldsymbol{z}_l^i(k), \boldsymbol{z}_0^j(k|k-1)) < g_0 \tag{7-20}$$

式中：$\boldsymbol{z}_0^j(k|k-1)$为系统航迹 $T_0^j(k-1)$在 k 时刻的预测位置；$d(\cdot)$为距离度量函数；g_0 为跟踪门限半径。

(2)根据式(7-20)，判断子航迹 $\boldsymbol{t}_l^i(k)$与系统航迹 $T_0^j(k-1)$的加权模糊关联度是否满足

$$\mu(\boldsymbol{t}_l^i(k), T_0^j(k-1)) > \mathrm{e}^{-1} \tag{7-21}$$

式中：e = 2.7138。如果同时满足以上条件，就可以确定子航迹 $\boldsymbol{t}_l^i(k)$与系统航迹 $T_0^j(k-1)$关联。

根据空情处理中心对子航迹的处理方式以及目标在监测区域的空间分布，可能存在多条子航迹同时与一条系统航迹关联，或者一条子航迹同时与多条系统航迹关联。已关联的航迹被用于航迹融合，因此直接影响融合结果的性能。在航迹融合过程中，一种思路是选择高质量的航迹数据用于更新系统航迹；另一种思路是对来自同一目标的已关联航迹进行加权求和，再将求和结果用于更新系统航迹。研究证明，在雷达航迹数据质量相差较大的情况下，融合后系统航迹的性能还不如融合前高质量的航迹效果好。但是如果只采用高质量的雷达航迹数据用于系统航迹更新，就会使得其他信源部分高质量的航迹数据无法参与航迹融合，导致信息量的损失。

7.2.3 Matlab 实践

假设空中有 1 个目标做匀速直线飞行，目标的初始位置(x,y)为[200m，10000m]、对应的初始速度[10m/s，-15m/s]。假设该目标在进入雷达 A 的探测范围之前已被其他雷达探测到并在空情处理中心形成相应的系统航迹，又假

设目标进入雷达A的探测范围内即被该雷达跟踪并形成航迹，该雷达的扫描周期为1s。考虑到雷达测量误差以及雷达、空情处理中心在数据处理过程中引入的误差，设雷达航迹与系统航迹在x、y方向上均服从大小为$\sqrt{r}$的高斯分布，$r=200$m。现在对雷达A跟踪该目标的局部航迹与空情处理中心关于该目标的系统航迹进行关联，并利用局部航迹实时更新系统航迹，仿真结果如图7.4所示。从图中可以看出，雷达测量航迹与系统航迹具有较强的关联性，且均在真实航迹附近。

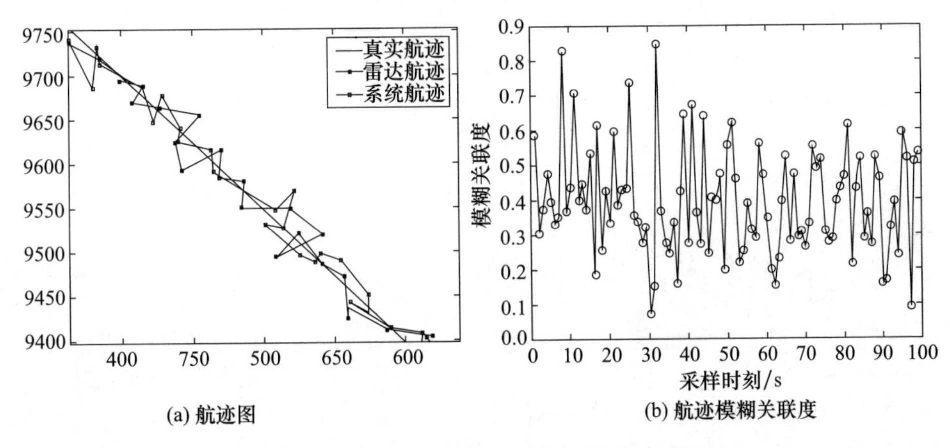

图7.4　基于模糊综合函数的航迹关联(见彩插)

该实例的Matlab代码如下。

```
%%%%%%%%%%%%%%%%%%%%%%%%%%%%%%%%%%%%%%%%%%%%%%%%%%%%%%%%%%%%%%%%%%%%%%%%%%%%%%%%%%%%%%%%%%%%%%%%
% 仿真环境:假设1个目标做匀速直线运动,生成雷达航迹和系统航迹
% 对两条航迹进行关联
clc;clear; close all;
% *************** 基于模糊综合函数的雷达航迹-系统航迹关联方法 ************
% 生成理想航迹
T=1;
Times=100;
F=[1 T 0 0;
    0 1 0 0;
    0 0 1 T;
    0 0 0 1];
H=[1 0 0 0;
    0 0 1 0];

r=200;
x0=[200;10;10000;-15];
```

```
X(:,1) =x0;
for i =1:1:Times -1
    X(:,i +1) =F * X(:,i);
end

for i =1:Times  % 生成雷达航迹
  W =[sqrt(r) * randn;sqrt(r) * randn];
  x1(:,i) =H * X(:,i) +W;
end
v1 =zeros(2,Times);
v1(:,1) =[x0(2),x0(4)]';
for k =2:Times
    for i =1:2
        v1(i,k) =x1(i,k) -x1(i,k -1);
    end
end
X1 =X;
X1(1,:) =x1(1,:);X1(3,:) =x1(2,:);
X1(2,:) =v1(1,:);X1(4,:) =v1(2,:);

fori =1:Times  % 生成系统航迹
  W =[sqrt(r) * randn;sqrt(r) * randn];
  xc(:,i) =H * X(:,i) +W;
end
vc =zeros(2,Times);
vc(:,1) =[x0(2),x0(4)]';
for k =2:Times
    for i =1:2
        vc(i,k) =xc(i,k) -xc(i,k -1);
    end
end
Xc =X;
Xc(1,:) =xc(1,:);Xc(3,:) =xc(2,:);
Xc(2,:) =vc(1,:);Xc(4,:) =vc(2,:);
% 显示真实航迹、雷达航迹、系统航迹
plot(X(1,:),X(3,:),'r -','MarkerSize',2),hold on;
plot(X1(1,:),X1(3,:),'b - * ','MarkerSize',2),hold on;
plot(Xc(1,:),Xc(3,:),'k -o','MarkerSize',2);
```

```
legend('真实航迹','雷达航迹','系统航迹');

% 计算模糊关联度
d1c = zeros(1,Times);
for k = 2:Times
    d1c(k) = sqrt((X1(1,k) - Xc(1,k))^2 + (X1(3,k) - Xc(3,k))^2);
end
u1_max = max(d1c);

d2c = zeros(1,Times);
for k = 2:Times
    d2c(k) = sqrt(abs((X1(2,k) + X1(2,k))^2 - (Xc(4,k) + Xc(4,k))^2));
end
u2_max = max(d2c);

d3c = zeros(1,Times);
for k = 2:Times
    d3c(k) = abs(atan2(X1(4,k),X1(2,k-1)) - atan2(Xc(4,k),Xc(2,k-1)));
end
u3_max = max(d3c);

u = zeros(1,Times);
w1 = 0.55;w2 = 0.35;w3 = 0.1;
for k = 2:Times
    u(k) = w1 * d1c(k)/u1_max + w2 * d2c(k)/u2_max + w3 * d3c(k)/u3_max;
end

figure(2);
plot(u(2:end),'-or');
xlabel('采样时刻');
ylabel('模糊关联度(s)');
%%%%%%%%%%%%%%%%%%%%%%%%%%%%%%%%%%%%%%%%%%%%
```

7.3　基于灰色区间的航迹关联方法

本节以测量误差引起量测值与真实值之间不确定的偏移量为研究对象，通过分析量测值、真实值以及测量误差之间的关系，构建目标参数真实值区间数，进而从不同维度对区间数进行组合，构造目标所处的确定灰色区间，以此进行航迹关联。

7.3.1 理论基础

1. 问题描述

考虑N部雷达共同监视探测区域内的M批目标,且每部雷达能够获取目标的距离r和方位θ。假设各雷达对目标距离和方位测量的系统误差为$(\Delta r_i)_{i=1}^{N}=\{\Delta r_1\ \Delta r_2\cdots\Delta r_N\}$和$(\Delta\theta_i)_{i=1}^{N}=\{\Delta\theta_1\Delta\theta_2\cdots\Delta\theta_N\}$,随机误差为$(\varepsilon r_i)_{i=1}^{N}=\{\varepsilon r_1\ \varepsilon r_2\cdots\varepsilon r_N\}$和$(\varepsilon\theta_i)_{i=1}^{N}=\{\varepsilon\theta_1\ \varepsilon\theta_2\cdots\ \varepsilon\theta_N\}$,$\hat{\eta}_m^n(k)$为$k$时刻第$n$部雷达对第$m$个目标参数的状态估计。则$k$时刻雷达获取的量测参数与目标真实参数之间的关系为

$$\hat{\eta}_m^n(k)=\eta_m^n(k)+\Delta_n+\varepsilon_n \tag{7-22}$$

其中:$\hat{\eta}_m^n(k)=[\hat{r}_m^n(k)\ \hat{\theta}_m^n(k)]^{\mathrm{T}}$表示极坐标下第$n$部雷达$k$时刻对第$m$个目标参数的状态估计;$\eta_m^n(k)=[r_m^n(k)\theta_m^n(k)]^{\mathrm{T}}$表示极坐标下$k$时刻第$m$个目标相对于第$n$部雷达真实的参数;$\Delta_n=[\Delta r_n\Delta\theta_n]^{\mathrm{T}}$表示第$n$部雷达对目标参数测量的系统误差;$\varepsilon_n=[\varepsilon r_n\varepsilon\theta_n]^{\mathrm{T}}$是具有零均值、恒定方差、协方差$R_n=\mathrm{diag}(\varepsilon {r_n}^2,\varepsilon {\theta_n}^2)$的高斯白噪声。

由于测量误差的存在,各雷达获取到的目标参数并不是真实的目标数据。一般地,随机误差服从正态分布,经过滤波方法处理之后,其数值相对系统误差小得多;系统误差是每台装备本身固有的,其数值是大量试验数据的期望,对于同一型号的不同个体,其系统误差可能不同。因此,在进行航迹数据关联之前,首先要对系统误差进行校正,经过校正之后,各雷达提供的数据只收到随机误差的影响。一般情况下,雷达测量数据落在真实数据与3倍随机误差之和/差的概率为99.74%,因此,可以使用随机误差的3倍作为其对测量值的影响。

如图7.5所示,雷达对目标距离和方位角的实际测量结果为r和θ,即雷达测量的目标位置位于图中两虚线的交点。然而,由于测量误差的存在,目标相对于雷达的实际距离和方位角应位于区间$[r-3\delta r,r+3\delta r]$和$[\theta-3\delta\theta,\theta+3\delta\theta]$之内,即目标的真实位置应该位于图中四条实线所围成的圆环区域内。

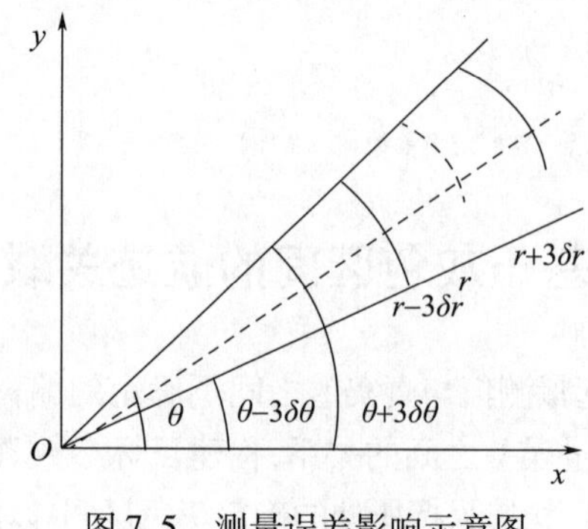

图7.5　测量误差影响示意图

2. 区间数及灰色区间

定义 7.1　在一维空间，若实数 $a^- \leqslant a^+$，则称 $[a^-, a^+]$ 为区间数，记为 $\overline{a}$。当 $a^- = a^+$ 时，该区间数退化为实数。

对于任意两个区间数 $\overline{a} = [a^-, a^+]$ 和 $\overline{b} = [b^-, b^+]$，如图 7.6 所示，在实轴上任取一点 x，记事件 A 为：点 x 在 $\overline{a}$ 内，记事件 B 为：点 x 在 $\overline{b}$ 内。

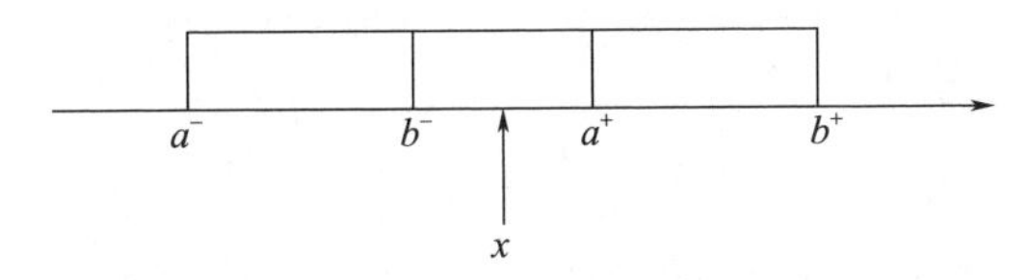

图 7.6　点 x 与区间数 $\overline{a}$ 与 $\overline{b}$ 的位置关系

事件 A 发生的条件下事件 B 发生的概率为

$$p(B|A) = \begin{cases} 0, a^+ < b^- \text{或} b^+ < a^- \\ \dfrac{a^+ - b^-}{a^+ - a^-}, a^- \leqslant b^- \leqslant a^+ \leqslant b^+ \\ \dfrac{b^+ - b^-}{a^+ - a^-}, a^- \leqslant b^- \leqslant b^+ \leqslant a^+ \\ \dfrac{b^+ - a^-}{a^+ - a^-}, b^- \leqslant a^- \leqslant b^+ \leqslant a^+ \\ 1, b^- \leqslant a^- \leqslant a^+ \leqslant b^+ \end{cases} \tag{7-23}$$

定义 7.2　称 $p(B|A)$ 为区间数 $\overline{a}$ 关于区间数 $\overline{b}$ 的相对支持度，记为 $p(\overline{a}, \overline{b})$。从定义中可以看出，$p(\overline{a}, \overline{b})$ 越大，表明区间数 $\overline{a}$ 与区间数 $\overline{b}$ 的重复区间占 $\overline{a}$ 的比例越大，即任取的一点 x 在 $\overline{a}$ 内的情况下，出现在 $\overline{b}$ 内的概率越高。

定义 7.3　在二维空间，若区间数 $\overline{c} = [c^-, c^+]$ 和 $\overline{d} = [d^-, d^+]$ 在空间的不同维度上，则两区间数可构成一灰色区间，记为 $\| cd = [\overline{c}, \overline{d}]$，该灰色区间为区间数 $\overline{c} = [c^-, c^+]$ 与 $\overline{d} = [d^-, d^+]$ 所围成的封闭图形，该图形的面积记为 S_{cd}。

对于任意两个灰色区间 $\| cd = [\overline{c}, \overline{d}]$ 和 $\| cd = [\overline{c}, \overline{d}]$，如图 7.7 所示，在二维空间内任取一点 z，记事件 C：点 z 在灰色区间 $\| cd$ 内；记事件 E：点 z 在灰色区间 $\| ef$ 内。

事件 C 发生的条件下，事件 E 发生的概率为

$$P(E|C) = \frac{S_{cdef}}{S_{cd}} \tag{7-24}$$

式中：S_{cd} 为灰色区间 $\| cd$ 的面积；S_{cdef} 为灰色区间 $\| cd$ 与 $\| ef$ 重叠部分的面积。

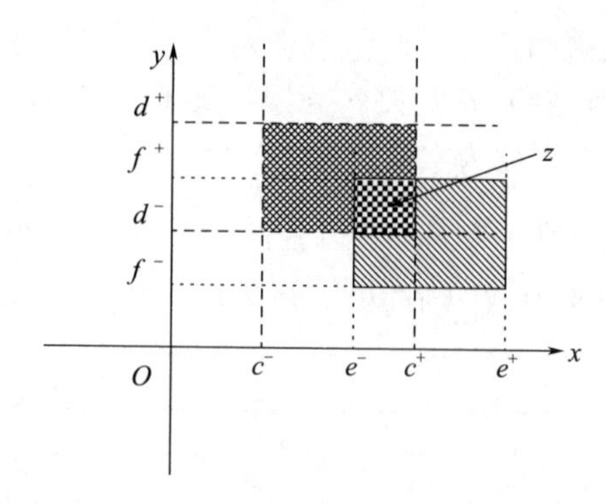

图 7.7　点 z 与灰色区间 $\otimes cd$ 和 $\otimes ef$ 的位置关系

定义 7.4　称 $P(E|C)$ 为灰色区间 $\otimes cd$ 关于灰色区间 $\otimes ef$ 的相对支持度，记为 $P(\otimes cd, \otimes ef)$。从定义中可以看出，$P(\otimes cd, \otimes ef)$ 越大，表明灰色区间 $\otimes cd$ 与灰色区间 $\otimes ef$ 的重复区域占 $\otimes cd$ 的比例越大，即任取的一点 z 在灰色区间 $\otimes cd$ 内的情况下，出现在灰色区间 $\otimes ef$ 内的概率越高。

7.3.2　方法流程

假设雷达测量数据经过系统误差校正之后，其只受到随机测量误差的影响，且不同雷达对目标距离和方位角的状态估计值已经进行时空对准。该方法的具体步骤如下。

步骤 1：区间数的构建

如果第 m 个目标在 k 时刻距离和方位角的真实值为 $\boldsymbol{\eta}_m(k)=[r_m(k)\ \theta_m(k)]^{\mathrm{T}}$，$k$ 时刻第 n 部雷达对第 m 个目标距离和方位角的状态估计值为 $\hat{r}_m^n(k)$ 和 $\hat{\theta}_m^n(k)$，则

$$\begin{cases}(r_m(k)-3\delta r_n)\leqslant \hat{r}_m^n(k)\leqslant (r_m(k)+3\delta r_n)\\(\theta_m(k)-3\delta\theta_n)\leqslant \hat{\theta}_m^n(k)\leqslant (\theta_m(k)+3\delta\theta_n)\end{cases}\tag{7-25}$$

由式(7-25)可得

$$\begin{cases}(\hat{r}_m^n(k)-3\delta r_n)\leqslant r_m(k)\leqslant (\hat{r}_m^n(k)+3\delta r_n)\\(\hat{\theta}_m^n(k)-3\delta\theta_n)\leqslant \theta_m(k)\leqslant (\hat{\theta}_m^n(k)+3\delta\theta_n)\end{cases}\tag{7-26}$$

由式(7-26)可得，对于第 m 个目标的距离和方位角，其真实值位于第 n 部雷达对该目标距离和方位角估计值与系统误差所构建的区间内。依据区间数的定义，式(7-26)可以表示为

$$\begin{cases}\bar{r}_m^n(k)=[\hat{r}_m^n(k)-3\delta r_n, \hat{r}_m^n(k)+3\delta r_n]\\\bar{\theta}_m^n(k)=[\hat{\theta}_m^n(k)-3\delta\theta_n, \hat{\theta}_m^n(k)+3\delta\theta_n]\end{cases}\tag{7-27}$$

步骤 2:灰色区间的构建

对于第 n 部雷达而言,第 m 个目标的距离在 k 时刻的真实值位于区间数 $\bar{r}_m^n(k)$ 内,方位角真实值位于区间数 $\bar{\theta}_m^n(k)$ 内,则由区间数 $\bar{r}_m^n(k)$ 和 $\bar{\theta}_m^n(k)$ 可构建灰色区间 $\| r_m^n(k)\theta_m^n(k)$。

步骤 3:灰色区间相对支持度矩阵的构建

在步骤 2 的基础之上,构建相同时刻下第 n 部雷达探测到的第 m 个目标距离和方位角真实值区间数所围成的灰色区间 $\| r_m^n(k)\theta_m^n(k)$,与第 q 部雷达探测到的第 j 个目标距离和方位角真实值区间数所围成的灰色区间 $\| r_j^q(k)\theta_j^q(k)$ 之间的相对支持度 $P(\| r_m^n(k)\theta_m^n(k), \| r_j^q(k)\theta_j^q(k))$,进而构建相同时刻下第 n 部雷达探测到的 $M_n(1\leqslant M_n\leqslant M)$ 个目标距离和方位角真实值区间数所围成的灰色区间关于第 q 部雷达探测到的 $M_j(1\leqslant M_j\leqslant M)$ 个目标距离和方位角真实值区间数所围成的灰色区间的相对支持度矩阵。

$$\boldsymbol{P}_{n,q}(k)=\begin{bmatrix} P(\| r_1^n(k)\theta_1^n(k), \| r_1^q(k)\theta_1^q(k)) & \cdots & P(| r_1^n(k)\theta_1^n(k), \| r_{M_j}^q(k)\theta_{M_j}^q(k)) \\ \vdots & \vdots & \vdots \\ P(\| r_{M_n}^n(k)\theta_{M_n}^n(k), \| r_1^q(k)\theta_1^q(k)) & \cdots & P(| r_{M_n}^n(k)\theta_{M_n}^n(k), \| r_{M_j}^q(k)\theta_{M_j}^q(k)) \end{bmatrix}_{M_n\times M_j} \tag{7-28}$$

步骤 4:关联判决准则

在步骤 3 的基础之上,对于第 n 部雷达探测到的 $M_n(1\leqslant M_n\leqslant M)$ 个目标距离和方位角真实值区间数所围成的灰色区间关于第 q 部雷达探测到的 $M_j(1\leqslant M_j\leqslant M)$ 个目标距离和方位角真实值区间数所围成的灰色区间的相对支持度矩阵 $\boldsymbol{P}_{n,q}(k)$,若 $P(\| r_m^n(k)\theta_m^n(k), \| r_j^q(k)\theta_j^q(k))$ 在矩阵第 m 行中数值最大,则第 n 部雷达探测到的第 m 个目标距离和方位角真实值区间数所围成的灰色区间关于第 q 部雷达探测到的第 j 个目标的距离和方位真实值区间数所围成的灰色区间的相对支持度最大,即同一目标在该时刻被第 n 部雷达和第 q 部雷达同时探测到的可能性最大,第 n 部雷达探测到的第 m 个目标与第 q 部雷达探测到的第 j 个目标为同一目标的可能性最大。

7.3.3 Matlab 实践

假设 10 个目标做匀速直线运动,使用 2 部雷达对这 10 批目标航迹进行关联,10 批目标的初始位置的 x、y、z 坐标在[10000m,30000m]、[15000m,30000m]、[5000m,10000m]随机分布,10 批目标的初始速度在[100m/s,700m/s]随机分布、初始航向在[0°,360°]随机分布、飞行时长 50s,2 部雷达的位置分别为(2500m,0m,0m)、(−2500m,0m,0m),采样间隔均为 1s,2 部雷达的距离测量随机误差在[80m,300m]随机分布、方位测量随机误差在[0.5°,2.5°]随机分布、高度测量随机误差在[400m,600m] 随机分布。仿真结果如图 7.8 所示,从图中可以看出,对 10 批目标进行航迹关联的正确率均在 90% 以上,具有较好的关联效果。

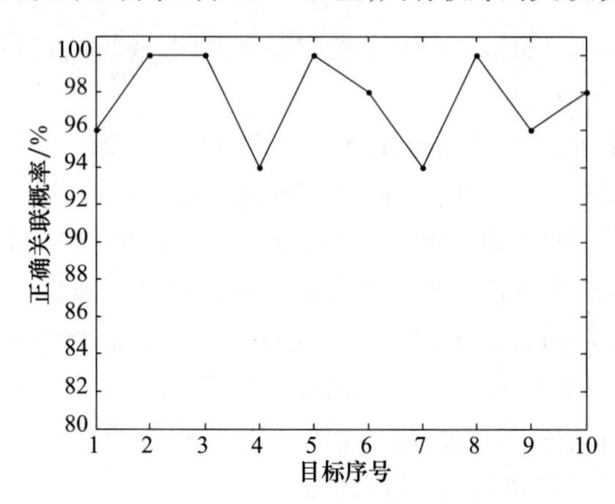

图 7.8　航迹正确关联概率统计曲线

该实例的 Matlab 代码如下。

```
%%%%%%%%%%%%%%%%%%%%%%%%%%%%%%%%%%%%%%%%%%%%%%%%%%%%%%%%%%%%%%
clear;
close all;
clc;
% 目标数量为
m =10;
% 雷达数量为
n =2;
%10 批目标飞行时长为
t =50;

%10 批目标 x 坐标在[10000m,30000m]随机分布
x =unifrnd(10000,30000,1,m)';
%10 批目标 y 坐标在[15000m,30000m]随机分布
y =unifrnd(15000,30000,1,m)';
%10 批目标 z 坐标在[5000m,10000m]随机分布
z =unifrnd(5000,10000,1,m)';

%10 批目标初始速度在[100m/s,700m/s]随机分布
V =unifrnd(100,700,1,m)';
%10 批目标初始航向[0°,360°]随机分布
A =unifrnd(0,2 * pi,1,m)';
```

```
% 10 批目标 x 方向上的速度值
Vxx = V. * cos(pi/2 - A);
% 10 批目标 y 方向上的速度值
Vyy = V. * sin(pi/2 - A);

% 10 批目标在 50s 的飞行时长内以雷达采样时间为间隔的坐标值
for i = 1:t
    X(:,i) = x + Vxx * (i - 1);
    Y(:,i) = y + Vyy * (i - 1);
    Z(:,i) = z;
end

% 10 批目标在以第一部雷达为坐标原点的直角坐标系内的坐标
X1 = X + ( - 2500);
Y1 = Y + 0;
Z1 = Z + 0;
% 不考虑雷达测量误差时 10 批目标在以第一部雷达为坐标原点的极坐标系内的坐标
[ra1,rxy1,rh1] = cart2pol(X1,Y1,Z1);
rs1 = ( rxy1.^2 + rh1.^2).^0.5;

% 10 批目标在以第二部雷达为坐标原点的直角坐标系内的坐标
X2 = X + 2500;
Y2 = Y + 0;
Z2 = Z + 0;

% 不考虑雷达测量误差时 10 批目标在以第二部雷达为坐标原点的极坐标系内的坐标
[ra2,rxy2,rh2] = cart2pol(X2,Y2,Z2);
rs2 = ( rxy2.^2 + rh2.^2).^0.5;

% 2 部雷达距离测量随机误差在[80m,300m]随机分布
se = (unifrnd(80,300,1,n))';
% 2 部雷达方位测量随机误差在[0.5°,2.5°]随机分布
ae = (unifrnd(0.5 * pi/180,2.5 * pi/180,1,n))';
% 2 部雷达高度测量随机误差在[400m,600m]随机分布
he = (unifrnd(400,600,1,n))';

% 考虑雷达测量误差时 10 批目标在以第一部雷达为坐标原点的极坐标系内的坐标
```

```
Ra1 = ra1 + ae(1) * randn(m,t);
Rs1 = rs1 + se(1) * randn(m,t);
Rh1 = rh1 + he(1) * randn(m,t);

% 考虑雷达测量误差时10批目标在以第二部雷达为坐标原点的极坐标系内的坐标
Ra2 = ra2 + ae(2) * randn(m,t);
Rs2 = rs2 + se(2) * randn(m,t);
Rh2 = rh2 + he(2) * randn(m,t);

% 转换到以关联中心(0,0,0)为坐标原点的直角坐标系内的坐标
target_X1 = (Rs1.^2 - Rh1.^2).^0.5. * cos(Ra1) + 2500;
target_Y1 = (Rs1.^2 - Rh1.^2).^0.5. * sin(Ra1) + 0;
target_Z1 = rh1 + 0;
target_X2 = (Rs2.^2 - Rh2.^2).^0.5. * cos(Ra2) + ( - 2500);
target_Y2 = (Rs2.^2 - Rh2.^2).^0.5. * sin(Ra2) + 0;
target_Z2 = rh2 + 0;

% 转换到以关联中心(0,0,0)为坐标原点的极坐标系内的坐标
[target_ra1,target_rxy1,target_rh1] = cart2pol(target_X1,target_
Y1,target_Z1);
target_rs1 = (target_rxy1.^2 + target_rh1.^2).^0.5;
[target_ra2,target_rxy2,target_rh2] = cart2pol(target_X2,target_
Y2,target_Z2);
target_rs2 = (target_rxy2.^2 + target_rh2.^2).^0.5;

% 以3倍的距离测量随机误差构建第一部雷达的距离测量区间数
Ds1 = ones(m,t) * se(1);
a = target_rs1 + 3 * Ds1;
b = target_rs1 - 3 * Ds1;

% 以3倍的方位测量随机误差构建第一部雷达的方位测量区间数
Da1 = ones(m,t) * ae(1);
c = target_ra1 + 3 * Da1;
d = target_ra1 - 3 * Da1;

% 以3倍的距离测量随机误差构建第二部雷达的距离测量区间数
Ds2 = ones(m,t) * se(2);
e = target_rs1 + 3 * Ds2;
```

```
f = target_rs1 - 3 * Ds2;

% 以3倍的方位测量随机误差构建第二部雷达的方位测量区间数
Da2 = ones(m,t) * ae(2);
g = target_ra2 + 3 * Da2;
h = target_ra2 - 3 * Da2;

% 以第一部雷达距离、方位测量区间数为基础,计算其灰色区间
s1 = zeros(m,t);
for p = 1:m
    for q = 1:t
        if b(p,q) > = 0
            s1(p,q) = ((a(p,q))^2 - (b(p,q))^2) * (c(p,q) - d(p,q));
        elseif a(p,q) > = 0&b(p,q) < = 0
            s1(p,q) = ((a(p,q))^2 + (b(p,q))^2) * (c(p,q) - d(p,q));
        end
    end
end

% 相同时刻下第二部雷达探测到目标距离和方位测量区间数所构成的灰色区间相对于
第一部雷达探测到的该目标距离和方位测量区间数所构成的灰色区间之间的相对支持度
% 定义所有目标所有时刻关联后的判断矩阵
gg = zeros(m,t);
for i = 1:m
    aa = a(i,:);
    bb = c(i,:);
    cc = b(i,:);
    dd = d(i,:);
    % 2 部雷达关于每个目标的相对支持度
    S = zeros(m,t);
    for p = 1:m
        for q = 1:t
            if 0 < = cc(q)&cc(q) < = f(p,q)&f(p,q) < = aa(q)&aa(q) < = e(p,q)
            if dd(q) < = h(p,q)&h(p,q) < = bb(q)&bb(q) < = g(p,q)
                    S(p,q) = (((aa(q))^2 - (f(p,q))^2) * (bb(q) - h(p,
q)))/(s1(i,q));
                elseif dd(q) < = h(p,q)&h(p,q) < = g(p,q)&g(p,q) < = bb(q)
                    S(p,q) = (((aa(q))^2 - (f(p,q))^2) * (g(p,q) - h(p,
```

```
q)))/(s1(i,q));
                    elseif h(p,q) < =dd(q)&dd(q) < =g(p,q)&g(p,q) < =bb(q)
                        S(p,q) = (((aa(q))^2 - (f(p,q))^2) * (g(p,q) - dd
(q)))/(s1(i,q));
                    elseif h(p,q) < =dd(q)&dd(q) < =bb(q)&bb(q) < =g(p,q)
                        S(p,q) = (((aa(q))^2 - (f(p,q))^2) * (bb(q) - dd
(q)))/(s1(i,q));
                    end
                elseif cc(q) < =0&0 < =f(p,q)&f(p,q) < =aa(q)&aa(q) < =e(p,q)
                    if dd(q) < =h(p,q)&h(p,q) < =bb(q)&bb(q) < =g(p,q)
                        S(p,q) = (((aa(q))^2 - (f(p,q))^2) * (bb(q) - h(p,
q)))/(s1(i,q));
                    elseif dd(q) < =h(p,q)&h(p,q) < =g(p,q)&g(p,q) < =bb(q)
                        S(p,q) = (((aa(q))^2 - (f(p,q))^2) * (g(p,q) - h(p,
q)))/(s1(i,q));
                    elseif h(p,q) < =dd(q)&dd(q) < =g(p,q)&g(p,q) < =bb(q)
                        S(p,q) = (((aa(q))^2 - (f(p,q))^2) * (g(p,q) - dd
(q)))/(s1(i,q));
                    elseif h(p,q) < =dd(q)&dd(q) < =bb(q)&bb(q) < =g(p,q)
                        S(p,q) = (((aa(q))^2 - (f(p,q))^2) * (bb(q) - dd
(q)))/(s1(i,q));
                    end
                elseif cc(q) < =f(p,q)&f(p,q) < =0&0 < =aa(q)&aa(q) < =e(p,q)
                    if dd(q) < =h(p,q)&h(p,q) < =bb(q)&bb(q) < =g(p,q)
                        S(p,q) = (((aa(q))^2 + (f(p,q))^2) * (bb(q) - h(p,
q)))/(s1(i,q));
                    elseif dd(q) < =h(p,q)&h(p,q) < =g(p,q)&g(p,q) < =bb(q)
                        S(p,q) = (((aa(q))^2 + (f(p,q))^2) * (g(p,q) - h(p,
q)))/(s1(i,q));
                    elseif h(p,q) < =dd(q)&dd(q) < =g(p,q)&g(p,q) < =bb(q)
                        S(p,q) = (((aa(q))^2 + (f(p,q))^2) * (g(p,q) - dd
(q)))/(s1(i,q));
                    elseif h(p,q) < =dd(q)&dd(q) < =bb(q)&bb(q) < =g(p,q)
                        S(p,q) = (((aa(q))^2 + (f(p,q))^2) * (bb(q) - dd
(q)))/(s1(i,q));
                    end
                elseif 0 < =cc(q)&cc(q) < =f(p,q)&f(p,q) < =e(p,q)&e(p,
q) < =aa(q)
```

```
                if dd(q)<=h(p,q)&h(p,q)<=bb(q)&bb(q)<=g(p,q)
                    S(p,q)=(((e(p,q))^2-(f(p,q))^2)*(bb(q)-h(p,
q)))/(s1(i,q));
                elseif dd(q)<=h(p,q)&h(p,q)<=g(p,q)&g(p,q)<=bb(q)
                    S(p,q)=(((e(p,q))^2-(f(p,q))^2)*(g(p,q)-h(p,
q)))/(s1(i,q));
                elseif h(p,q)<=dd(q)&dd(q)<=g(p,q)&g(p,q)<=bb(q)
                    S(p,q)=(((e(p,q))^2-(f(p,q))^2)*(g(p,q)-dd
(q)))/(s1(i,q));
                elseif h(p,q)<=dd(q)&dd(q)<=bb(q)&bb(q)<=g(p,q)
                    S(p,q)=(((e(p,q))^2-(f(p,q))^2)*(bb(q)-dd
(q)))/(s1(i,q));
                end
            elseif cc(q)<=0&0<=f(p,q)&f(p,q)<=e(p,q)&e(p,q)<=aa(q)
                if dd(q)<=h(p,q)&h(p,q)<=bb(q)&bb(q)<=g(p,q)
                    S(p,q)=(((e(p,q))^2-(f(p,q))^2)*(bb(q)-h(p,
q)))/(s1(i,q));
                elseif dd(q)<=h(p,q)&h(p,q)<=g(p,q)&g(p,q)<=bb(q)
                    S(p,q)=(((e(p,q))^2-(f(p,q))^2)*(g(p,q)-h(p,
q)))/(s1(i,q));
                elseif h(p,q)<=dd(q)&dd(q)<=g(p,q)&g(p,q)<=bb(q)
                    S(p,q)=(((e(p,q))^2-(f(p,q))^2)*(g(p,q)-dd
(q)))/(s1(i,q));
                elseif h(p,q)<=dd(q)&dd(q)<=bb(q)&bb(q)<=g(p,q)
                    S(p,q)=(((e(p,q))^2-(f(p,q))^2)*(bb(q)-dd
(q)))/(s1(i,q));
                end
        elseif cc(q)<=f(p,q)&f(p,q)<=0&0<=e(p,q)&e(p,q)<=aa(q)
                if dd(q)<=h(p,q)&h(p,q)<=bb(q)&bb(q)<=g(p,q)
                    S(p,q)=(((e(p,q))^2+(f(p,q))^2)*(bb(q)-h(p,
q)))/(s1(i,q));
                elseif dd(q)<=h(p,q)&h(p,q)<=g(p,q)&g(p,q)<=bb(q)
                    S(p,q)=(((e(p,q))^2+(f(p,q))^2)*(g(p,q)-h(p,
q)))/(s1(i,q));
                elseif h(p,q)<=dd(q)&dd(q)<=g(p,q)&g(p,q)<=bb(q)
                    S(p,q)=(((e(p,q))^2+(f(p,q))^2)*(g(p,q)-dd
(q)))/(s1(i,q));
                elseif h(p,q)<=dd(q)&dd(q)<=bb(q)&bb(q)<=g(p,q)
```

```
                S(p,q) = (((e(p,q))^2 + (f(p,q))^2) * (bb(q) - dd
(q)))/(s1(i,q));
            end
        elseif 0 < = f(p,q)&f(p,q) < = cc(q)&cc(q) < = e(p,q)&e(p,
q) < = aa(q)
            if dd(q) < = h(p,q)&h(p,q) < = bb(q)&bb(q) < = g(p,q)
                S(p,q) = (((e(p,q))^2 - (cc(q))^2) * (bb(q) - h(p,
q)))/(s1(i,q));
            elseif dd(q) < = h(p,q)&h(p,q) < = g(p,q)&g(p,q) < = bb(q)
                S(p,q) = (((e(p,q))^2 - (cc(q))^2) * (g(p,q) - h(p,
q)))/(s1(i,q));
            elseif h(p,q) < = dd(q)&dd(q) < = g(p,q)&g(p,q) < = bb(q)
                S(p,q) = (((e(p,q))^2 - (cc(q))^2) * (g(p,q) - dd
(q)))/(s1(i,q));
            elseif h(p,q) < = dd(q)&dd(q) < = bb(q)&bb(q) < = g(p,q)
                S(p,q) = (((e(p,q))^2 - (cc(q))^2) * (bb(q) - dd
(q)))/(s1(i,q));
            end
        elseif f(p,q) < = 0&0 < = cc(q)&cc(q) < = e(p,q)&e(p,q) < = aa(q)
            if dd(q) < = h(p,q)&h(p,q) < = bb(q)&bb(q) < = g(p,q)
                S(p,q) = (((e(p,q))^2 - (cc(q))^2) * (bb(q) - h(p,
q)))/(s1(i,q));
            elseif dd(q) < = h(p,q)&h(p,q) < = g(p,q)&g(p,q) < = bb(q)
                S(p,q) = (((e(p,q))^2 - (cc(q))^2) * (g(p,q) - h(p,
q)))/(s1(i,q));
            elseif h(p,q) < = dd(q)&dd(q) < = g(p,q)&g(p,q) < = bb(q)
                S(p,q) = (((e(p,q))^2 - (cc(q))^2) * (g(p,q) - dd
(q)))/(s1(i,q));
            elseif h(p,q) < = dd(q)&dd(q) < = bb(q)&bb(q) < = g(p,q)
                S(p,q) = (((e(p,q))^2 - (cc(q))^2) * (bb(q) - dd
(q)))/(s1(i,q));
            end
        elseif f(p,q) < = cc(q)&cc(q) < = 0&0 < = e(p,q)&e(p,q) < = aa(q)
            if dd(q) < = h(p,q)&h(p,q) < = bb(q)&bb(q) < = g(p,q)
                S(p,q) = (((e(p,q))^2 + (cc(q))^2) * (bb(q) - h(p,
q)))/(s1(i,q));
            elseif dd(q) < = h(p,q)&h(p,q) < = g(p,q)&g(p,q) < = bb(q)
                S(p,q) = (((e(p,q))^2 + (cc(q))^2) * (g(p,q) - h(p,
```

```
q)))/(s1(i,q));
                elseif h(p,q) < =dd(q)&dd(q) < =g(p,q)&g(p,q) < =bb(q)
                    S(p,q) = (((e(p,q))^2 + (cc(q))^2) * (g(p,q) - dd
(q)))/(s1(i,q));
                elseif h(p,q) < =dd(q)&dd(q) < =bb(q)&bb(q) < =g(p,q)
                    S(p,q) = (((e(p,q))^2 + (cc(q))^2) * (bb(q) - dd
(q)))/(s1(i,q));
                end
            elseif 0 < =f(p,q)&f(p,q) < =cc(q)&cc(q) < =aa(q)&aa(q)
< =e(p,q)
                if dd(q) < =h(p,q)&h(p,q) < =bb(q)&bb(q) < =g(p,q)
                    S(p,q) = (((aa(q))^2 - (cc(q))^2) * (bb(q) - h(p,
q)))/(s1(i,q));
                elseif dd(q) < =h(p,q)&h(p,q) < =g(p,q)&g(p,q) < =bb(q)
                    S(p,q) = (((aa(q))^2 - (cc(q))^2) * (g(p,q) - h(p,
q)))/(s1(i,q));
                elseif h(p,q) < =dd(q)&dd(q) < =g(p,q)&g(p,q) < =bb(q)
                    S(p,q) = (((aa(q))^2 - (cc(q))^2) * (g(p,q) - dd
(q)))/(s1(i,q));
                elseif h(p,q) < =dd(q)&dd(q) < =bb(q)&bb(q) < =g(p,q)
                    S(p,q) = (((aa(q))^2 - (cc(q))^2) * (bb(q) - dd
(q)))/(s1(i,q));
            end
            elseif f(p,q) < =0&0 < =cc(q)&cc(q) < =aa(q)&aa(q) < =e(p,q)
                if dd(q) < =h(p,q)&h(p,q) < =bb(q)&bb(q) < =g(p,q)
                    S(p,q) = (((aa(q))^2 - (cc(q))^2) * (bb(q) - h(p,
q)))/(s1(i,q));
                elseif dd(q) < =h(p,q)&h(p,q) < =g(p,q)&g(p,q) < =bb(q)
                    S(p,q) = (((aa(q))^2 - (cc(q))^2) * (g(p,q) - h(p,
q)))/(s1(i,q));
                elseif h(p,q) < =dd(q)&dd(q) < =g(p,q)&g(p,q) < =bb(q)
                    S(p,q) = (((aa(q))^2 - (cc(q))^2) * (g(p,q) - dd
(q)))/(s1(i,q));
        elseif h(p,q) < =dd(q)&dd(q) < =bb(q)&bb(q) < =g(p,q)
                    S(p,q) = (((aa(q))^2 - (cc(q))^2) * (bb(q) - dd
(q)))/(s1(i,q));
                end
            elseif f(p,q) < =cc(q)&cc(q) < =0&0 < =aa(q)&aa(q) < =e(p,q)
```

```
                    if dd(q) < =h(p,q)&h(p,q) < =bb(q)&bb(q) < =g(p,q)
                        S(p,q) =(((aa(q))^2 +(cc(q))^2) *(bb(q) -h(p,
q)))/(s1(i,q));
                    elseif dd(q) < =h(p,q)&h(p,q) < =g(p,q)&g(p,q) < =bb(q)
                        S(p,q) =(((aa(q))^2 +(cc(q))^2) *(g(p,q) -h(p,
q)))/(s1(i,q));
                    elseif h(p,q) < =dd(q)&dd(q) < =g(p,q)&g(p,q) < =bb(q)
                        S(p,q) =(((aa(q))^2 +(cc(q))^2) *(g(p,q) -dd
(q)))/(s1(i,q));
                    elseif h(p,q) < =dd(q)&dd(q) < =bb(q)&bb(q) < =g(p,q)
                        S(p,q) =(((aa(q))^2 +(cc(q))^2) *(bb(q) -dd
(q)))/(s1(i,q));
                    end
                end
            end
    end
        % 寻找相对支持度矩阵中每一列(时刻)的最大值以及位置
    [max_S,index_s] =max(S);
        % 相对支持度矩阵中每一列(时刻)的最大值对应的位置记为 1,否则为 0
        gs =zeros(m,t);
        for k =1:t
            gs(index_s(k),k) =1;
        end
        gg(i,:) =gs(i,:);
    end

    % 计算每个目标的正确关联概率矩阵
    zqgl =zeros(m,1);
    for i =1:m
        zqgl(i) =sum(gg(i,:))/t *100;
    end
    % 图形显示
    plot(zqgl),hold on
    xlabel('目标序号');
    ylabel('正确关联概率/% ');
    title('10 批目标正确关联概率曲线');
    ylim([80,101])
    %%%%%%%%%%%%%%%%%%%%%%%%%%%%%%%%%%%%%%%%%%%%%%%%%
```

7.4　基于集对分析的航迹关联方法

本节主要是运用集对分析(Set Pair Analysis,SPA)理论,将同一区域、相同时间不同雷达探测到的目标看成具有一定联系的不同集合,从相同、差异和对立三个方面来研究不同航迹点之间的联系,构建不同航迹点之间的贴近度矩阵,通过贴近度矩阵提取最有可能的航迹关联对,以达到解决航迹关联的目的。

7.4.1　理论基础

集对分析是处理确定性与不确定性相互作用的数学理论,由中国学者赵克勤于 1989 年提出,其主要的数学工具是联系数。集对是由一定联系的两个集合组成的基本单位,也是集对分析和联系数学中最基本的一个概念。集对分析是在一定的问题背景下,对集对中两个集合的确定性与不确定性以及确定性与不确定性的相互作用所进行的一种系统的数学分析。而在对集对中的两个集合作特性分析时,需要分析出两个集合在哪些特性上同一、哪些特性上对立、哪些特性上既不同一也不对立。而联系度表达式 $\mu = a + bi + cj$,就是集对分析理论中两个集合组成的集对在某一问题背景下同异反程度的度量。其中,a、b、c 满足归一化条件:$a + b + c = 1$,且 a 表示两个集合共同具有某些特性的程度,简称同一度;b 表示两个集合特性间的差异程度,简称差异度;c 表示两个集合在某些特性上正好互为对立的程度,简称对立度。i 为差异度标记或相应系数,可视不同情况取值$[-1,1]$,通常取值为 1;j 为对立度标记或相应系数,规定取值为 -1。

集对贴近度是指,当集对联系度中 $b \neq 1$ 时,同一度 a 在同一度与对立度 c 之和中所占的比重。从上述描述中,可以得出集对贴近度的表达式为

$$g = a/(a + c) \tag{7-29}$$

从式(7-29)中可以看出集对贴近度表示两个集合之间的贴近程度,且 $g \in [0,1]$。$g \to 1$,表示两个集合越接近。

7.4.2　方法流程

集对分析中常见的对立概念分为有无型、倒数型、互补型、正负型和虚实型 5 种类型,并且倒数型对立在科技领域中是一种常见而又重要的对立类型。

假设目标在两雷达 s、t 的探测范围之内,且两雷达测量数据经过系统误差校正之后,其只受到随机测量误差的影响,随机误差均方差为δ_s和δ_t,在 k 时刻雷达 s 和雷达 t 对目标某一参数的状态估计值为$\hat{X}_s(k|k)$、$\hat{X}_t(k|k)$,且$\hat{X}_s(k|k) \leqslant \hat{X}_t(k|k)$(注:文中不同雷达对目标参数的状态估计值均已进行了时间转换和空

间转换)。该方法的具体步骤如下。

步骤1:集对联系数的确立。$\hat{X}_s(k|k)$在$\hat{X}_t(k|k)$的一阶对立区间$[\hat{X}_t(k|k)^{-1},\hat{X}_t(k|k)]$($\hat{X}_t(k|k)\neq0$)内所占的比例为

$$d=\frac{\hat{X}_s(k|k)}{\hat{X}_t(k|k)-\hat{X}_t(k|k)^{-1}} \tag{7-30}$$

雷达对目标参数的估计值有可能为0,因此,必须对两雷达关于目标参数估计值构成的集对进行修改。依据概率统计理论,雷达对目标参数的估计值落在目标参数真实值与雷达3倍测量误差之间的概率为99.74%。因此,可将两雷达对目标参数估计值构成的集对更改为$3\times(\delta_s+\delta_t)$和$3\times(\delta_s+\delta_t)+|\hat{X}_s(k|k)-\hat{X}_t(k|k)|$构成的集对。显然,两雷达对目标参数的估计值越接近,$3\times(\delta_s+\delta_t)$和$3\times(\delta_s+\delta_t)+|\hat{X}_s(k|k)-\hat{X}_t(k|k)|$越接近。

由式(7-30)可得,$3\times(\delta_s+\delta_t)$在区间

$$\left[\frac{1}{3(\delta_s+\delta_t)+|\hat{X}_s(k|k)-\hat{X}_t(k|k)|},3(\delta_s+\delta_t)+|\hat{X}_s(k|k)-\hat{X}_t(k|k)|\right] \tag{7-31}$$

内与$3(\delta_s+\delta_t)+|\hat{X}_s(k|k)-\hat{X}_t(k|k)|$的对立度如式(7-32)所示,$3(\delta_s+\delta_t)$和$3(\delta_s+\delta_t)+|\hat{X}_s(k|k)-\hat{X}_t(k|k)|$的同一度如式(7-33)所示,$3(\delta_s+\delta_t)$和$3(\delta_s+\delta_t)+|\hat{X}_s(k|k)-\hat{X}_t(k|k)|$的差异度如式(7-34)所示。

$$c=1-\frac{3(\delta_s+\delta_t)}{3(\delta_s+\delta_t)+|\hat{X}_s(k|k)-\hat{X}_t(k|k)|-1/3(\delta_s+\delta_t)+|\hat{X}_s(k|k)-\hat{X}_t(k|k)|} \tag{7-32}$$

$$a=\frac{3(\delta_s+\delta_t)}{3(\delta_s+\delta_t)+|\hat{X}_s(k|k)-\hat{X}_t(k|k)|} \tag{7-33}$$

$$b=\frac{3(\delta_s+\delta_t)}{(3(\delta_s+\delta_t)+|\hat{X}_s(k|k)-\hat{X}_t(k|k)|)^3-3(\delta_s+\delta_t)-|\hat{X}_s(k|k)-X_t(k|k)|} \tag{7-34}$$

步骤2:集对贴近度矩阵的构建。在步骤1的基础之上,由式(7-30)、式(7-33)、式(7-34)可以得出在k时刻雷达s探测到的n_s个目标与雷达t探测到的n_t个目标之间的集对贴近度矩阵为

$$\boldsymbol{G}_{st}(k)=\begin{bmatrix} g_{st}^{11}(k) & \cdots & g_{st}^{1n_t}(k) \\ \vdots & \vdots & \vdots \\ g_{st}^{n_s1}(k) & \cdots & g_{st}^{n_sn_t}(k) \end{bmatrix}_{n_s\times n_t} \tag{7-35}$$

从集对贴近度的概念以及取值范围可以看出，$g_{st}^{n_in_j}(k)(1\leqslant n_i\leqslant n_s,1\leqslant n_j\leqslant n_t)$越大，表明$3(\delta_s+\delta_t)$和$3(\delta_s+\delta_t)+|\hat{X}_s(k|k)-\hat{X}_t(k|k)|$构成的集对贴近度越大，即$k$时刻雷达$s$与雷达$t$探测到的目标参数差异越小，则两雷达在$k$时刻探测到的目标来源于同一目标的可能性越大；反之，越小。

步骤3：关联判决准则。在步骤2的基础之上，对于k时刻雷达s探测到的n_s个目标与雷达t探测到的n_t个目标之间的集对贴近度矩阵，如果$g_{st}^{n_in_j}(k)(1\leqslant n_i\leqslant n_s,1\leqslant n_j\leqslant n_t)$在第$n_i$行中最大，且大于一定门限，则判定此时雷达$s$探测到的第$n_i$个目标与雷达$t$探测到的第$n_j$个目标是同一目标。

依据概率统计理论可知，$|\hat{X}_s(k|k)-\hat{X}_t(k|k)|\in(0,3(\delta_s+\delta_t))$的概率为99.74%。则$3(\delta_s+\delta_t)$和$3(\delta_s+\delta_t)+|\hat{X}_s(k|k)-\hat{X}_t(k|k)|$构成的集对，其贴近度的最小值为1/2。

7.4.3　Matlab实践

假设10个目标做匀速直线运动，使用2部雷达对这10批目标航迹进行关联，10批目标初始位置的x、y、z坐标在[−20000m,20000m]、[−30000m,30000m]、[3000m,8000m]随机分布，10批目标的初始速度在[100m/s,700m/s]随机分布，初始航向在[0°,360°]随机分布，飞行时长50s，2部雷达的位置分别为(2500m,0m,0m)、(−2500m,0m,0m)，采样间隔均为1s，2部雷达的距离测量随机误差在[200m,400m]随机分布、方位测量随机误差在[0.5°,1.5°]随机分布、高度测量随机误差在[400m,600m]随机分布。仿真结果如图7.9所示，从图中可以看出该方法也具有较高的关联效果。

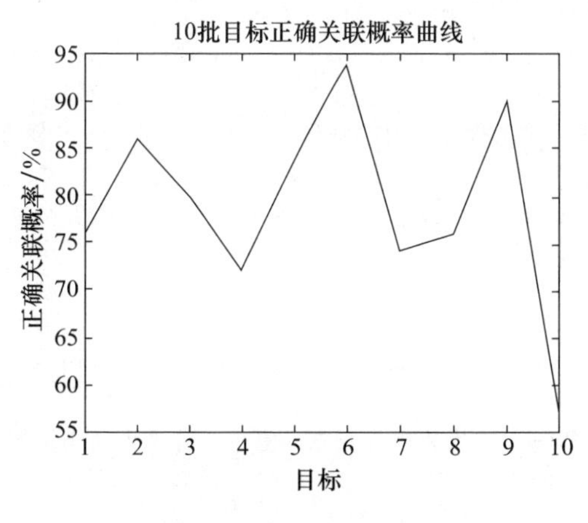

图7.9　航迹关联结果

该实例的Matlab代码如下。

```
%%%%%%%%%%%%%%% SPA association%%%%%%%%%%%%%%%%%%%%%%%
clear;
close all;
clc;
% 目标数量为
m =10;
% 雷达数量为
n =2;
% 10 批目标飞行时长为
t =50;
% 10 批目标 x 坐标在[ -20000m,20000m]随机分布
x =unifrnd( -20000,20000,1,m)';
% 10 批目标 y 坐标在[ -30000m,30000m]随机分布
y =unifrnd( -30000,30000,1,m)';
% 10 批目标 z 坐标在[3000m,8000m]随机分布
z =unifrnd(3000,8000,1,m)';

% 10 批目标初始速度在[100m/s,700m/s]随机分布
V =unifrnd(100,700,1,m)';
% 10 批目标初始航向[0°,360°]随机分布
A =unifrnd(0,2 * pi,1,m)';

% 10 批目标 x 方向上的速度值
Vxx =V. * cos(pi/2 -A);
% 10 批目标 y 方向上的速度值
Vyy =V. * sin(pi/2 -A);

% 10 批目标在 50s 的飞行时长内以雷达采样时间为间隔的坐标值
for i =1:t
    X(:,i) =x +Vxx * (i -1);
    Y(:,i) =y +Vyy * (i -1);
    Z(:,i) =z;
end

% 10 批目标在以第一部雷达为坐标原点的直角坐标系内的坐标
X1 =X +( -2500);
Y1 =Y +0;
Z1 =Z +0;
```

```
% 不考虑雷达测量误差时10批目标在以第一部雷达为坐标原点的极坐标系内的坐标
[ra1,rxy1,rh1] = cart2pol(X1,Y1,Z1);
rs1 =( rxy1.^2 + rh1.^2).^0.5;
% 10批目标在以第二部雷达为坐标原点的直角坐标系内的坐标
X2 = X +2500;
Y2 = Y +0;
Z2 = Z +0;

% 不考虑雷达测量误差时10批目标在以第二部雷达为坐标原点的极坐标系内的坐标
[ra2,rxy2,rh2] = cart2pol(X2,Y2,Z2);
rs2 =( rxy2.^2 + rh2.^2).^0.5;
% 2部雷达距离测量随机误差在[200m,400m]随机分布
se =(unifrnd(200,400,1,n))';
% 2部雷达方位测量随机误差在[0.5°,1.5°]随机分布
ae =(unifrnd(0.5 * pi/180,2.5 * pi/180,1,n))';
% 2部雷达方位测量随机误差在[400m,600m]随机分布
he =(unifrnd(400,600,1,n))';

% 考虑雷达测量误差时10批目标在以第一部雷达为坐标原点的极坐标系内的坐标
Ra1 =ra1 +ae(1) * randn(m,t);
Rs1 = rs1 +se(1) * randn(m,t);
Rh1 =rh1 +he(1) * randn(m,t);

% 考虑雷达测量误差时10批目标在以第二部雷达为坐标原点的极坐标系内的坐标
Ra2 =ra2 +ae(2) * randn(m,t);
Rs2 = rs2 +se(2) * randn(m,t);
Rh2 =rh2 +he(2) * randn(m,t);

% 转换到以关联中心(0,0,0)为坐标原点的直角坐标系内的坐标
target_X1 =(Rs1.^2 -Rh1.^2).^0.5. * cos(Ra1) +2500;
target_Y1 =(Rs1.^2 -Rh1.^2).^0.5. * sin(Ra1) +0;
target_Z1 =rh1 +0;
target_X2 =(Rs2.^2 -Rh2.^2).^0.5. * cos(Ra2) +( -2500);
target_Y2 =(Rs2.^2 -Rh2.^2).^0.5. * sin(Ra2) +0;
target_Z2 = rh2 +0;
% 转换到以关联中心(0,0,0)为坐标原点的极坐标系内的坐标
[target_a1,target_xy1,target_h1] = cart2pol(target_X1,target_Y1,
target_Z1);
```

```
    target_s1 =(target_xy1.^2 + target_h1.^2).^0.5;
    [target_a2,target_xy2,target_h2] = cart2pol(target_X2,target_Y2,
target_Z2);
    target_s2 =(target_xy2.^2 + target_h2.^2).^0.5;

    % 定义所有目标所有时刻关联后的判断矩阵
    gg = zeros(m,t);
    for k =1:m
    % 第一部雷达关于每个目标的探测距离值
    target_s = target_s1(k,:);
    % 第一部雷达关于每个目标的探测方位值
    target_a = target_a1(k,:);
    % 定义 2 部雷达关于每个目标的距离集对贴进度矩阵
    g_s = zeros(m,t);
    % 定义 2 部雷达关于每个目标的方位集对贴进度矩阵
        g_a = zeros(m,t);
        for i =1:m
            for j =1:t
                % 2 部雷达关于目标探测距离同一度值
                s_a =3 * (abs(se(1)) + abs(se(2)))/(3 * (abs(se(1)) + abs
(se(2))) + abs(target_s(j) - target_s2(i,j)));
                % 2 部雷达关于目标探测距离对立度值
                s_c =1 -3 * (abs(se(1)) + abs(se(2)))/(3 * (abs(se(1)) +
abs(se(2))) + abs(target_s(j) - target_s2(i,j)) -1/(3 * (abs(se(1)) + abs
(se(2))) + abs(target_s(j) - target_s2(i,j))));
                % 2 部雷达关于目标探测距离集对贴进度值
                g_s(i,j) = s_a/s_c;
                % 2 部雷达关于目标探测方位同一度值
                a_a =3 * (abs(ae(1)) + abs(ae(2)))/(3 * (abs(ae(1)) + abs
(ae(2))) + abs(target_a(j) - target_a2(i,j)));
                % 2 部雷达关于目标探测方位对立度值
                a_c =1 -3 * (abs(ae(1)) + abs(ae(2)))/(3 * (abs(ae(1)) +
abs(ae(2))) + abs(target_a(j) - target_a2(i,j)) -1/(3 * (abs(ae(1)) + abs
(ae(2))) + abs(target_a(j) - target_a2(i,j))));
                % 2 部雷达关于目标探测方位集对贴进度值
                g_a(i,j) = a_a/a_c;
            end
            end
```

```
    % 寻找2 部雷达关于目标探测距离、方位集对贴进度矩阵中每一列(时刻)的最大值以
及位置
        [max_g_s,index_s] = max(g_s);
        [max_g_a,index_a] = max(g_a);
        % 2 部雷达关于目标探测距离、方位集对贴进度矩阵中每一列(时刻)的最大值若大
于 0.5,则转换矩阵相应位置记为 1,否则记为 0
        gs = zeros(m,t);
        ga = zeros(m,t);
        for i =1:t
            if max_g_s(i) >0.5
                gs(index_s(i),i) =1;
            end
            if max_g_a(i) >0.5
                ga(index_a(i),i) =1;
            end
        end
        % 2 部雷达关于目标探测距离、方位集对贴进度转换矩阵中都为 1 的,相应位置记
为 1,否则记为 0
        g = zeros(m,t);
        for i =1:m
            for j =1:t
                if gs(i,j) = =1&ga(i,j) = =1
                    g(i,j) =1;
                else
                    g(i,j) =0;
                end
            end
        end
        % 所有目标所有时刻关联后的判断矩阵(1 为关联、0 为不关联)
        gg(k,:) =g(k,:);
    end

    % 计算每个目标的正确关联概率矩阵
    zqgl = zeros(m,1);
    for i =1:m
        zqgl(i) =sum(gg(i,:)) /t *100;
    end
```

```
% 画图显示
plot(zqgl)
xlabel('目标')
ylabel('正确关联概率/% ')
title('10 批目标正确关联概率曲线')
%%%%%%%%%%%%%%%%%%%%%%%%%%%%%%%%%%%%%%%%%%%%%%%%%%%%%%%%%
```

参考文献

[1] 何友,王国宏,关欣,等. 信息融合理论及应用[M]. 北京：电子工业出版社,2010.

[2] ROGOVA G L,NIMIER V. Reliability in information fusion：literature survey[C]//Proceedings of the 7th International Conference on Information Fusion,Stockholm,2004：1158 – 1165.

[3] 陈世友,肖厚,刘颢. 航迹关联不确定度的表示[J]. 电子学报,2011,39(7)：1589 – 1593.

[4] 李良群,谢维信,李鹏飞. 模糊目标跟踪理论和方法[M]. 北京：科学出版社,2015.

[5] HAENNI R,HARTMANN S. A general model for partially reliable information sources[J]. Fusion,2004,4：153 – 160.

[6] LEE H,LEE B,PARK K,et al. Fusion techniques for reliable information：a survey[J]. Information Fusion,2010,4(2)：74 – 88.

[7] LEFEVRE E,COLOT O,VANNOORENBERGHE P. Beilief functions combination and conflict management[J]. Information Fusion,2002,3(2)：149 – 162.

[8] LEFEVRE E,COLOT O,VANNOORENBERGHE P. Reply to the comments of R. Haenni on the paper：belief functions combination and conflict management[J]. Information Fusion,2003,4(1)：63 – 65.

[9] MARCOS N,AZCARRAGA A. Belief – evidence fusion in a hybrid intelligent system[C]//The 7th International Conference on Information Fusion,2004：1 – 8.

[10] 王润生. 信息融合[M]. 北京：科学出版社,2007.

[11] 姬东朝,宋笔锋,喻天翔. 基于模糊层次分析法的决策方法及其应用[J]. 火力与指挥控制,2007,32(11)：38 – 41.

[12] SUGIHARA K,ISHII H,TANAKA H. Fuzzy AHP with incomplete information[C]// IFSA World Congress and 20th NAFIPS International Conference,2001：2730 – 2733.

[13] 黄友澎,周永丰,张海波,等. 一种多雷达航迹加权融合的权值动态分配算法[J]. 计算机应用,2008,28(9)：2452 – 2454.

[14] 李洪兴,汪培庄,模糊数学[M]. 北京：国防工业出版社,1994.

[15] FAN E,XIE W X,LIU Z X. Reliability – weighted nearest neighbor track association in sensor network. Sensor Letters,2014,(12)：319 – 324.

[16] 范恩. 基于模糊信息处理的传感网系统中多目标跟踪方法[D]. 西安:西安电子科技大学,2015.

第 8 章　雷达网空情处理航迹融合技术

在雷达网空情处理系统中，每部雷达都会向空情处理中心上报若干条航迹，这些航迹将会在空情处理时进行航迹关联，在完成航迹相关后，空情处理中心要进行航迹融合，就是雷达网空情处理中心对各雷达上报的点迹(航迹)数据在完成点迹(航迹)数据关联后，为了获取更加精确、更加连续和更加平滑的目标系统航迹而进行的状态估计过程。

8.1　航迹融合跟踪的基本原理

雷达网集中式空情处理系统中，各雷达的所有量测数据(点迹)都被直接传送到处理中心，通过融合跟踪处理形成统一的系统航迹，因而称为目标跟踪融合系统，工程上也称为点迹融合系统。因此，雷达网集中式信息处理的模式决定了其特有的优点:一是所有数据在同一个地方处理，由来自几个雷达观测点迹组成的目标航迹通常比单部雷达收到的点迹数据建立的航迹更加准确，目标跟踪融合应该产生更少的错误互联;二是所有观测点迹都传送到中心处理器的方法特别易于采用多假设多目标跟踪理论。正是由于这些优点使目标跟踪融合系统在实际应用中成为一种重要的选择。

雷达网集中式空情处理系统要处理由不同精度和非均匀数据率的雷达所上报的点迹。接收到的每个点迹和系统航迹进行关联，并外推出点迹的时间。每个目标的系统航迹由滤波器生成，它要考虑不同雷达上报点迹的精度和数据率。雷达网集中式空情处理系统的处理包括时空配准、数据关联、航迹起始和跟踪滤波 4 个过程，如图 8.1 所示。

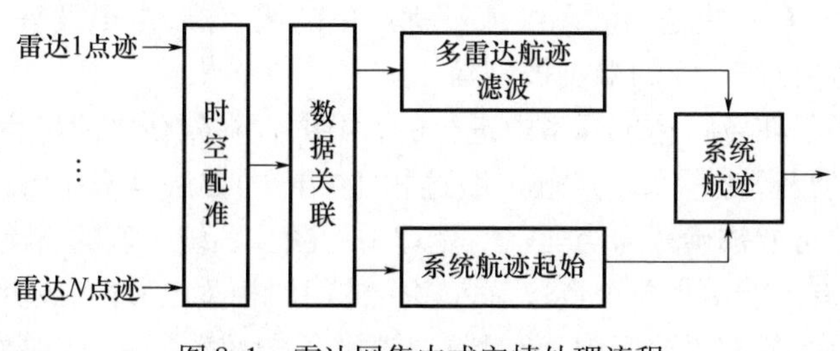

图 8.1　雷达网集中式空情处理流程

1. 时空配准

时空配准是雷达网集中式空情处理的首要环节,主要包括时间配准和空间配准两部分,由于时空配准在本书第 5 章已进行详细介绍,这里不再赘述,本部分从工程实践出发介绍在集中式空情处理过程中涉及的坐标转换过程。

雷达网集中式空情处理过程需要进行以下坐标转换:

(1)在雷达站要进行以下三步转换:一是目标坐标从雷达站测量坐标转换为雷达站局部直角坐标;二是目标从局部直角坐标转换到地球固定坐标;三是再将地球固定坐标转换到地理坐标,以上三个步骤均在雷达站完成,数据转换完成后再将数据发送至空情处理中心。

(2)在空情处理中心进行以下两步转换:一是情报处理中心接收到目标坐标数据后,将目标地理坐标转换为地球固定坐标;二是将目标地球固定坐标转换为以空情处理中心为中心的局部直角坐标。

以上坐标转换的具体方法已在 5. 2. 2 节进行详细介绍。

2. 数据关联

数据关联的目的是去除掉杂波、干扰和异常点等,一部雷达可能在一个扫描周期有几十甚至几百个点迹。雷达每次送来的点迹本身是孤立的,它可能是已经被跟踪目标的后续点,也可能是干扰引起,或者是刚刚被发现的目标。所以录取下来的点迹送到融合系统以后,首先要判断它是上述三种情况的哪一种。如果是属于已经建立航迹的目标新点迹,还要进一步确定它是属于哪一个目标的,即与哪个目标互联;如果是新的点迹,确认以后,要建立航迹;若是干扰,则要撤销。雷达网集中式空情数据关联流程如图 8. 2 所示。

数据关联主要是判断来自雷达的点迹(包括杂波和虚警)与现有融合中心系统航迹(已确认的目标航迹)是否关联,即是否为现有目标的新点。其目的在于对系统已有航迹进行保持或对状态进行更新。要判断各个雷达送来的点迹,哪些是已有航迹的延续点迹,哪些是新航迹的起始点迹,哪些是由杂波剩余或干扰产生的假点迹。根据给定的准则,把延续点迹与系统已有航迹连接起来,使航迹得到延续,并用滤波值代替预测值,实现状态更新。经若干周期后,那些没有连接上的点迹,有一些是杂波剩余或干扰产生的假点迹,由于没有后续点迹,变成了孤立点迹,也按一定的准则被剔除。

关联判断是在各雷达坐标系中进行的,因此,要在判断之前将系统航迹变换到各雷达站的局部坐标系。点迹 - 航迹相关判断的方法是采用波门技术,落入波门的点迹才可能被确认为当前空情处理中心融合系统航迹的新点迹。但在多目标情况下,有可能出现单个点迹落入多个波门的相关区域内,或者出现多个点迹落入单个目标的相关波门内,此时就会涉及复杂的数据关联问题。单雷达的数据关联(点迹 - 航迹相关)技术都可以应用到集中式多雷达跟踪系统的数据关联(点迹 - 航迹相关)步骤中,具体内容见 2.3 节。

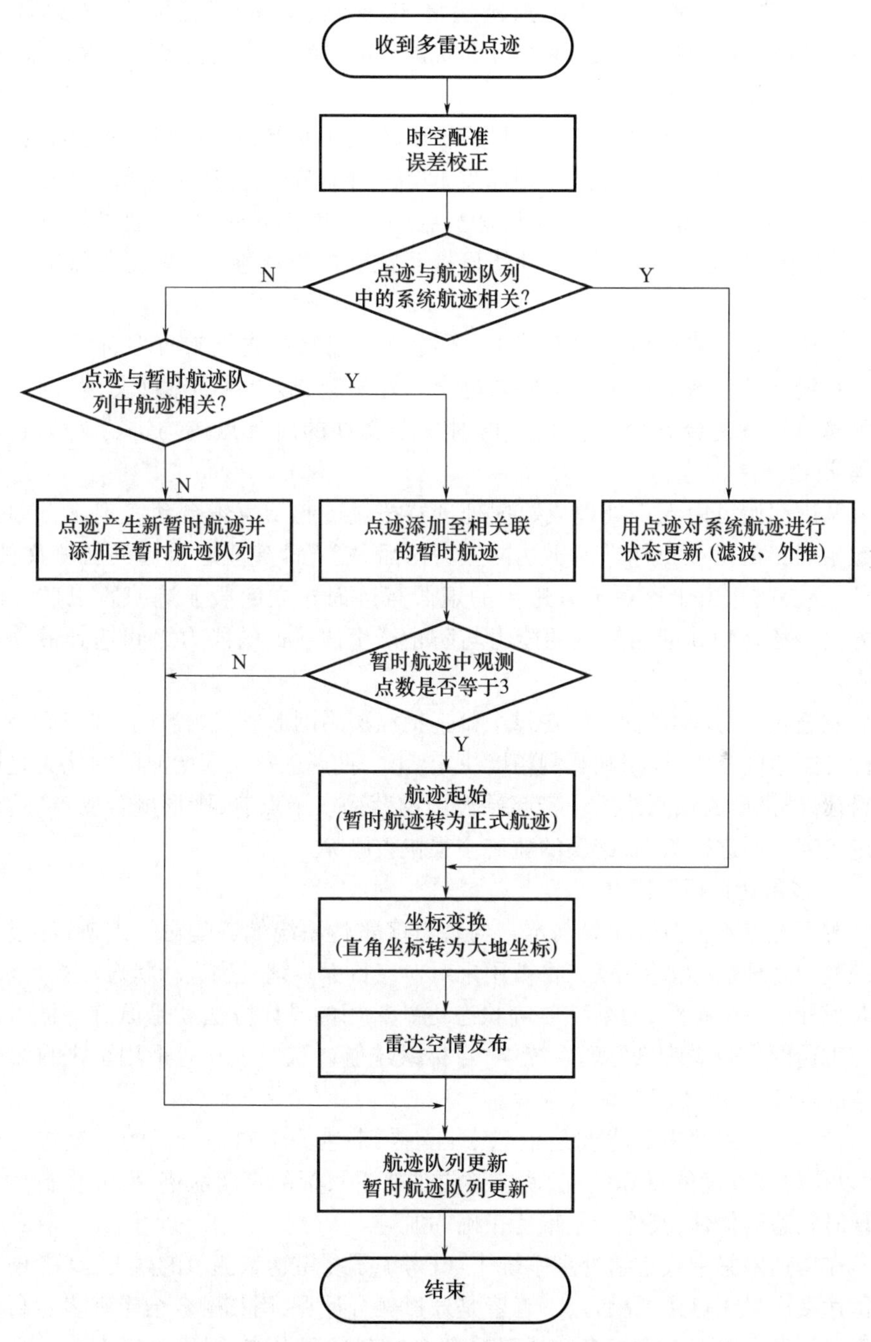

图 8.2　雷达网集中式空情处理关联流程

3. 航迹起始

在集中式空情处理过程中，航迹起始(track initiation)是指从目标进入雷达网威力范围并被检测到开始，到建立目标航迹的过程。若航迹起始错误，后面的目标跟踪则无从谈起。

对于在数据关联中未能与现有系统航迹关联的点迹，可能是新目标，也可能是杂波或虚警，若是新目标，则需要起始一条新的多雷达系统航迹；若是杂波或虚警，则要去除。为此需要将这些点迹输入航迹起始模块，通过航迹起始处理(点迹与点迹关联判断)，对新目标生成新的系统航迹，并且去除杂波和虚警。

雷达网集中式空情处理系统中，系统航迹起始首先把来自多部雷达的与现有系统航迹没有关联上的那些点迹合并在一起，形成单个点迹文件，即进行多雷达目标点迹合并处理；然后，再对这个文件的所有点迹均进行航迹起始过程。

航迹起始可由人工处理或数据处理器按航迹起始逻辑自动实现。自动航迹起始的目的是在目标进入雷达网威力区后，能立即建立起目标的航迹文件。另外，还要防止由于存在不可避免的虚假点迹而建立起假航迹。所以航迹起始方法应该在快速起始航迹的能力与防止产生假航迹的能力之间达到最佳的折中。

航迹起始的基本流程是：在每个第一批点迹周围形成起始波门，波门大小由目标可能速度、录取周期和观测精度决定，第二批点迹落入起始波门的认为是同一目标，外推形成预测波门。若起始波门内落入多个点迹，则形成分支，待后续点迹到来时再进行鉴别，错误的航迹会很快被删除。

4. 多雷达目标跟踪滤波

对于经点迹 - 航迹相关判定为与现有多雷达系统航迹配对的点迹，经过坐标变换到处理中心坐标系后，将被用来对对应目标系统航迹进行状态更新，以实现对目标的持续跟踪，而系统航迹状态更新采用的具体方法就是航迹滤波。由于在雷达网集中式信息处理系统中，目标系统航迹状态更新时采用了来自多个雷达的点迹，也称为目标融合跟踪。

目标融合跟踪中的滤波是指对来自不同雷达关于同一目标的点迹进行处理，以获得较准确的目标航迹，使航迹更加接近目标的真实航迹，以便保持对目标现时状态的估计，其作用是维持正确的航迹。

在雷达网集中式空情处理系统中，既考虑了多雷达量测值的融合，又考虑了单雷达多次量测点迹的融合，二者皆是通过融合计算，用其融合结果来表示目标的真实位置。由于考虑了多雷达量测和多时刻量测点迹，因而可以大大减少当前的观测误差。

8.2　多雷达量测串行合并的航迹起始

1. 集中式空情处理的航迹更新周期

在雷达网系统中，各雷达扫描周期不同，且雷达天线指向也不同，因而处理中心收到同一目标点迹数据间隔不等，且每次都不一样。在对各雷达上报空情进行融合处理中，点迹数据按被检测时间为序进行处理，而系统航迹的更新涉及相邻的方位扇区，所以为了准确地完成点迹 - 航迹关联任务，就必须要计算下次可能与航迹关联上的点迹出现的时刻，以便预测航迹在此时刻的状态，从而确定航迹在此时刻所在的扇区，为点迹 - 航迹关联做准备。

设一个雷达网系统中共有 N 部雷达，第 i 部雷达的探测周期为 T_i，则系统平均探测周期为

$$T = \left(\sum_{i=1}^{N} \frac{1}{T_i} \right)^{-1} \tag{8-1}$$

通过式(8 - 1)的简单推理可以知道：在雷达网系统中，为提高雷达网的数据率，应尽量避免数据率高的雷达与数据率低的雷达网。

2. 航迹起始中的点迹串行合并

在雷达网集中式空情处理系统中，为了进行多雷达航迹起始，需要把来自多部雷达的与组网系统现有航迹没有关联上的那些点迹合并在一起，即点迹串行合并，从而形成单个点迹文件。

这里的点迹合并即是对目标点迹数据串行处理，是将多雷达目标点迹数据组合成类似单雷达点迹数据用于航迹起始。目标点迹数据串行处理方法在实际中有着广泛的应用，也比较符合一般雷达网系统中的实际工作情况。假设两部雷达的扫描周期均为 T，且天线初始位置又正好相差 180°，则探测交叠区域目标的点迹和点迹数据流的串行合并原理如图 8.3 所示。该图中横轴代表时间，圆圈和方框表示不同雷达探测的目标点迹。

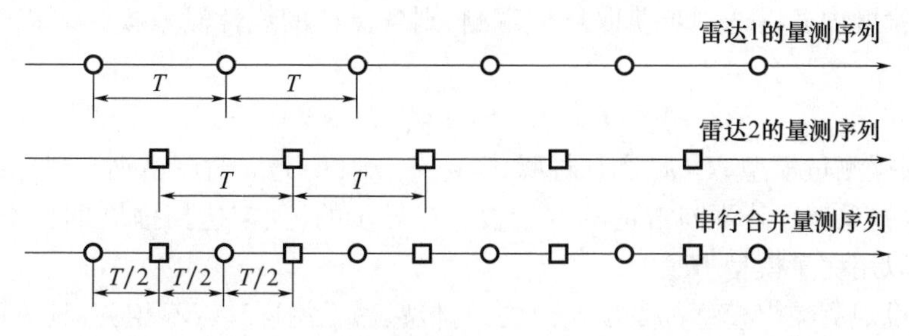

图 8.3　多雷达量测点迹串行合并示意图

从图 8.3 中不难看出,目标点迹数据串行处理的一个显著优势是合成的数据率加大,带来的好处是跟踪精度提高,对目标掌握的信息增多,航迹跟踪的连续性更好,尤其是目标发生机动的情况下。另外,数据率提高可以使航迹起始速度加快,易于跟踪。

令 Z_{1i} 和 Z_{2i} 分别表示与多雷达跟踪航迹没有关联上的在第 i 个扫描周期由雷达 1 和雷达 2 送来的点迹,点迹集合分别为 $\{Z_{11},Z_{12},\cdots,Z_{1k}\}$ 和 $\{Z_{21},Z_{22},\cdots,Z_{2k}\}$,则两部雷达量测合并后的点迹集合为 $\{Z_{11},Z_{21},Z_{12},Z_{22},\cdots,Z_{1k},Z_{2k}\}$,显然用合并后的量测进行航迹起始更加迅速、准确。

8.3 基于并行滤波的航迹融合跟踪

8.3.1 理论基础

当来自各雷达的点迹与空情处理中心的系统航迹关联后,接着就需要使用这些关联上的点迹对与其配对的系统航迹进行状态更新,即在空情处理中心进行航迹融合跟踪,或称为状态估计。由于组网系统雷达的点(航)迹数据都送到处理中心,多部雷达量测组成的目标航迹理论上比基于单个雷达量测建立的航迹更准确。

由第 3 章状态估计知识,目标的状态方程可以描述为线性离散时间形式:

$$\boldsymbol{x}(k)=\boldsymbol{F}(k)\boldsymbol{x}(k)+\boldsymbol{v}(k) \tag{8-2}$$

式中:$\boldsymbol{x}(k)$ 为目标状态;$\boldsymbol{F}(k)$ 为状态转移矩阵;$\boldsymbol{v}(k)$ 为随机参数,用于描述模型和过程的不确定,假设其均值为零且时域不相关,具体可以表示如下:

$$\boldsymbol{E}\{\boldsymbol{v}(k)\}=\boldsymbol{0},\ \forall k \tag{8-3}$$

$$\boldsymbol{E}\{\boldsymbol{v}(k)\boldsymbol{v}^{\mathrm{T}}(k)\}=\delta_{ij}\boldsymbol{Q}(i) \tag{8-4}$$

假设多部雷达都跟踪同一目标,则对于各雷达来说,用于跟踪滤波的过程模型相同。

假设网内各雷达同步获取目标观测,则各雷达的线性测量模型可以进一步表示为

$$\boldsymbol{z}_s(k)=\boldsymbol{H}_s(k)\boldsymbol{x}(k)+\boldsymbol{w}_s(k),s=1,\cdots,S \tag{8-5}$$

这里,根据测量模型 $\boldsymbol{H}_s(k)$ 和加性噪声 $\boldsymbol{w}_s(k)$,$\boldsymbol{z}_s(k)$ 是 k 时刻雷达 s 获得目标状态 $\boldsymbol{x}(k)$ 的观测。若不同雷达的测量数据是异步的,且雷达扫描周期也不同,则此时可以用测量模型 $\boldsymbol{H}_s(t_k)$。

假设观测噪声模型都是零均值的,与传感器无关且时域不相关,具体可以表示如下:

$$\boldsymbol{E}\{\boldsymbol{w}_s(k)\}=\boldsymbol{0},s=1,\cdots,S,\ \forall k \tag{8-6}$$

$$\boldsymbol{E}\{\boldsymbol{w}_s(k)\boldsymbol{w}_q(k)\} = \delta_{ij}\delta_{pq}\boldsymbol{R}_p(i) \tag{8-7}$$

假设过程噪声和观测噪声是不相关的,则

$$\boldsymbol{E}\{\boldsymbol{v}(i)\boldsymbol{w}_s^{\mathrm{T}}(k)\} = \boldsymbol{0}, \forall i,j,s \tag{8-8}$$

对于式(8-2)给出的目标状态方程和式(8-5)给出的多雷达量测方程,可以采用并行滤波和数据压缩滤波等方法实现航迹融合跟踪,本节首先介绍并行滤波方法,数据压缩滤波方法将在8.4节中进行介绍。

并行滤波(也称扩维滤波)通过增大卡尔曼滤波器量测向量的维数,然后进行更高维度的滤波处理综合得到目标状态估计。具体来说,是将来自不同雷达的所有目标观测和观测模型等效为复合观测向量和复合观测模型,从而将单雷达数据处理的相关算法应用于多雷达状态估计问题。其可以分别定义复合观测向量、合成观测模型及观测噪声模型如下:

$$\boldsymbol{z}(k) \triangleq [\boldsymbol{z}_1^{\mathrm{T}}(k), \boldsymbol{z}_2^{\mathrm{T}}(k), \cdots, \boldsymbol{z}_s^{\mathrm{T}}(k)]^{\mathrm{T}} \tag{8-9}$$

$$\boldsymbol{H}(k) \triangleq [\boldsymbol{H}_1^{\mathrm{T}}(k), \boldsymbol{H}_2^{\mathrm{T}}(k), \cdots, \boldsymbol{H}_s^{\mathrm{T}}(k)]^{\mathrm{T}} \tag{8-10}$$

$$\boldsymbol{w}(k) \triangleq [\boldsymbol{w}_1^{\mathrm{T}}(k), \boldsymbol{w}_2^{\mathrm{T}}(k), \cdots, \boldsymbol{w}_s^{\mathrm{T}}(k)]^{\mathrm{T}} \tag{8-11}$$

为此,式(8-7)可更新为

$$\begin{aligned} R(k) = \boldsymbol{E}\{[\boldsymbol{w}(k)\boldsymbol{w}^{\mathrm{T}}(k)]^{\mathrm{T}}\} &= \boldsymbol{E}\{[\boldsymbol{w}_1^{\mathrm{T}}(k), \cdots, \boldsymbol{w}_s^{\mathrm{T}}(k)]^{\mathrm{T}}[\boldsymbol{w}_1^{\mathrm{T}}(k), \cdots, \boldsymbol{w}_s^{\mathrm{T}}(k)]^{\mathrm{T}}\} \\ &= \mathrm{blockdiag}\{\boldsymbol{R}_1(k), \cdots, \boldsymbol{R}_s(k)\} \end{aligned} \tag{8-12}$$

其中,观测噪声的协方差是分块对角矩阵,每一个分块等于单传感器的观测噪声协方差矩阵;根据式(8-5),"簇传感器"观测模型的观测方程可以改写为

$$\boldsymbol{z}(k) = \boldsymbol{H}(k)\boldsymbol{x}(k) + \boldsymbol{w}(k) \tag{8-13}$$

根据式(8-2)和式(8-12),可以采用标准卡尔曼滤波算法计算目标状态。

在并行滤波卡尔曼滤波的预测步骤中虽然没有提及量测,但可以参考单传感器卡尔曼滤波的预测步骤。然而,更新步骤中用到的观测信息会明显受到传感器数量增加的影响。特别地,当已知 n 维状态向量 $\boldsymbol{x}(k)$、m_s 维观测向量 $\boldsymbol{z}_s(k)$ 以及 $m_s \times n$ 维观测模型 $\boldsymbol{H}_s(k)$,那么并行滤波中的观测向量 $\boldsymbol{z}(k)$ 的维数为 $m = \sum_{1}^{S} m_s$,并行滤波中的观测模型 $\boldsymbol{H}(k)$ 的维数为 $m \times n$。很明显,该滤波器的新息 $\boldsymbol{v}(k) \triangleq [\boldsymbol{v}_1^{\mathrm{T}}(k), \boldsymbol{v}_2^{\mathrm{T}}(k), \cdots, \boldsymbol{v}_m^{\mathrm{T}}(k)]^{\mathrm{T}}$ 的维数也为 m,新息矩阵 $\boldsymbol{S}(k)$ 的维数为 $m \times m$。因此,当传感器的数量增加,新息向量和新息协方差矩阵的维数也将增大。这是因为新息协方差矩阵的逆需要计算并行滤波的增益矩阵 $\boldsymbol{W}(k)$。同时,逆矩阵的计算量与维数的平方成正比。

综上所述,根据离散卡尔曼滤波理论,并行滤波方程组可以写成

$$\hat{\boldsymbol{x}}(k+1|k) = \boldsymbol{F}(k)\hat{\boldsymbol{x}}(k) \tag{8-14}$$

$$\boldsymbol{P}(k+1|k) = \boldsymbol{F}(k)\boldsymbol{P}(k|k)\boldsymbol{F}'(k) + \boldsymbol{Q}(k) \tag{8-15}$$

$$\begin{aligned}P^{-1}(k+1\mid k+1) &= P^{-1}(k+1\mid k)+H'(k+1)R^{-1}(k+1)H(k+1)\\&= P^{-1}(k+1\mid k)+\sum_{i=1}^{N}H'_i(k+1)R_i^{-1}(k+1)H_i(k+1)\\&= P^{-1}(k+1\mid k)+\sum_{i=1}^{N}[P_i^{-1}(k+1\mid k+1)-P_i^{-1}(k+1\mid k)]\end{aligned}\tag{8-16}$$

式中：$P_i(k+1|k)$和$P_i(k+1|k+1)$为单部雷达的协方差一步预测值和更新值。由于

$$K(k+1)=P(k+1|k+1)H'(\mathrm{k}+1)\tag{8-17}$$

$$R^{-1}=\mathrm{diag}[R_1^{-1}(k+1),R_2^{-1}(k+1),\cdots,R_N^{-1}(k+1)]\tag{8-18}$$

所以

$$\begin{aligned}K(k+1)&=P(k+1|k+1)[H'_1(k+1)R_1^{-1}(k+1),\cdots,H'_N(k+1)R_N^{-1}(k+1)]\\&=[K_1(k+1),K_2(k+1),\cdots,K_N(k+1)]'\end{aligned}\tag{8-19}$$

$$\begin{aligned}\hat{x}(k+1\mid k+1)&=\hat{x}(k+1\mid k)+K(k+1)[z(k+1)-H(k+1)\hat{x}(k+1\mid k)]\\&=\hat{x}(k+1\mid k)+\sum_{i=1}^{N}K_1(k+1)\{z_i(k+1)-H_i(k+1)\hat{x}(k+1\mid k)\}\end{aligned}\tag{8-20}$$

由此方程可以看出，并行滤波算法对各雷达的量测方程形式没有任何要求，甚至当各雷达的量测误差相关时也能直接处理，因此在使用上最为灵活；但这种方法引入了高维矩阵的乘法和求逆运算，当雷达数量较少、新息维数较小时，并行滤波估计方法比较实用，当网内雷达数量较大时，这种集中处理方式运算量将大幅增加。

8.3.2 Matlab 实践

本仿真示例演示多部雷达跟踪多目标的场景，仿真中目标运动模型和雷达观测模型均为非线性。连续时间目标运动模型如下：

$$\begin{bmatrix}\dot{x}(t)\\\dot{y}(t)\\\dot{\phi}(t)\end{bmatrix}=\begin{bmatrix}V(t)\cos(\phi+\gamma)\\V(t)\sin(\phi+\gamma)\\\dfrac{V(t)}{\kappa}\sin\gamma\end{bmatrix}\tag{8-21}$$

式中：$(x(t),y(t))$是目标位置坐标；$\phi(t)$是目标航向；$V(t)$和$\gamma(t)$是观测平台的速度和航向；κ是目标的恒定最小瞬时转弯半径。则$\boldsymbol{x}(t)=[x(t),y(t),\phi(t)]^{\mathrm{T}}$为目标状态向量，$\boldsymbol{u}(t)=[V(t),\gamma(t)]^{\mathrm{T}}$是输入控制向量。

相应的离散时间运动模型方程如下：

$$\begin{bmatrix} x(k) \\ y(k) \\ \phi(k) \end{bmatrix} = \begin{bmatrix} x(k-1) + \Delta TV(k)\cos(\phi(k-1)+\gamma(k)) \\ y(k-1) + \Delta TV(k)\sin(\phi(k-1)+\gamma(k)) \\ \Delta T\phi(k-1)\dfrac{V(k)}{\kappa}\sin(\gamma(k)) \end{bmatrix} \tag{8-22}$$

式(8-22)可以写成标准方程 $\boldsymbol{x}(k)=f(\boldsymbol{x}(k-1),\boldsymbol{u}(k))$。对于模型中的速度和航向，则确定公式为

$$V(k)=V(k-1)+\Delta T_k v_V(k),\gamma(k)=\gamma(k-1)+\Delta T_k v_\gamma(k) \tag{8-23}$$

假设由 i 部雷达对目标实施侦察探测，$i=1,\cdots,N$，雷达的坐标及基准朝向组成的状态为 $\boldsymbol{T}_i(t)=[X_i(t),Y_i(t),\psi_i(t)]^{\mathrm{T}}$，雷达对目标实施观测获取距离和方位角的测量方程如下：

$$\begin{bmatrix} z_{ij}^r(k) \\ z_{ij}^\theta(k) \end{bmatrix} = \begin{bmatrix} \sqrt{(x_j(k)-X_i(k))^2+(y_j(k)-Y_i(k))^2} \\ \arctan\left(\dfrac{y_j(k)-Y_i(k)}{x_j(k)-X_i(k)}\right)-\psi_i(k) \end{bmatrix} + \begin{bmatrix} w_{ij}^r(k) \\ w_{ij}^\theta(k) \end{bmatrix} \tag{8-24}$$

其中，随机向量 $\boldsymbol{w}_{ij}(k)=[w_{ij}^r(k),w_{ij}^\theta(k)]^{\mathrm{T}}$ 为运动模型和观测不确定性带来的噪声。观测噪声服从零均值高斯分布，即

$$\boldsymbol{E}\{\boldsymbol{w}_{ij}(k),\boldsymbol{w}_{ij}^{\mathrm{T}}(k)\} = \begin{bmatrix} \sigma_r^2 & 0 \\ 0 & \sigma_\theta^2 \end{bmatrix} \tag{8-25}$$

利用上述模型得到的目标航迹如图 8.4 所示，图中实线为 4 个目标运动形成的 4 条航迹，“□”为雷达 1 站测量点迹，“。”为雷达 2 站测量点迹。

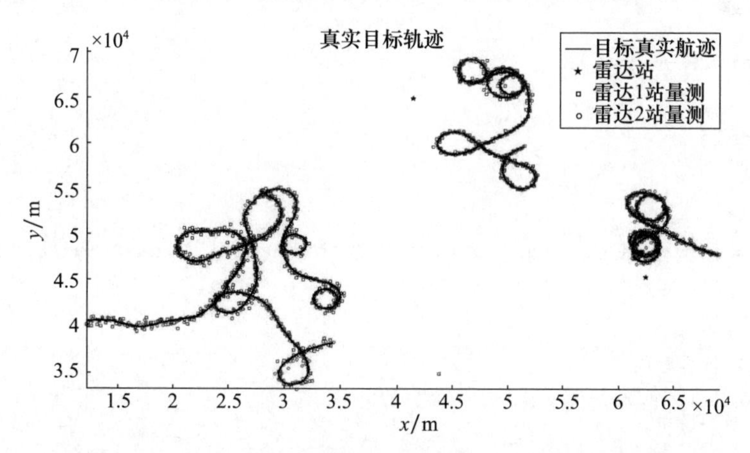

图 8.4　目标运动轨迹及雷达测量点迹仿真结果(见彩插)

图 8.5 所示为利用并行滤波算法对雷达 1 站和雷达 2 站上报的量测航迹进行融合跟踪的结果对比，图中实线为目标真实航迹，“—●—”为融合航迹，从图中对比可以

看出,采用压缩滤波方法可以有效实现对不同雷达上报点迹的融合滤波及跟踪。

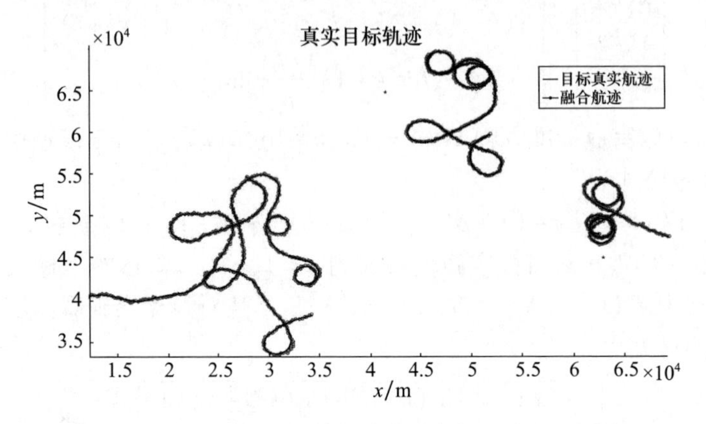

图 8.5　目标运动轨迹及并行滤波融合航迹对比(见彩插)

上述实例的 Matlab 代码如下。

// 产生仿真数据主程序 //

```
%%%%%%%%%%%%%%%%%% 主程序%%%%%%%%%%%%%%%%%%%%%%%
% 本代码主要演示采用并行滤波方法完成
% 多传感器多目标跟踪中的航迹融合问题
% 定义变量
% 定义仿真颗粒度
% general size information
% 定义全局变量并进行初始化
clc;
clear all;

globals;
ginit;

buf = sprintf('Generating Target Information..Please Wait \n'); disp
(buf);

% 设定仿真时间
times =0:DT:MAX_TIME;

% 产生目标运动轨迹
% 定义目标初始位置
for i =1:NUM_TARGETS
    targets(1,i) =struct('id',0,'time',0,'x',0,'y',0,'phi',0,'vel',0,'gamma',
```

```
0);  % make_target; % 建立目标结构体
        targets(1,i).time = times(1);
        targets(1,i).id = i;
        targets(1,i).x = WORLD_SIZE * (0.25  + 0.5 * rand);
        targets(1,i).y = WORLD_SIZE * (0.25  + 0.5 * rand);
        targets(1,i).phi = 2 * pi * rand  - pi;
        targets(1,i).vel = MIN_TARGET_VEL + (MAX_TARGET_VEL - MIN_TARGET_
VEL) * rand;
        targets(1,i).gamma = 0;
        % Now iterate for all time
        [temp,ntimes] = size(times);
        for n = 2:ntimes
            dt = times(n) - targets(n - 1,i).time;
            next_target = struct('id',0,'time',0,'x',0,'y',0,'phi',0,'vel',0,'
gamma',0); %  space for target data structure
            next_target.id = targets(n - 1,i).id;
            next_target.time = times(n);
            next_target.x = targets(n - 1,i).x + dt * targets(n - 1,i).vel *
cos(targets(n - 1,i).phi + targets(n - 1,i).gamma);
            next_target.y = targets(n - 1,i).y + dt * targets(n - 1,i).vel *
sin(targets(n - 1,i).phi + targets(n - 1,i).gamma);
            next_target.phi = targets(n - 1,i).phi + dt * (targets(n - 1,i)
.vel /TARGET_B) * sin(targets(n - 1,i).gamma);
            next_target.vel = targets(n - 1,i).vel + dt * TARGET_VEL_SD * randn;
            next_target.gamma = targets(n - 1,i).gamma + dt * TARGET_GAMMA_
SD * randn;

            % Check if platform is in world map
            if APPLY_BOUNDS
                next_target.x = mymod(next_target.x,0,WORLD_SIZE);
                next_target.y = mymod(next_target.y,0,WORLD_SIZE);
            end

            next_target.phi = mymod(next_target.phi, - pi,pi);

            % and bound control inputs
            if next_target.vel > MAX_TARGET_VEL
                next_target.vel = MAX_TARGET_VEL;
```

```
        elseif next_target.vel < MIN_TARGET_VEL
            next_target.vel = MIN_TARGET_VEL;
        end
        if next_target.gamma > MAX_TARGET_GAMMA
            next_target.gamma = MAX_TARGET_GAMMA;
        elseif next_target.gamma < -MAX_TARGET_GAMMA
            next_target.gamma = -MAX_TARGET_GAMMA;
        end
      targets(n,i) =  next_target;
    end
end

% 生成基于平台的目标航迹信息
% 定义观测平台的初始位置
fori = 1:NUM_PLATFORMS
    platforms(1,i) = struct('id',0,'time',0,'x',0,'y',0,'phi',0,'vel',0,'gamma',0);
    platforms(1,i).id = i;
    platforms(1,i).time = times(1);
    platforms(1,i).x = WORLD_SIZE * (0.25 +0.5 * rand);% 随机生成雷达位置坐标
    platforms(1,i).y = WORLD_SIZE * (0.25 +0.5 * rand);
    platforms(1,i).phi = 2 * pi * rand - pi;
    platforms(1,i).vel = 0;
    platforms(1,i).gamma = 0;

    % 生成基于平台的目标航迹信息
    [temp,ntimes] = size(times);
    for n = 2:ntimes
        dt = times(n) - platforms(n-1,i).time;
        next_platform = struct('id',0,'time',0,'x',0,'y',0,'phi',0,'vel',0,'
gamma',0); % space for platform data structure
        next_platform.id = platforms(n-1,i).id;
        next_platform.time = times(n);
        next_platform.x = platforms(n-1,i).x;
        next_platform.y = platforms(n-1,i).y;
        next_platform.phi = platforms(n-1,i).phi;
        next_platform.vel = platforms(n-1,i).vel;
        next_platform.gamma = platforms(n-1,i).gamma;
        platforms(n,i) = next_platform;
```

```
        end
    end

    % 生成传感器信息,包括其所属观测平台,测距、测角误差,最大探测范围

    for i =1:NUM_PLATFORMS

        sensors(i) = struct('id',0,'platform',0,'r_err',0,'b_err',0,'point',0,'
beam_view',0,'max_range',0);;
        sensors(i).id = i;
        sensors(i).platform = i;
        sensors(i).r_err =100;
        sensors(i).b_err =0.0087;
        sensors(i).point =0;
        sensors(i).beam_view =2 * pi;
        sensors(i).max_range = WORLD_SIZE;
    end

    buf = sprintf('Generating Observations...Please Wait \n'); disp(buf);

    % 产生各传感器对目标的量测信息

    [temp,nsensors] = size(sensors);
    for s =1:nsensors
        ntimes =1;
        for t = times
            observations(s,ntimes).sensor = s;
            observations(s,ntimes).time = t;
            observations(s,ntimes).report = sensor_report(sensors(s),
platforms,targets,t);
            ntimes = ntimes +1;
        end
    end

    buf = sprintf('Displaying Information \n');disp(buf);

    % 设置绘图区域
    [nsamps,nplatforms] = size(platforms);
```

```
[nsamps,ntargets] = size(targets);
v = [0 WORLD_SIZE 0 WORLD_SIZE];
figure(1)
clf;
axis(v)
hold on
data = zeros(2,nsamps);
title('真实目标轨迹')
xlabel('x 轴坐标 (m)')
ylabel('y 轴坐标 (m)')

% 绘制 4 个目标真实航迹
forn = 1:ntargets
  for i = 1:nsamps
      data(1,i) = targets(i,n).x;
      data(2,i) = targets(i,n).y;
  end
  true = plot(data(1,:),data(2,:),'g','LineWidth',2);
end

% 绘制运动平台轨迹
for n = 1:nplatforms
  for i = 1:nsamps
      data(1,i) = platforms(i,n).x;
      data(2,i) = platforms(i,n).y;
  end
  plat = plot(data(1,:),data(2,:),'bp','MarkerEdgeColor','k',...
              'MarkerFaceColor','k',...
              'MarkerSize',10);
end

% 输出绘制结果
[nsensors,nsamps] = size(observations);
for n = 1:nsensors % 遍历雷达
    for i = 1:nsamps % 遍历时间
        report = observations(n,i).report;
        for m = 1:ntargets
            if report(m,1) > 0
```

```
                sr = sin(report(m,3));% 求方位角正弦
                cr = cos(report(m,3));% 求方位角余弦
                zx = report(m,4) + report(m,2) * cr;% 求 x 轴量测
                zy = report(m,5) + report(m,2) * sr;% 求 y 轴量测
                T = [cr  - sr; sr cr];
                range2 = report(m,2) * report(m,2);
                sigma = [SIGMAR2 0; 0 range2 * SIGMAB2];
                R = T * sigma * T';
                odata(1,m) = zx;
                odata(2,m) = zy;
            end
            if n = = 1% 雷达 1 航迹
                obs1 =plot(odata(1,:),odata(2,:),'bs','MarkerSize',4),hold on;
            else       % 雷达 2 航迹
                obs2 =plot(odata(1,:),odata(2,:),'ro','MarkerSize',4),hold on;
            end
        end
    end
end
legend([true,plat,obs1,obs2],'目标真实航迹','雷达站','雷达 1 站量测','雷达 2
站量测'),hold on;
hold off
%%%%%%%%%%%%%%% 主程序结束%%%%%%%%%%%%%%%%%%%%%%%
%%%%%%%%%%%%%%% globals.m 文件%%%%%%%%%%%%%%%%%%%%%%%
% globals.m
% 定义全局变量
global WORLD_SIZE;        % 仿真区域(单位:米)
global DT;                % 雷达扫描周期
global MAX_TIME;           % 最大仿真时间
global APPLY_BOUNDS; %  decide to do a mod world

% 目标参数
global TARGET_TYPE          % 定义目标运动模型 (xy or V phi)
global NUM_TARGETS;         % 目标数量
global TARGET_B;
global TARGET_VEL_SD;
global TARGET_GAMMA_SD;
global MAX_TARGET_VEL;
```

```
global MAX_TARGET_GAMMA;
global MIN_TARGET_VEL;

% 平台参数
global PLATFORM;             % 平台信息[x0,y0,phi0,vel]
global NUM_PLATFORMS;        % 平台数量
global MAX_RANGE;            % 最大探测范围
global BEAM_SIZE;            % 最大半波束宽度
global SIGMA_XY;             % 观测模型标准差
global SIGMA_Q;              % 过程噪声标准差
global SIGMA_R;              % 距离测量噪声标准差
global SIGMA_THETA;          % 方位测量噪声标准差
global SIGMAR2;              % 测距误差方差
global SIGMAB2;              % 测角误差方差

% 仿真用其他参数
global R;                    % 测量噪声协方差
global Rinv;                 % 协方差逆矩阵
global H;                    % 观测模型
global F;                    % 状态转移方程
global XSIZE;                % 状态向量维数
global ZSIZE;                % 测量向量维数
global OBS_GATE;             % 数据关联门限
%%%%%%%%%%%%%%%%%%%% 文件结束%%%%%%%%%%%%%%%%%%%%%
%%%%%%%%%%%%%%%%%% ginit.m 文件%%%%%%%%%%%%%%%%%%%%%%%%
% ginit.m
% 给全局变量赋值

% general size information
WORLD_SIZE = 100000;
MAX_TIME = 300;
DT = 1;
APPLY_BOUNDS = 0;

% Definitions for targets
TARGET_TYPE = 1;
NUM_TARGETS = 4;
TARGET_B = 5;                % turning base - line
```

```
TARGET_VEL_SD = 4;           % 速度标准差
TARGET_GAMMA_SD = 0.0005;    % 转弯速率标准差
MAX_TARGET_VEL = 300;        % 目标最大速度
MIN_TARGET_VEL = 150;        % 目标最小速度
MAX_TARGET_GAMMA = 0.005;    % 最大转弯速率
% 观测平台数量
NUM_PLATFORMS = 2;
% 雷达测量参数
SIGMA_RANGE = 100;
SIGMAR2 = 10000;
SIGMA_BEARING = 0.0087;
SIGMAB2 = 7.5690e-005;

XSIZE = 4;        % 状态向量维数
ZSIZE = 2;        % 量测向量维数
SIGMA_XY = 80;
%%%%%%%%%%%%%%%%%%%%%% 文件结束%%%%%%%%%%%%%%%%%%%%%%
%%%%%%%%%%%%%%%%%% sensor_report.m 函数%%%%%%%%%%%%%%%%%%%%
function report = sensor_report(sensor,platforms,tracks,time)
%
%
% 生成雷达观测函数
globals;
report = zeros(NUM_TARGETS,5);
% 确定传感器坐标位置
[px,py] = get_platform_loc(sensor.platform,time,platforms);

for tnum = 1:NUM_TARGETS
    % 获取目标坐标
    [tx,ty] = get_target_loc(tnum,time,tracks);
    % 计算雷达测距和测角数据
    dx = tx - px; dy = ty - py;
    range = sqrt(dx * dx + dy * dy);
    bearing = atan2(dy,dx);

    % 为测量数据增加误差
    report(tnum,1) = tnum;
    report(tnum,2) = range + sensor.r_err * randn;
```

```
    report(tnum,3) = bearing + sensor.b_err * randn;
    report(tnum,4) = px;
    report(tnum,5) = py;
end
%%%%%%%%%%%%%%%%%%%% 函数结束%%%%%%%%%%%%%%%%%%%%
%%%%%%%%%%%%%% get_platform_loc.m 函数%%%%%%%%%%%%%%%%%%%
function [px,py] = get_platform_loc(pnum,time,platforms)
%
% 获取雷达位置
%

[nsamps,nplats] = size(platforms);
if (pnum > nplats) |(pnum <1)
  error('Incorrect platform number specified in get_platform_loc');
end
if (time <platforms(1,pnum).time) |(time >platforms(nsamps,pnum).time)
  error('Time out of range in get_platform_loc');
end
it =1;
while platforms(it,pnum).time   < time
  it = it +1;
end
px = platforms(it,pnum).x;
py = platforms(it,pnum).y;
%%%%%%%%%%%%%%%%%%%% 函数结束%%%%%%%%%%%%%%%%%%%%
%%%%%%%%%%%%%% get_target_loc.m 函数%%%%%%%%%%%%%%%%%%%
function [tx,ty] = get_target_loc(tnum,time,tracks)
%
% 获取目标坐标函数
%

[nsamps,ntracks] = size(tracks);
if (tnum > ntracks) |(tnum <1)
  error('Incorrect track number specified in get_target_loc');
end
if (time < tracks(1,tnum).time) |(time >tracks(nsamps,tnum).time)
  error('Time out of range in get_target_loc');
end
```

```
it =1;
while tracks(it,tnum).time < time
  it = it +1;
end
tx = tracks(it,tnum).x;
ty = tracks(it,tnum).y;
%%%%%%%%%%%%%%%% 函数结束%%%%%%%%%%%%%%%%%%%%
%%%%%%%%%%%%%% mymod.m 函数%%%%%%%%%%%%%%%%%%%%%%
function out = mymod(in,bottom,top)
% 数据越界处理函数
range = top - bottom;
while in  > top
  in = in - range;
end

while in  < bottom
  in = in + range;
end

out = in;
%%%%%%%%%%%%%%%%%%% 函数结束%%%%%%%%%%%%%%%%%%%%%
////////////////////////////////////// 产生仿真数据主程序结束 //////////////////////////////////////
////////////////////////////////////// 利用并行滤波融合跟踪程序 //////////////////////////////////////
% 以下代码即为采用压缩滤波进行航迹融合跟踪程序
filter.Q = [SIGMA_XY * SIGMA_XY,0 ; 0 ,SIGMA_XY * SIGMA_XY];
[nsensors,ntime] = size(observations);

for i =1:nsensors
  filter.use_sensors(i) =1;
end

globals;

% 获取雷达数量以及量测数量
[nsensors,ntimes] = size(observations);

% 初始化
for j =1:NUM_TARGETS
```

```
        nz = 0;
        for i = 1:nsensors
            if filter.use_sensors(i) == 1
                nz = nz + 1;
                report = observations(i,1).report;
                sr = sin(report(j,3));% 求方位角正弦
                cr = cos(report(j,3));% 求方位角余弦
                z(1,nz) = report(j,4) + report(j,2) * cr;% 求 x 轴量测
                z(2,nz) = report(j,5) + report(j,2) * sr;% 求 y 轴量测
              T = [cr -sr; sr cr];
                range2 = report(j,2) * report(j,2);
                sigma = [SIGMAR2 0; 0 range2 * SIGMAB2];
                R = T * sigma * T';
            end
        end
        % 初始化航迹
        % 本程序考虑平面直角坐标系下的跟踪滤波
        state_pred = zeros(XSIZE,1);
        state_pred(1) = mean(z(1,:));
        state_pred(2) = MIN_TARGET_VEL;
        state_pred(3) = mean(z(2,:));
        state_pred(4) = MIN_TARGET_VEL;
        state_est = state_pred;
        uncer_pred = eye(XSIZE,XSIZE) * det(filter.Q);
        uncer_est = uncer_pred;
        ninnov = 2 * nz;
        innov = zeros(ninnov,1);
        innov_var = zeros(ninnov,ninnov);
        track =
        struct('id',j,'type',1,'time',1,'state_pred',state_pred,'state_est',
state_est,'uncer_pred',uncer_pred,'uncer_est',uncer_est,'innov',innov,'
innov_var',innov_var);
        % 所有航迹结构体存在一个数组中
        tracks(1,j) = track;
    end

    for i = 2:ntimes
      buf = sprintf('Step: time = %d',i); disp(buf);
```

```
%%%%%%%%%%%%%%%%%%%%%%%%%%%%
% 以下为进行航迹预测
%%%%%%%%%%%%%%%%%%%%%%%%%%%%
for j =1:NUM_TARGETS
    dt =times(i) -tracks(i -1,j).time;
    if dt < 0
error('Negative prediction step in state_pred')
    end

    F =[1 dt 0 0;
        0  1 0 0;
        0 0 1 dt;
        0 0 0 1];

    G =[dt     0 ;
        dt^2 /2   0;
        0       dt;
        0   dt^2 /2];

    track_pred.time =times(i);
    state_pred =F * track.state_est;
    uncer_pred =F * track.uncer_est * F' +G * filter.Q * G';

    % 构造新航迹
    ninnov =2 * sum(filter.use_sensors);
    innov =zeros(ninnov,1);
    innov_var =zeros(ninnov,ninnov);
  track_pred =struct('id',tracks(i -1,j).id,'type',1,'time',times(i),'
state_pred',state_pred,'state_est',state_pred,'uncer_pred',uncer_pred,'
uncer_est',uncer_pred,'innov',innov,'innov_var',innov_var);
    tracks(i,j) =track_pred;
end
%%%%%%%%%%%%%%%%%%%%%%%%%%%%%%%
%%%%%%%%%%%%%%%%%%%%%%%%%%%%%%%
% 以下为进行航迹关联,关联结果存放在 da_array 数组中%
%%%%%%%%%%%%%%%%%%%%%%%%%%%%%%%
da =zeros(ntargets,nsensors);
```

```
% for each sensor
for mm = 1:nsensors
    % associate a track with a report
    for nn = 1:ntargets
        da(nn,mm) = nn;
    end
end
da_array = da;
%%%%%%%%%%%%%%%%%%%%%%%%%%%%%%%
%%%%%%%%%%%%%%%%%%%%%%%%%%%%%%%
% 以下为进行航迹更新代码
%%%%%%%%%%%%%%%%%%%%%%%%%%%%%%%
for j = 1:NUM_TARGETS
    nz = 0;
    z = [];
    Rn = 2 * sum(filter.use_sensors);
    R = zeros(Rn,Rn);
    for ii = 1:nsensors
        if filter.use_sensors(ii) = = 1
            rep = observations(ii,i).report
            na = da_array(j,ii);
            sr = sin(rep(na,3));% 求方位角正弦
            cr = cos(rep(na,3));% 求方位角余弦
            z(1 + nz) = rep(na,4) + rep(na,2) * cr;% 求 x 轴量测
            z(2 + nz) = rep(na,5) + rep(na,2) * sr;% 求 y 轴量测
            T = [cr  - sr; sr cr];
            range2 = rep(na,2) * rep(na,2);
            sigma = [SIGMAR2 0; 0 range2 * SIGMAB2];
            Ri = T * sigma * T';
            R(1 + nz:2 + nz,1 + nz:2 + nz) = Ri;
            H(1 + nz,:) = [1 0 0 0];
            H(2 + nz,:) = [0 0 1 0];
            nz = nz + 2;
        end
    end

    innov = z' - H * tracks(i,j).state_pred;
    S = H * tracks(i,j).uncer_pred * H' + R;
```

```
      W = tracks(i,j).uncer_pred * H' * inv(S);

      tracks(i,j).innov = innov;
      tracks(i,j).innov_var = S;
      tracks(i,j).state_est = tracks(i,j).state_pred + W * innov;
    tracks(i,j).uncer_est = tracks(i,j).uncer_pred - W * S * W';
  end
  %%%%%%%%%%%%%%%%%%%%%%%%%%%%%%
end

figure(1)
hold on
data = zeros(2,nsamps);
odata = zeros(2,nsamps);

for n = 1:ntargets
    for i = 1:nsamps
        data(1,i) = tracks(i,n).state_est(1);
        data(2,i) = tracks(i,n).state_est(3);
    end
    estp = plot(data(1,:),data(2,:),'r. -'),hold on;
end

for n = 1:ntargets
    for i = 1:nsamps
        data(1,i) = targets(i,n).x;
        data(2,i) = targets(i,n).y;
    end
    true = plot(data(1,:),data(2,:),'b','LineWidth',2);
end
hold off
legend([true,estp],'目标真实航迹','融合航迹'),hold on;

ninnov = 2 * sum(filter.use_sensors);

[nsamps,ntarget] = size(tracks);

figure(3)
```

```
hold on
for i =1:nsamps
  odata(1,i) =tracks(i,ntarget).time;
  odata(2,i) =tracks(i,ntarget).innov(ninnov);
  data(1,i) =sqrt(tracks(i,ntarget).innov_var(ninnov,ninnov));
end
plot(odata(1,:),odata(2,:),'b',odata(1,:),data(1,:),'r',odata(1,:),-
data(1,:),'r')
hold off
```

////////////////////////////////////// 并行滤波融合跟踪程序结束 //////////////////////////////////////

8.4 基于压缩滤波的航迹融合

8.4.1 理论基础

在雷达网系统的雷达探测重叠区若有目标出现,则会有多部雷达的航迹(点迹)上报至空情处理中心,由于各雷达是异步扫描且均存在不同程度的误差,在进行数据关联时会出现多个点迹关联同一目标航迹的情况。此时,需要将被关联上的多个点迹进行合并,也称为数据压缩处理,被合并的点迹会被看作一个雷达量测,这样就可以对处理后的数据运用目标跟踪方法进行滤波和更新、预测等处理。

1. 量测数据压缩处理

当空情处理中心的一条系统航迹同多部雷达上报的量测均相关时,就要进行多雷达量测数据压缩处理。一种方法是把来自各雷达的点迹(在一定时间间隔内)组成一个等效的点迹 Z_e,其方差为 σ_e^2,如图 8.6 所示。若这些测量点迹的采样时刻不同,则在进行组合之前应把它们外推到同一时刻,一种可用的方法是先将这些点迹在时间上与某一多项式拟合,然后再计算外推时刻 t_e 时的多项式而获得等效点迹。这也称为雷达点迹的求精合并,用这种方法,等效点迹的数据率大体保持恒定,因此可以用一般的跟踪滤波器如 $\alpha-\beta$ 滤波或卡尔曼滤波。

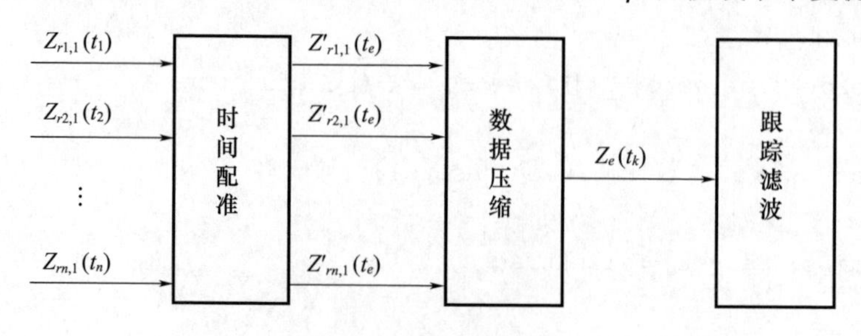

图 8.6 压缩滤波结构

目标点迹数据求精合并适用于天线一体的同步扫描雷达，如一、二次雷达的目标点迹处理；而对于非同步扫描的多雷达系统则需要在进行时间配准、雷达位置校准、探测数据的距离和方位校准之后，对目标点迹数据进行内插或外推，将异步数据转换成同步数据后进行点迹合并求精处理。

目标点迹数据求精合并可以用例子说明。假设甲、乙两部雷达对交叠区域内的某一批目标进行共同探测，恰好能够同时照射，形成的点迹数据如图 8.7 所示。

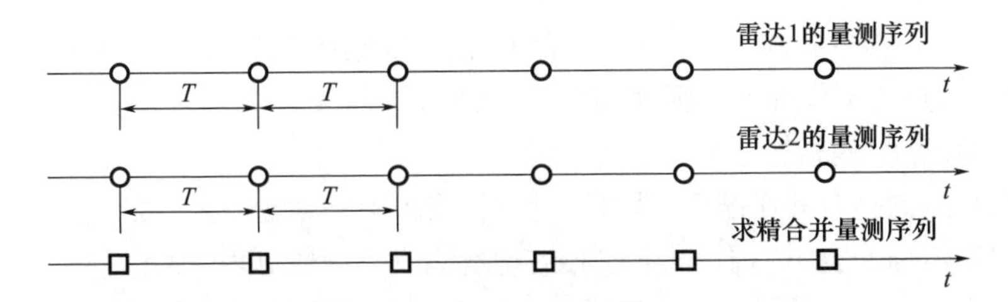

图 8.7　目标点迹数据求精合并示意图

图 8.7 中，横轴代表时间，圆圈表示雷达探测点迹，方框表示求精合并后的点迹。假设甲、乙两雷达同时观测到目标，若测量值分别为(r_1,θ_1)和(r_2,θ_2)，则求精合并后的点迹数据计算公式为

$$\begin{cases}\hat{r}=\dfrac{1}{\sigma_{r_1}^2+\sigma_{r_2}^2}(\sigma_{r_2}^2 r_1+\sigma_{r_1}^2 r_2)\\[2ex] \sigma_r^2=\left(\dfrac{1}{\sigma_{r_1}^2}+\dfrac{1}{\sigma_{r_2}^2}\right)^{-1}\end{cases}\tag{8-26}$$

$$\begin{cases}\hat{\theta}=\dfrac{1}{\sigma_{\theta_1}^2+\sigma_{\theta_2}^2}(\sigma_{\theta_2}^2\theta_1+\sigma_{\theta_1}^2\theta_2)\\[2ex] \sigma_\theta^2=\left(\dfrac{1}{\sigma_{\theta_1}^2}+\dfrac{1}{\sigma_{\theta_2}^2}\right)^{-1}\end{cases}\tag{8-27}$$

式中：$\sigma_{r_1}^2$和$\sigma_{\theta_1}^2$分别为两雷达的测距和测角方差；σ_r^2 和 σ_θ^2 分别为求精合并后的点迹距离和角度方差。实际工程应用中，点迹求精合并的方法可根据目标相对于照射雷达的空间分布情况进行选取，以获取更准确的求精合并后的点迹数据。从式(8-26)和式(8-27)可以看出：数据压缩的本质是各雷达的量测按精度加权，压缩后的等效量测提高了精度，即

$$\begin{cases}\sigma_r^2\leqslant\min\{\sigma_{r_1}^2,\sigma_{r_2}^2\}\\ \sigma_\theta^2\leqslant\min\{\sigma_{\theta_1}^2,\sigma_{\theta_2}^2\}\end{cases}\tag{8-28}$$

这里举例说明的是两雷达同时观测到目标，但实际这种情况较少，一般时间上都会有错开，需要采用内插和外推方法，使目标点迹处于同一时间之后再进行

求精合并,内插和外推的具体方法可参考 5.1.2 节。

推广到 3 部以上雷达组成的多雷达系统,假设不同雷达在同一时刻对应同一目标的量测向量分别 $\boldsymbol{Z}_1,\boldsymbol{Z}_2,\cdots,\boldsymbol{Z}_N$,相对应的量测误差协方差分别为 $\boldsymbol{R}_1,\boldsymbol{R}_2,\cdots,\boldsymbol{R}_N$,则进行数据压缩的公式为

$$\boldsymbol{Z} = \boldsymbol{R}\sum_{i=1}^{N}\boldsymbol{R}_i^{-1}\boldsymbol{Z}_i \tag{8-29}$$

$$\boldsymbol{R} = \left[\sum_{i=1}^{N}\boldsymbol{R}_i^{-1}\right]^{-1} \tag{8-30}$$

从式(8-29)和式(8-30)可以看出:估计的结果是各雷达的测量按精度加权;合并后点迹不仅提高了精度,而且也减少了运算量。

2. 压缩滤波算法

在点迹数据合并压缩后,就可以针对获得的有效点迹(伪量测)进行滤波处理。数据压缩滤波结构下,融合中心的伪量测方程一般可表示为

$$\boldsymbol{Z}(k+1) = \boldsymbol{H}(k+1)\boldsymbol{X}(k+1) + \boldsymbol{W}(k+1) \tag{8-31}$$

式中:$\boldsymbol{Z}(k+1)$为融合中心经过数据压缩后的式(8-29)的伪量测;$\boldsymbol{W}(k+1)$为相应的量测误差,是一均值为零且协方差阵 $\boldsymbol{R}(k+1)$ 的白噪声序列,见式(8-30);$\boldsymbol{H}(k+1)$为相应的量测矩阵,即

$$\boldsymbol{H}(k+1) = \boldsymbol{R}\sum_{i=1}^{N}\boldsymbol{R}_i^{-1}\boldsymbol{H}_i(k+1) \tag{8-32}$$

以式(8-2)为目标运动的状态方程,以式(8-31)为多传感器的伪量测方程,则处理中心的集中式融合估计可表示为

$$\hat{\boldsymbol{X}}(k+1|k) = \boldsymbol{F}(k)\hat{\boldsymbol{X}}(k|k) \tag{8-33}$$

$$\boldsymbol{P}(k+1|k) = \boldsymbol{H}(k)\boldsymbol{P}(k|k)\boldsymbol{H}(k) + \boldsymbol{Q}(k) \tag{8-34}$$

$$\boldsymbol{K}(k+1) = \boldsymbol{P}(k+1|k+1)\boldsymbol{H}(k+1)\boldsymbol{R}^{-1}(k+1) \tag{8-35}$$

$$\hat{\boldsymbol{X}}(k+1|k+1) = \hat{\boldsymbol{X}}(k+1|k) + \boldsymbol{K}(k+1)[\boldsymbol{Z}(k+1) - \boldsymbol{H}(k+1)\hat{\boldsymbol{X}}(k+1|k)] \tag{8-36}$$

$$\boldsymbol{P}^{-1}(k+1|k+1) = \boldsymbol{P}^{-1}(k+1|k) + \boldsymbol{H}(k+1)\boldsymbol{R}^{-1}(k+1)\boldsymbol{H}(k+1) \tag{8-37}$$

8.4.2 Matlab 实践

假设在平面直角坐标系有两部雷达均位于坐标原点,两部雷达属于同型号雷达,雷达战技指标完全相同,雷达测角误差 0.5°,测距误差 150m,且服从零均值高斯分布。目标做匀速直线运动,且在两部雷达的共同探测区域内,目标运动方程的过程噪声服从零均值,方差为 1 的高斯分布。两部雷达独立对目标进行

探测,获取目标量测点迹后上报空情处理中心,中心收到两部雷达量测点迹后进行点迹融合处理,生成系统航迹,仿真结果如图8.8所示,图中"—●—"线为目标真实航迹,"—○—"线为雷达1的目标跟踪航迹,"—*—"线为雷达2的目标跟踪航迹,"—□—"线为采用压缩滤波方法融合航迹。

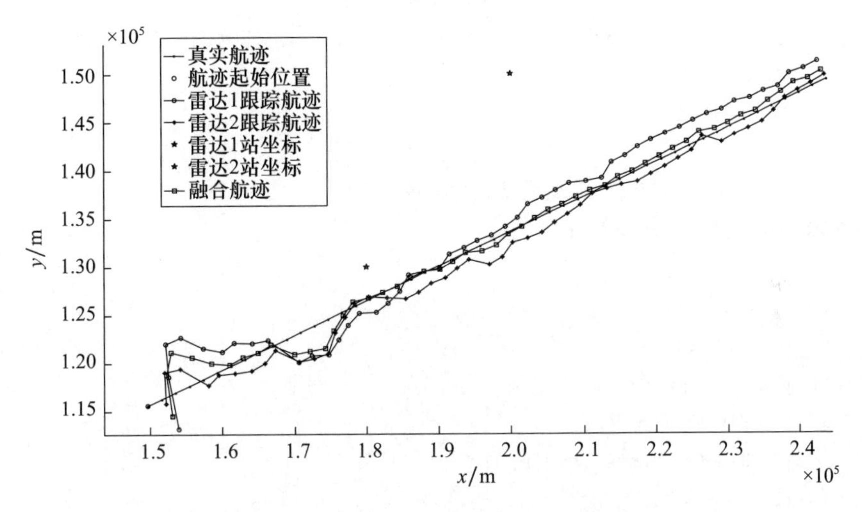

图8.8 采用压缩滤波融合航迹(见彩插)

上述实例的Matlab代码如下。

```
//////////////////////////////////////////////// 主程序 ////////////////////////////////////////////////
%%%%%%%%%%%%%%%%%%%%%%%%%%%%%%%%%%%%%%%%%%%%%%%%%%%%
clear all
close all
clc
NUM_TARGETS = 1;% 假设目标数量
NUM_RADARS = 2;% 假设雷达数量
% 全局变量和结构
RADAR = struct('LOC',[0 0],'SIGMA_R',0,'SIGMA_THETA',0);% 分别为位置、测距
误差、测角误差

% 设置雷达模型参数
radar1 = RADAR;
radar2 = RADAR;
radar1.LOC = [1.8 * 10^5,1.3 * 10^5];
radar1.SIGMA_R = 150;
radar1.SIGMA_THETA = 0.5 * pi/180;
radar2.LOC = [2 * 10^5,1.5 * 10^5];
```

```
radar2.SIGMA_R =150;
radar2.SIGMA_THETA =0.5 * pi/180;
radar =radar1;
radar =[radar,radar2];
dot =struct('X',[0 0 0 0],'P',zeros(4,4));
% 生成真实轨迹、量测点迹和滤波航迹,其中真实轨迹和滤波航迹用于后面对比显示
n =NUM_TARGETS;
m =NUM_RADARS;

WORLD_SIZE_X =380000;% 空情处理区域
WORLD_SIZE_Y =270000;

radar1 =RADAR;
radar2 =RADAR;
radar1.LOC =[0,0];
radar1.SIGMA_R =170;
radar1.SIGMA_THETA =pi/180;
radar2.LOC =[0,0];
radar2.SIGMA_R =170;
radar2.SIGMA_THETA =pi/180;
radar_local =radar1;
radar_local =[radar_local,radar2];

for i1 =1:n
    targetStartPos(:,i1) =rand(2,1). *[WORLD_SIZE_X,WORLD_SIZE_Y]';% 目
标初始位置,在 WORLD_SIZE_X,WORLD_SIZE_Y 空间上均匀分布
end

%%%%%%%%%%%%%%%%%%%%%%%%%%%%%%%%%%%%%%%%
% 以下代码用于产生的 n 个目标真实航迹
%%%%%%%%%%%%%%%%%%%%%%%%%%%%%%%%%%%%%%%%
realTrack =[];

for i2 =1:n
    % 根据状态方程,构建一个目标运动的真实轨迹
    DT =4;
    F =[1 DT 0 0;0 1 0 0;0 0 1 DT;0 0 0 1];% 状态或转移矩阵
    G =[DT/2 0;1 0;0 DT/2;0 1];% 过程噪声分布矩阵
```

```
        q11 = sqrt(15 * 10^ -2);
        q22 = sqrt(15 * 10^ -2);
        Q = [q11 0;0 q22];
        startSpeed = rand(1) * (1200 -4) +4;% 随机产生的初始速度
        startDir = rand(1) * pi/2;% 随机产生的初始航向
        startSpeed_x = startSpeed * cos(startDir);
        startSpeed_y = startSpeed * sin(startDir);
        startLocation = [targetStartPos(1),startSpeed_x,targetStartPos
(2),startSpeed_y]';
        location = startLocation;
        location_old = startLocation;
        trackLength = 50;
        for i = 1:trackLength -1
            location_new = F * location_old;% +G * (Q * randn(2,2));
            location = [location,location_new];
            location_old = location_new;
        end
        realTrack(:,:,i2) = [location(1,:);location(3,:)];
    end

    realTracks = realTrack;
    %%%%%%%%%%%%%%%%%%%%%%%%%%%%%%%%%%%%%%%%%%%%%%%%%%%%%%
    % 在 detectedTrack 存放雷达对目标的跟踪航迹
    %%%%%%%%%%%%%%%%%%%%%%%%%%%%%%%%%%%%%%%%%%%%%%%%%%%%%%
    detectedTrackAll = [];

    for j = 1:m
        for i = 1:n
            tmp_realTrack = realTrack(:,:,i);
            tmp_radar = radar_local(j);
            trackLength = length(tmp_realTrack);
            detectedTrack = [];
            for i3 = 1:trackLength
                rou = distance(tmp_realTrack(:,i3),tmp_radar.LOC) + randn
(1) * tmp_radar.SIGMA_R;

                sita = getDirection(tmp_realTrack(:,i3),tmp_radar.LOC) +
randn(1) * tmp_radar.SIGMA_THETA;
```

```
            detectedTrack =[detectedTrack,[rou,sita]'];
        end
        detectedTrackAll(:,:,i,j) = detectedTrack;
    end
end
detectedTracks = detectedTrackAll;
%%%%%%%%%%%%%%%%%%%%%%%%%%%%%%%%%%%%%%%%%%%%%%%%
% 各雷达对探测到的目标航迹进行滤波
%%%%%%%%%%%%%%%%%%%%%%%%%%%%%%%%%%%%%%%%%%%%%%%%
filteredTrack =[];
filteredTrackErr =[];

for j =1:m
    for i =1:n
        tmp_radar = radar_local(j);
        [filteredTrack(:,:,i,j),filteredTrackErr(:,:,:,i,j)] = Kal-
manFilter(detectedTrackAll(:,:,i,j),tmp_radar);
    end
end
% 将滤波航迹按点重新组装成报文形式
dot = struct('X',[0 0 0 0],'P',zeros(4,4));
radarTracks = dot;
len = size(filteredTrack,2);
for j =1:m
    for i =1:n
        for k =1:len
            radarTracks(k,i,j).X = filteredTrack(:,k,i,j);
            radarTracks(k,i,j).P = filteredTrackErr(:,:,k,i,j);
        end
    end
end
localTracks = radarTracks;

% 显示原始航迹、量测航迹、滤波航迹
figure
hold
len = length(localTracks);
% 显示目标真实航迹
```

```
for j =1:NUM_TARGETS
    plot(realTracks(1,:,j),realTracks(2,:,j),'r. -');% 红色
    plot(realTracks(1,1,j),realTracks(2,1,j),'ro');% 航迹头红色
end

% 显示各雷达滤波航迹
for i =1:NUM_RADARS
    % 来自第一个雷达的航迹显示为红色,来自第二个雷达的航迹显示为蓝色
  if i ==1
        color ='b - o';
    else
        color ='k - * ';
    end
    for j =1:NUM_TARGETS
        dotsNum = length(localTracks(:,j,i))
        filteredTrack_x =[];
        filteredTrack_y =[];
        for k =1:dotsNum
            filteredTrack_x(k) =localTracks(k,j,i).X(1);
            filteredTrack_y(k) =localTracks(k,j,i).X(3);
        end
        plot(filteredTrack_x,filteredTrack_y,color);
    end
end
% 显示雷达位置
plot(radar(1).LOC(1),radar(1).LOC(2),'bp','MarkerEdgeColor','k',...
    'MarkerFaceColor','r',...
    'MarkerSize',10);
plot(radar(2).LOC(1),radar(2).LOC(2),'bp','MarkerEdgeColor','k',...
    'MarkerFaceColor','b',...
    'MarkerSize',10);
%%%%%%%%%%%%%%%%%%%%%%%%%%%%%%%%%%%%%%%%%%%%%%%
% 采用压缩滤波方法进行点迹融合处理
%%%%%%%%%%%%%%%%%%%%%%%%%%%%%%%%%%%%%%%%%%%%%%%

systemTracks =dot;% 用于存放系统航迹
systemDots =dot;
systemTrackNum =1;% 根据题设,目前仅一个目标,故只有一条系统航迹% length(I);
```

```
for i =1:systemTrackNum
    [filteredSysTrack,filteredSysTrackErr] = multiRadarFilter(de-
tectedTrackAll,radar);
end

% 显示系统航迹
for j =1:systemTrackNum
    dotsNum = length(filteredSysTrack);
    for k =1:dotsNum
        systemTrack_x(k) = filteredSysTrack(1,k);
        systemTrack_y(k) = filteredSysTrack(3,k);
    end
    plot(systemTrack_x,systemTrack_y,'m - s');
    plot(systemTrack_x(1),systemTrack_y(1),'mo');
end
legend('真实航迹','航迹起始位置','雷达 1 跟踪航迹','雷达 2 跟踪航迹','雷达 1 站坐
标','雷达 2 站坐标','融合航迹');
xlabel('x 轴坐标(单位:m)'),ylabel('y 轴坐标(单位:m)');
%%%%%%%%%%%%%%%%%%%%%%%%%%%%%%%%%%%%%%%%%%%%%%%%%%%
////////////////////////////////////// 主程序结束 //////////////////////////////////////
%%%%%%%%%%%%%%%%%%%%% 卡尔曼滤波%%%%%%%%%%%%%%%%%
function[filteredTrack,filteredTrackErr] = KalmanFilter(detected-
Location,radar)
% 对量测航迹采用 Kalman 滤波器进行滤波
T =4;
F =[1 T 0 0;
    0 1 0 0;
    0 0 1 T;
    0 0 0 1];% 状态或转移矩阵
G =[T/2 0;1 0;0 T/2;0 1];% 过程噪声分布矩阵
H =[1 0 0 0;0 0 1 0];% 量测矩阵
q11 =15 *10^-2;
q22 =15 *10^-2;
q =[q11 0;0 q22];
Q =G * q * G';
sigma_rou2 = radar.disErr^2;
sigma_sita2 = radar.dirErr^2;
len = length(detectedLocation);
```

```
% 将极坐标转换为直角坐标
Z = [detectedLocation(1,:).*cos(detectedLocation(2,:));detectedLo-
cation(1,:).*sin(detectedLocation(2,:))];
rouSita = detectedLocation;% 存放原来的距离和方位值放入,用于计算矩阵 A
% 初始化
z1 = Z(:,1);
z2 = Z(:,2);
X = [z2(1) (z2(1) - z1(1))/T z2(2) (z2(2) - z1(2))/T]';
A = [cos(rouSita(2,2)), - rouSita(1,2) * sin(rouSita(2,2));sin(rouS-
ita(2,2)),rouSita(1,2) * cos(rouSita(2,2))];
R = A * [sigma_rou2 0;0 sigma_sita2] * A';
r11 = R(1,1); r12 = R(1,2); r21 = R(2,1); r22 = R(2,2);
P = [r11 r11/T r12r12/T;
    r11/T 2 * r11/T^2 r12/T 2 * r12/T^2;
    r12 r12/T r22 r22/T;
    r12/T 2 * r12/T^2 r22/T 2 * r22/T^2];
filteredTrack = X;
flteredTrackErr = P;
for i = 3:len
    X1 = F * X;
    P1 = F * P * F' + Q;
    Z1 = H * X1;
    A = [cos(rouSita(2,i)), - rouSita(1,i) * sin(rouSita(2,i));sin
(rouSita(2,i)),rouSita(1,i) * cos(rouSita(2,i))];
    R = A * [sigma_rou2 0;0 sigma_sita2] * A';
    S = H * P1 * H' + R;
    K = P1 * H'/S;
    X = X1 + K * ((Z(:,i) - Z1));
    P = P1 - K * S * K';
    filteredTrackErr(:,:,i - 1) = P;
    filteredTrack(:,i - 1) = X;
end
end % KalmanFilter()
%%%%%%%%%%%%%%%%%%%%%%%%%%%%%%%%%%%%%%%%%%%%%%%%
%%%%%%%%%%%%%%%%%%%% 点迹融合函数%%%%%%%%%%%%%%%%%%%%
function[ filteredSysTrack, filteredSysTrackErr] = multiRadarFilter
(detectedTrack,radar)
% 采用压缩法进行 Kalman 多雷达航迹滤波
```

```
%
T=4
F=[1 T 0 0;0 1 0 0;0 0 1 T;0 0 0 1];% 状态或转移矩阵
G=[T/2 0;1 0;0 T/2;0 1];% 过程噪声分布矩阵
H=[1 0 0 0;0 0 1 0];% 量测矩阵
q11=15*10^-2;
q22=15*10^-2;
q=[q11 0;0 q22];
Q=G*q*G';
sigma_rou2_1=radar.disErr^2;
sigma_sita2_1=radar.dirErr^2;
sigma_rou2_2=sigma_rou2_1;
sigma_sita2_2=sigma_sita2_1;
len=length(detectedTrack(:,:,1,1));% 取点数为仿真长度

% 压缩
comRou=(detectedTrack(1,:,1,1)*sigma_rou2_2+detectedTrack(1,:,
1,2)*sigma_rou2_1)/(sigma_rou2_1+sigma_rou2_2);
comSita=(detectedTrack(2,:,1,1)*sigma_sita2_2+detectedTrack
(2,:,1,2)*sigma_sita2_1)/(sigma_sita2_1+sigma_sita2_2);

% 将极坐标转换为直角坐标
Z=[comRou.*cos(comSita);comRou.*sin(comSita)];
rouSita=detectedTrack;% 存放原来的距离和方位值放入,用于计算矩阵A
% 初始化
z1=Z(:,1);
z2=Z(:,2);
X=[z2(1) (z2(1)-z1(1))/T z2(2) (z2(2)-z1(2))/T]';
A=[cos(rouSita(2,2)),-rouSita(1,2)*sin(rouSita(2,2));sin(rouS-
ita(2,2)),rouSita(1,2)*cos(rouSita(2,2))];
R=A*[sigma_rou2_1 0;0 sigma_sita2_1]*A';
r11=R(1,1); r12=R(1,2); r21=R(2,1); r22=R(2,2);
P=[r11 r11/T r12 r12/T;r11/T 2*r11/T^2 r12/T 2*r12/T^2;r12 r12/T
r22 r22/T;r12/T 2*r12/T^2 r22/T 2*r22/T^2];% 滤波协方差初始化
filteredSysTrack=X;
filteredSysTrackErr=P;
for i=3:len
    X1=F*X;
```

```
        P1 = F * P * F' + Q;
        Z1 = H * X1;
        A = [cos(rouSita(2,i)), - rouSita(1,i) * sin(rouSita(2,1));sin
(rouSita(2,i)),rouSita(1,i) * cos(rouSita(2,i))];
        R = A * [sigma_rou2_1 0;0 sigma_sita2_1] * A';
        S = H * P1 * H' + R;
        K = P1 * H'/S;
        X = X1 + K * ((Z(:,i) - Z1));
        P = P1 - K * S * K';
        filteredSysTrackErr(:,:,i - 1) = P;
        filteredSysTrack(:,i - 1) = X;
    end
    end % end multiRadarFilter()
    %%%%%%%%%%%%%%%%%%%%%%%%%%%%%%%%%%%%%%%%%%%%%%
```

参考文献

[1] 杨万海. 多传感器数据融合及其应用[M]. 西安:西安电子科技大学出版社,2004.

[2] 蒋君杰,戴菲菲,彭力. 基于扩维贴近度的多传感器一致可靠性融合方法[J]. 传感技术学报,2012,25(9):1312 - 1315.

[3] 杨佳,宫峰勋. 改进的动态加权多传感器数据融合算法[J]. 计算机工程,2011,37(11):97 - 99.

[4] 徐毓,华中和,周焰,等. 雷达网数据融合[M]. 北京:军事科学出版社,2002.

[5] 何友,王国宏,关欣,等. 信息融合理论及应用[M]. 北京:电子工业出版社,2010.

[6] 刘同明,夏祖勋,解洪成. 数据融合技术及其应用[M]. 北京:国防工业出版社,1998.

[7] 赵宗贵,熊朝华,王琦,等. 信息融合概念、方法与应用[M]. 北京:国防工业出版社,2012.

[8] 康耀红. 数据融合理论与应用[M]. 西安:西安电子科技大学出版社,1997.

[9] DURRANT - WHYTE H. Multi Sensor Data Fusion[M]. The University of Sydney,2001.

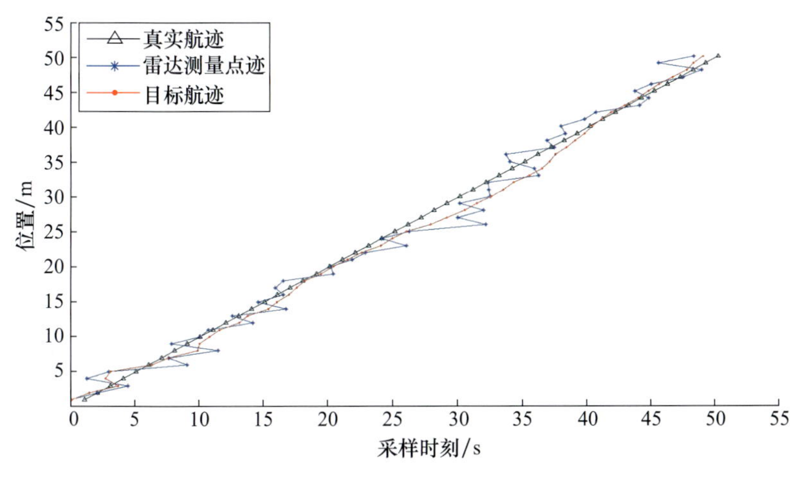

图 2.4　滤波效果

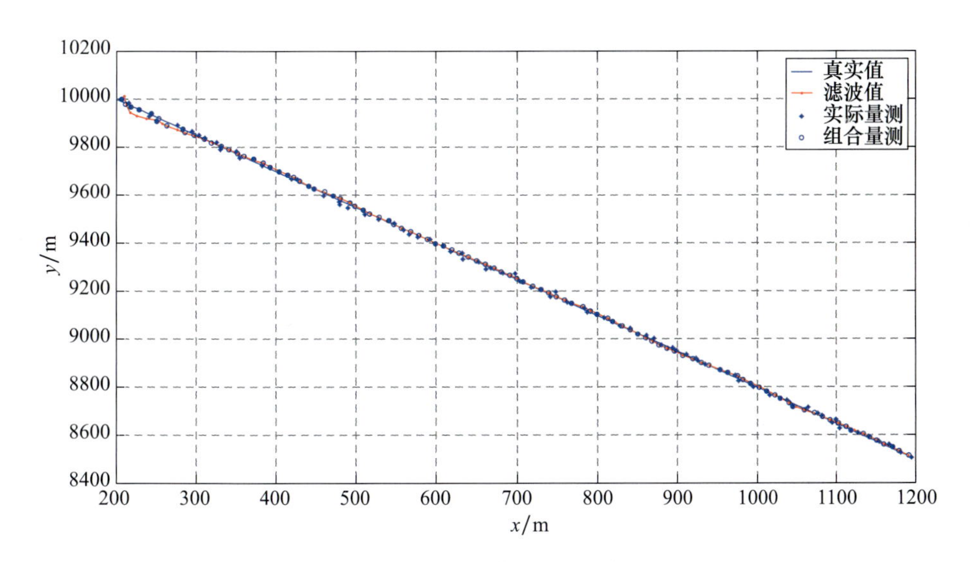

图 2.26　目标的真实和滤波航迹

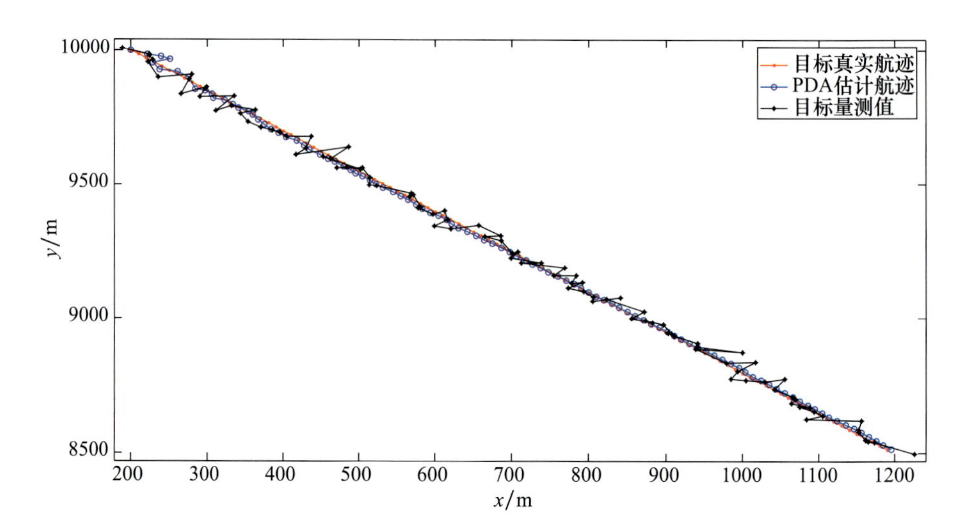

图 2.30　目标真实航迹与 PDA 跟踪航迹对比

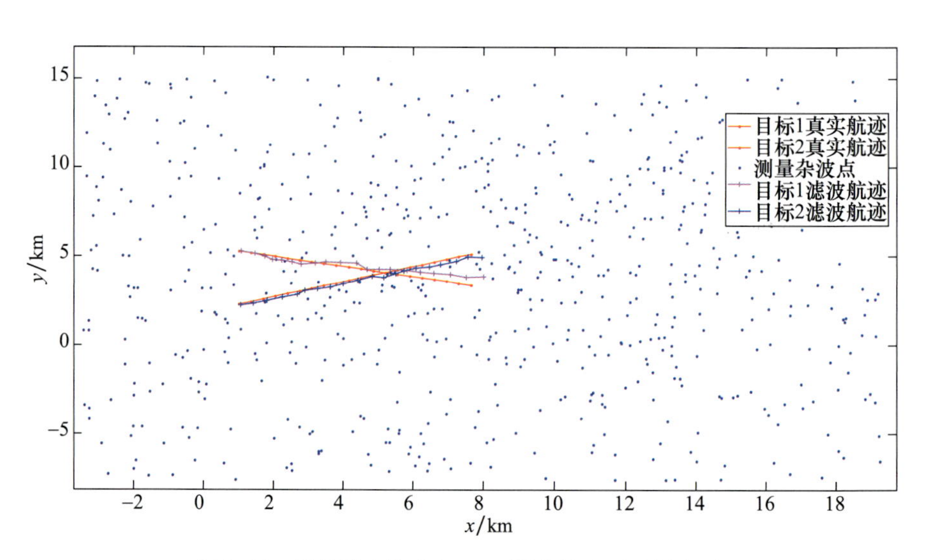

图 2.33　目标真实航迹与 PDA 跟踪航迹对比图(一)

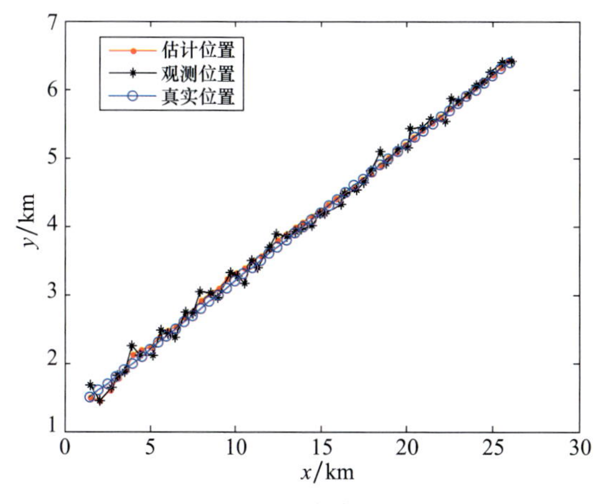

图 3.9　$\alpha-\beta$ 滤波跟踪结果

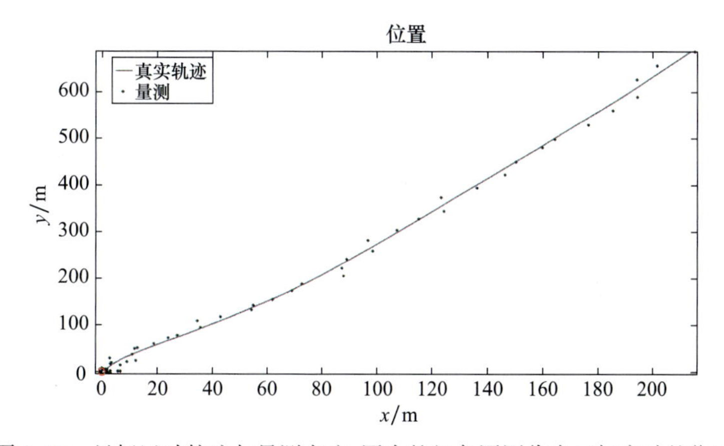

图 3.12　目标运动轨迹与量测点迹,图中的红色圆圈代表目标启动的位置

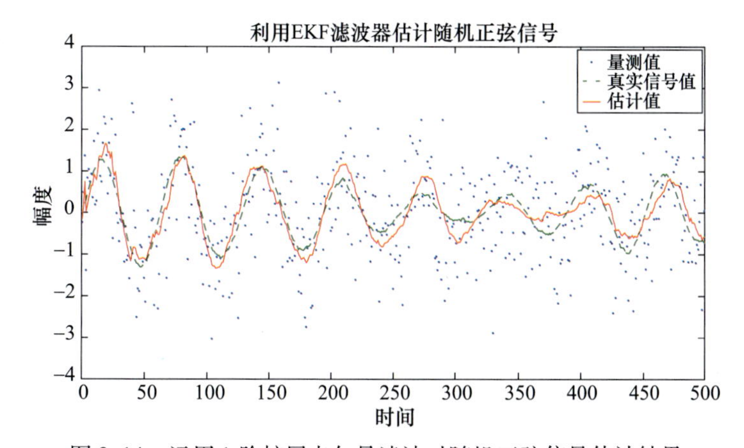

图 3.14　运用 1 阶扩展卡尔曼滤波对随机正弦信号估计结果

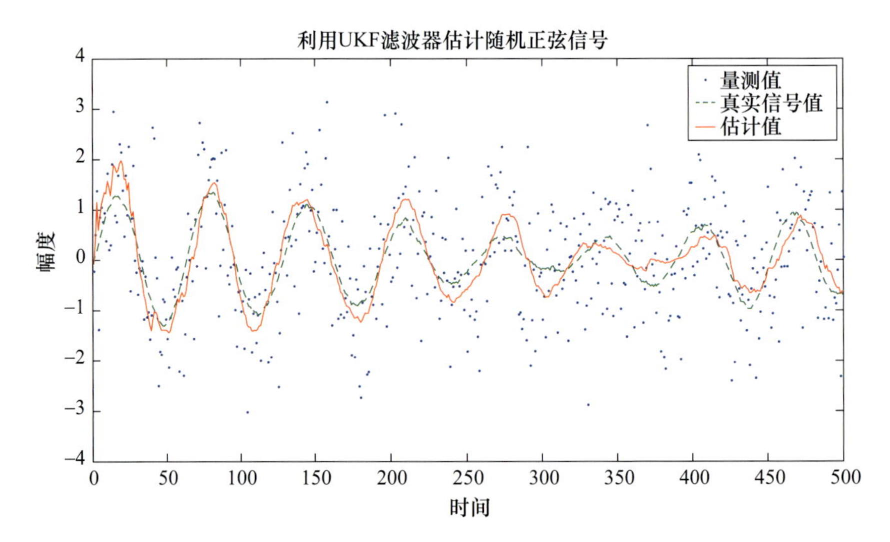

图 3.15　运用无迹卡尔曼滤波对随机正弦信号估计结果

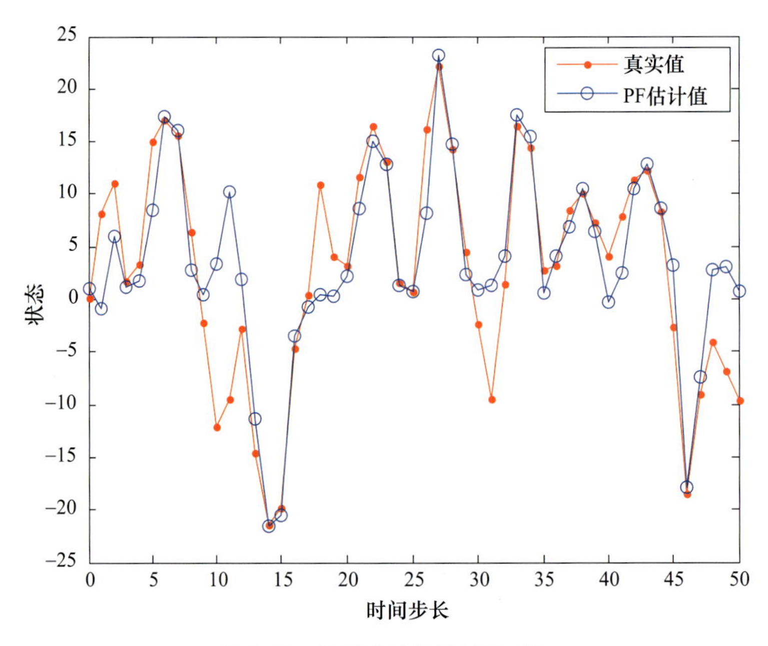

图 3.17　粒子滤波估计结果对比

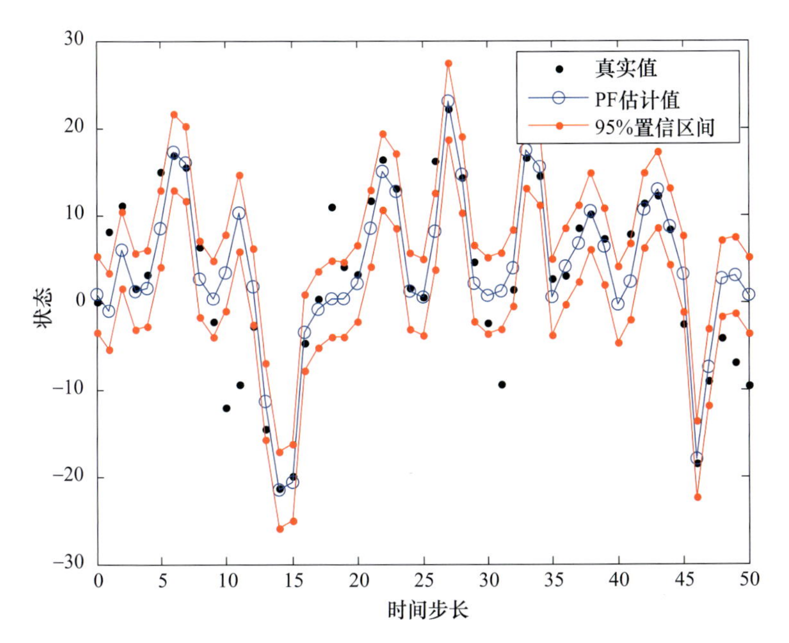

图 3.18　滤波有效性对比

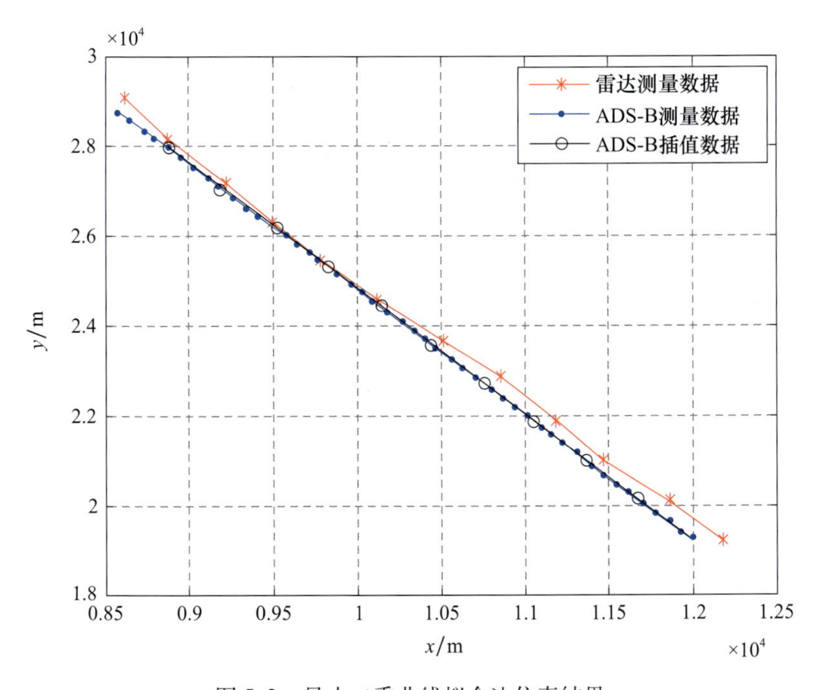

图 5.2　最小二乘曲线拟合法仿真结果

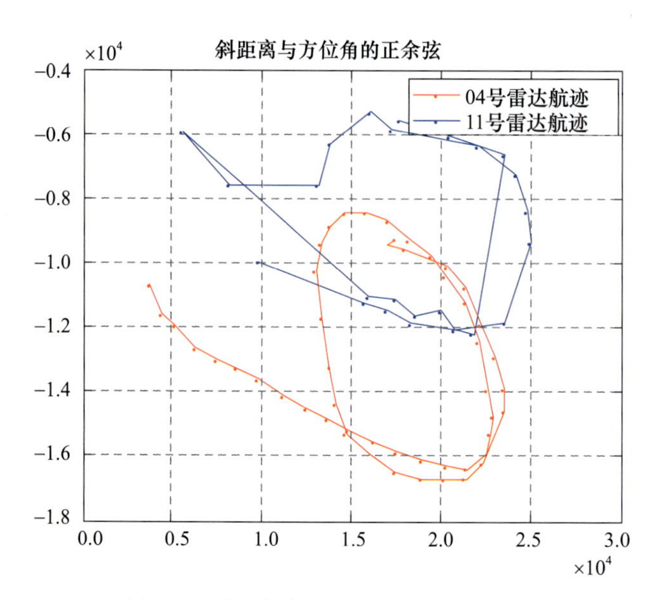

图 6. 1　雷达存在系统误差跟踪目标对比

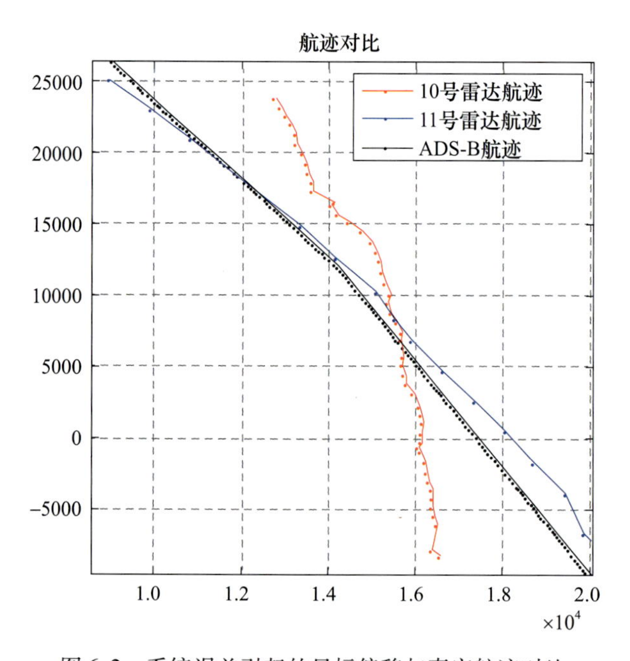

图 6. 2　系统误差引起的目标偏移与真实航迹对比

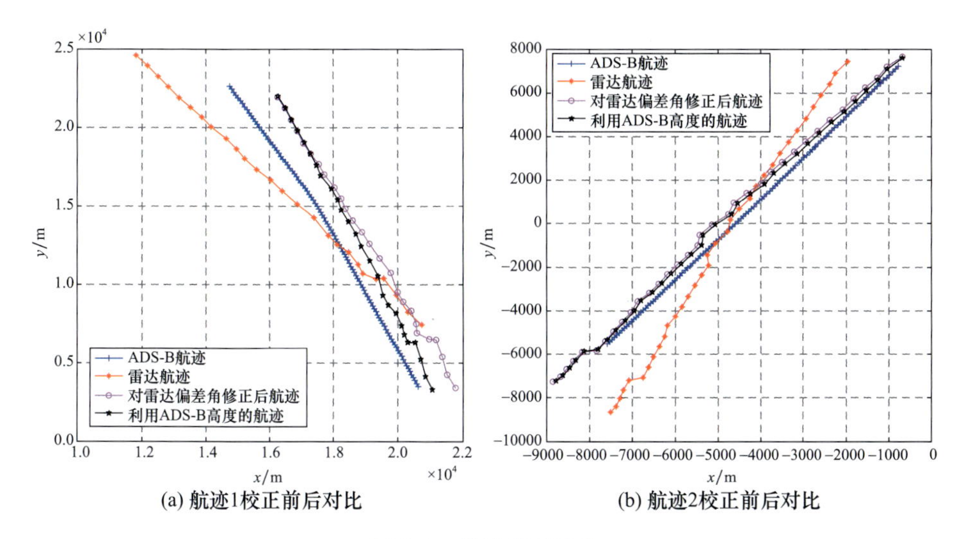

(a) 航迹1校正前后对比　(b) 航迹2校正前后对比

图 6.4　航迹校正结果

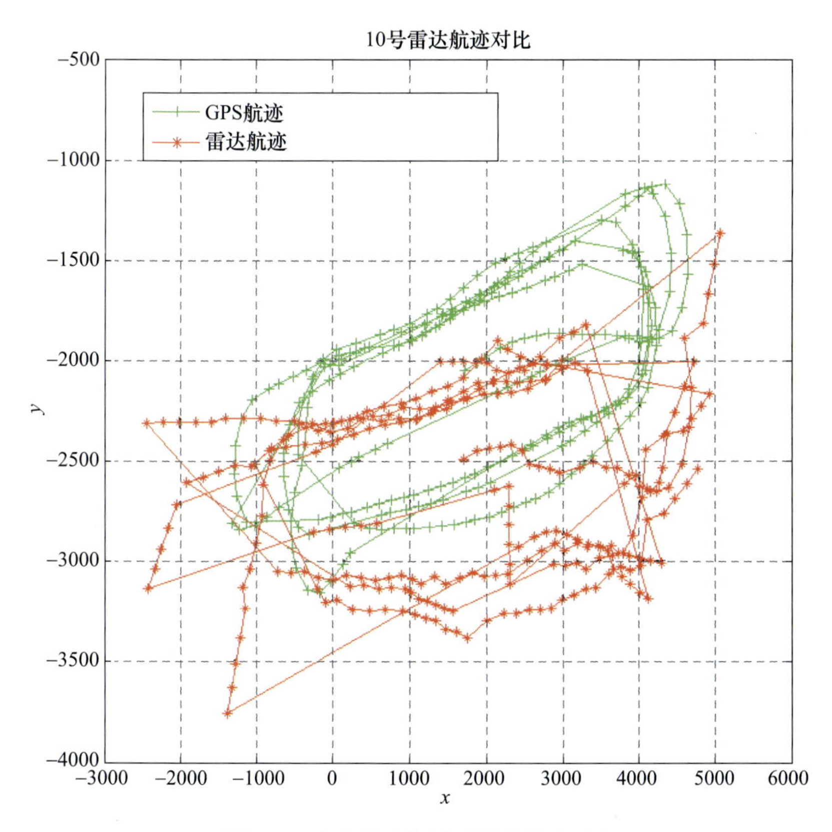

图 6.5　真实航迹与雷达测量航迹对比

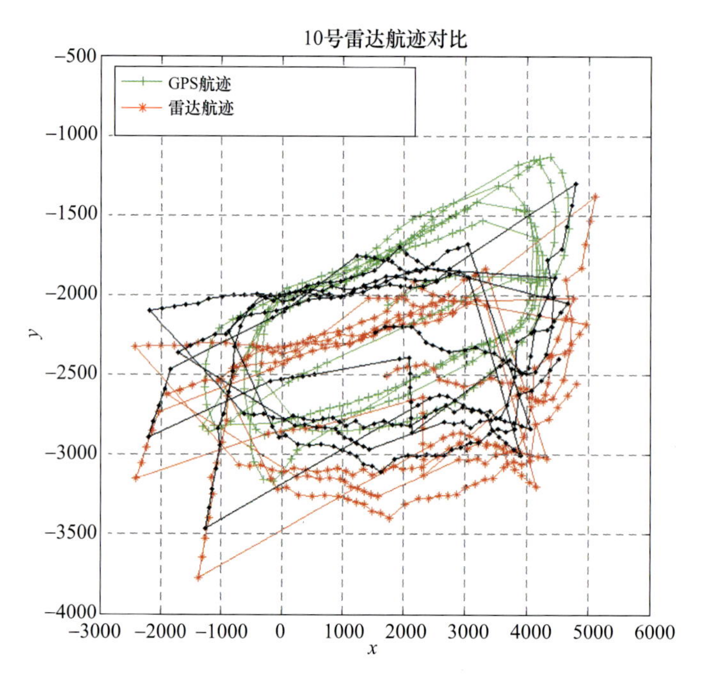

图 6.6　对测距系统误差校正后的结果

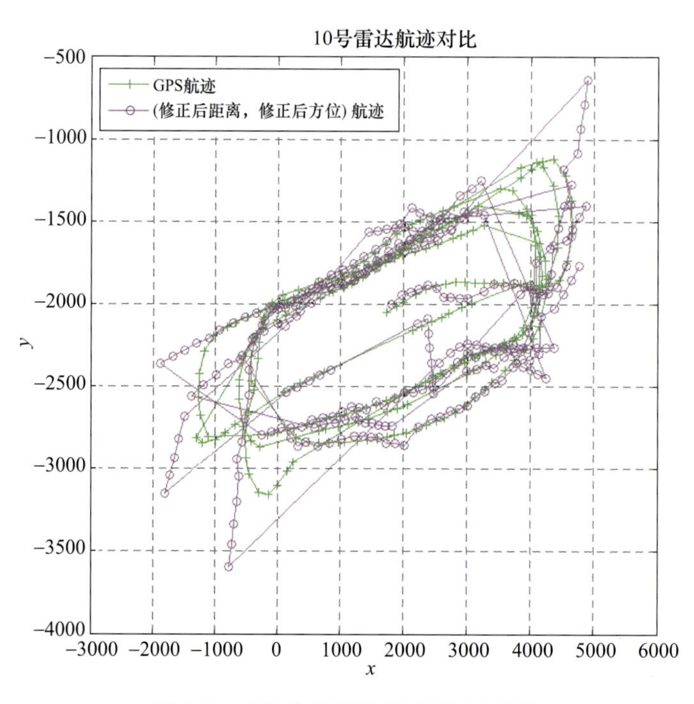

图 6.7　对方位系统误差校正后的结果

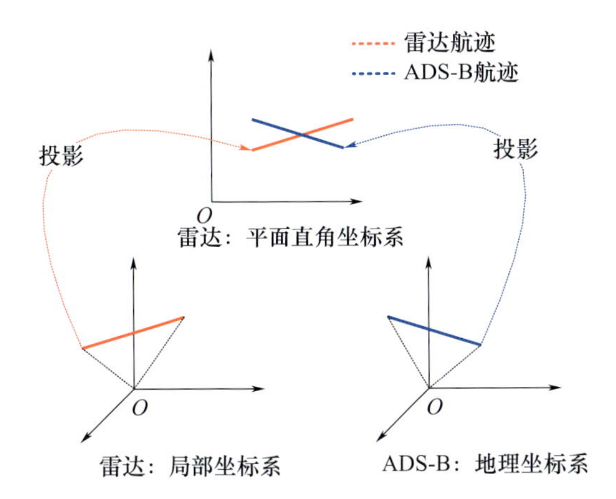

图 6.8　两坐标雷达和 ADS－B 联合观测模型

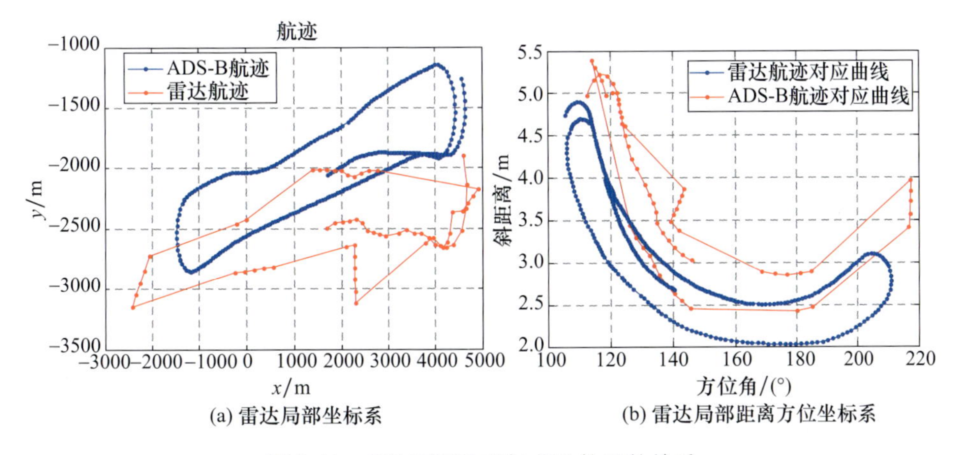

(a) 雷达局部坐标系　　(b) 雷达局部距离方位坐标系

图 6.11　雷达观测轨迹与 GPS 轨迹的关系

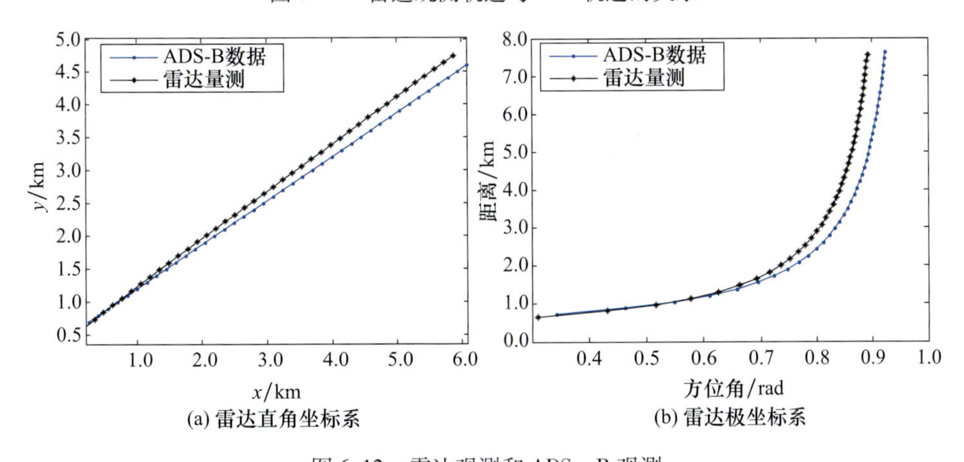

(a) 雷达直角坐标系　　(b) 雷达极坐标系

图 6.12　雷达观测和 ADS－B 观测

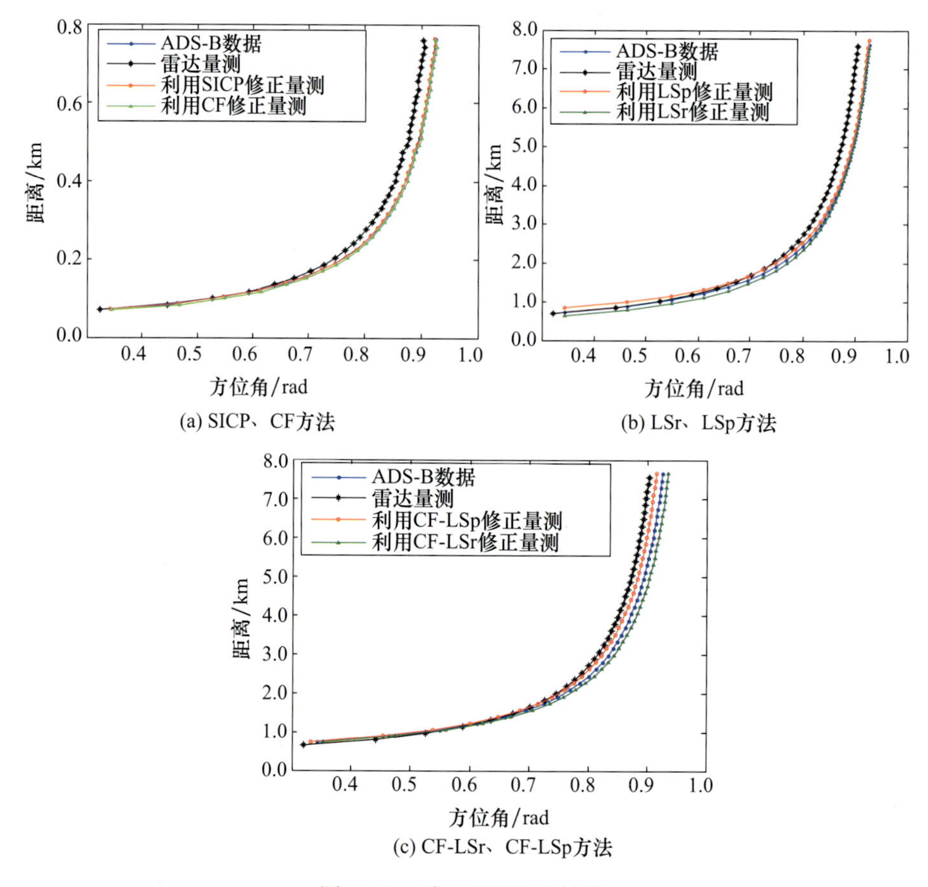

(a) SICP、CF方法

(b) LSr、LSp方法

(c) CF-LSr、CF-LSp方法

图 6.13　雷达观测配准结果

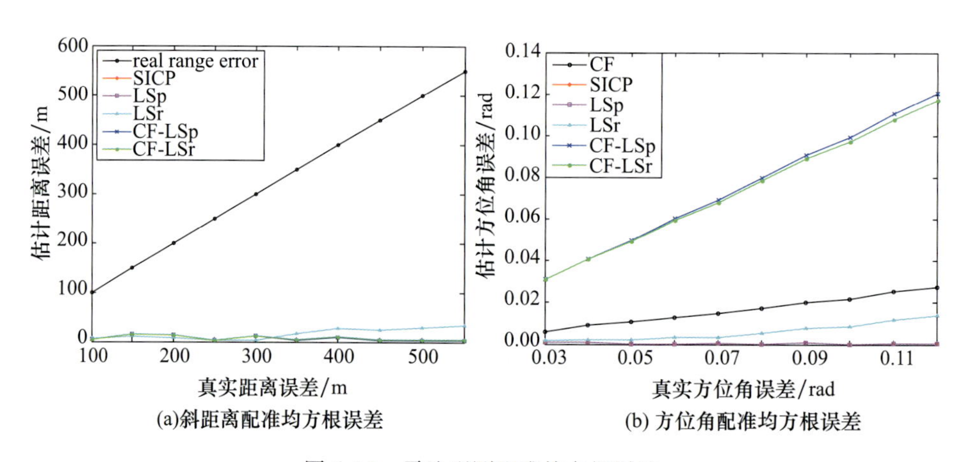

(a)斜距离配准均方根误差

(b) 方位角配准均方根误差

图 6.14　雷达观测配准均方根误差

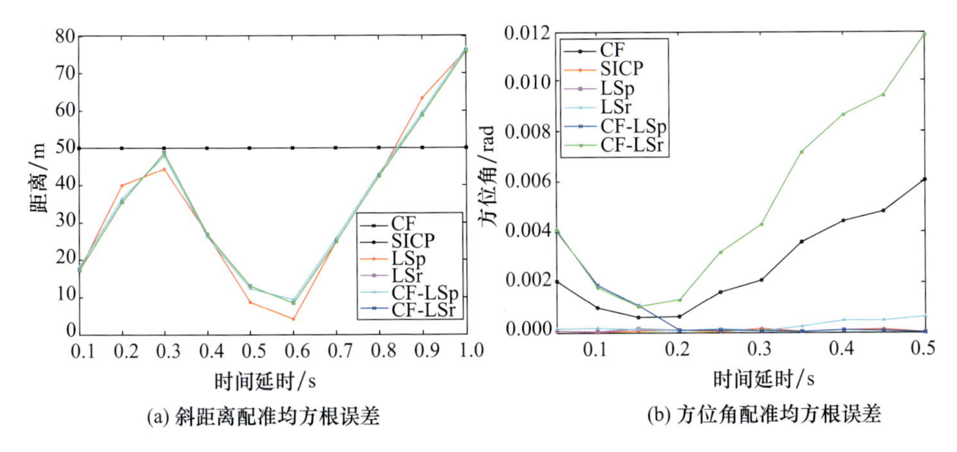

(a) 斜距离配准均方根误差

(b) 方位角配准均方根误差

图 6.15　雷达观测配准均方根误差

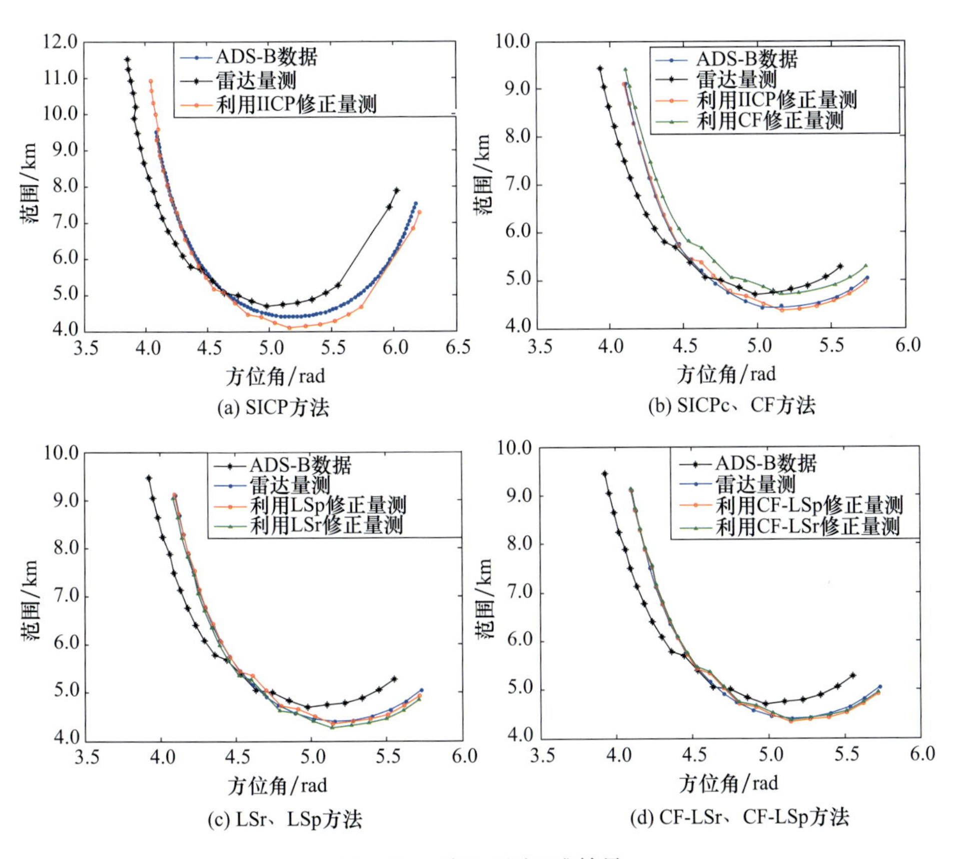

(a) SICP方法

(b) SICPc、CF方法

(c) LSr、LSp方法

(d) CF-LSr、CF-LSp方法

图 6.18　雷达观测配准结果

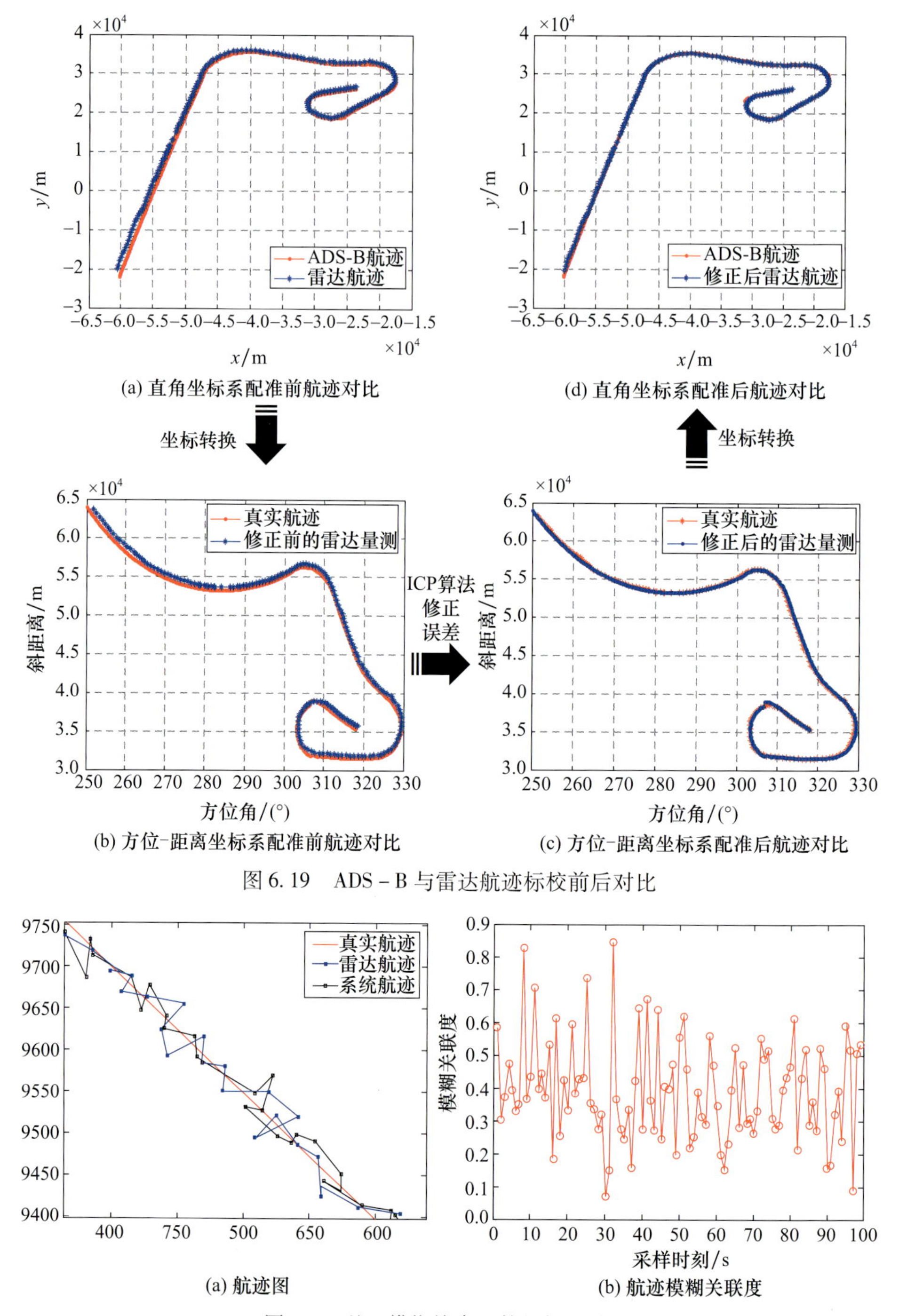

图 6.19　ADS-B 与雷达航迹标校前后对比

图 7.4　基于模糊综合函数的航迹关联

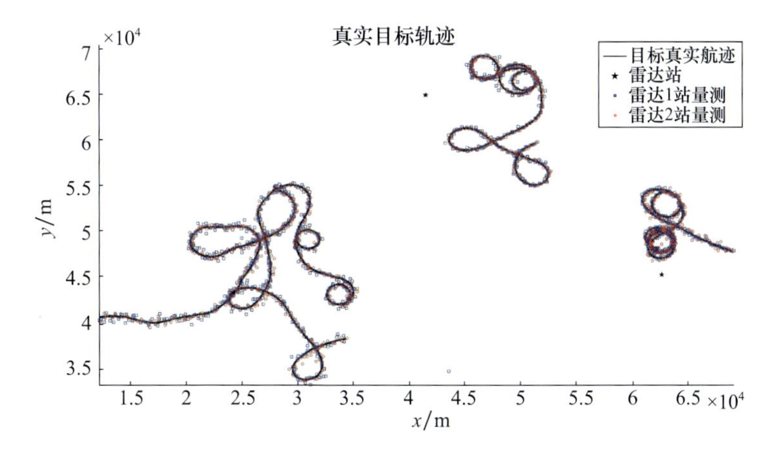

图 8.4　目标运动轨迹及雷达测量点迹仿真结果

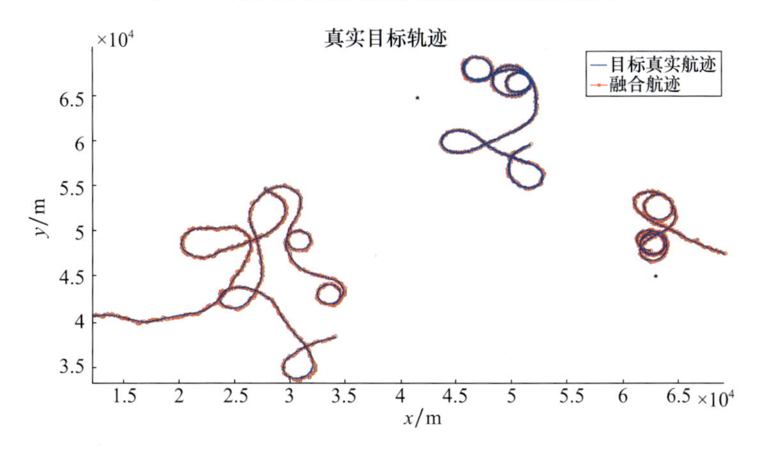

图 8.5　目标运动轨迹及并行滤波融合航迹对比

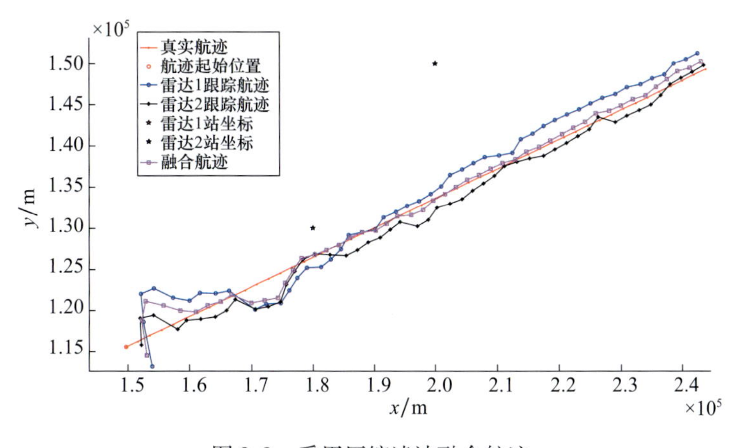

图 8.8　采用压缩滤波融合航迹